21世纪高等教育计算机规划教材

COMPUTER

HTML5+CSS3+JavaScript+Bootstrap 网站开发实用技术（第3版）

Web Development Technique of HTML5+CSS3+JavaScript+Bootstrap

张大为 刘德山 崔晓松 张也非 主编

人 民 邮 电 出 版 社
北 京

图书在版编目（C I P）数据

HTML5+CSS3+JavaScript+Bootstrap网站开发实用技术 / 张大为等主编. -- 3版. -- 北京 : 人民邮电出版社, 2020.8
21世纪高等教育计算机规划教材
ISBN 978-7-115-52833-9

Ⅰ. ①H… Ⅱ. ①张… Ⅲ. ①超文本标记语言－程序设计－高等学校－教材②网页制作工具－高等学校－教材③JAVA语言－程序设计－高等学校－教材 Ⅳ. ①TP312.8②TP393.092.2

中国版本图书馆CIP数据核字(2019)第290259号

内 容 提 要

本书系统地讲述了 HTML5、CSS3、JavaScript、Bootstrap 等开发技术，还包括使用 HTML5 与 CSS3 技术的综合案例、使用 JavaScript 技术的动态页面案例、使用 Bootstrap 框架的响应式布局案例等内容。

本书内容主要分为 5 部分。第一部分包括第 1 章、第 2 章，介绍 HTML 中广泛使用的标记和属性，也包括 HTML5 中增加的一些标记和属性。第二部分包括第 3 章、第 4 章，介绍 CSS 的概念、应用，也包括 CSS3 新增的属性、DIV+CSS 布局等内容。第三部分包括第 5 章、第 6 章，介绍 JavaScript 的概念、对象和事件处理。第四部分包括第 7 章～第 9 章，介绍使用 Bootstrap 的栅格系统、全局样式、组件和插件来开发 Web 应用。第五部分包括第 10 章、第 11 章，介绍两个综合实例的设计过程，以及网站的发布与管理知识。

本书知识全面，案例丰富，易学易用，将知识点融于案例之中，配有全套代码和素材资源，方便读者学习和掌握网站前端开发技术，以尽快适应 Web 前端开发从 PC 端转向移动端的变化。

本书可作为高等院校、高职高专院校网站设计课程的教学用书，也可作为信息技术类相关专业的读者或从事网站前端开发人员的参考书。

◆ 主　　编　张大为　刘德山　崔晓松　张也非
责任编辑　邹文波
责任印制　王　郁　陈　犇
◆ 人民邮电出版社出版发行　　北京市丰台区成寿寺路 11 号
邮编　100164　　电子邮件　315@ptpress.com.cn
网址　https://www.ptpress.com.cn
廊坊市印艺阁数字科技有限公司印刷
◆ 开本：787×1092　1/16
印张：23.25　　2020 年 8 月第 3 版
字数：612 千字　　2025 年 1 月河北第 7 次印刷

定价：59.80 元

读者服务热线：(010)81055256　印装质量热线：(010)81055316
反盗版热线：(010)81055315
广告经营许可证：京东市监广登字 20170147 号

第 3 版前言

Web 前端技术在互联网发展中承载着重要责任，其目标是追求良好的用户体验和丰富的交互。HTML5、CSS3、JavaScript 是 Web 前端开发的基础技术，Bootstrap 是基于 HTML5+CSS3+JavaScript 的开发框架，支持快速开发与响应式布局，适应 Web 开发从 PC 端向移动端转换的需求。

Web 前端技术一直在发展变化。当前的主流浏览器已经普遍支持 HTML5 与 CSS3，Web 开发环境也更加成熟。与 2016 年本书第 2 版出版时比较，一些知识在变化更新，Web 开发所需的部分在线资源已经发生改变或有了不同的表现形式。诸多因素促成编者增补、修订完成本书第 3 版。本书第 3 版具有以下特色。

（1）知识更加全面、系统。知识点覆盖了 HTML5、CSS3、JavaScript、Bootstrap 的主要内容，满足 Web 前端基础学习的需求。读者可以用最少的时间，识得 Web 开发全貌，并在此基础上深入学习。

（2）案例更加丰富、实用。全书知识点融于 240 个案例之中，对一些典型案例进行拓展讲解。一些案例给出了 HTML5+CSS3 实现与 Bootstrap 实现的比较，一些案例给出了 JavaScript 实现与 HTML5 实现的比较，可以帮助读者系统地掌握各种开发技术。

（3）内容强调易学、易用。本书重点介绍 HTML5 与 CSS3 在前端开发中经常使用的，或是功能上有重大改进的内容。Bootstrap 部分重点介绍常用的组件和插件。有些内容，如 JavaScript 的浏览器对象、事件，读者可以根据需要选学或略过；书中部分未涉及的内容需要读者通过在线文档和示例来理解学习。

（4）配套资源完整、丰富。本书提供全部案例源码和素材资源，方便读者学习实践；提供教学用 PPT 课件，还包括思维导图课件，方便读者把握各章知识点；提供习题参考答案，还包括编者完成的部分示例网站的源码。

本书以 HTML5、CSS3、JavaScript、Bootstrap 等技术为主线，内容主要包括以下 5 部分。

第一部分：包括第 1 章、第 2 章，介绍网站开发基础知识，HTML 和 HTML5 主要的、广泛使用的标记和属性，这是全书的基础。

第二部分：包括第 3 章、第 4 章，介绍 CSS 的概念、应用和示例，既包括基本选择器，复合选择器，用 CSS 设置文字与字体、背景、图像等内容，也包括 CSS3 的盒模型、CSS3 布局、图像边框等内容。

第三部分：包括第 5 章、第 6 章，介绍 JavaScript 的语法基础，JavaScript 的内置对象、浏览器对象和 HTML DOM 对象，还介绍了事件处理的相关内容。

第四部分：包括第 7 章～第 9 章，介绍 Bootstrap 框架，重点介绍栅格系统、全局样式、组件和插件等内容。

第五部分：包括第 10 章、第 11 章，介绍两个网站的设计和实现过程，以及网站的发布与管理方面的知识。

全书的示例都经过了编者的上机实践，结果运行无误。示例代码及各种资源文件可以到人邮教育社区（www.ryjiaoyu.com.cn）上下载。

本书由张大为、刘德山、崔晓松、张也非担任主编，最后由刘德山统稿并整理。章增安在本书写作、案例设计方面做了大量的工作，并参与了本书示例的写作与整理。

由于时间及编者水平的限制，书中可能存在疏漏之处，敬请读者批评指正。

编　者

2020 年 4 月

目 录

第一部分 网站开发基础与HTML5技术

第二部分 CSS3 技术及其应用

第三部分 JavaScript 技术及其应用

第一部分

网站开发基础与 HTML5 技术

第 1 章 网站开发基础知识

网络是现代人获取信息和发布信息的重要工具。几乎每个人都从网络上获取信息，并以电子邮件、博客、微博等不同形式传播信息。网站是信息传播的重要载体，商业网站可以提供销售平台，个人网站用于发布个人信息。越来越多的人希望了解网站制作和维护的过程，了解网站开发和网页设计的各种技术。

在开始设计网页或网站之前，我们需要了解一些基础知识。这些知识包括对上网过程，也就是浏览器工作过程的理解，还包括网页的内容描述和格式设置方法，深入的问题包括网站开发标准和标准下的各种技术。上述知识内容并不复杂，但对以后的学习非常重要。

本章主要内容包括：

- 互联网的访问过程和工作机制；
- 网页设计中的基本概念和常用技术；
- 常用的开发工具；
- 网站建设的流程；
- 站点的建立过程。

1.1 互联网的访问过程

网站是由网页组成的，网站设计首先从网页设计开始。在学习网页设计之前，我们先看一下浏览网页的过程。

打开 Chrome 浏览器并在地址栏中输入某个网站的地址，浏览器就会展示出相应的网页内容，如图 1-1 所示。

从图 1-1 可以看到，网页中包含了多种类型的内容，这些内容通常被称为网页元素。最基本的网页元素是文字，此外网页元素还包括静态的图形和有动态效果的动画，以及声音和视频等其他形式的媒体。制作网页的目的是向访问者显示有价值的信息或进行交互。浏览网站时会涉及一些非常基本的概念，包括浏览器与服务器、WWW 与万维网，以及 IP 地址与域名等，下面逐一介绍。

1. 浏览器与服务器

浏览网页，首先应当知道什么是浏览器和服务器。互联网是由世界各地的计算机互相连接而成的一个计算机网络。当我们查看各类网站上的内容时，实际上就是从远程计算机中读取内容，然后在本地计算机上显示出来。这和我们打开本地计算机中 D 盘或 E 盘的文件类似，不同之处在于，浏览网站是从远程计算机中获取内容的。

图 1-1 在浏览器中查看网页

提供内容信息的计算机就称为服务器，访问者用于浏览网页的软件称为浏览器。例如，常用的微软公司 Internet Explorer 和谷歌公司的 Chrome 都属于浏览器。通过浏览器可以从网络上获取服务器上的文件以及其他信息。服务器可以供许多不同的用户（浏览器）同时访问。

2. WWW 与万维网

我们浏览的网络称为互联网，也叫万维网，英文名称是“World Wide Web”，简称 WWW，也称作 Web。所以，WWW、万维网和 Web 是同义词，是一个大型的由相互链接的文件所组成的集合体。一个完整的 WWW 系统包括服务器、浏览器、HTML 文件和网络。当用户的计算机接入互联网后，通过浏览器发出访问某个站点的请求，然后这个站点的服务器就把信息传送到用户浏览器上，将文件下载到本地计算机，由浏览器显示出文件内容。这就是互联网的访问过程，也称为 WWW 服务，采用的是浏览器/服务器方式（B/S 方式），如图 1-2 所示。

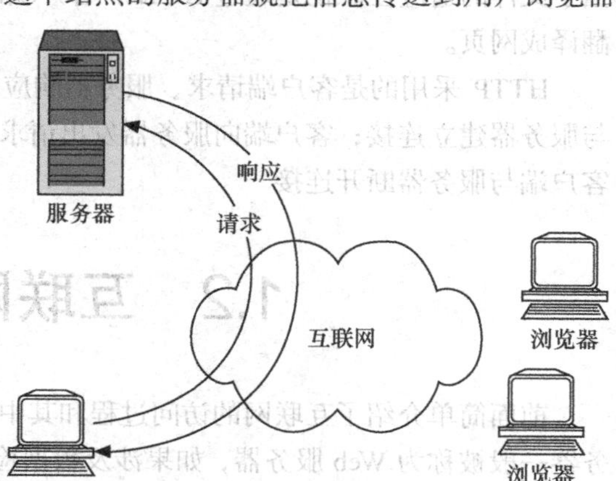

图 1-2 互联网的访问过程

实际上，WWW 服务可以认为是互联网提供的众多功能中的一个。互联网还提供了很多其他功能，例如，网站制作好后，需要把网站传送到远程服务器上，这时要用到 FTP 服务，就不属于 WWW 的范畴了。

3. IP 地址和域名

要浏览服务器上的资源，必须知道服务器在网络中的地址，这是通过 IP 地址来实现的。为了使 IP 地址容易理解和识别，又引入了域名的概念。

（1）IP 地址

IP 地址是识别互联网上计算机和网络设备的标识。网络中的每台计算机都有一个 IP 地址（可能不是固定的），目前使用的 IP 是 4 段地址，由小数点“.”分隔的 4 段十进制数组成，共 4 个字节，即 32 位。例如，124.225.65.173 是“天涯社区”的 IP 地址。目前，IP 地址总数接近 43 亿个，并仍在迅速增加，但 IP 地址数量是有限的，也是非常宝贵的资源。考虑到 IP 地址会用尽的情况，目前互联网有关机构正在对 IP 地址进行版本升级，即从现在的 IPv4 升级到新的版本 IPv6。

（2）域名

IP 地址可以用来标识网络上的计算机，但是要让大多数人记住一个 IP 地址并不是一件容易的事。因此，人们为网络上的服务器指定了一个易于记忆的域名，来标识网络上的计算机。域名是 IP 地址的一种符号化表示。域名通过域名解析系统（Domain Name System，DNS）保证每台主机的域名与 IP 地址一一对应。在网络通信时由 DNS 进行域名与 IP 地址的转换。

域名的一般格式为主机名. 三级域名. 二级域名. 顶级域名。例如，天涯社区的 IP 地址 124.225.65.173 对应的域名为 focus.tianya.cn。

4. URL 和 HTTP

WWW 上的地址通过 URL 指明，HTTP 是用于浏览网站的基本约束或规则。

（1）URL

URL 是 Uniform Resource Location 的缩写，含义是统一资源定位器，用来指明文件在互联网中的位置。

URL 由协议名、服务器地址、文件路径及文件名组成。WWW 服务使用的基本协议是 HTTP，服务器地址可以是 IP 地址，也可以是域名。文件通常以.htm 或.html 为后缀名，这两种文件格式在显示时没有区别，但是在链接时不能互相转换。

例如，http://focus.tianya.cn/是一个 URL，其中，http 是协议，focus.tianya.cn 是服务器地址（域名），这里省略了文件的位置描述。

（2）HTTP

浏览器和服务器之间传输文件时，要遵循一定的规则，这个规则就是协议。HTTP 是 HyperText Transport Protocol 的缩写，即超文本传输协议，它制订了 HTML 文档运行的统一规则和标准，增强了文件的适应性。正是通过 HTTP，客户端的浏览器才能把服务器上的 HTML 文档提取出来，翻译成网页。

HTTP 采用的是客户端请求、服务器响应的工作模式，这个工作由 4 个步骤组成——客户端与服务器建立连接；客户端向服务器发出请求；服务器接受请求，发送响应；客户端接收响应，客户端与服务器断开连接。

1.2 互联网的工作机制

前面简单介绍了互联网的访问过程和其中涉及的一些概念。在互联网中，提供浏览服务的服务器一般被称为 Web 服务器，如果涉及数据检索和查询操作，还会涉及数据库服务器。互联网的具体工作过程如图 1-3 所示。

① 启动客户端浏览器后，在浏览器中输入要访问页面的 URL 地址。由 DNS 进行域名地址解析，找到服务器 IP 地址，向该地址所指向的 Web 服务器发出请求。

② Web 服务器根据浏览器送来的请求，把 URL 地址转换成页面所在服务器上的文件全名，查找相应的文件。

③ 如果 URL 指向静态 HTML 文档，Web 服务器使用 HTTP 把该文档直接送给浏览器。如果 HTML 文档中嵌入了 ASP、PHP 或 JSP 程序，则由 Web 服务器运行这些程序，并把结果送到浏览器。如果 Web 服务器运行的程序包含对数据库的访问，则服务器将查询指令发送给数据库服务器，对数据库执行查询操作。

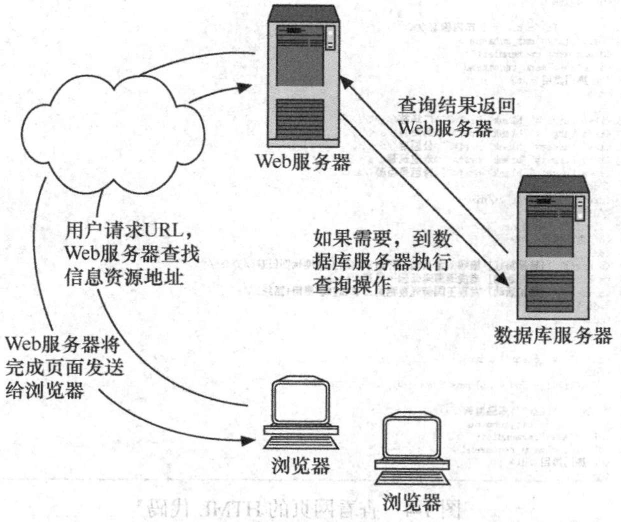

图 1-3　互联网的工作机制

④ 操作成功后，数据库将查询结果返回 Web 服务器，再由 Web 服务器将结果数据嵌入页面，并以 HTML 格式发送给浏览器。

⑤ 浏览器解释 HTML 文档，在客户端屏幕上展示结果。

1.3　网站设计中的基本概念

前面介绍了浏览器与服务器的概念，还介绍了 IP 地址和域名的概念。下面进一步学习网站（页）制作过程中涉及的网站、网页、静态网页和动态网页的概念。

1. 网站

网站即 Website，也称作站点，是指在互联网上根据一定的规则使用 HTML 语言编写的用于展示内容的网页的集合。在本地计算机上，网站体现为一组文件夹。网站是一种信息交流工具，人们可以通过网站来发布信息，或者通过浏览器来访问网站，获取自己需要的信息或者享受其他网络服务。

网站由域名、网站空间、网页 3 部分组成。域名就是访问网站时在浏览器地址栏中输入的网址（URL），多个网页、网页所需资源由超链接联系起来组成网站。网站空间可以是专门的独立服务器或租用的虚拟主机，网站需要上传到服务器的网站空间中，才可以被浏览者访问。

2. 网页

网站是一个整体，网站为用户（浏览者）提供的内容是通过网页展示出来的，用户浏览网站其实就是浏览网页。网页实际上是用 HTML 语言编写的文本文件。在浏览网页时，浏览器将 HTML

语言“翻译”成用户看到的网页。

例如，使用 Chrome 浏览器浏览网页时，在 Chrome 浏览器的窗口中单击鼠标右键，执行快捷菜单命令【查看网页源代码】，即可在浏览器中查看该网页的 HTML 代码，如图 1-4 所示。

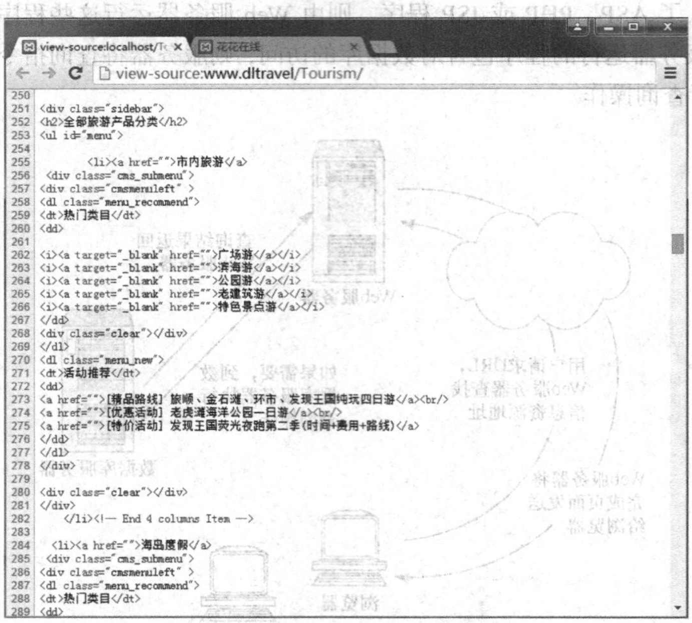

图 1-4　查看网页的 HTML 代码

不同的网页虽然内容有差别，但都是由网页基本元素组成的，一般包括图片、文字、动画、视频、音频等元素中的一种或多种。网页文件的扩展名一般为 htm 或 html，但与 Word、PDF 等文件不同，一个网页实际上并不是由一个单独的文件构成的，网页显示的图片、声音以及其他多媒体文件都是单独存放的。

在 Chrome 浏览器下，执行控制菜单中的【网页另存为】命令，并选择保存类型为“网页，全部”，如图 1-5 所示，会将网页下载到本地计算机，生成一个网页文件和一个资源文件夹。

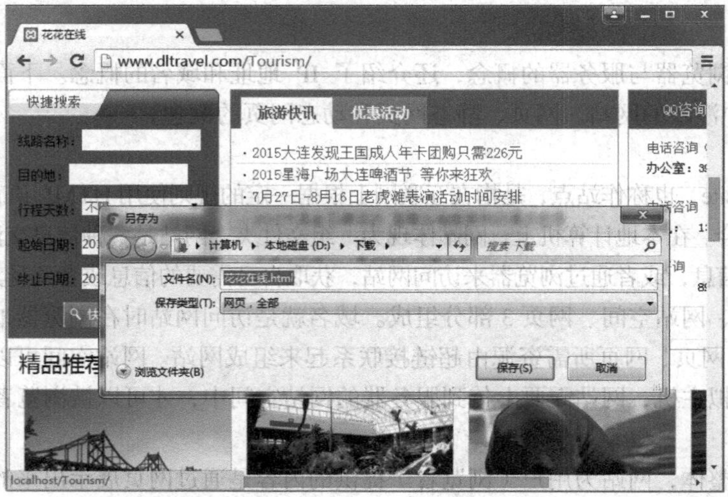

图 1-5　保存网页

网站中最重要的是主页（Home Page），它是网站的门户网页，通常命名为 index.html 或者 index.htm。主页可以是一个单独的网页，同一般网页一样，可以存放各种信息；还可以是一个特殊的网页，作为访问者浏览网站的入口。主页中一般会给出网站的概述，包括网站的主要内容、各种信息的向导。访问者在看到主页后，便会对这个网站有一个大致的了解，以确定要浏览的内容。

根据网页的功能，还可以将网页分为静态网页和动态网页。

3. 静态网页

静态网页是指在浏览器中运行、不需要到后台数据库检索数据、不含有程序的纯 HTML 格式的网页文件，其文件后缀一般为.html、.htm、.shtml 等。静态网页并不是指网页中的所有元素都静止不动，而是指浏览器与服务器不发生交互，但是在网页中可能会包含各种动态效果，如 GIF 格式的动画、Flash 动画、JavaScript 脚本等。

静态网页的特点如下。

- 静态网页不需要数据库的支持，网站信息量很大时，查找网页内容比较困难，维护工作量较大。
- 静态网页的内容相对稳定，因此容易被搜索引擎检索。
- 静态网页的交互性差，在功能方面有较大的限制。
- 网页内容一经发布到网站服务器上，无论是否有用户访问，每个静态网页的内容都是保存在网站服务器上的。也就是说，静态网页是实实在在保存在服务器上的文件，每个网页都是一个独立的 HTML 文件。

4. 动态网页

动态网页是指网页文件中不仅包含 HTML 标记，还包含需要在服务器上执行的程序代码。动态网页需要后台数据库与 Web 服务器交互，利用数据库实现数据更新和查询服务。动态网页的扩展名一般是.asp、.jsp、.php 等，在动态网页网址中通过符号“?”表明查询条件，如 http://news.lnnu.edu.cn/showoa.php?id=27362。

动态网页这个概念与网页上的各种动画、滚动字幕等视觉上的动态效果没有直接关系，无论网页最终是否具有动态效果，采用动态网站技术生成的网页都可以被称为动态网页。动态网页的特点如下。

- 动态网页以数据库技术为基础，可以大大降低网站维护的工作量。
- 采用动态网页技术的网站可以实现更多功能，如用户注册、用户登录、在线调查、用户管理、订单管理等。
- 动态网页实际上并不是独立存在于服务器上的网页文件，只有当收到用户请求时服务器才动态生成一个完整的页面，并以静态的形式返回客户端浏览器。

可以根据使用的编程语言来判断网页是动态网页还是静态网页，静态网页使用 HTML 语言；动态网页除使用 HTML 语言外，还需要使用编程语言（PHP、JSP、ASP 等的一种）。静态网页是网站建设的基础，在同一网站，动态网页和静态网页可以同时存在。

1.4　制作网站的标准和常用技术

随着 Web 的发展，各种 Web 开发技术不断涌现。而且，各种类型和版本的浏览器越来越多，网页在不同的浏览器中的表现也有区别。因此，依据一定的标准来指导 Web 开发和应用，实现

Web 开发应用的有序、高效，实现 Web 站点的可维护和可扩展，实现网页在不同浏览器中获得一致的表现效果，这些内容已经成为 Web 发展过程中越来越重要的问题。

Web 开发应用遵循的标准就是 Web 标准，这个标准也是在不断发展和完善的。本节就来介绍 Web 标准及网页开发的常用技术。

1.4.1 Web 标准

Web 标准是由 W3C（万维网联盟）和其他标准化组织共同制定的，该标准用来创建和解释基于 Web 的内容，Web 标准可以使得在网上发布的文档向后兼容，使其能够被大多数浏览器所访问。

Web 标准包括一系列标准。网页部分的标准通过 3 部分来描述：结构（Structure）、表现（Presentation）和行为（Behavior）。对应的标准也分 3 方面：结构标准语言主要包括 XHTML 和 XML，表现标准语言主要包括 CSS，行为标准主要包括对象模型（如 W3C DOM）、ECMAScript 等。这些标准大部分由 W3C 起草和发布，也有一些是其他标准组织制订的，比如 ECMA（European Computer Manufacturers Association，欧洲计算机制造联合会）的 ECMAScript 标准。

就网站开发而言，Web 标准的结构、表现和行为对应 3 种常用的技术，即（X）HTML、CSS 和 JavaScript。（X）HTML 用来决定网页的结构和内容，CSS 用来设计网页的表现形式，JavaScript 用来控制网页的行为，这 3 部分即是本书的框架。本书还扩展介绍了用于快速 Web 开发的 Bootstrap 框架。

1. 结构标准

（1）XML

XML 是 The Extensible Markup Language（可扩展标记语言）的缩写。目前推荐遵循的标准是 W3C 于 2000 年 10 月发布的 XML1。和 HTML 一样，XML 同样来源于 SGML（标准通用标记语言），但 XML 是一种能定义其他语言的语言。最初设计 XML 的目的是弥补 HTML 的不足，以其强大的扩展性满足网络信息发布的需要，后来它被逐渐用于网络数据的转换和描述。

（2）XHTML

XHTML 是 Extensible HyperText Markup Language（可扩展超文本标记语言）的缩写。XML 虽然数据转换能力强大，完全可以替代 HTML，但 XML 功能过于丰富，完全替代 HTML 并不是最佳方案。因此，在 HTML4 的基础上，用 XML 的规则对其进行扩展，得到了 XHTML。简单地说，建立 XHTML 的目的就是实现 HTML 向 XML 的过渡。2010 年以后，HTML5 成为新一代的技术标准，将逐渐取代 XHTML。

2. 表现标准

CSS 是 Cascading Style Sheets（层叠样式表）的缩写。W3C 创建 CSS 标准的目的是以 CSS 取代 HTML 表格式布局、帧和其他表现的语言。纯 CSS 布局与结构式 XHTML 相结合能帮助网页设计者分离外观与结构，使站点的访问及维护更加容易。现在使用的 CSS 都是在 1998 年推出的 CSS2 基础上发展而来的，2010 年推出的 CSS3 极大简化了 CSS 的编程模型，将逐渐占据主导地位。

3. 行为标准

（1）DOM

DOM 是 Document Object Model（文档对象模型）的缩写。根据 W3C DOM 规范，DOM 是一种浏览器、平台、语言的接口，它使用户可以访问页面的其他标准组件。可以这样简单理解，DOM 解决了 Netscape 公司的 JavaScript 技术和 Microsoft 公司的 JavaScript 技术之间的冲突，给

Web 设计师和开发者一个标准的方法，让他们来访问站点中的数据、脚本和表现层对象。

（2）ECMAScript

ECMAScript 是 ECMA 制定的标准脚本语言（JavaScript），目前推荐遵循的是 ECMAScript 262。

1.4.2　网站开发常用技术

制作静态网页和动态网页分别需要不同的技术。目前，静态网页制作技术主要有 HTML、XHTML、CSS、JavaScript 等，这些技术都是静态网页制作初学者常用的技术。制作动态网页，除了要学习静态网页制作的相关技术外，还需要掌握动态网页的制作技术，如动态网页的制作语言 PHP、ASP、JSP 等，以及数据库 SQL Server、MySQL、Oracle 等方面的知识。

1. HTML

HTML 是 HyperText Markup Language 的缩写，即超文本标记语言，是一种用来制作超文本文档的简单标记语言，是网页制作的基本语言。用 HTML 编写的超文本文档称为 HTML 文档，它能独立于各种操作系统平台（如 UNIX、Windows 等）。HTML 文档是一个包含 HTML 标记、文本内容，并按照 HTML 文档结构描述的文本文件，文件的后缀名为.html 或.htm。浏览器读取网站上的 HTML 文档，再根据此类文档中的描述组织并显示相应的 Web 页面。

2. XHTML

XHTML 即可扩展超文本标记语言。实际上，XHTML 是一个过渡语言，它结合了 XML 的强大功能及 HTML 的简单特性。现在所有的浏览器都支持 XHTML。

HTML 在使用初期，为了能被更广泛地接受，语言标准相对不够严格，例如，标记可以不封闭，属性可以加引号，也可以不加引号等。这种情况导致出现了很多混乱和不规范的代码，这不符合标准化的发展趋势，影响了互联网的进一步发展。

为此，W3C 作为相关规范的制订者，逐步推出新的版本规范。尽管目前浏览器都兼容 HTML，但是为了使网页能够符合标准，网页设计者应该尽量使用 XHTML 规范来编写代码，部分需要注意的事项如下。

- 在 HTML 中，标记名和属性名称可以大写或者小写，但是在 XHTML 中，标记名和属性名必须小写。
- HTML 对标记的嵌套没有严格的规定，但是在 XHTML 中这是不允许的，必须严格地使标记封闭。
- 在 XHTML 中即使是空元素的标记也必须封闭。这里说的空元素的标记是指如<img>、
等不成对的标记，它们也必须封闭。

例如，下面的写法在 XHTML 中是错误的。

```
水平线<hr>
图像<img src ="tu1.jpg">
```

而正确的写法应该是：

```
水平线<hr/>
图像<img src ="tu1.jpg"/>
```

- 在 HTML 中，属性可以不必使用双引号；在 XHTML 中，属性值必须用双引号括起来。

3. CSS

CSS 是标准的布局语言，用来控制元素的尺寸、颜色和排版，用来定义如何显示 HTML 元素。纯 CSS 的布局与 XHTML 相结合可使内容表现与结构相分离，并使网页更容易维护，易用性更好。

4. JavaScript

JavaScript 语言是一种解释性的、基于对象的脚本语言。JavaScript 语言与 Java 语言之间没有联系，是两种完全不同的语言。JavaScript 是一种“脚本”（Script），直接把代码写到 HTML 文档中，浏览器读取代码的时候才进行编译、执行，所以能查看 HTML 源文件就能查看 JavaScript 源代码。JavaScript 没有独立的运行窗口，浏览器的当前窗口就是它的运行窗口。

使用 JavaScript 可使网页变得生动，增加互动性。它通过嵌入到标准的 HTML 中来实现。JavaScript 语言使得网页和用户之间实现了一种实时、动态、交互的关系，使网页能够包含更多活跃的元素和更加精彩的内容，并以动态的形式呈现给用户。

5. Bootstrap

Bootstrap 是基于 HTML、CSS、JavaScript 的开源框架，它包含了功能强大的样式、组件和插件，为页面开发人员提供了一个简洁统一的解决方案。Bootstrap 3.3.7 版本得到了所有主流浏览器的支持。自 Bootstrap 3 起，框架的设计采用了的移动设备优先的样式。Bootstrap 支持响应式的布局设计，能够适应台式机、平板电脑和手机应用的 Web 页面开发，是当前 Web 开发最流行的框架之一。

1.5 常用开发工具

在网页的制作过程中，常常需要用工具软件来辅助快速开发网页，常见的网页制作工具包括 HTML 文档编辑工具 Notepad++、可视化网页开发工具 Dreamweaver、专业的集成开发环境 WebStorm 等，还包括各类辅助工具，如动画制作软件 Flash、图像处理软件 Fireworks 和 Photoshop 等。

1. HTML 文档编辑工具 Notepad++

Notepad++是一款绿色开源软件，作为文本编辑器，它拥有撤销与重做、英文拼字检查、自动换行、列数标记、搜索替换、多文档编辑、全屏幕浏览功能。此外，它还支持大部分正则表达式、代码补齐、宏录制等功能。

Notepad++支持语法颜色和 HTML 标记，同时支持 C、C++、Java 等语言。Notepad++作为网页制作工具，可直接选择在不同的浏览器中打开查看，以方便网页调试。

2. 可视化网页开发工具 Dreamweaver

Dreamweaver 是集网页制作和网站管理于一身的专业的网页编辑与网站开发工具。Dreamweaver 集成了网页布局工具、应用程序开发工具和代码编辑工具等，提供了简洁高效的设计视图、代码视图和拆分视图，不同层次的开发人员和设计人员能够快速创建标准的网页、网站和应用程序。

Dreamweaver 的常用版本是 Adobe Dreamweaver CS6，集成了对 CMS 的支持功能、对 CSS 的校验以及对 PHP 的支持，内置了 WebKit 引擎，可以模仿 Safari、Chrome 浏览器预览网页效果，同时可以使用不同的浏览器检查网页布局效果。但 Dreamweaver CS6 对 HTML5 和 CSS3 新增元素的支持还有待提高。

3. 集成开发环境 WebStorm

WebStorm 是 JetBrains 公司的产品，是目前应用广泛的 HTML5 编辑器，也是智能的 JavaScript IDE（集成开发环境），适用于 Web 前端开发。该软件整合了开发过程中众多的实用功能，在智能代码助手、代码自动提示、重构、J2EE 支持、Ant、JUnit、CVS 整合、代码审查、创新的 GUI

设计等代码编辑、调试方面的功能都极其出色。

WebStorm 具有在书写 JavaScript 时的代码提示功能；代码检查和快速修复功能，可以快速找到代码中的错误并给出修改建议；代码折叠及快速预览功能等。

1.6 网站建设的流程

网站构建过程与软件开发过程类似，为了加快网站建设的速度并减少失误，应该采用一定的流程来策划、设计和制作网站。好的制作流程能帮助设计者解决网站策划的烦琐问题，减少网站开发项目失败的风险，同时又能保证网站的科学性和严谨性。

虽然任何一个网站的建设都不会有一个固定的模式，但通常可以分为前期策划、中期制作和后期维护 3 个阶段。每个阶段需要完成的工作如图 1-6 所示。

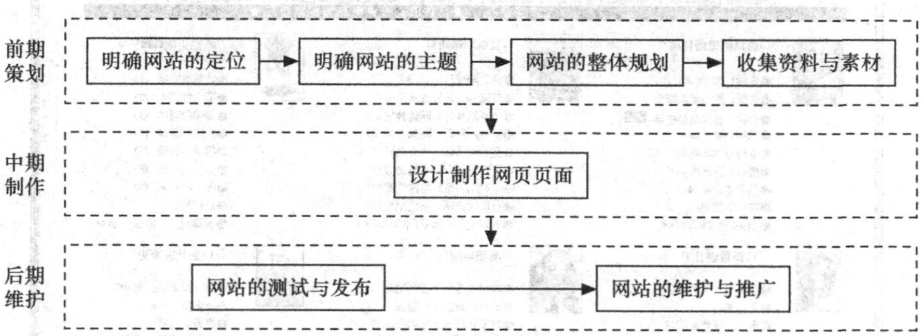

图 1-6　网站建设流程

1.6.1 明确网站的定位

在动手制作网站之前一定要给网站找到一个准确的定位，明确建站的目的是什么。如果做的是个人网站，那么网站想向大家表达哪一方面的内容就是网站的定位；如果是为客户建立网站，那么一定要与客户的决策层人士共同讨论，要理解他们的想法，他们真正的想法才是网站的定位。

网站定位从根本上是指在网站为用户提供有价值的信息、内容，符合用户体验标准，这样网站才能得以长期发展。根据网站建设的不同阶段，网站定位可以从以下几方面考虑。

1. 网站行业定位

不管把网站定位成娱乐站、新闻站，还是定位成知识站、小说站、音乐站，都应注意不要把网站内容做得太过宽泛。因为目前网站不计其数，想把网站做得大而广，不是单纯依靠“采集+复制+粘贴”就能完成的，需要考虑是否有足够的实力与人员。与其如此，倒不如把网站目标用户精细化，确定主要的服务行业，定位好市场群体，把网站做精做强。

2. 网站风格定位

由于网站建立的目的不同，所提供的服务及面向的群体也不相同，所以要根据设计原则和针对的访问者确定适宜的风格。例如，政府部门网站一般庄重严谨；娱乐网站可以活泼生动一些；商务网站可以贴近民俗，使大众喜闻乐见；文化教育网站则应该高雅大方，格调清新。

3. 网站设计定位

网站中的网页是与用户接触沟通的界面，要组织性地对网页进行架构设计，使其清晰简洁。

合理搭配广告与内容，树立网站形象。页面设计要符合搜索引擎友好性标准。要从颜色到布局再到用户群体，逐一在网站设计中完善，可以先适当调查网站目标群体对网站的期待与建议。

4. 网站推广定位

推广网站的方法有很多，按照怎样利用资源，可分为 4 个阶段——搜索引擎提交收录、定位网站与栏目关键词、提高搜索引擎网站排名、提高网站流量，增加网站点击率。

图 1-7 所示为一个示例网站的界面，网站定位在计算机知识的普及，采用表格的页面设计，清晰简洁。

综上所述，网站定位是网站制作成功和推广策划的前提，也是提高网站流量的法宝。

图 1-7　定位清晰简洁的网站示例

1.6.2　确定网站的主题

网站的主题与网站的定位息息相关。网站主题就是建立的网站所要包含的主要内容，一个网站必须要有一个明确的主题。明确主题有助于设计者确定网站的结构，收集相关素材。一般来说，确定网站主题应从以下几个方面入手。

1. 理解站点功能

无论是个人网站还是为客户创建的网站，在设计之前必须考虑清楚站点的功能，确保了解建立网站的目的和网站访问者的需求。这些信息大致包括访问网站的人群特点、访问者访问网站的信息需求、访问者可能的访问频率、网站是否可能被访问者再次访问等。

2. 在理解站点基础上，形成鲜明的主题

网站的定位要聚焦，内容要精。如果想制作一个包罗万象的站点，把所有设计者认为精彩的东西都放在上面，往往会事与愿违，这样的网站给人的感觉是没有主题和特色，样样都有却都很肤浅，因为设计者不可能有那么多精力去维护它。

3. 网站的特色要突出

网站的题材最好是设计者自己擅长或者喜爱的内容，并且应该把自己的兴趣、爱好尽情地发挥出来，突出自己的个性，办出自己的特色。比如擅长编程，就可以建立一个编程爱好者网站；对足球感兴趣，可以报道最新的足球战况、球星动态等。这样在制作时，才不会觉得力不从心。

图 1-8 所示是中国知网的网页，该网站的功能定位为信息检索和用户服务，界面非常清晰。在网站开发目标、用户需求、网站特色等方面，该网站都是一个比较典型的网站。

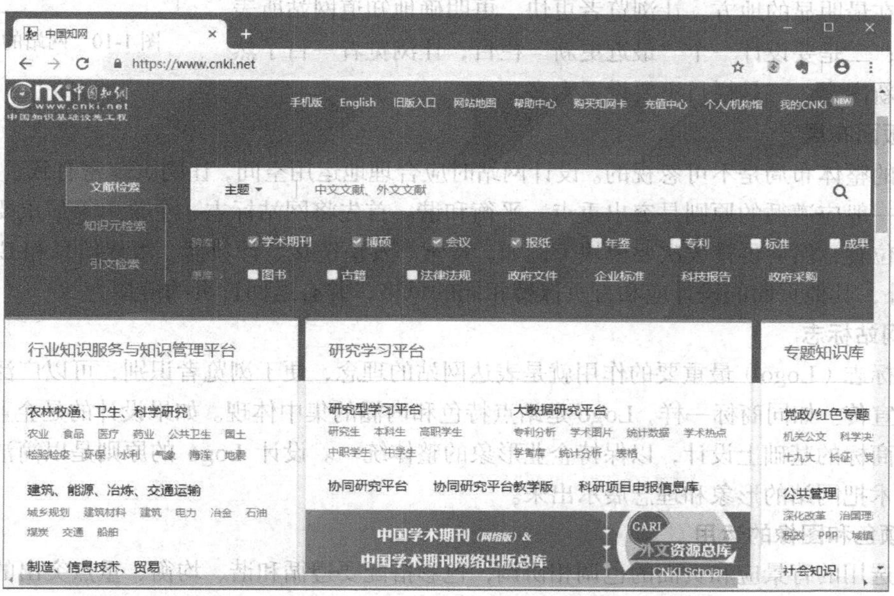

图 1-8　一个文献检索的主题网站

1.6.3　网站的整体规划

网站规划是指在网站建设前对市场进行分析，确定网站的目的和功能，并根据需要对网站建设中的技术、内容、费用、测试、维护等做出规划。网站规划对网站建设起到指导作用，对网站的内容和维护起到定位作用。

一个网站设计得成功与否，很大程度上取决于设计者的规划水平。规划网站就像做建筑设计图一样，图纸设计好了，才能建成一座漂亮的建筑。规划网站时，首先应把网站的内容列举出来，根据内容列出一个结构化的蓝图，根据实际情况设计各个页面之间的链接。规划网站的内容应包括栏目的设置、目录结构、网站的风格（即颜色搭配、网站标志、版面布局、图像的运用）等。只有在制作网页之前考虑全面，才能在制作时驾轻就熟，胸有成竹。也只有如此，制作出来的网站才能有个性，有特色，有吸引力。

图 1-9　一个旅游网站的布局

图 1-9 所示为一个旅游网站的页面布局规划，下面从目录结构、主题栏、版面布局等方面加以介绍。

1. 目录结构设计

网站目录建立的好坏对浏览者并没有多大影响，但对网站本身的后期维护意义重大。目录结构设计一般应注意以下问题。一是要按栏目内容建立子目录；二是每个目录下分别为图像文件创建一个子目录 images（图像较少时可不创建）；三是目录的层次不要太深，主要栏目最好能直接从首页到达；四是尽量使用意义明确的非中文目录。一个旅游网站的目录结构如图 1-10 所示。

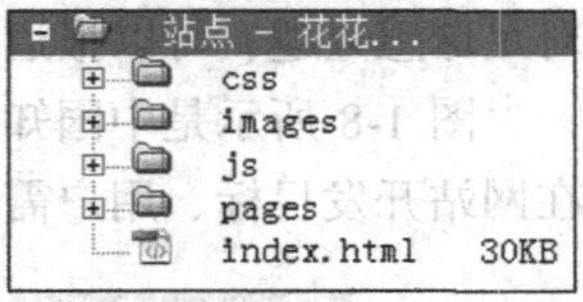

图 1-10 网站的目录结构

2. 主题栏的设置

在设计网站的主题栏时应注意以下问题。一是要突出主题，把主题栏放在最明显的地方，让浏览者更快、更明确地知道网站所表现的内容；二是要设计一个“最近更新”栏目，让浏览者一目了然地了解更新内容；三是栏目不要设置太多。

3. 版面布局

网页的整体布局是不可忽视的。设计网站时应合理地运用空间，让网页疏密有致、井井有条。版面布局一般应遵循的原则是突出重点、平衡和谐。首先将网站标志、主菜单等最重要的模块放在突出的位置，然后再排放次要模块（例如，搜索、友情链接、计数器、版权信息和 E-mail 地址等）。此外，其他页面的设计应和首页保持相同的风格，并有返回首页的链接。

4. 网站标志

网站标志（Logo）最重要的作用就是表达网站的理念，便于浏览者识别，可以广泛用于站点的链接和宣传。如同商标一样，Logo 是站点特色和内涵的集中体现。如果设计的是企业网站，最好在企业商标的基础上设计，以保持企业形象的整体统一。设计 Logo 的原则是以简洁、符号化的视觉艺术把网站的形象和理念展示出来。

5. 颜色和图像的运用

网页选用的背景应和页面的色调相协调，色彩搭配要遵循和谐、均衡、重点突出的原则。

网页上应适当地添加图像。使用图像时一般应注意以下问题。一是图像是为主页内容服务的，不能让图像喧宾夺主；二是图像要兼顾大小和美观，不仅要好看，还应在保证图片质量的前提下尽量缩小图片的大小（即字节数），图像过大将影响网页的传输速度；三是应合理地采用 JPEG 和 GIF 图像格式，颜色较少的（256 色以内）图像可处理为 GIF 格式，色彩比较丰富的图像最好处理为 JPEG 格式。

1.6.4 收集资料与素材

收集资料与素材实际上是前期策划中最为关键的一步。在明确建站目的和网站定位以后，要结合各方面的实际情况，围绕主题全面收集相关的材料，这样才可以发挥网站的最大作用，使网站的信息和功能趋于完善。

常言道：“巧妇难为无米之炊”。要想让自己的网站有血有肉，能够吸引住用户，就要尽量搜集材料，搜集的材料越多，制作网站越容易。材料既可以从图书、报纸、光盘等各种媒体上获得，也可以从网上搜集或者自己动手制作。对搜集到的材料应去伪存真，去粗取精，留下合适的作为后期制作网页的素材。

1.6.5 设计制作网页

网页设计要考虑页面构图、色彩搭配、平面布局、版式设计、空间表现等方面的内容，这些内容要符合人们的审美心理，给人以艺术美感和视觉冲击，能引起浏览者的好奇心。

网页设计人员美化网页，增加网页设计的艺术感，是为网页的内容服务的。一般说来，网页有几项基本内容：标题、网站标志、主体内容、页眉页脚、导航栏、广告栏等。网页的内容与其性质有关，不同性质的网页设计时采用的策略也不相同。

1. 标题

设计一个页面，首先要有明确的标题。标题能够体现出网页设计的目的，在很大程度上决定了网页其他元素的定位。一个好的网页要求其标题有概括性、简短、有特色、易记，还要符合网站的总体风格，页面中的内容要紧紧围绕其标题来组织，绝对不要出现名不副实的现象。

2. 背景

背景是指网页的底部图案，许多网页的背景都为纯色，实际上并不一定要这样，网页选用的背景应该与整套页面的色彩相协调。要使自己的网页美观，合理地使用颜色是非常重要的。如果网页属于庄重型的，可以使用蓝色作背景，因为这样看来肃穆一些；如果网页属于感情化的，就多使用一些粉红色、淡紫色等浪漫的颜色。黑色一般不常用，因为黑色太过深沉，给人以压抑感。在图案设计中，黑色通常用来勾画或点缀最深沉的部分。

3. 内容

当标题确定后，就要采集内容，所采集的内容必须与标题相符，同时要保证内容的正确。还要注意内容的数量，一般而言，站点的质量是与它的内容成正比的，只有丰富的内容才能满足更广泛的浏览者需求。但内容不要繁杂，同时应保证内容的趣味性。在采集内容的过程中，一定要注意特色。所谓特色，就是要突出个性。如果是个人主页，就要突出自己的性格、兴趣、爱好等；如果是企业网页，那就要突出本企业的特点、企业文化。放置相关的内容时，应把这些内容进行分类，设置栏目，让人清楚明了。栏目不要设置太多，要注意分层，较重要的栏目最好能从首页进入，并且保证用各种浏览器都能看到页面的较好效果。

4. 多媒体元素

这里所指的多媒体元素包括图像、声音、视频和动画等元素。高可视性的多媒体元素可以让网页增色不少，同时也可以活跃界面，提高访问者的兴趣。但在使用这些多媒体元素时一定要考虑传输时间问题。根据经验和统计，如果一个网站在 20 秒以内还没有打开，多数浏览者都会放弃继续浏览，所以，尽量采用一般浏览器都支持的格式和大小适合的元素，保证网页浏览顺畅。

5. 网站标志

网站标志一般在网站设计时完成。设计页面时，要注意页面风格与网站标志风格统一。

6. 页眉和页脚

页眉是指网页顶端部分，它和整个页面的设计风格相同，设计良好的页眉在页面中会起到较好的标志作用。页眉的位置是浏览者注意力较集中的地方，大多数网站设计者会在这里放置广告条或一些重要链接等。

页脚是指网页底端部分，一般用来标注网站所属的企事业单位的名称、地址，网站的版权，以及电子信箱等，访问者可以从这里了解到站点所有者的一些情况。

7. 导航栏

成功的网页是不能缺少导航栏这个重要部分的。导航栏是网站设计中的一个独立部分，它的位置对网页的结构和整体布局有很大的影响。导航栏的位置一般有 4 种——页面左侧、右侧、顶部和底部。有的网站设置了多种导航，就是为了增强网页的可访问性。

尽管网页设计和网站的开发有多种多样的方式和技巧，但要完成一个美观的、既让访问者喜欢又便于后期维护的网站，在设计时必须要注意以下网页设计原则。

（1）内容第一、形式第二

网站作为一个媒体，提供给浏览者最主要的还是网站的内容，浏览者访问网站的最终目的是获取自己想要的知识。尽管现在有很多增加网站艺术效果和表现形式的技巧，但设计者时刻不要忘记这一点：没有人会在一个没有内容的网站上流连忘返。

（2）重点信息要醒目突出

一个网站很重要的就是标题，标题就像路牌一样，引导访问者在网站上浏览。标题要意义清晰，描述性强，另外，网页标题对搜索引擎检索也有着重要影响。相对地，促销性的内容要适可而止。

（3）确保链接的有效性

这个问题看似不起眼，其实却是最影响访问者心情的问题，除非访问者自己的网络出现了故障，否则访问者可能会心生不满，并对继续浏览这个网站失去兴趣。为了保证网站在更新时链接正确，建议网站中所有路径都采用相对路径。

（4）流畅的访问速度

除了服务器的稳定快速外，决定访问速度的主要因素是网页的大小。浏览网页的过程其实就是将服务器端的网页数据向本地计算机传输的过程，当传输速度一定时，网页数据量越大，下载和显示的速度就越慢。所以在制作网页时，通常要求页面代码和插图等内容必须经过优化处理。

（5）清晰的导航结构

在网页中无法找到自己期望的内容无疑是一件令人不愉快的事情，这往往不是因为访问者找错了地方，而是因为开发者没有合理地提供“路标”。所有的超链接应清晰无误地向读者标识出来，所有导航性质的设置，如图像按钮等，都要有清晰的标志，让人看得明白。

（6）良好的兼容性

现在普通上网用户使用的多是 IE 浏览器，但仍然有不少人喜欢 Firefox 或 Opera 等浏览器。并且，同样是 IE 浏览器，不同版本对网页代码的支持也是不尽相同的。如果不是客户群集中的专业网站，那么一定要考虑代码的兼容性。多做兼容性测试和改进，对任何网站都是必需的工作。

（7）真实有效的客服信息

尽管很多时候不能要求访问者提供真实的联络信息，但不论什么时候，写在网页上的联系方式都应该是真实有效的，这直接关系到网站在产品营销时的获利可能，并且代表着比网络更为真实的、现实中企业的信誉问题。

1.6.6 网站的测试和发布

网站的测试评估与发布是不可分割的两部分。制作完毕的网页必须进行测试。测试评估主要包括上传前的兼容性测试、链接测试和上传后的实地测试。完成上传前所需要的测试后，利用 FTP 工具将网站发布到所申请的主页服务器上。网站上传后，继续通过浏览器进行实地测试，发现问题后及时修改，然后再上传、测试。

1.6.7 网站的维护与推广

网站必须定期维护，定期更新，只有不断地补充新内容，才能吸引浏览者。同时，随着软硬件的升级，网页的设计也应由文字向多媒体、平面图像向立体动画或影片、单向传播向交互式传播等方向发展。

上传网站之后，需要不断地进行宣传，以便让更多的人了解它，从而提高网站的访问率与知名度。网站推广主要有注册搜索引擎、友情链接、网上广告、广告邮件等几种方式。

1.7 建立站点

建立网站之前，一般先建立站点。站点是某个网站的本地或远程存储位置，是存放网站所有网页及各种素材的文件夹。

通过将本地文件夹映射为站点，可以有效地将网页和素材组合起来，利用超链接从一个网页跳转到另一个网页，实现对网站的浏览。建立站点是网站开发的第一步，后续的网站开发工作都在站点中进行，这有助于网站的开发和管理。下面以 Dreamweaver 环境为例，介绍站点的创建过程。在创建站点之前，先介绍一下 Dreamweaver 的工作环境。

1.7.1 Dreamweaver CS6 介绍

Dreamweaver CS6 是 Adobe 公司推出的一款集网页制作和网站管理于一身的编辑工具。使用 Dreamweaver CS6，既可以在代码视图状态下书写 HTML 代码，也可以利用设计视图提供的可视化环境进行开发。Dreamweaver CS6 版本对 HTML 和 CSS 都有良好的语法提示功能，用户使用起来非常方便。

1. Dreamweaver CS6 的编辑窗口

Dreamweaver CS6 的页面编辑窗口主要包括菜单栏、文档窗口，还包括属性面板、插入面板、文件面板等面板组和一些可选的工具栏。图 1-11 是 Dreamweaver 代码视图下的编辑窗口。

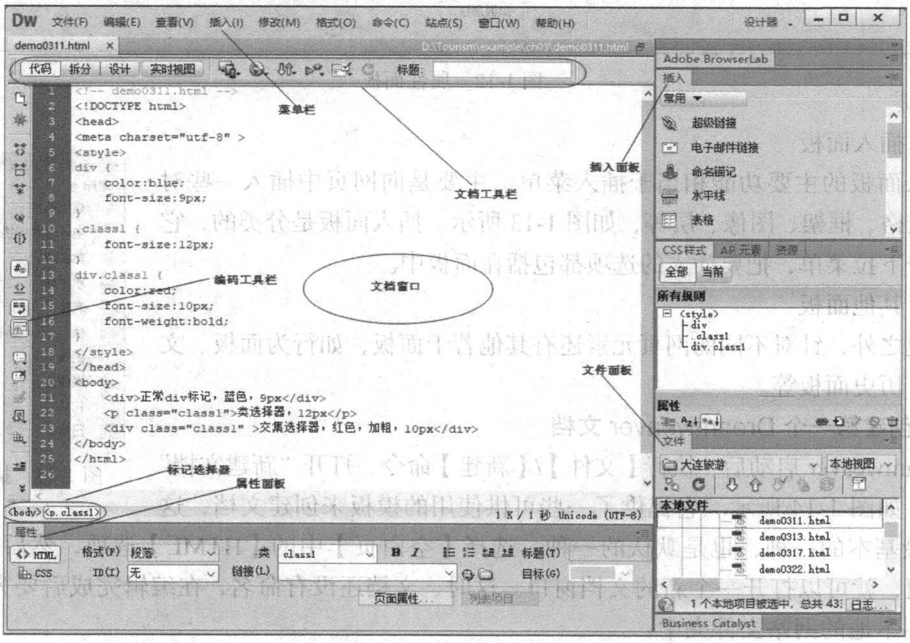

图 1-11 Dreamweaver CS6 的编辑窗口

（1）文档窗口

该窗口用于网页代码的输入和编辑。在“设计”视图下，网页编辑的结果与最终在浏览器中显示的效果近似。图 1-11 所示为在代码视图下编辑网页，所以显示为一些代码。

（2）工具栏

文档窗口上方可以显示各种工具栏，图 1-11 中显示的是“文档工具栏”和“编码工具栏”，这些工具栏可以通过执行【查看】/【工具栏】菜单命令显示或隐藏。

文档工具栏中的“代码”“拆分”“设计”3 个按钮经常使用。通常，单击【代码】按钮，文档窗口工作在代码视图下，可以很方便地输入 HTML 和 CSS 代码；单击【设计】按钮，文档窗口工作在设计视图下，可以使用可视化方式完成网页设计；如果单击【拆分】按钮，文档窗口分为上、下两部分，分别显示代码和页面效果，方便初学者学习。

文档工具栏还包括浏览器导航、编码和样式呈现工具栏。

2. 浮动面板组

Dreamweaver 通过面板为用户提供大量的可用工具，执行菜单栏中“窗口”菜单中的命令，可以显示和隐藏各种面板。这些面板不用时可以关闭，也可以折叠。最常用的面板是属性面板，其他还包括插入面板、文件面板、行为面板等。

（1）属性面板

属性面板会随着编辑的内容而变化。例如，如果选中网页中的文字，将出现文字的属性面板，其中包含了所要编辑文字的所有内容，包括字体、颜色、大小、连接、缩进等；如果选择网页中的图片，将出现图片的属性面板，包括图片的宽度、高度、文件链接地址等内容，如图 1-12 所示。通过属性面板，可以很方便地设置网页元素的属性。

图 1-12　属性面板

（2）插入面板

插入面板的主要功能相当于插入菜单，主要是向网页中插入一些对象，如表格、框架、图像、层等，如图 1-13 所示。插入面板是分类的，它通过一个下拉菜单，把要插入的选项都包括在面板中。

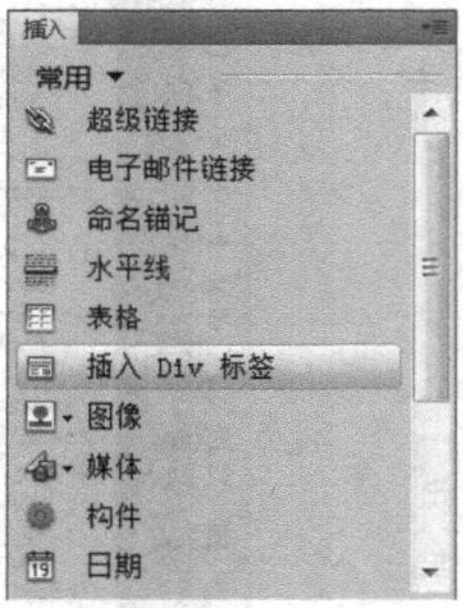

图 1-13　插入面板

（3）其他面板

除此之外，针对不同的网页元素还有其他若干面板，如行为面板、文件面板、历史面板等。

3. 创建第一个 Dreamweaver 文档

Dreamweaver 启动后，执行【文件】/【新建】命令，打开“新建文档”对话框，如图 1-14 所示。它提供了一些可供使用的模板来创建文档，这里使用最基本的一种，也是默认的一种。选择【空白页】中的【HTML】选项，然后单击【创建】按钮，就可以打开一个新的文档窗口。这时，文档还没有命名，在编辑完成后要为它命名，并保存到本地的网站文件夹中。

需要说明的是，对于新建的空白文档，如果工作在设计视图下，窗口中没有显示的内容；如果切换到“代码”或“拆分”视图下，会显示自动生成的 HTML 代码内容。实际上，即使是空白的网页，网页文件的代码框架也已经存在了，如图 1-15 所示。

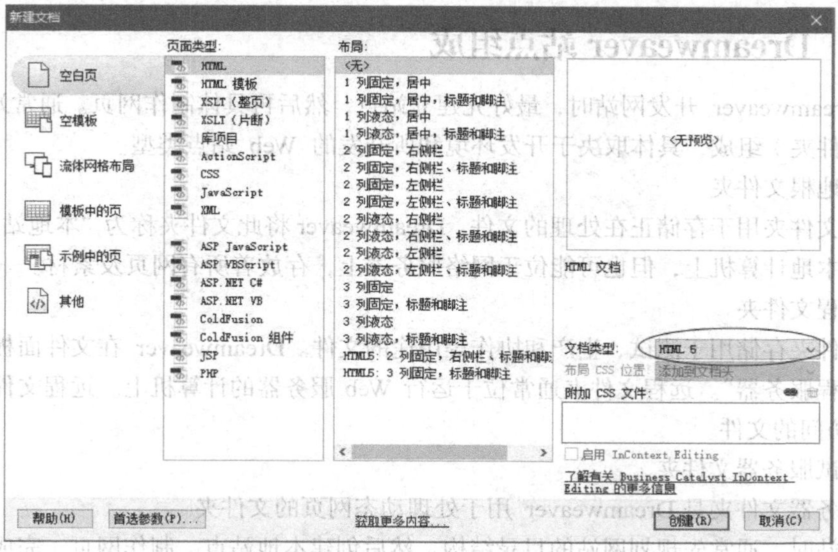

图 1-14　“新建文档”对话框

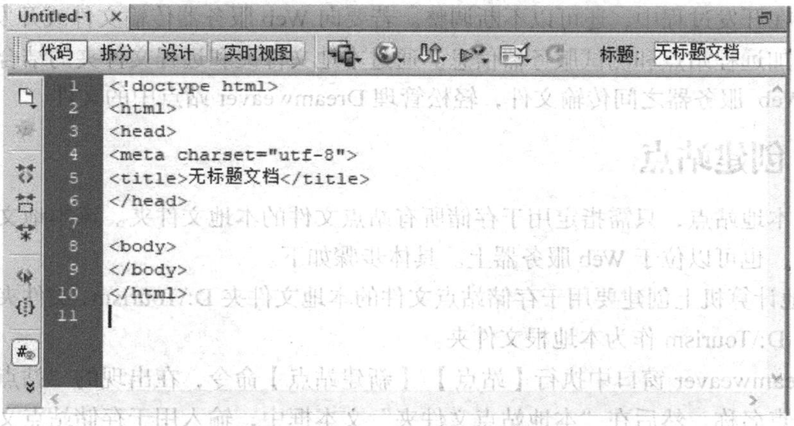

图 1-15　空白页面的代码窗口

代码视图中给出了基本的 HTML 框架，如<html>、<head>、<body>等。此外，还包含“文档类型”声明，如：

```
<!doctype html>
```

HTML 的规范在不断发展，在不同的 HTML 版本中，文档类型声明是不同的。文档类型声明的作用是告诉浏览器按照哪种具体的规范来解析和显示这个页面。尽管不同的语言版本之间有区别，但事实上它们的结构和元素基本是相同的，所以，在记事本文件中编写 HTML 页时，不书写上面的代码，大多数浏览器也能正常显示网页。

图 1-16　在设计视图下加入图片后得到的网页

对于刚建完的空白页，在设计视图下，输入文字并插入图片后，可以得到图 1-16 所示的网页。当然，这只是一个网页，如果要建设包括很多网页的网站，就需要用到下面要讲的站点的概念了。

1.7.2 Dreamweaver 站点组成

使用 Dreamweaver 开发网站时，最好先建立站点，然后再具体制作网页。通常站点由以下 3 个部分（文件夹）组成，具体取决于开发环境和所开发的 Web 站点类型。

（1）本地根文件夹

本地根文件夹用于存储正在处理的文件。Dreamweaver 将此文件夹称为“本地站点”。此文件夹通常位于本地计算机上，但也可能位于网络服务器上，存放着所有网页及素材。

（2）远程文件夹

远程文件夹存储用于测试、生产和协作等用途的文件。Dreamweaver 在文件面板中将此文件夹称为“远程服务器”。远程文件夹通常位于运行 Web 服务器的计算机上。远程文件夹包含用户从 Internet 访问的文件。

（3）测试服务器文件夹

测试服务器文件夹是 Dreamweaver 用于处理动态网页的文件夹。

制作网站时，通常先规划网站的目录结构，然后创建本地站点，制作网页，完成后将本地站点上传至远程站点，最后测试发布。如果要定义 Dreamweaver 本地站点，只需设置一个本地文件夹。本地站点在开发过程中，还可以不断调整。若要向 Web 服务器传输文件或开发 Web 应用程序，还必须添加远程站点和测试服务器信息。通过本地文件夹和远程文件夹的结合使用，可以在本地硬盘和 Web 服务器之间传输文件，轻松管理 Dreamweaver 站点中的文件。

1.7.3 创建站点

若要创建本地站点，只需指定用于存储所有站点文件的本地文件夹。该本地文件夹可以位于本地计算机上，也可以位于 Web 服务器上。具体步骤如下。

① 在本地计算机上创建要用于存储站点文件的本地文件夹 D:\Tourism，文件夹结构根据网站需要设计，将 D:\Tourism 作为本地根文件夹。

② 在 Dreamweaver 窗口中执行【站点】/【新建站点】命令，在出现的“站点设置对象”对话框中输入站点名称。然后在“本地站点文件夹”文本框中，输入用于存储站点文件的本地文件夹的地址即可，如图 1-17 所示。也可以单击该文本框右侧的浏览按钮，选择相应的文件夹。

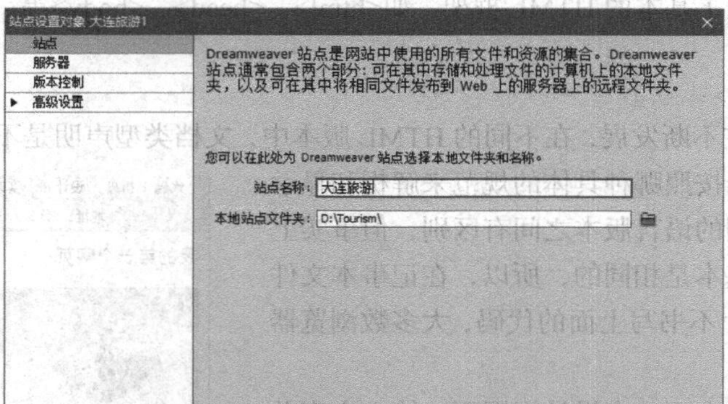

图 1-17 “站点设置对象”对话框

③ 单击【保存】按钮，关闭“站点设置对象”对话框，Dreamweaver 中的本地站点就建成了。

④ 设置好站点文件夹后，可以在“站点设置对象”对话框中填写服务器信息、版本控制信息和高级设置信息。其中，“服务器”信息用于指定远程服务器上的远程文件夹。在“高级设置”信息的“本地信息”中可以设置存储站点图像的文件夹、站点的链接方式和是否创建本地缓存以提高链接和站点管理任务的速度等内容。

⑤ 定义好本地站点之后，Dreamweaver 窗口右侧的“文件”面板就会显示刚才定义站点的目录结构，如图 1-18 所示。可以在此面板中的站点目录内新建文件或子文件夹，这与在资源管理器中的操作相同。这样，就可以在站点中创建网页文件，进行网站建设了。

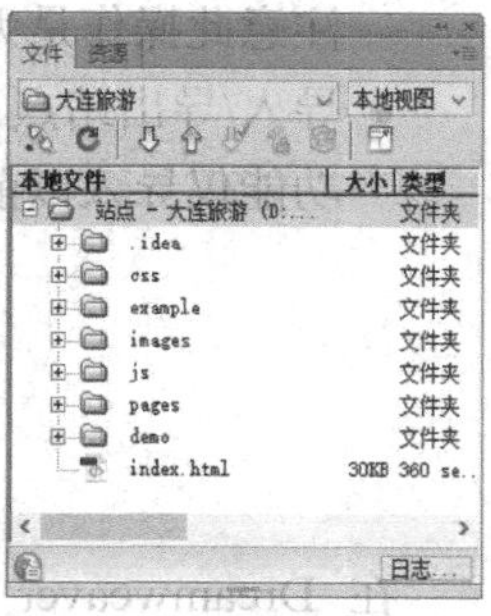

图 1-18　“文件”面板

1.7.4　管理站点

Dreamweaver 提供了站点管理功能。在“管理站点”对话框中，可以完成创建新站点、编辑现有站点、复制站点、删除站点或者导入/导出站点工作。管理站点的具体操作如下。

① 在 Dreamweaver 窗口中，执行【站点】/【管理站点】命令，弹出的“管理站点”对话框中列出了已经存在的站点名称，如图 1-19 所示。从列表中选择某站点，单击下方的相应管理选项，进行相应操作，然后单击【完成】按钮即可。

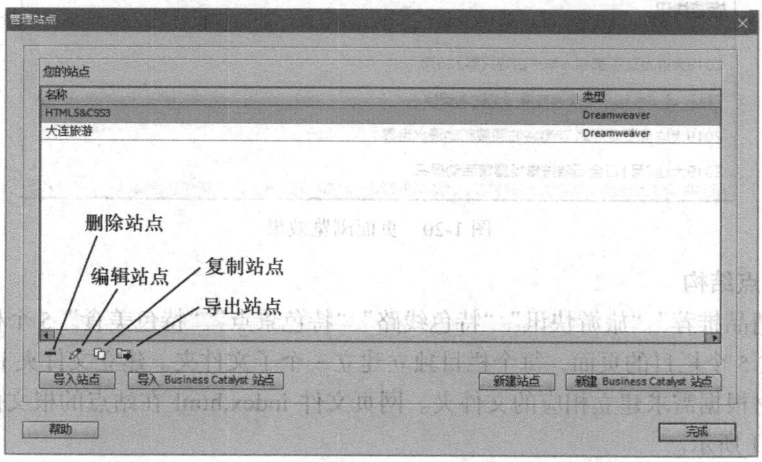

图 1-19　“管理站点”对话框

②“管理站点”窗口的主要功能如下。

- 新建站点：创建新站点。单击【新建站点】按钮后，将会打开“站点设置”对话框，可以命名或指定新站点的位置。
- 编辑站点：编辑用户名、口令等信息以及当前 Dreamweaver 站点的服务器信息。在站点列表中选择现有站点，然后单击编辑站点图标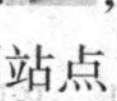，即可编辑当前站点。
- 复制站点：创建当前站点的副本。若要复制站点，需要在站点列表中选择该站点，然后单击复制站点图标。复制的站点将会显示在站点列表中，站点名称后面会附加“复制”字样。若要更改复制站点的名称，请选中该站点，然后单击编辑站点图标。
- 删除站点：从 Dreamweaver 站点列表中删除选定的站点及其所有设置信息，这并不会删除实际站点文件。若要删除站点，请在站点列表中选择该站点，然后单击删除站点图标。

注意此操作是无法撤销的。

- 导入/导出站点：导入用 XML 描述的站点，或将选定站点导出为 XML 文件（*.ste）。导入功能仅导入以前导出的站点，并不可以通过导入站点文件来创建新的 Dreamweaver 站点。

1.8　应用案例

在 Dreamweaver 中规划和建立一个名为“Tourism”的本地站点，并建立一个网页文件 news.html，浏览效果如图 1-20 所示。

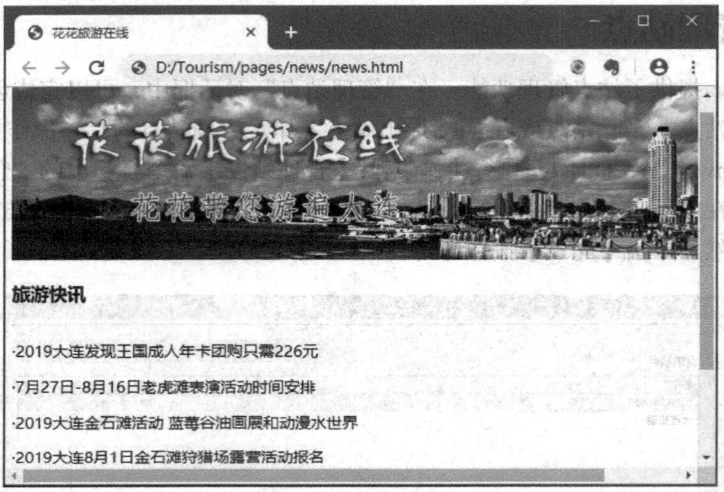

图 1-20　页面浏览效果

1. 规划站点结构

拟规划“精品推荐”“旅游快讯”“特色线路”“特色景点”“特色美食”5 个栏目，建立文件夹 pages 存放这 5 个栏目的页面，每个栏目独立建立一个子文件夹。建立文件夹 images 存入图片素材，其他素材根据需求建立相应的文件夹。网页文件 index.html 在站点的根文件夹下。站点目录结构如图 1-21 所示。

2. 在 Dreamweaver 中建立站点

按照 1.7.2 小节的介绍，在 Dreamweaver 中创建本地站点，创建完成后的站点结构如图 1-21 所示。

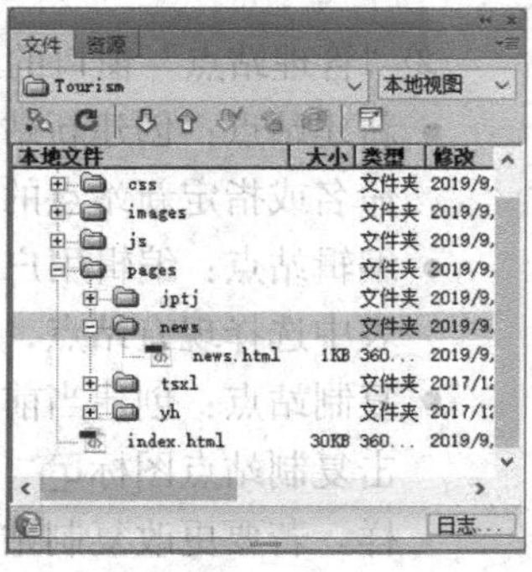

图 1-21　站点结构

3. 在 Dreamweaver 中建立网页文件 news.html

本案例在 Dreamweaver 的设计视图下完成。

① 在 Dreamweaver 的设计视图下，修改标题文本框中的文字为“花花旅游在线”。

② 插入图片，并适当调整图片的大小。图片文件存放在站点根目录下面的 images 文件夹中。

③ 输入文字“旅游快讯”，并在“属性”面板中设置格式为“标题 3”。

④ 输入文字。

⑤ 保存后在浏览器中预览。

本案例在 Dreamweaver 的设计视图下完成，网页上元素的格式控制还没有很好地实现。例如，没有设置文字、图片元素居中，没有设置文字的字间距和行间距，文字的首行缩进没有实现。这些内容，需要学习后面章节中的 HTML 和 CSS 之后再来完成。

本章小结

本章首先介绍了互联网的访问过程和工作机制。在互联网访问过程中，浏览器与服务器，WWW 与万维网，还有 IP 地址与域名是最基本的概念，在后面的章节还要不断用到。网站制作过程中还涉及网站、网页、静态网页和动态网页等概念，这些是必备的知识。

随着各种 Web 开发技术不断涌现，依据一定的标准来指导 Web 开发和应用有重要意义。Web 标准由 W3C 和其他标准化组织制订，由一系列标准构成，其网页部分的标准通过 3 部分来描述：结构（Structure）、表现（Presentation）和行为（Behavior）。就网站开发而言，Web 标准的结构、表现和行为对应于 3 种常用的技术，即（X）HTML、CSS 和 JavaScript。（X）HTML 用来决定网页的结构和内容，CSS 用来设计网页的表现形式，JavaScript 用来控制网页的行为，这 3 部分即构成了本书的框架。

接下来介绍了常用的网站开发工具 Dreamweaver CS6，说明了站点的意义和在 Dreamweaver 中创建站点的方法。

网站建设的流程可以划分为前期策划、中期制作和后期维护 3 个阶段，每个阶段都有必须要完成的工作。

思考与练习

1. 简答题

（1）简要说明 Web 的访问机制。

（2）说明网站、网页、静态网页和动态网页的含义。

（3）组成网页的最基本元素有哪些？

（4）简述 Web 标准的含义。

（5）使用记事本编辑 HTML 文件时，需要注意哪些问题？

2. 操作题

（1）在 Internet 上找出一个完全使用静态网页技术制作的网站和一个使用动态网页技术制作的网站，注意观察它们的区别。

（2）在计算机上安装 Firefox 浏览器，并分别使用 IE 浏览器和 Firefox 浏览器查看“中国知网”主页的源代码。

（3）用“记事本”和 Dreamweaver CS6 分别编写一个 HTML 文件，将其保存后在浏览器中打开，内容如下。

① 文字“欢迎您学习 HTML5、CSS3 和 JavaScript”，居中。

② 加入水平线。

（4）策划一个关于你本人的个人网站，写一个简要的策划书，要包含本章关于网站策划的内容。

第 2 章 静态网页制作——使用 HTML 技术

设计网页，首先就是要将文字、图像和声音等元素按照一定的结构置于网页中。按照 Web 标准，在网站开发过程中，网页的结构和内容对应于 HTML 技术。HTML 文档中的文字、图像等元素需要按一定的形式组织起来，从而使网页美观和便于阅读。本章将介绍最基本的静态网页编辑技术。表格是一种数据组织和简单的页面布局工具，本章也将对其进行介绍。

本章主要内容包括：

- HTML 的发展过程；
- 在网页中插入文字、表格、图像等元素；
- 设置网页内元素的格式；
- 超链接和表单；
- 表格及内嵌框架；
- HTML5 中新增的文档结构元素和表单元素。

2.1 HTML 概述

2.1.1 HTML 简介

1. HTML 的含义

HTML 是英文 HyperText Markup Language 的缩写，即超文本标记语言（或超文本标签语言），是用于描述网页文档的一种标记语言。

最初设计 HTML 的目的是为了能把存放在一台计算机中的文本或图形与另一台计算机中的文本或图形方便地联系在一起，形成一个整体。另外也是为了能让所有的用户都能得到一致的信息，不会因为用户的硬件、软件、语言、地理位置等而有任何差别。此后，所有的软件供应商都按照这一语言规范编写解释器，从而使数据呈现一致。

HTML 最早由欧洲原子核研究委员会的伯纳斯·李（Berners-Lee）发明，后来成为图文浏览器 Mosaic 的网页解释语言，并随着 Mosaic 的流行而逐渐成了网页语言的事实标准。

HTML 标准由 W3C 负责开发和制定，W3C 是 World Wide Web Consortium 的简称，也就是“万维网联盟”或“万维网协会”。各种标准的推出一般先由 W3C 委员会根据各厂商的建议指定草案（Draft），然后将草案公开并进行讨论，最后形成推荐（Recommendation，一般简写为 REC）标准。

2. HTML 的历史

HTML 自 1989 年首次应用于网页编辑后，便迅速崛起成为网页编辑主流语言。几乎所有的网页都是由 HTML 或者用其他程序语言嵌套在 HTML 中编写的。目前，已经发布的 HTML 版本如表 2-1 所示。

表 2-1 HTML 版本

版　本	发表日期
HTML3.2	W3C REC：1996.4
HTML4	W3C REC：1997.12
HTML4.01	W3C REC：1999.12
HTML5	2012 年 12 月定稿

HTML 没有 1.0 版本，是因为早期存在着很多不同版本的 HTML。当时 W3C 并未成立，HTML 在 1993 年 6 月作为互联网工程工作小组（Internet Engineering Task Force，IETF）的一份草案发布，但并未被推荐为正式规范。

在 IETF 的支持下，根据过去的通用实践，1995 年，整理后的 HTML2 发布。但是，HTML2 是作为 RFC1866（Request For Comments，意即“请求注解”）发布的，其后经过多次修改。后来的 HTML+和 HTML3 中也采用了很多好的建议，并添加了大量丰富的内容，但当时这些版本还未能上升到创建一个规范的程度。因此，许多厂商实际上并未严格遵守这些版本的格式。

1996 年，W3C 的 HTML 工作组编撰和整理了通用的实践格式，并于第二年公布了 HTML3.2 规范。同期 IETF 宣布解散 HTML 工作组，从此由 W3C 开始开发和维护 HTML 规范。

HTML4 于 1997 年 12 月被 W3C 推荐为正式规范，并于 1999 年 12 月推出修订版 HTML4.01。这个版本被证明是非常合理的，它引入了样式表、脚本、框架、嵌入对象、双向文本显示、更具表现力的表格、增强的表单以及强大的可访问性。

3. HTML5

在 HTML4.01 发布之后，HTML 规范长时间处于停滞状态，W3C 转向开发 XHTML，陆续发布了 XHTML1 规范和 XHTML2 规范。但 XHTML2 规范越来越复杂，并没有被浏览器厂商接受。

与此同时，Web 超文本应用技术工作组（Web Hypertext Application Technology Working Group，WHATWG）则认为 XHTML 并非用户所需要的，于是继续开发 HTML 的后续版本，并定名为 HTML5。随着万维网的发展，WHATWG 的工作获得了很多厂商的支持，并最终获得 W3C 认可，W3C 终止了 XHTML 的开发，重新启动 HTML 工作组，在 WHATWG 工作的基础上开发 HTML5，并最终发布 HTML5 规范。

HTML5 是用于取代 1999 年所制定的 HTML4.01 和 XHTML1 规范的 HTML 标准版本，现在仍处于发展阶段，但大部分浏览器已经支持某些 HTML5 技术。HTML5 有两大特点：首先，强化了 Web 网页的表现性能；其次，追加了本地数据库等 Web 应用的功能。广义的 HTML5 实际指的是包括 HTML、CSS 和 JavaScript 在内的一套技术组合，它能够减少浏览器对于“需要插件的丰富性网络应用服务”（plug-in-based rich internet application）——如 Adobe Flash、Microsoft Silverlight 与 Oracle JavaFX——的需求，并且提供更多能有效增强网络应用的标准集。

2012 年 12 月 17 日，W3C 宣布凝结了大量网络工作者心血的 HTML5 规范正式定稿。W3C 在发言稿中称：“HTML5 是开放的 Web 网络平台的奠基石”。尽管 W3C 的正式标准尚未发布，但这份技术规范意味着 HTML5 的功能特性已经完成定义，对于企业和开发者而言有了一个可以参照来规划和实现的规范。

支持 HTML5 的国外浏览器包括 Firefox（火狐浏览器）、Internet Explorer（IE9 及其更高版本）、Chrome（谷歌浏览器）、Safari、Opera 等；国内浏览器包括傲游浏览器（Maxthon），以及基于 IE 或 Chromium（称为 Chrome 的工程版或实验版）所推出的 360 浏览器、搜狗浏览器、QQ 浏览器等。

2.1.2 HTML 文档结构与书写规范

HTML 文档分为文档头和文档体两部分。文档头包括网页语言、关键字和字符集的定义等，文档体中的内容就是要显示的各种文档信息。HTML 文档的主要结构如下。

```
<html>
  <head>
  ......
  </head>
  <body>
  ......
  </body>
</html>
```

在上面的 HTML 文件结构描述中，最外层的<html>和</html>标记表示该文档是 HTML 文档。有时我们也会看到一些省略<html>标记的文档，这是因为.html 或.htm 文件被 Web 浏览器默认为是 HTML 文档。

<head>和</head>标记表示的是文档头部信息，一般包括标题和主题信息，也可以在其中嵌入其他标记，如文件标题、编码方式等属性。该部分信息不会显示在页面正文中。

<body>和</body>标记是网页的主体信息，是显示在页面上的内容，可以包括文字、表格和图片等信息。

1. HTML 元素

一个 HTML 文件是由一系列的元素和标记（也称标签）组成的，元素指的是从开始标记（start tag）到结束标记（end tag）的所有代码。元素的内容是开始标记与结束标记之间的内容，具体如表 2-2 所示。

表 2-2　　HTML 元素

开始标记	元素内容	结束标记
<p>	这是一个段落	</p>
<a href="">	这是一个超链接	</a>

HTML 用标记来规定元素的属性和它在文档中的功能，标记最基本的格式是：<标记>内容</标记>，使用时必须用尖括号“<>”括起来，通常成对出现，以开头无斜杠的标记开始，以有斜杠的标记结束，这种标记称为双标记。例如，<p>表示段落的开始，</p>表示段落的结束。还有一些标记被称为单标记，即只需单独使用就能完整地表达意思，例如，最常用的
就是单标记，表示文本格式中的换行。

标记还可以嵌套使用，即标记中还可以包含标记，如表格中包含表格、行、单元格或其他标记。

2. HTML 元素的属性

与标记相关的特性称为属性，每个属性总是对应一个属性值，称为“属性/值”对，语法格式如下。

```
<标记 属性 1 ="属性值 1" 属性 2 = "属性值 2"……>……</标记>
```

一个标记中可以定义多个“属性/值”对，对与对之间通过空格分隔，可以以任何顺序出现。属性名不区分大小写，但不能在一个标记中定义同名的属性。

标记中的属性值需用半角的双引号或半角的单引号括起来，也可以不使用引号，但属性值中只能包含 ASCII 字符（a～z 以及 A～Z）、数字（0～9）、连字符（-）、圆点句号（.）、下划线（_）以及冒号（:）。

HTML5 已经不再支持<font>、<center>等传统的格式标记。这些标记的功能可以通过 style 属性来描述，这种 style 属性也称为内部样式表。style 属性的作用是定义样式，如文字的大小、色彩、背景颜色等。style 属性的书写格式如下。

```
<标记 style = "属性名称 1:属性值 1; 属性名称 2:属性值 2;">……</标记>
```

一个 style 属性中可以放置多个样式的属性名称，每个属性名称对应相应的属性值，属性之间用分号隔开，下面这段代码用 style 属性定义了红色的文字段落。

```
<p style="color:#ff0000;">我的颜色是红色</p>
```

W3C 提倡在定义属性值时使用引号，这样可以使代码更加规范，也可以顺利地与未来的新标准衔接。style 标记及其属性将会在第 3 章中详细介绍。

3. HTML 的颜色表示

在 HTML 中，颜色有两种表示方式。一种是用颜色的英文名称表示，比如 blue 表示蓝色，red 表示红色；另外一种是用 16 进制的数值表示 RGB 的颜色值。

RGB 分别是 red、green、blue 的首字母，即红、绿、蓝三原色的意思。RGB 每个原色的最小值是 0（16 进制为 0），最大值是 255（16 进制为 FF）。

RGB 的颜色的表示方式为#rrggbb。其中红、绿、蓝三色对应的取值范围都是 00～FF，如白色的 RGB 值（255,255,255），就用#ffffff 表示；黑色的 RGB 值（0,0,0），就用#000000 表示。

4. HTML 文件的书写规范

- 所有标记都要用尖括号（<>）括起来，这样浏览器就知道尖括号内的标记是 HTML 命令。
- 对于成对出现的标记，最好同时输入起始标记和结束标记，以免遗漏。
- 采用标记嵌套方式可以为同一个信息应用多个标记。
- 标记和属性名不区分大小写，例如，将<head>写成<Head>或<HEAD>都可以。
- 任何空格或回车在代码中都无效，插入空格或回车有专门的标记，分别是 、
。因此，可以在不同标记间用回车键换行使代码结构更清晰。
- 标记中不要有空格，否则浏览器可能无法识别，例如不能将<title>写成<t itle>。
- 标记中的属性值使用双引号或单引号括起来。

2.1.3 建立 HTML 文件

下面使用文本编辑工具 Notepad++编写一个 HTML 文件。 Notepad++是一款共享软件，可以从网络下载。在编写时，读者应当按照 2.1.2 节中介绍的书写规范，养成良好的代码书写习惯。

① 打开 Notepad++文本编辑软件，输入示例 2-1 中的代码，先搭好 HTML 文档的结构，即把 HTML 文档的头部、主体写好。需要说明的是，部分网页编辑软件自动生成代码框架，如 Dreamweaver CS6。

示例 2-1

```
<!-- demo0201.html -->
<html>
<head>

</head>
<body>

</body>
</html>
```

② 在<head></head>间定义如下头部信息。

```
<!-- demo0201.html -->
<html>
<head>
 <title>花花旅游在线</title>
</head>
<body>

</body>
</html>
```

注意：*在写代码时，要养成良好的习惯，换行、缩进、加注释等都应严格书写，这样便于日后查看和修改。*

③ 在<body></body>间写两段代码，插入横幅 banner 图片和一段正文文字。

```
<!-- demo0201.html -->
<html>
<head>
<title>花花旅游在线</title>
</head>
<body>
<img src="images/header.jpg" style="width:980px; height:200px; " title="花花旅游在线
banner"/>
 <p>旅游快讯</p>
</body>
</html>
```

以 demo0201.html 为文件名保存该文档，在 Chrome 浏览器中预览，效果如图 2-1 所示。

图 2-1　插入图片和文字后的预览效果

④ 继续在文档中输入全部文字内容，保存文档。完整的代码如下，在网页中的效果如图 2-2 所示。

```
<!-- demo0201.html -->
<!DOCTYPE HTML>
<html>
<head>
<meta  charset="utf-8">
<title>花花旅游在线</title>
</head>
<body>
    <img src="images/header.jpg" style="width:980px; height:200px; " title="花花旅游
在线 banner">
    <p>旅游快讯</p>
    <hr/>
     <p>2019 大连国际沙滩文化节</p>
     <p>时间：2019-06-28 至 2019-07-11 </p>
     <p>地址：金石滩黄金海岸 </p>
     <hr/>
     <p>第十七届大连国际徒步大会</p>
     <p>时间：2019-05-18 至 2019-05-19</p>
     <p>地址：滨海路、金石滩国家旅游度假区等地 </p>
     <hr/>
</body>
</html>
```

图 2-2　网页的浏览效果

上面的代码中，<img>是图片插入标记，<hr/>是水平线标记，详细内容将在下节介绍。本节主要介绍了 HTML 文档的基本结构。在编写 HTML 文件时，一定要按照规范书写，以避免代码书写错误，也便于以后查看和修改。

2.2　HTML 的基本标记

HTML 的基本标记主要包括标题标记、段落标记、块标记和列表标记等，这些标记主要用于描述 HTML 文档的内容。一些文字标记，例如，设置文字的字体、字号、颜色等属性的<font>标记，设置斜体、删除线、下划线等标记，因 HTML5 中已经不再支持，可以用 CSS 代替，本节不再赘述。

2.2.1 标题标记<hn>

在 HTML 文档中，标题很重要。标题是通过<h1>～<h6>共 6 对标记进行定义的。<h1>定义最大的标题，<h6> 定义最小的标题。

示例 2-2 中代码分别用<h1>、<h2>、<h3>这 3 个标记定义了 3 级标题，在浏览器中显示的效果如图 2-3 所示。

示例 2-2

```
<!-- demo0202.html -->
<!DOCTYPE HTML>
<html>
<head>
<title>标题示例</title>
</head>
<body>
    <img src="images/header.jpg" style="width:980px; height:200px;" />
    <h1>旅游快讯</h1>
    <h2>2019 大连国际沙滩文化节</h2>
    <h3>时间：2019-06-28 至 2019-07-11  地址：金石滩黄金海岸 </h3>
</body>
</html>
```

图 2-3　示例 2-2 定义的 3 级标题

2.2.2 段落标记<p>和换行标记

不论是在普通文档中，还是在网页文字中，合理地划分段落会使文字显示更加美观，要表达的内容也更加清晰。在 HTML 文件中，使用段落标记<p>来描述段落。网页显示时，包含在<p></p>标记对中的内容会显示在一个段落里。如果想另起一行，可使用换行标记
。

示例 2-3 运用段落标记和换行标记实现了一个内容以文字为主的网页。

示例 2-3

```
<!-- demo0203.html -->
<!DOCTYPE HTML>
<html>
```

```
<head>
<title>花花旅游在线</title>
</head>
<body>
    <img src="images/header.jpg" style="width:980px; height:200px;" />
    <h3>参加旅行社注意事项</h3>
    <p style="color:#000">1. 如何选择合法旅行社? </p>
    <p>    选择合法旅行社是旅游成功的重要前提之一。<br/>合法旅行社拥有提供合格旅游产品的基本条件，同时，这些旅行社在成立之初都向旅游行政管理部门交纳了 10 万元至 160 万元人民币数量不等的"质量保证金"。…… </p>
    <hr/>
    <p>2. 如何区分旅行社的类别? </p>
    <p>    旅游者在出游前，应根据旅游目的地的不同，选择有相应旅游业务经营资格的旅行社。<br/>旅行社按照经营业务范围分为：国内旅行社和国际旅行社。国内旅行社只能经营国内旅游业务，即招徕、接待国内旅游者，为旅游者在中国境内安排"食、住、行、游、购、娱"等旅游活动。……</p>
</body>
</html>
```

示例 2-3 中的字符串“ ”用于在正文中插入空格，<hr/>用于添加水平线，style 用于定义该元素的属性。浏览器中的显示效果如图 2-4 所示。

图 2-4　示例 2-3 实现的网页效果

2.2.3　块标记<div>和<span>

<div>和<span>标记都是定义页面内容的容器，用于编排页面布局，本身没有具体的显示效果。这两个标记的显示效果由 style 属性或 CSS 来定义。

示例 2-4 分别定义了 2 个<div>和<span>容器，通过显示结果的对比可以发现<div>是一种块（block）容器，默认的状态是占据一行，而<span>是一个行间（inline）的容器，其默认状态是行间的一部分，占据行的长短由内容的多少决定。示例 2-4 在浏览器中显示的效果如图 2-5 所示。为了区分<div>和<span>，示例中设置了这两个元素的 style 属性。

图 2-5　示例 2-4 实现的网页效果

示例 2-4

```
<!-- demo0204.html -->
<!DOCTYPE HTML>
<html>
<head>
<meta charset="utf-8">
<title><div>和<span>标记示例</title>
</head>
<body>
    <div style="background-color:#3399FF">块状区域 1</div>
    <div style="background-color:#99DDEE">块状区域 1</div>
    <span style="background-color:#FFCCFF">行间区域 1</span>
    <span style="background-color:#993399">行间区域 2</span>
</body>
</html>
```

2.2.4 列表标记

在 HTML 文件中，除了使用标记对文字进行修饰以外，HTML 还提供了列表，列表可以对网页文字进行更好的布局和定义。所谓列表，就是在网页中将项目有序或无序地罗列显示。列表项目以项目符号开始，这样有利于将不同的内容分类呈现，并体现出重点。在 HTML 中可以设置序号样式、重置计数，或设置个别列表项目、整个列表项目的符号样式选项。

HTML 中有 3 种列表形式——有序列表、无序列表和自定义列表。

1. 有序列表标记<ol>

有序列表是一个项目的序列，各项目前标有数字以表示顺序。有序列表由<ol></ol>标记对实现，在<ol></ol>标记之间使用成对的<li></li>标记可以添加列表项目。定义有序列表的语法格式如下。

```
<ol type="" start="">
<li>列表信息</li>
<li>列表信息</li>
<li>列表信息</li>
......
</ol>
```

默认情况下，有序列表的列表项目前显示 1、2、3……序号，从数字 1 开始计数。可以使用 type 属性修改有序列表序号的样式，也可以定义 start 属性设置列表序号的起始值。type 属性的具体取值及说明如表 2-3 所示。

表 2-3　有序列表 type 属性及说明

属 性 值	说 明
1	数字 1、2……
a	小写字母 a、b……
A	大写字母 A、B……
i	小写罗马数字 i、ii……
I	大写罗马数字 Ⅰ、Ⅱ……

示例 2-5 中定义了 2 组有序列表。第一组有序列表定义了 3 个列表项，采用默认的列表样式；第二组有序列表定义了 3 个列表项，type 属性值设置为“a”，start 属性值设置为“3”，即列表项目的序号样式为小写字母，并从字母 c 开始计数。在浏览器中显示的效果如图 2-6 所示。

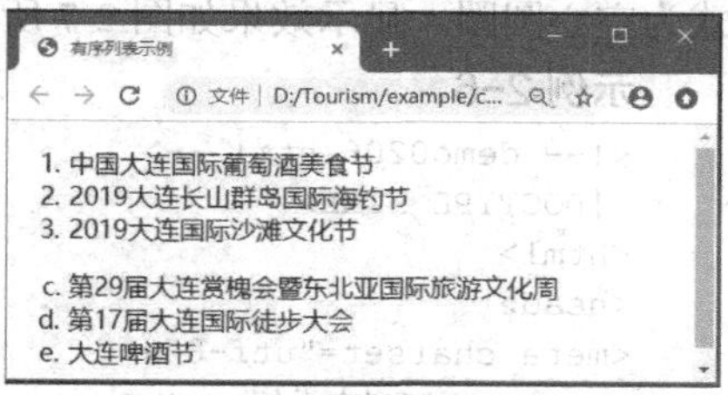

图 2-6　示例 2-5 定义的有序列表

示例 2-5

```
<!-- demo0205.html -->
<!DOCTYPE HTML>
<html>
<head>
<meta charset="utf-8">
<title>有序列表默认样式</title>
</head>
<body>
 <!--有序列表默认样式-->
 <ol>
  <li>中国大连国际葡萄酒美食节</li>
  <li>2019 大连长山群岛国际海钓节</li>
  <li>2019 大连国际沙滩文化节</li>
 </ol>
 <!--修改有序列表序号样式及初始值-->
 <ol type="a" start="3">
  <li>第 29 届大连赏槐会暨东北亚国际旅游文化周</li>
  <li>第 17 届大连国际徒步大会</li>
  <li>大连啤酒节</li>
 </ol>
</body>
</html>
```

有序列表的项目中可以加入段落、换行、图像、链接和其他列表等。

2. 无序列表标记<ul>

无序列表也是一个项目的序列，不用数字而采用一个符号标志每个项目。无序列表由成对的<ul></ul>标记对实现，在<ul></ul>标记之间使用成对的<li></li>标记可以添加列表项目。无序列表的语法格式如下。

```
<ul type="">
 <li>列表信息</li>
 <li>列表信息</li>
 <li>列表信息</li>
 ……
</ul>
```

默认情况下，无序列表的每个列表项目前显示黑色实心圆点。可以使用 type 属性修改无序列表符号的样式，type 属性的具体取值及说明如表 2-4 所示，其中，type 属性值必须小写。

表 2-4　无序列表 type 属性值及说明

属性值	说明
disc	实心圆点（默认）
circle	空心圆圈
square	方形

示例 2-6 定义了 2 组无序列表，第一组的每个列表项目前显示默认的黑色实心圆点；第二组无序列表的 type 属性值设置为“circle”，即项目符号样式为空心圆圈。显示效果如图 2-7 所示。

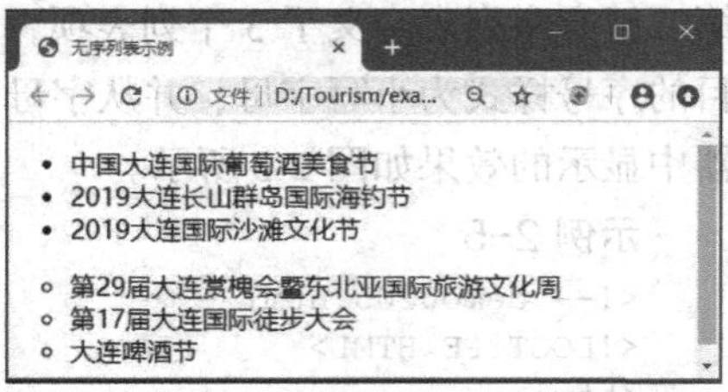

图 2-7 示例 2-6 定义的无序列表

示例 2-6

```
<!-- demo0206.html -->
<!DOCTYPE HTML>
<html>
<head>
<meta charset="utf-8">
<title>无序列表示例</title>
</head>
<body>
 <!--无序列表符号默认为黑点实心圆点-->
 <ul>
  <li>中国大连国际葡萄酒美食节</li>
  <li>2019 大连长山群岛国际海钓节</li>
  <li>2019 大连国际沙滩文化节</li>
 </ul>
 <!--修改无序列表符号为空心圆圈-->
 <ul type="circle">
  <li>第 29 届大连赏槐会暨东北亚国际旅游文化周</li>
  <li>第 17 届大连国际徒步大会</li>
  <li>大连啤酒节</li>
 </ul>
</body>
</html>
```

无序列表的项目中可以加入段落、换行、图像、链接和其他列表等。

3. 自定义列表<dl>

自定义列表不是一个项目的序列，它是一系列项目和它们的解释。自定义列表以<dl>标记开始，自定义列表项目以<dt>标记开始，自定义列表的解释以<dd>标记开始。自定义列表的语法格式如下。

```
<dl>
 <dt>名称<dd>说明
 <dt>名称<dd>说明
 <dt>名称<dd>说明
 ……
</dl>
```

<dt>标记定义了组成列表项的名称部分，此标记只能在<dl>标记中使用。<dd>标记用于解释说明<dt>标记所定义的项目，此标记也只能在<dl>标记中使用。

示例 2-7 定义了自定义列表，效果如图 2-8 所示。

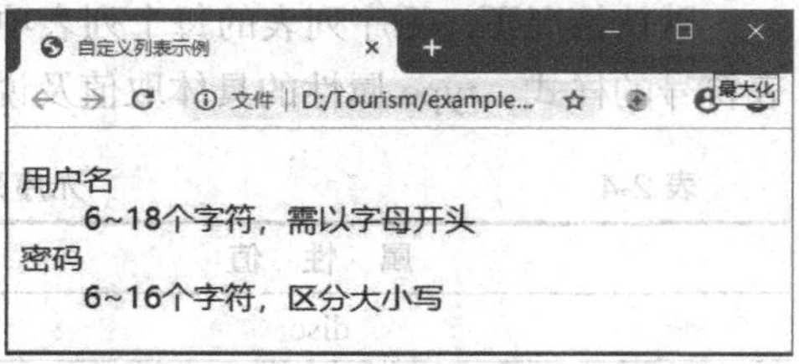

图 2-8 示例 2-7 定义的自定义列表

示例 2-7

```
<!-- demo0207.html -->
<!DOCTYPE HTML>
<html>
<head>
<meta charset=utf-8>
```

```
<title>自定义列表示例</title>
</head>
<body>
 <dl>
  <dt>用户名<dd>6~18 个字符，需以字母开头
  <dt>密码<dd>6~16 个字符，区分大小写
 </dl>
</body>
</html>
```

自定义列表的定义（标记<dd>）中可以加入段落、换行、图像、链接和其他列表等。

2.2.5 HTML5 增加的结构元素

前面介绍的各种标记是传统的 HTML 标记。HTML5 为了使文档结构更加清晰明确、容易阅读，增加了几个与页眉、页脚、内容等文档结构相关联的结构元素。需要指出，这些结构元素（内容区块）是增强了语义的 div 块，是 HTML 页面按逻辑进行分割后的单位，并没有显示效果。和 div 一样，即使删除这些结构元素，也不影响页面内容的显示效果。

本节主要介绍 article、section、nav、aside、header、footer 等元素。

1. article 元素

article 元素代表文档、页面或应用程序中独立的、完整的、可以独自被外部引用的内容。例如，一篇博客或报刊中的文章、一篇论坛帖子、一段用户评论或独立的插件，页面中主体部分或其他任何独立的内容都可以用 article 来描述。

除了内容部分，一个 article 元素通常有它自己的标题（一般放在一个 header 元素里面），有时还有自己的脚注。如果 article 描述的结构中还有不同层次的独立内容，article 元素是可以嵌套使用的，嵌套时，内层的内容在原则上应当与外层的内容相关联。

示例 2-8 是一个使用 article 元素描述的页面结构，其中的 header 和 footer 元素将在后面介绍。如果删除这几个结构元素，页面显示效果是没有变化的。

示例 2-8

```
<!-- demo0208.html -->
<!DOCTYPE html>
<head>
<meta charset="utf-8">
<title>article 元素</title>
</head>
<body>
    <article>
        <header>
            <h1>旅游产品</h1>
                <p>发布机构：大连市旅游局</p>
        </header>
        <p><b>市内旅游</b> ，包括广场游、滨海游、公园游、老建筑游和特色景点游等。</p>
        <p><b>海岛旅游</b> ，包括海王九、旅顺蛇岛、棒槌岛、海猫岛、獐子岛等。</p>

        <footer>
            <p><small>著作权归***公司所有。</small></p>
        </footer>
```

```
    </article>
</body>
```

2. section 元素

一个 section 元素通常由内容及其标题组成。但 section 元素不是一个普通的容器元素，如果一个容器需要被直接定义样式或通过脚本定义行为时，推荐使用 div 而非 section 元素。

section 元素可以这样理解：section 元素中的内容可以单独存储到数据库中或输出到 Word 文档中。section 元素的作用是对页面上的内容进行分块，或者说对文章进行分段，但要避免与“有完整、独立的内容”的 article 元素混淆。实际应用时，section 元素和 article 元素有时很难区分。事实上，在 HTML5 中，article 元素可以看成是一种特殊类型的 section 元素。section 元素强调分段或分块，article 元素强调独立性和整体性。具体来说，当一块内容相对比较独立、完整的时候，使用 article 元素语义更加明确。

示例 2-9 是关于 section 元素的一个应用，这个示例也包括了与 article 元素的比较。

示例 2-9

```
<!DOCTYPE html>
<head>
<meta charset="utf-8">
<title> article 元素</title>
</head>
<body>
  <article>
      <header>
          <h1>旅游产品</h1>
          <p>发布机构：大连市旅游局</p>
      </header>
      <section>
          <h2>市内旅游</h2>
          <p>包括广场游、滨海游、公园游、老建筑游和特色景点游等。</p>
      </section>
      <section>
          <h2>海岛旅游</h2>
          <p>包括海王九、旅顺蛇岛、棒槌岛、海猫岛、獐子岛等</p>
      </section>

      <footer>
          <p><small>著作权归***公司所有。</small></p>
      </footer>
  </article>
</body>
```

在这个例子中，article 元素包含了 section 元素，这不是固定模式。实际上，经常有 section 元素包含 article 元素的情况，主要看是强调分块还是强调独立性。关于 section 元素的使用可以参考下面的规则。

- section 元素不是用作设置样式的页面容器，页面容器使用 div 元素工作更具一般性。
- 如果 article 元素、aside 元素或 nav 元素更符合使用场景或语义描述，不要使用 section 元素。
- section 元素内部应当包括标题。

3. nav 元素

nav 元素是一个可以用作页面导航的链接组，其中的导航元素链接到其他页面或当前页面的其他部分。并不是所有的链接组都要被放进 nav 元素，只需要将主要的、基本的链接组放进 nav 元素即可。例如，在页脚中通常会有一组链接，包括服务条款、首页、版权声明等，这时使用 footer 元素最恰当。一个页面中可以拥有多个 nav 元素，作为页面整体或不同部分的导航。

示例 2-10 是一个 nav 元素的使用示例，在这个示例中，一个页面由几部分组成，每个部分都带有链接，但只将最主要的链接放入了 nav 元素中。

示例 2-10

```
<!DOCTYPE html>
<head>
<meta charset="utf-8">
<title>nav 元素示例</title>
</head>
<body>
<h1>大连旅游</h1>
<nav>
    <ul>
        <li><a href="#">联系我们</a></li>
        <li><a href="#">问题反馈</a></li>
        ...more...
    </ul>
</nav>
<article>
  <header>
        <h1>旅游产品</h1>
        <nav>
            <ul>
                <li><a href="snly">市内旅游</a></li>
                <li><a href="hdly">海岛旅游</a></li>
                ...more...
            </ul>
        </nav>
    </header>
    <article id="snly">
        <section >
            <h1>人民广场</h1>
            <p>位于大连市中心……</p>
        </section>
        ...more...
     </article>
    <article id="hdly">
     <section>
        <h1>棒槌岛</h1>
        <p>位于滨海东路……</p>
    </section>
    ...more...
    <footer>
        <p>
            <a href="edit">编辑</a> |
            <a href="delete">删除</a> |
```

```
            <a href="rename">重命名</a>
        </p>
    </footer>
</article>
<footer>
    <p><small>版权所有：XX 公司</small></p>
</footer>
</body>
```

示例 2-10 中，第 1 个 nav 元素用于页面导航，可以将当前页面跳转到其他页面（如联系我们页面或问题反馈页面）；第 2 个 nav 元素放置在 article 元素中，用作网页中两个组成部分的页内导航。

nav 元素的使用可以参考下面的常见用途。

- 传统导航条。主流网站页面上都有不同层级的导航条，其作用是将当前页面跳转到网站的其他页面。
- 侧边栏导航。主流博客网站及商品网站上都有侧边栏导航，其作用是将页面从当前文章或当前商品跳转到其他文章或其他商品页面。
- 页内导航。页内导航的作用是在本页面几个主要的组成部分之间进行跳转。
- 翻页操作。翻页操作是指在多个页面的前后页或博客网站的前后篇文章滚动。

4. aside 元素

aside 元素用来表示当前页面或文章的附属信息部分，它可以包含与当前页面或主要内容相关的引用、侧边栏、广告、导航条，以及其他类似的有别于主要内容的部分。

aside 元素主要有以下 2 种使用方法。

- 被包含在 article 元素中作为主要内容的附属信息部分，其中的内容可以是与当前文章相关的参考资料、名词解释等。
- 在 article 元素之外使用，作为页面或站点全局的附属信息，典型的形式是侧边栏，其中的内容可以是友情链接、文章列表、帖子等。

5. header 元素

header 元素是一种具有引导和导航作用的结构元素，通常用来放置整个页面或页面内的一个内容区块的标题，但也可以包括表格、logo 图片等内容。整个页面的标题应该放在页面的开头，用如下所示的形式书写页面的标题更有助于理解文档的结构。

```
<header><h1>页面标题</h1></header>
```

这里需要强调一点，一个页面内并未限制 header 元素的个数，一个页面可以拥有多个 header 元素，因此可以为每个内容区块加一个 header 元素。

6. footer 元素

footer 元素一般作为其上层容器元素的脚注。footer 包括的是脚注信息，如作者、相关阅读链接及版权信息等。在 HTML5 出现之前，编写页脚元素的代码如下。

```
<div id="footer">
  <ul>
    <li>版权信息</li>
    <li>站点地图</li>
    <li>联系方式</li>
  </ul>
<div>
```

HTML5 使用了更加语义化的 footer 元素来替代，代码如下。

```
<footer>
  <ul>
     <li>版权信息</li>
     <li>站点地图</li>
     <li>联系方式</li>
  </ul>
</footer>
```

与 header 元素一样，一个页面中也未限制 footer 元素的个数。同时，可以为 article 元素或 section 元素添加 footer 元素。

除了上面介绍的各种结构元素外，还有 address、hgroup、time 等元素，这些元素都作为语义或结构标记，这里不再赘述。

2.3　多　媒　体

多媒体是组成网页的重要元素，包括文字、图像、声音和动画等。虽然文字在网页中占有重要地位，但是图片、声音和动画也是不可缺少的，因为在网页中最能体现其特色效果的正是这些元素。

2.3.1　图像标记<img>

在制作网页过程中，可以使用 HTML 代码中的<img>标记向网页中嵌入一幅图像，也可以使用 CSS 设置某元素的背景图像。利用<img>标记插入图像是网页中最常用的图像插入方式。

注意，从技术上讲，<img> 标记并不是在网页中插入图像，而是在网页上链接显示一幅图像。<img> 标记创建的是被引用图像的占位空间，语法格式如下。

```
<img src="url" title="description" />
```

<img>标记的作用就是嵌入图像，该标记含有多个属性。<img>标记的常用属性及说明如表 2-5 所示。

表 2-5　　<img>标记的常用属性及说明

属　性　名	说　　明
src	图像地址
title	添加图像的替代文字
width/height	设置图像宽度/高度
border	设置图像边框
align	设置图像对齐方式

1. src 属性

src 属性为必需属性，其他属性为可选项。src 属性用来指定图像文件所在的路径，这个路径可以是相对路径，也可以是绝对路径。

2. title 属性

<img>标记的 title 属性用于添加图像的替代文字，替代文字有两个作用。其一，当浏览网页时，若图像下载完成，将鼠标光标放在图像上时，鼠标光标旁会出现此替代文字。其二，若图片没有被下载，图片位置会显示此替代文字，起到提醒说明的作用。

3. width/height 属性

<img>标记的 width 和 height 属性用来设置图像的宽度和高度，默认情况下，网页中显示的图像保持原图的尺寸。即不设置图像的宽度和高度时，图像大小与原图一致。

图像高度和宽度的单位可以是像素，也可以是百分比。若只设置宽度或高度中的一个，则图像会按原图宽高比例等比显示。但如果两个属性没有按原始大小的缩放比例设置，图像会变形显示。

示例 2-11 在网页中插入了一幅名为“tu.jpg”的图像，并设置图像尺寸为 400×300（单位为像素），同时为图像定义替代文字“风景图片”。图像加载成功时，将鼠标光标指向图像会显示替代文字；图像加载失败时，会直接显示替代文字，显示效果如图 2-9 所示。

图 2-9　示例 2-11 显示效果

示例 2-11

```
<!-- demo0211.html -->
<!DOCTYPE HTML>
<html>
<head>
<meta charset="utf-8">
<title>添加图像替代文字示例</title>
</head>
<body>
 <img src="images/tu.jpg" style="width:400px; height:300px;" title="风景图片">
</body>
</html>
```

示例 2-12 在网页中插入了 2 幅相同的图像，并进行了不同的尺寸设置，显示效果如图 2-10 所示。

示例 2-12

```
<!-- demo0212.html -->
<!DOCTYPE HTML>
<html>
<head>
<meta charset=utf-8>
<title>设置图像宽度和高度示例</title>
</head>
<body>
 <img src="images/jinshi1.jpg" title="风景图片" />
 <img src="images/jinshi1.jpg" style="width:50px;" />
</body>
</html>
```

第 1 张图像显示为原始尺寸，宽度为 160 像素，高度为 120 像素；第 2 张图像只设置了宽度为 50 像素，高度则按原比例缩小为 37 像素，如图 2-10 所示。

图 2-10　示例 2-12 定义的 2 张图片

4. border 属性和 align 属性

border 属性用来设置图像边框，align 属性用来设置图像对齐方式。

（1）border 属性

图像默认是没有边框的。<img>标记的 border 属性可以为图像定义边框的宽度，边框的颜色默认为黑色。

（2）align 属性

图像和正文文字的对齐方式可通过<img>标记的 align 属性来定义。图像的绝对对齐方式和正文的对齐方式一样，有左对齐、居中对齐和右对齐，而相对正文文字的对齐方式则是指图像与同行文字的相对位置。

align 属性的取值及说明如表 2-6 所示。

表 2-6 align 属性的取值及说明

align 属性值	说　明
top	图像顶部与同行的文字或图像顶部对齐
middle	图像中部与同行的文字或图像中部对齐
bottom	图像底部与同行的文字或图像底部对齐
left	图像在文字左侧
right	图像在文字右侧
absbottom	图像底部与同行最低项的底部对齐，常用于 Netscape 浏览器
absmiddle	图像中部与同行最大项的中部对齐，常用于 Netscape 浏览器
baseline	图像底部与文本基准线对齐，常用于 Netscape 浏览器
texttop	图像顶部与同行最高项顶部对齐，常用于 Netscape 浏览器

示例 2-13 插入了 3 幅图像，并分别定义了不同效果的图像边框。在浏览器中，3 幅图像的显示效果如图 2-11 所示。

图 2-11　示例 2-13 定义的 3 幅图像

示例 2-13

```
<!-- demo0213.html -->
<!DOCTYPE HTML>
<html>
<head>
<meta charset="utf-8">
<title>设置图像边框示例</title>
</head>
<body>
  <h2>设置图像边框</h2>
  <hr>
   原图无边框           边框为
10 像素
               边框为 4
像素<br>
   <img src="images/tu.jpg" />
   <img src="images/tu.jpg" border=10 />
   <img src="images/tu.jpg" style="border:4px solid blue;" />
</body>
</html>
```

HTML5 不再支持<img>标记的 border 属性和 align 属性，如需对网页中插入的图像进行边框和对齐方式的定义，可以使用 CSS 样式表来实现，从而定义更丰富的图像效果。图 2-11 中第 2 幅图片使用<img>标记的 border 属性定义的边框，第 3 幅图片的边框样式使用 CSS 定义。关于 CSS 设置图像效果的详细内容见第 3 章 3.7 节。

2.3.2　多媒体文件标记<embed>

网页中的多媒体文件除了图像以外，还包括音频和视频文件以及 Flash 文件等。音频文件常用格式有 MP3、MID 和 WAV 等，视频文件常用格式有 MOV、AVI、ASF 以及 MPEG 等。要在网页中插入这些文件就要使用<embed>标记。<embed>标记是 HTML5 中的新增标记，用来定义嵌入的内容，利用<embed>标记可直接调用多媒体文件。

<embed>标记的语法格式如下。

```
<embed src="url"  autostart=""  loop=""></embed>
```

- src 属性用来指定插入的多媒体文件的地址或多媒体文件名，文件名一定要加上扩展名。
- autostart 属性用于设置多媒体文件是否自动播放，有 true 和 false 两个取值，true 表示在打开网页时自动播放多媒体文件；false 是默认值，表示打开网页时不自动播放。
- loop 属性用于设置多媒体文件是否循环播放，有 true 和 false 两个取值，true 表示无限循环播放多媒体文件；false 为默认值，表示只播放一次。

下面分别在网页中插入 Flash 动画、音频文件和视频文件，来说明<embed>标记的用法。

1. 插入 Flash 动画

示例 2-14 在网页中插入了 Flash 动画"flash.swf"，并设置该动画显示宽度为 300 像素，未设置高度时，高度按动画的原始宽高比例自动取值。显示效果如图 2-12 所示。

示例 2-14

```
<!-- demo0214.html -->
<!DOCTYPE HTML>
<html>
<head>
<meta charset="utf-8">
<title>插入 flash 文件示例</title>
</head>
<body>
 <h3>插入 flash 文件</h3>
 <embed src="images/flash.swf" style="width:300px;">
 </embed>
</body>
</html>
```

图 2-12　示例 2-14 插入的 Flash 效果

2. 插入音频

示例 2-15 在网页中插入了音频文件"hi.wav"，并设置为自动播放和无限循环效果。

示例 2-15

```
<!-- demo0215.html -->
<!DOCTYPE HTML>
<html>
<head>
<meta charset="utf-8">
<title>插入音频文件示例</title>
</head>
<body>
 <h3>插入音频文件</h3>
 <embed src="images/hi.wav" autostart="true" loop="true" style="height:60px;">
 </embed>
</body>
</html>
```

网页显示时自动显示音乐播放器，播放器显示高度为 60 像素，同时音乐文件"hi.wav"自动开始播放，Chrome 浏览器的音乐播放效果如图 2-13 所示。若未设置 autostart 属性，则播放器会显示一个播放按钮，只要单击该按钮就开始播放

图 2-13　示例 2-15 播放音频的效果

音乐。部分浏览器插入音频时需要加入插件。

3. 插入视频

示例 2-16 在网页中插入名为“video1.wmv”的视频文件，并设置该视频的显示宽度为 300 像素，高度为 200 像素，同时定义自动播放和无限循环效果。Chrome 浏览器对<embed>标记支持不好，需要安装“Windows Media Player HTML5 Extension for Chrome”插件。示例 2-16 在 IE 11 浏览器中播放效果如图 2-14 所示。

图 2-14　示例 2-16 插入视频的效果

示例 2-16

```
<!-- demo0216.html -->
<!DOCTYPE HTML>
<html>
<head>
<meta charset="utf-8">
<title>插入视频文件示例</title>
</head>
<body>
 <h3>插入视频文件</h3>
 <embed src="images/video1.wmv" style="width:300px;height:200px;" autostart="true"
loop="true">
 </embed>
</body>
</html>
```

2.3.3　HTML5 新增视频标记<video>

目前，在网页中播放视频仍然没有固定的标准，网络上的视频播放主要由 Flash Player 插件实现，小部分由 QuickTime Player 和 Windows Media Player 插件来实现。但并非所有浏览器都拥有相同的插件，因此，HTML5 提供了视频内容的标准接口，规定使用<video>标记来实现视频的播放。<video>标记的语法格式如下。

```
<video src="url" controls="controls">替代文字</video>
```

如果浏览器不支持 url 指定的 video 元素，将显示替代文字。<video>标记常用的属性、取值及说明如表 2-7 所示。

表 2-7　<video>标记常用属性、取值及说明

属　性	值	说　明
src	url	要播放的视频的 URL
autoplay	autoplay	视频就绪后马上播放
controls	controls	添加播放、暂停和音量等控件
width	像素	设置视频播放器的宽度
height	像素	设置视频播放器的高度
loop	loop	设置视频是否循环播放
preload	preload	视频在页面加载时进行加载，并预备播放

当前，<video>标记支持 3 种视频格式，各浏览器对不同格式视频的支持情况如表 2-8 所示。

表 2-8　　<video>标记支持的视频格式及各浏览器支持情况

浏览器 / 格式	IE	Firefox	Opera	Chrome	Safari
Ogg	No	3.5+	10.5+	5.0+	No
MPEG4	9.0+	No	No	5.0+	3.0+
WebM	No	4.0+	10.6+	6.0+	No

在表 2-8 中，Ogg 是带有 Theora 视频编码和 Vorbis 音频编码的 Ogg 文件，MPEG4 是带有 H.264 视频编码和 AAC 音频编码的 MPEG4 文件，WebM 是带有 VP8 视频编码和 Vorbis 音频编码的 WebM 文件。数字表示浏览器的版本号，例如，9.0+表示 9.0 以上版本。

示例 2-17 在网页中插入视频文件 welcome.mp4，设置播放器宽度为 400 像素，高度为 300 像素，播放视频时显示播放、暂停等控件。其在 Chrome 浏览器中显示的效果如图 2-15 所示。如果浏览器不支持<video>标记，则不显示视频内容，而显示<video>与</video>之间的文字内容“此浏览器不支持 video 标记”，如图 2-16 所示。

图 2-15　示例 2-17 播放视频的效果

图 2-16　IE8 浏览器不支持<video>标记时的显示效果

示例 2-17

```
<!-- demo0217.html -->
<!DOCTYPE HTML>
<html>
<head>
<meta charset="utf-8">
<title>video 标记插入视频示例</title>
</head>
<body>
<video src="images/welcome.mp4" style="width:400px; height:300px;"
autoplay="autoplay" controls="controls" />
此浏览器不支持 video 标记
 </video>
</body>
</html>
```

<video>标记允许使用多个<source>标记来链接不同的视频文件，浏览器将使用第 1 个可识别的格式。例如，以下代码使用<source>标记链接 3 种不同格式的视频，浏览器播放第 1 个可识别视频，若不支持<video>标记，则显示提示文字“此浏览器不支持 video 标记”。

```
<video width="320" height="240" controls="controls">
 <source src="movie.ogg" type="video/ogg" />
 <source src="movie.mp4" type="video/mp4" />
 <source src="movie.webm" type="video/webm" />
 此浏览器不支持 video 标记
</video>
```

2.3.4 HTML5 新增音频标记<audio>

HTML5 规定<video>标记的同时也规定了<audio>标记来实现音频的播放，其语法格式如下。

```
<audio src="url" controls="controls">替代内容</audio>
```

<audio>与</audio>之间插入的替代内容是供不支持<audio>标记的浏览器显示用的。

<audio>标记的常用属性如表 2-9 所示，它支持的常见音频格式以及各浏览器对不同音频格式的支持情况如表 2-10 所示。

表 2-9　<audio>标记的常用属性、取值及说明

属　性	值	说　明
src	url	要播放的音频的 URL
autoplay	autoplay	音频就绪后马上播放
controls	controls	向用户显示控件，例如，播放、暂停、进度条等
loop	loop	设置音频是否循环播放
preload	preload	音频在页面加载时进行加载，并预备播放

表 2-10　<audio>标记支持的音频格式及各浏览器的支持情况

音频格式 \ 浏览器	IE	Firefox	Opera	Chrome	Safari
Ogg Vorbis	No	3.5+	10.5+	3.0+	No
MP3	9.0+	No	No	3.0+	3.0+
Wav	No	3.5+	10.5+	No	3.0+
AAC	9.0+	No	No	5.0+	3.0+
WebM 音频	No	4.0+	10.6+	6.0+	No

<audio>标记的属性和<video>标记的属性很类似。示例 2-18 表示插入音频文件 py.mp3，播放音频时显示播放、暂停等控件。其在 Chrome 浏览器中显示的效果如图 2-17 所示。网页在不支持<audio>标记的浏览器中加载时不会播放音频文件，而是显示提示文字“此浏览器不支持 audio 标记”。

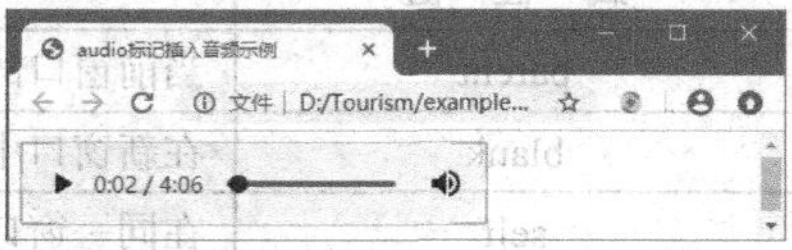

图 2-17　示例 2-18 在 Chrome 浏览器中播放音频的效果

示例 2-18

```
<!-- demo0218.html -->
<!DOCTYPE HTML>
<html>
<head>
<meta charset="utf-8">
<title>audio 标记插入音频示例</title>
</head>
<body>
<audio src="images/py.mp3" controls="controls" autoplay="autoplay">
 此浏览器不支持 audio 标记
</audio>
</body>
</html>
```

<audio>标记也允许定义多个<source>标记以链接不同的音频文件，浏览器将使用第 1 个可识

别的格式。例如，以下代码使用<source>标记链接 2 种不同格式的音频，浏览器播放第 1 个可识别音频，若不支持<audio>标记，则显示“此浏览器不支持 audio 标记”字样。

```
<audio controls="controls" autoplay="autoplay">
  <source src="images/black.ogg" type="audio/ogg"/>
  <source src="images/py.mp3" type="audio/mpeg"/>
  此浏览器不支持 audio 标记
</audio>
```

2.4 超 链 接

Web 上的网页是互相连接的，在浏览网页时，单击一张图片或者一段文字有时可以跳转到其他页面，这些功能就是通过超链接来实现的。在学习 HTML 时，掌握超链接的设置方法对网页制作也是至关重要的。

2.4.1 超链接标记<a>

在 HTML 文件中，超链接通常使用标记<a>来定义，具体链接对象通过标记中的 href 属性来设置。通常可以将当前文档称为链接源，href 的属性值便是目标文件。定义超链接的语法格式如下。

```
<a href="url" target="target-windows" >链接标题</a>
```

链接标题可以是文字、图像或其他网页元素。

- href 属性定义了链接标题所指向的目标文件的 URL 地址。
- target 属性指定用于打开链接的目标窗口，默认方式是原窗口，其属性值如表 2-11 所示。

表 2-11　　超链接属性 target 的值及说明

属 性 值	说 明
parent	当前窗口的上级窗口，一般在框架中使用
blank	在新窗口中打开
self	在同一窗口中打开，和默认值一致
top	在浏览器的整个窗口中打开，忽略任何框架

下面的代码为文字“访问搜狐”定义了超链接。

```
<a href="http://www.sohu.com" >访问搜狐</a>
```

链接目标为搜狐网站首页的 URL 地址“http://www.sohu.com”。网页在浏览器中加载后，用鼠标单击文字标题“访问搜狐”，就可以在当前窗口打开搜狐网站的页面。

2.4.2 超链接类型

在 HTML 文件中，超链接可以分为内部链接、外部链接和书签链接。内部链接指的是网站内部文件之间的链接，即在同一个站点下不同网页页面之间的链接；外部链接是指网站内的文件链接到站点以外的文件；书签链接是在一个文档内部的链接，适用于文档比较长的情况。

1. 内部链接

将超链接标记<a>中 href 属性的 URL 值设置为相对路径，就可以在 HTML 文件中定义内部超链接。

2. 外部链接

外部链接指网页中的链接标题可以链接到网站外部的文件。需要定义外部链接时，在超链接标记<a>中，将其 href 属性的 URL 值设置为绝对路径即可。

3. 书签链接

如果有的网页内容特别多，页面特别长，需要不断翻页才能看到想要的内容，这时，可以在页面中（一般是页面的前部）定义一些书签链接。这里的书签相当于方便浏览者查看的目录，单击书签时，就会跳转到相应的内容。实际上，跳转的地址也可以是其他文档中的某一位置。

在使用书签链接之前，首先要建立称为“锚记”的链接目标地址，格式如下。

```
<a name="anchorname"></a>
```

在超链接部分，指明用户定义的锚记名称，即可链接到指定的位置。

示例 2-19 中包含了内部链接和外部链接，显示结果如图 2-18 所示。

网页中为前两项文字标题和第 3 项图像素材分别添加了外部链接，单击链接标题或链接源图像时，浏览器会跳转到目标站点的网页上。

而代码中的<a href="..\pages\about.html">关于我们</a>则设置的是内部链接，链接的地址是站点内和当前文件所在文件夹同级的 pages 文件夹下面的文件。

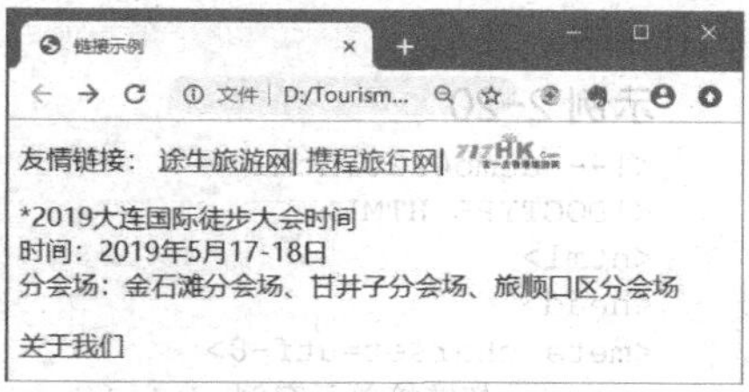

图 2-18　示例 2-19 链接示例

示例 2-19

```
<!-- demo0219.html -->
<!DOCTYPE HTML>
<html>
<head>
<meta charset="utf-8">
<title>链接示例</title>
</head>
<body>
  友情链接：
  <a href="http://www.tuniu.com/">途牛旅游网</a>|
  <a href="http://www.ctrip.com/">携程旅行网</a>|
  <a href="#"><img src="images/hklogo.png" style="height:30px;"></a>
  <p>*2019 大连国际徒步大会时间<br/>
  时间：2019 年 5 月 17-18 日<br/>
  分会场：金石滩分会场、甘井子分会场、旅顺口区分会场</p>
  <a href="../pages/about.html">关于我们</a>
</body>
</html>
```

2.4.3　超链接路径

HTML 文件中提供了 3 种路径——绝对路径、相对路径、根路径。

1. 绝对路径

绝对路径指文件的完整路径，包括文件传输的协议 HTTP、FTP 等，一般用于网站的外部链接，例如 http://www.sohu.com 和 ftp://ftp.lnnu.edu.cn。

2. 相对路径

相对路径是指相对于当前文件的路径，它包含了从当前文件指向目的文件的路径，适用于网站的内部链接。只要是处于站点文件夹内，即使不属于同一个文件目录下，相对路径建立的链接也适用。采用相对路径建立两个文件之间的相互关系，可以不受站点和服务器位置的影响。表 2-12

所示为相对路径的使用方法。

表 2-12　　相对路径的使用方法

相 对 位 置	输 入 方 法	举　例
同一目录	直接输入要链接的文档名	index.html
链接上一目录	先输入“../”，再输入目录名	../images/pic1.jpg
链接下一目录	先输入目录名，后加入“/”	videos/v1.mov

3. 根路径

根路径的设置以“/”开头，后面紧跟文件路径，例如/download/index.html。根路径的设置也适用于内部链接的建立，但一般情况下不使用根路径。根路径必须在配置好的服务器环境中才能使用。

示例 2-20 运用嵌套列表的方法定义了几组列表，并为每一个列表项添加内部链接或外部链接，实现了网站导航页面。在浏览器中查看网页，效果如图 2-19 所示。需要注意的是，超链接目标文件 a1.html、a2.html……d3.html 等需要用户自行定义，span 标记中的浮动属性 float 将在第 4 章中介绍。

示例 2-20

```
<!-- demo0220.html -->
<!DOCTYPE HTML>
<html>
<head>
<meta charset=utf-8>
<title>超链接单元案例</title>
</head>
<body>
<div><img src="images/header.jpg" style="width:980px; height:200px;" /></div>
<span style="width:323px; float:left;" >
    <ul>
     <li>旅游须知</li>
     <ul>
      <li><a href="a1.html">参加旅行社注意事项</a></li>
      <li><a href="a2.html">旅游保险常识</a></li>
     </ul>
     <li>旅游景点</li>
     <ul>
      <li><a href="b1.html">广场/建筑</a></li>
      <li><a href="b2.html">博物馆/纪念馆/展览馆</a></li>
      <li><a href="b3.html">主题公园/游乐场</a></li>
      <li><a href="b4.html">海水浴场/嬉水游泳馆</a></li>
     </ul>
    </ul>
 </span>
 <span style="width:323px;  float:left;">
    <ul>
     <li>旅游图库</li>
     <ul>
      <li><a href="c1.html">广场</a></li>
      <li><a href="c2.html">海滨</a></li>
      <li><a href="c3.html">建筑</a></li>
```

```
          </ul>
          <li>特色美食</li>
          <ul>
           <li><a href="d1.html">美食推荐</a></li>
           <li><a href="d2.html">街边小吃</a></li>
           <li><a href="d3.html">时令海鲜</a></li>
          </ul>
        </ul>
    </span>
    <span style="width:323px; float:left;">
        <ul>
          <li>友情链接</li>
          <ul>
           <li><a href="http://www.people.com.cn/bjly/">北京旅游网</a></li>
           <li><a href="http://www.shanghaitour.net">上海旅游网</a></li>
           <li><a href="#">广州旅游网</a></li>
          </ul>
        </ul>
    </span>
  </body>
  </html>
```

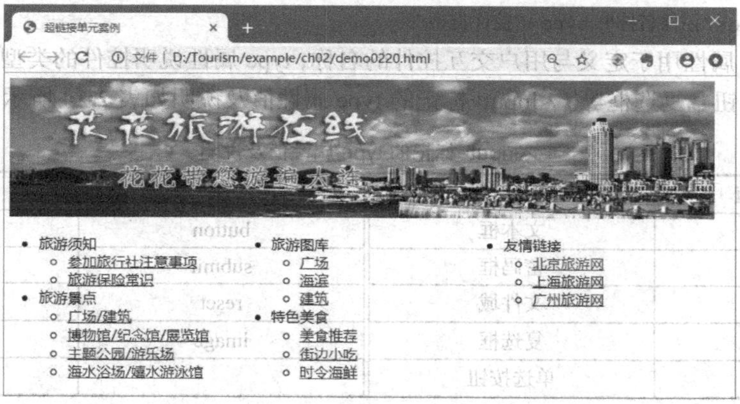

图 2-19　示例 2-20 网站导航页面效果

2.5 表　单

表单（Form）是 HTML 的重要部分，是网页提供的一种交互式操作手段，主要用于采集和提交用户输入的信息。无论是提交搜索的信息还是网上注册等，都需要使用表单。用户可以通过提交表单信息与服务器交互，服务器端程序对提交后的表单数据进行处理，并向客户端发出响应。

2.5.1 表单定义标记<form>

在 HTML 中，只要在需要使用表单的地方插入成对的表单标记<form></form>，就可以完成表单的定义，基本语法格式如下。

```
<form name="formName" method="post|get" action="url" enctype="encoding"></form>
```

表单标记的部分属性及说明如表 2-13 所示。

表 2-13　　表单标记的部分属性及说明

属　性	说　明
name	表单名称
method	表单发送的方式，可以是“post”或是“get”
action	表单处理程序
enctype	表单编码方式

下面是定义表单的一段代码。

```
<form name="myform" method="post" action="mailto:administrator@163.com"
 enctype="text/plain"> </form>
```

上面的代码定义了名为“myform”的表单，采用“text/plain”的编码方式，将输入数据按照 HTTP 中的“post”传输方式传送给处理程序“mailto:administrator@163.com”。

2.5.2　输入标记<input>

表单中用于数据输入的 input 元素也被称为表单控件。首先，用户必须在表单控件中输入必要的信息，发送到服务器请求响应，然后服务器将结果返回给用户，这样就体现了交互性。<input>是表单输入信息时常用的标记，通常包含在<form>和</form>标记中，其语法格式如下。

```
<input name="控件名称" type="控件类型">
```

其中，name 属性用于定义与用户交互控件的名称；type 属性说明控件的类型，可以是文本框、密码框、单选按钮、复选框等。<input>标记的 type 属性值及说明如表 2-14 所示。

表 2-14　　<input>标记的 type 属性值及说明

属 性 值	说　明	属 性 值	说　明
text	文本框	button	标准按钮
password	密码框	submit	提交按钮
file	文件域	reset	重置按钮
checkbox	复选框	image	图像域
radio	单选按钮		

1. 文本框——text

将<input>标记中的 type 属性值设置为 text，就可以在表单中插入文本框。在此文本框中可以输入任何类型的数据，但输入的数据将以单行显示，不会换行。例如，使用<input>标记输入姓名的代码如下。

```
姓名：<input name="username" type="text" maxlength="12" size="8" value="myname" />
```

其中，name 属性用于定义文本框的名称；size 和 maxlength 属性用于指定文本框的宽度和允许用户输入最大的字符数，但有时会引起浏览器兼容性问题，是不安全的，更多情况下采用 CSS 设置；value 指定文本框的默认值。

2. 密码框——password

将<input>标记中的 type 属性值设置为 password，就可以在表单中插入密码框，涉及各属性的含义与文本框相同。在此密码框中可以输入任何类型的数据，这些数据都将以实心圆点的形式显示，以保护密码的安全，例如：

```
密码：<input name="pwd" type="password" maxlength="8" size="8" />
```

3. 复选框——checkbox

复选框允许在一组选项中选择任意多个选项。将<input>标记中的 type 属性值设置为

checkbox，就可以在表单中插入复选框。通过复选框，用户可以在网页中实现多项选择。例如：

```
请选择：<input name="check1" type="check" value="football" checked />
```

其中，value 属性指定复选框被选中时该控件的值，checked 用来设置复选框默认被选中。

4. 单选按钮——radio

单选按钮表示互相排斥的选项。在某单选按钮组（由两个或多个同名的按钮组成）中选择一个按钮时，就会取消对该组中其他所有按钮的选择。将<input>标记中的 type 属性值设置为 radio，就可以在表单中插入一个单选按钮。在选中状态时，按钮中心会有一个实心圆点。单选按钮的格式与复选框类似，下面通过示例 2-21 来说明。

示例 2-21 所示为在表单中显示输入用户名和密码的框体，同时，通过复选框由用户选择兴趣爱好，通过单选按钮选择收入情况。

示例 2-21

```
<!-- demo0221.html -->
<!DOCTYPE HTML>
<html>
<head>
<meta charset="utf-8">
<title>文本框、密码框、单选按钮、复选框示例</title>
</head>
<body>
 <form>
  用户名：<input name="texta" type="text" maxlength="12" size="8"
value="username" /><br/>
  密　码：<input name="textb" type="password" maxlength="8" size="8" /><br/>
  <p>兴趣爱好<br/>
  <input name="check1" type="checkbox" value="sport" />户外运动
  <input name="check2" type="checkbox" value="music" />音乐
  <input name="check3" type="checkbox" value="movie" />电影
  <input name="check4" type="checkbox" value="shopping" />购物</p>
  <p>收入情况<br/>
  <input name="radio" type="radio" value="a1" />2000~4000
  <input name="radio" type="radio" value="a2" />4000~8000<br/>
  <input name="radio" type="radio" value="a3" />8000~10000
  <input name="radio" type="radio" value="a4" />10000~20000</p>
 </form>
</body>
</html>
```

首先在表单中插入一个名为“texta”的单行文本框，最多输入 12 个字符，文本框宽度为 8，默认值为 username。同时插入一个名为“textb”的密码框，最多输入 8 个字符，密码框宽度为 8。

然后在表单中插入 4 个复选框，值分别为 sport、music、movie、shopping。注意，复选框和单选按钮的值并不显示在网页上，这些值在表单提交后，一般由 JavaScript 来处理。表单插入 4 个同名的单选按钮构成单选按钮组。注意，几个单选按钮的 name 属性值必须相同，才能实现一组单选项的效果。表单在浏览器中的显示效果如图 2-20 所示。

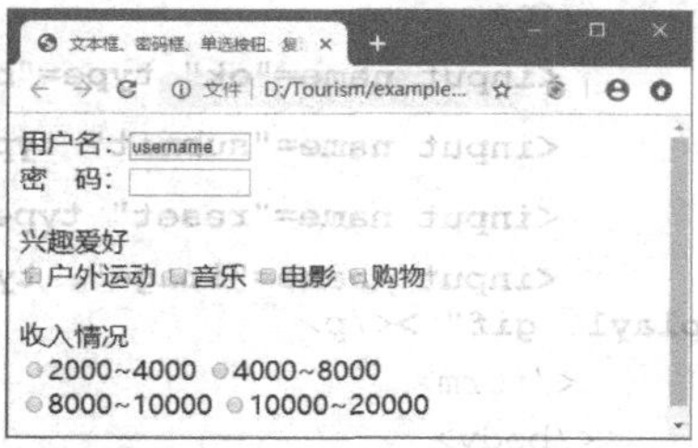

图 2-20　示例 2-21 显示效果

5. 标准按钮——button

将<input>标记中的 type 属性值设置为 button，就可以在表单中插入标准按钮，例如：

```
<input name= "button1" type= "button" value= "确认" />
```

其中，value 属性定义的是浏览网页时按钮上显示的标题文字，button 按钮一般由 onclick 事件响应。

6. 提交/重置按钮——submit/reset

将<input>标记中的 type 属性设置为 submit，就可以在表单中插入一个提交按钮，例如：

```
<input name= "submit1" type= "submit" value= "提交" />
```

其中，value 属性定义的是浏览网页时按钮上显示的标题文字。当用户单击此按钮时，表单中所有控件的“名称/值”被提交，提交目标是 form 元素的 action 属性所定义的 URL 地址。

若将 type 属性设置为 reset，则插入重置按钮，例如：

```
<input name= "reset1" type= "reset" value= "重置" />
```

7. 图像域——image

用户在浏览网页时，有时会看到某些网站的按钮不是普通样式，而是用一张图像做的提交或其他类型的按钮，这种效果可以通过插入图像域来实现。将<input>标记中的 type 属性值设置为 image，就可以在表单中插入图像域，语法格式如下。

```
<input name="buttonname" type="image" src="url" />
```

其中，src 属性定义插入图像的来源路径。

示例 2-22 表示在表单中分别插入标准按钮、提交按钮、重置按钮和图像域。

- 标准按钮名为“ok”，值为“确定”，即按钮上显示的标题文字为“确定”。
- 提交按钮名为“submit”，值为“提交”；重置按钮名为“reset”，值为“重置”。
- 图像域是在表单中插入一个名为“image”的图像域，图像的来源路径为 images 目录的 play1.gif。

示例 2-22

```
<!-- demo0222.html -->
<!DOCTYPE HTML>
<html>
<head>
<meta charset="utf-8">
<title>按钮、图像域示例</title>
</head>
<body>
 请输入
 <form>
  用户名：<input name="texta" type="text"size="8" value="username"><br/>
  密  码：<input name="textb" type="password" maxlength="8" size="8">
  <p>
  <input name="ok" type="button" value="确定"/>
  <input name="submit" type="submit" value="提交"/>
  <input name="reset" type="reset" value="重置"/>
  <input name="image" type="image" src="images/
play1. gif" ></p>
 </form>
</body>
</html>
```

表单在浏览器中的显示效果如图 2-21 所示。

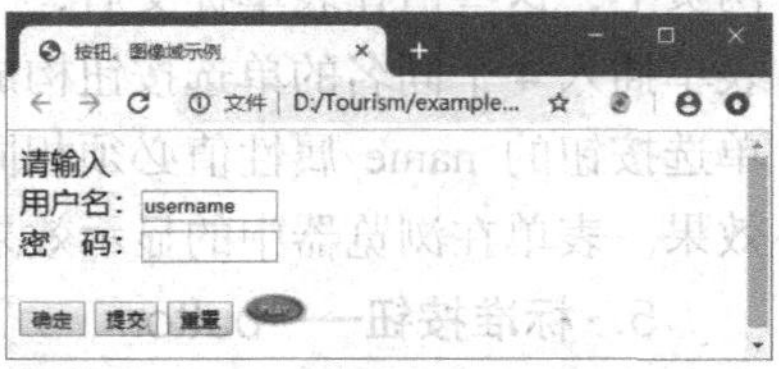

图 2-21　示例 2-22 表单的显示效果

2.5.3 列表框标记<select>

在 HTML 文件中，使用列表框标记<select>，同时嵌套列表项标记<option>，可以实现列表框效果，其语法格式如下。

```
<form>
 <select name="列表框名称" size="">
  <option value="选项值" />选项显示内容
  <option value="选项值" />选项显示内容
  ……
 </select>
</form>
```

其中，<select>标记用于定义列表框，<option>标记用于向列表框中添加列表项目。<select>标记中的 size 属性用于定义列表框的行数，size 属性未定义具体值或设置为 1 时，控件显示为下拉列表效果。如果将 size 属性设置为大于 1 的正整数，控件显示为列表框。

示例 2-23 通过在 2 个<select>标记中设置不同的 size 值分别定义了列表框 menu1 和下拉列表框 menu2。网页在浏览器中显示的效果如图 2-22 所示。

示例 2-23

```
<!-- demo0223.html -->
<!DOCTYPE HTML>
<html>
<head>
<meta charset="utf-8">
<title>插入列表框示例</title>
</head>
<body>
请选择:
 <form>
 <select name="menu1" size="4">
  <option value="1">旅游须知
  <option value="2">旅游景点
  <option value="3">旅游图库
 </select>
      
 <select name="menu2" size="">
  <option value="1">餐饮娱乐
  <option value="2">购物街区
  <option value="3">酒店住宿
 </select>
</body>
</form>
</html>
```

图 2-22　示例 2-23 中的列表框和下拉列表框

2.5.4 文本域输入标记<textarea>

有时网页中需要一个多行的文本域，用来输入更多的文字信息，行间可以换行，并将这些信息作为表单元素的值提交到服务器。例如：

```
<form><textarea name="mytext" rows="5" cols="100" ></textarea></form>
```

在表单中，只要插入成对的<textarea></textarea>就可以插入文本域。

示例 2-24 在表单中插入了名为“texta”的多行输入文本域，行数为 5，列数为 100。多行文本域在浏览器中显示的效果如图 2-23 所示。

需要指出，textarea 的 rows 和 cols 属性兼容性差。如果文本域要求严格，需用 CSS 控制格式。

图 2-23　示例 2-24 定义的多行文本域

示例 2-24

```
<!-- demo0224.html -->
<!DOCTYPE HTML>
<html>
<head>
<meta charset="utf-8">
<title>插入多行输入文本示例</title>
</head>
<body>
<img src="images/header.jpg" style="width:980px; height:200px;" />
 <h5>请对本次旅游服务做出评价：</h5>
<form>
  <textarea name="texta" rows="5" cols="100" ></textarea>
 </form>
</body>
</html>
```

2.5.5　HTML5 新增的表单属性

HTML5 中增加了很多新的表单属性，表单的功能得到了很大的增强。新增加的属性包括了 form 属性、formmethod 属性、placeholder 属性、autocomplete 属性等，这些属性主要应用于表单的 input 元素。

1. form 属性

在 HTML4 以前，表单内的元素必须书写在表单内部，但是在 HTML5 中，可以将表单元素写在页面上的任何位置，然后给该元素指定一个 form 属性，属性值为该表单的 id（id 是表单的唯一属性标识），通过这种方式声明该元素属于哪个具体的表单。下面的代码为 textarea 控件指明了 form 属性。

```
<form id="myform">
    姓名：<input type="text" value="aaaa" /><br/>
    确认： <input type="submit" name="s2" />
</form><br/>
简历：<textarea form="myform"></textarea>
```

2. formmethod 和 formaction 属性

在 HTML4 以前，表单通过唯一的 action 属性将表单内的所有元素统一提交到另一个页面（处理程序），也通过唯一的 method 属性来统一指定的提交方法是 get 还是 post。在 HTML5 中增加的 formaction 属性，使得单击不同的按钮，可以将表单提交到不同的页面，同时，也可以使用 formmethod 属性对每个表单元素分别指定不同的提交方法。

例如，示例 2-25 为<input type="submit">、<input type="image">等按钮增加不同的 formaction 属性和 formmethod 属性，使得单击不同的按钮，可以使用不同的方法将表单提交到不同的页面，显示效果如图 2-24 所示。

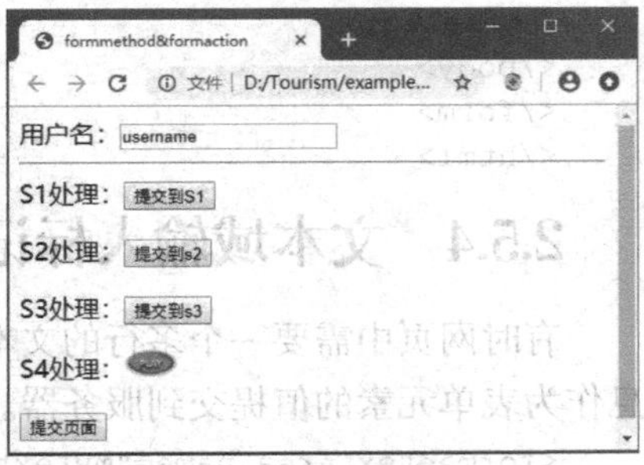

图 2-24　示例 2-25 显示效果

示例 2-25

```
<!-- demo0225.html -->
<!DOCTYPE HTML>
<html>
<head>
<meta charset="utf-8">
<title>formmethod&formaction</title>
</head>
<body>
<form id="testform" action="my.php">
    用户名：<input name="uname" type="text" value="username" /> <hr/>
    S1 处理：<input type="submit" name="s1" value="提交到 s1" formaction="s1.html" formmethod=
"post" /><p>
    S2 处理：<input type="submit" name="s2" value="提交到 s2" formaction="s2.html" formmethod=
"get" /><p>
    S3 处理：<button type="submit"  formaction="s3.html" formmethod="post" >提交到 s3
</button><p>
    S4 处理：<input type="image" src="images/PLAY1.gif" formaction="s3.html" formmethod=
"post" /><p>
     <input type="submit"  value="提交页面"/>
</form>
</body>
</html
```

3. placeholder 属性

placeholder 是指当文本框<input type="text">处于未输入状态时文本框中显示的输入提示。例如：

```
<input type="text" placeholder="default text" />
```

4. autofocus 属性

若给文本框、选择框或按钮等控件加上 autofocus 属性，则当页面打开时，该控件将自动获得焦点。例如，下面的代码使用 autofocus 属性为文本框设置了焦点。需要注意的是，一个页面上只能有一个控件具有该属性。

```
<input type="text" autofocus>
```

5. list 属性

HTML5 中为单行文本框<input type="text">增加了一个 list 属性。该属性的值是某个 datalist 元素的 id。datalist 也是 HTML5 中新增的元素，该元素类似于选择框（<select>），但是当用户想要设定的值不在选择列表之内时，允许其自行输入。datalist 元素本身并不显示，而是当文本框获得焦点时以提示输入的方式显示。例如，下面代码为文本框设置了 list 属性。

```
请选择文本：<input type="text" name="greeting" list="greetings" />
<!--使用 style="display:none;"将 datalist 元素设定为不显示-->
<datalist id="greetings" style="display: none;">
    <option value="Good Morning">Good Morning</option>
    <option value="Hello">Hello</option>
    <option value="Good Afternoon">Good Afternoon</option>
</datalist>
```

6. autocomplete 属性

autocomplete 属性用于设置输入时是否自动完成，它提供了十分方便的辅助输入功能。对于 autocomplete 属性，可以指定其值为“on”“off”与“空值”三类。不指定时，使用浏览器的默认值（取决于各浏览器的设定）。该属性设置为 on 时，可以显式指定待输入的数据列表。如果使用 datalist 元素与 list 属性提供待输入的数据列表，自动完成时，可以将该 datalist 元素中的数据作为待输入的数据在文本框中自动显示。下面的代码为文本框设置了一个 autocomplete 属性。

```
<input type="text" name="school" autocomplete ="on" />
```

7. required 属性

HTML5 中新增的 required 属性可以应用在大多数输入元素上（除了隐藏元素、图片元素按钮外）。在提交时，如果元素中内容为空白，则不允许提交，同时在浏览器中显示提示信息，提示用户这个元素中必须输入内容。

8. pattern 属性

HTML5 新增的 email、number、url 等 input 类型的元素，要求输入内容符合一定的格式。如果对 input 元素使用 pattern 属性，并且将属性值设为某个格式的正则表达式，在提交时会检查其内容是否符合给定格式。当输入的内容不符合给定格式时，则不允许提交，同时在浏览器中显示提示信息，提示输入的内容必须符合给定格式。例如，要求输入内容为 1 个数字与 3 个大写字母的代码如下。关于模式定义的内容请参考正则表达式方面的书籍。

```
<input  type="text" pattern="[0-9][A-Z]{3}" name=part placeholder="输入内容:1 个数字与
3 个大写字母。" />
```

9. min 属性与 max 属'性

min 与 max 这两个属性是数值类型或日期类型的 input 元素的专用属性，它们限制了在 input 元素中输入的数值与日期的范围。

2.5.6 HTML5 新增的 input 类型

HTML5 中 input 标记的 type 属性拥有多个新类型，这些新类型提供了更好的输入控制和验证。HTML5 中 input 标记新增的 type 属性在主流浏览器中均得到支持，如果浏览器不支持所定义的输入类型，会将此输入域显示为常规的文本框。

1. 数值输入域——number

将<input>标记中的 type 属性设置为 number，可以在表单中插入数值输入域，还可以限定输入数字的范围，其语法格式如下。

```
<input name="" type="number" min="" max="" step="" value="">
```

其中的属性及具体说明如表 2-15 所示。

表 2-15　数值输入域的属性、取值及说明

属　性	值	说　明
max	number	定义允许输入的最大值
min	number	定义允许输入的最小值
step	number	定义合法的数字间隔（如果 step= “2”，则允许输入的数值为-2、0、2、4、6 等，或-1、1、3、5 等）
value	number	定义默认值

示例 2-26 在表单中定义了 3 个数值输入域，名称分别为 no1、no2、no3。

- 第 1 个名为 no1 的数值域默认值为 3，可以输入任意数值。
- 第 2 个名为 no2 的数值域允许输入的最小值为 1，如果单击右侧的数值选择按钮，出现的值均大于等于 1。
- 第 3 个名为 no3 的数值域允许输入的最小值为 1，最大值为 10，数字间隔为 3。若在数值

输入域中输入 2，单击右侧的数值选择按钮可以出现 2、5、8 等数字。

示例 2-26 定义的网页在 Chrome 浏览器中的显示效果如图 2-25 所示。对于不支持 HTML5 中新增的输入类型的浏览器，这些输入域将显示为文本框。

图 2-25　数值输入域在浏览器中的显示效果

示例 2-26

```
<!-- demo0226.html -->
<!DOCTYPE HTML>
<html>
<head>
<meta charset="utf-8">
<title>插入数值输入域示例</title>
</head>
<body>
 <form>
  <p>请输入数字：<input type="number" name="no1" value="3" /></p>
  <p>请输入大于等于 1 的数字：<input type="number" name="no2" min="1" /></p>
  <p>请输入 1~10 之间的数字：<input type="number" name="no3" min="1" max="10" step="3" 
/></p>
 </form>
</body>
</html>
```

2. 滑动条——range

将<input>标记中的 type 属性设置为 range，可以在表单中插入表示数值范围的滑动条，还可以限定可接受数值的范围，其语法格式如下。

```
<input name="" type="range" min="" max="" step="" value="">
```

语法中的属性及用法与数值输入域中的相同。

示例 2-27 定义了 2 个滑动条，分别为 r1 和 r2。滑动条 r1 允许的最小值为 1，默认值为 1；滑动条 r2 允许的最小值为 1，最大值为 10，数值间隔为 3，默认值为 2。示例 2-27 的显示效果如图 2-26 所示。

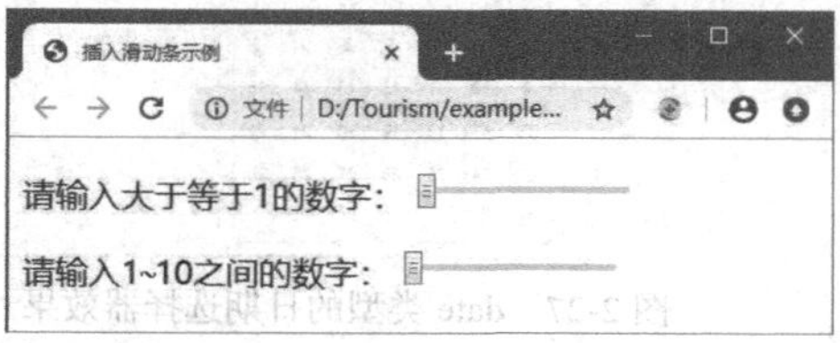

图 2-26　示例 2-27 的显示效果

示例 2-27

```
<!-- demo0227.html -->
<!DOCTYPE HTML>
<html>
<head>
<meta charset="utf-8">
<title>插入滑动条示例</title>
</head>
<body>
 <form>
  <p>请输入大于等于 1 的数字：
  <input type="range" name="r1" min="1" value="1" /></p>
  <p>请输入 1~10 之间的数字：
  <input type="range" name="r2" min="1" max="10" step="3" value="2" /></p>
 </form>
</body>
</html>
```

3. 日期选择器——date pickers

HTML5 拥有多个可供选取日期和时间的新输入类型，只要将<input>标记中的 type 属性设置为以下几种类型中的一种就可以完成对网页中日期选择器的定义。

- date——选取日、月、年
- month——选取月、年
- week——选取周、年
- time——选取时间（小时和分钟）
- datetime——选取时间、日、月、年（世界标准时间 UTC）
- datetime-local——选取时间、日、月、年（本地时间）

示例 2-28 定义了一个日期选择器，类型为 date，即可以在日期选择器中选择包含日、月、年的数据，效果如图 2-27 所示。

示例 2-28

```
<!-- demo0228.html -->
<!DOCTYPE HTML>
<html>
<head>
<meta charset="utf-8">
<title>插入日期选择器示例</title>
</head>
<body>
 <form>请选择日期:<input name="user_date" type="date" /></form>
</body>
</html>
```

如果将示例 2-28 中的 type 属性值修改为“month”，则在浏览器中使用日期选择器时，只能选择包含月、年的数据，效果如图 2-28 所示。

图 2-27　date 类型的日期选择器效果

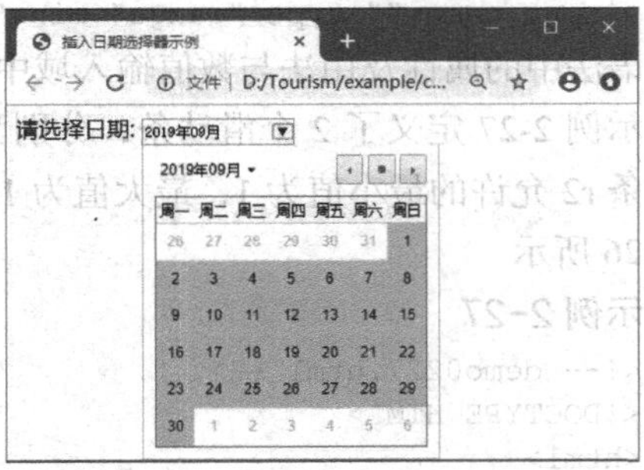

图 2-28　month 类型的日期选择器效果

4. url 类型

url 类型的 input 元素是一种专门用来输入 url 地址的文本框。提交时如果该文本框中内容不是 url 地址格式的文字，则不允许提交。使用了 url 类型的 input 元素的代码如下。

```
<input name="url1" type="url" value=http://www.icourses.cn />
```

5. email 类型

email 类型的 input 元素是一种专门用来输入 email 地址的文本框。提交时，如果该文本框中内容不是 email 地址格式的文字，则不允许提交，但是它并不检查该 email 地址是否存在。提交时该 email 文本框可以为空，除非加上了 required 属性。

email 类型的文本框具有一个 multiple 属性，它允许在该文本框中输入一串以逗号分隔的 email 地址。当然，并不强制要求用户输入该 email 地址列表。email 类型的 input 元素的使用方法如下。

```
<input name="email1" type="email" value=fengning@163.com />
```

2.6 表　格

表格是一种常用的 HTML 页面元素。使用表格组织数据，可以清晰地显示数据间的关系。表格用于网页布局，能将网页分成多个矩形区域，从而可以方便地在网页上组织图形和文本。

2.6.1 HTML 的表格标记

使用成对的<table></table>标记就可以定义一个表格，定义表格常常会用到表 2-16 所示的标记。需要说明的是，尽管表格有丰富的标记和属性，但在 HTML5 中仅保留了表格的 border 属性和单元格的 colspan、rowspan 属性，因此，HTML5 中修饰表格的效果需要通过 CSS 样式表来实现。

表 2-16　　表格常用标记及其说明

标　签	说　明
<table>	表格标记
<tr>	行标记
<td>	单元格标记
<th>	表头标记

表格由<table>标记定义，并包含一个或多个<tr>、<th>、<td>标记。<tr>标记用于定义表格行，<th>标记用于定义表头，<td>标记用于定义具体的表格单元格。复杂的表格也可能包含<caption>、<col>、<colgroup>、<thead>、<tfoot>、<tbody> 等标记。定义表格的基本语法格式如下。

```
<table>
 <tr>
  <td>
  </td>
 </tr>
</table>
```

① <table></table>用来定义表格，整个表格需包含在<table></table>标记对中。<tr></tr>用来定义表格中的一行，可以通过在<tr>标记中设置属性来修改该行的显示效果。

② <th>标记和<td>标记用来定义单元格，表格的每一行都可以包含若干单元格，其中可能会包含两种类型的单元格，对应着两种信息，一种是数据，另一种是头信息。<td>标记和<th>标记就是分别用来创建这两种单元格的。

示例 2-29 定义了一个七行六列的表格，在浏览器中查看时效果如图 2-29 所示。表格的 border 属性为表格添加了 1 像素粗的边框线，宽度设置为 480 像素。

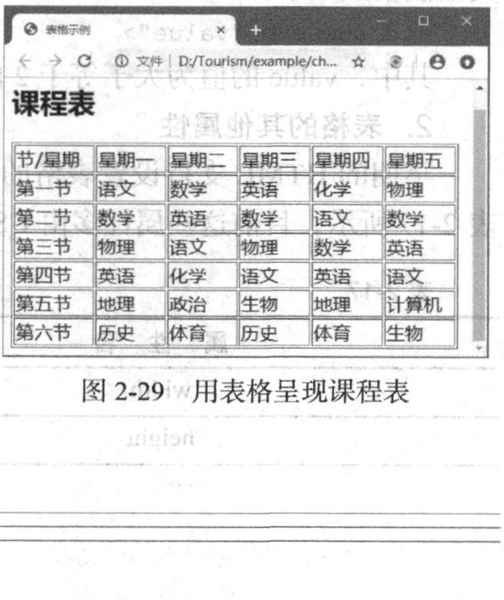

图 2-29　用表格呈现课程表

示例 2-29

```
<!-- demo0229.html -->
<!DOCTYPE HTML>
<html>
<head>
<meta charset="utf-8">
<title>表格示例</title>
</head>
<body>
```

```
<h2>课程表</h2>
<table border="1" style="width:480px;">
  <tr>
    <td>节/星期</td>    <td>星期一</td>    <td>星期二</td>
    <td>星期三</td>    <td>星期四</td>    <td>星期五</td>
  </tr>
  <tr>
    <td>第一节</td>    <td>语文</td>    <td>数学</td>
    <td>英语</td>     <td>化学</td>    <td>物理</td>
  </tr>
  <tr>
    <td>第二节</td>    <td>数学</td>    <td>英语</td>
    <td>数学</td>     <td>语文</td>    <td>数学</td>
  </tr>
  ……
</table>
</body>
</html>
```

2.6.2 HTML 表格的属性

制作网页的过程中为了修饰表格效果，常常需要对表格属性做一些设置。下面重点介绍 HTML5 支持的表格属性。

1. HTML5 支持的表格属性

（1）设置表格边框宽度——border

默认情况下，表格的边框宽度为 0，即不显示表格边框线。可以使用 border 属性指定表格边框线的宽度，该属性的单位是像素。

例如语句<table border= "2">，指设置表格边框线宽度为 2 像素。

（2）设置单元格跨列——colspan

单元格可以向右跨越多个竖列，跨越竖列的数量通过 th 或 td 元素的 colspan 属性进行设置，其语法格式如下。

```
<td colspan="value">
```

其中，value 的值为大于等于 2 的整数，表示该单元格向右跨越的列数。

（3）设置单元格跨行——rowspan

单元格可以向下跨越多个横行，跨越横行的数量通过 th 或 td 元素的 rowspan 属性进行设置，其语法格式如下。

```
<td rowspan="value">
```

其中，value 的值为大于等于 2 的整数，表示该单元格向下跨越的行数。

2. 表格的其他属性

早期的 HTML 支持设置表格的宽度和高度、表格边框颜色、表格背景颜色等属性，具体如表 2-17 所示，目前这些属性多由 CSS 来定义。

表 2-17　　早期 HTML 支持的表格属性

属性名	说明
width	设置表格宽度
height	设置表格高度

续表

属 性 名	说 明
bordercolor	设置表格边框颜色
bgcolor	设置表格的背景颜色
background	设置表格背景图像
align/ valign	设置表格对齐方式
cellspacing	设置单元格间距
cellpadding	设置单元格边距

示例 2-30 定义了宽度为 800 像素、边框 1 像素、3 行 3 列的表格，cellspacing="6"指设置表格的单元格间距为 6 像素，cellpadding="10"指设置表格单元格边距为 10 像素。通过 colspan="3"设置第 1 行的第 1 个单元格向右跨 3 竖列，通过 rowspan="2"设置第 2 行第 2 个单元格向下跨 2 横行，valign="top"定义该单元格垂直方向顶对齐。示例 2-30 在浏览器中的显示效果如图 2-30 所示。

示例 2-30

```
<!--demo0230.html-->
<!DOCTYPE HTML>
<html>
<head>
    <meta charset=utf-8>
    <title>表格属性示例</title>
</head>
<body>
<table style="width:800px;" border="1" bordercolor="blue" cellspacing="6"
cellpadding="10" align="center">
    <tr>
        <td colspan="3" bgcolor="#CCCC00" align="center">
            欢迎来自世界各地的朋友，祝您旅途愉快！
        </td>
    </tr>
    <tr>
        <td>
            <img src="images/tu.jpg">
        </td>
        <td rowspan="2" valign="top" bgcolor="CCCC66">
            旅顺口
        </td>
        <td>
                 旅顺口地处辽东半岛最南端，三面环海，……
        </td>
    </tr>
    <tr>
        <td>
            <img src="images/tu2.jpg">
        </td>
        <td>
                 旅顺口历史悠久，最早名称叫“将军山”，将军山是老铁山的一部分。……
        </td>
    </tr>
</table>
</body>
```

```
</html>
```

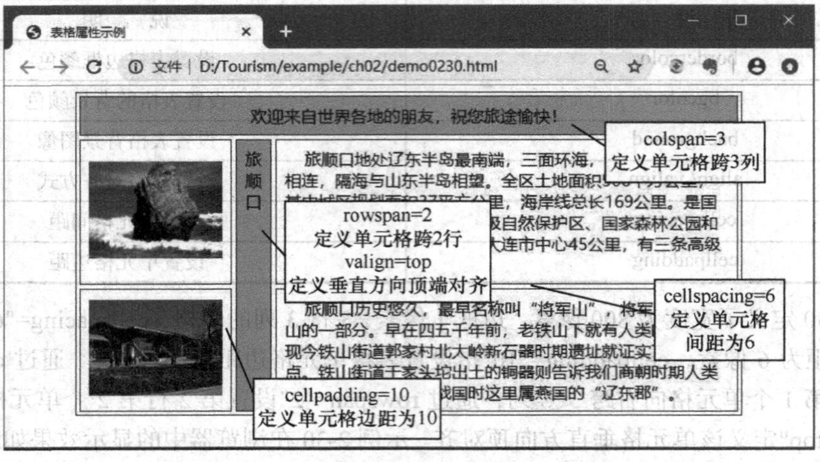

图 2-30　示例 2-30 在浏览器中的显示效果

2.6.3　表格嵌套

在网页制作过程中，有时会用到嵌套的表格，即在表格的一个单元格中嵌套使用一个或者多个表格。

在 HTML 中，第 1 个<table>标记表示在网页中插入一个表格，第 2 个<table>标记插在第 1 个表格的单元格标记<td></td>之间，表示在该单元格中插入另一个表格，也就是定义嵌套表格。

示例 2-31 先定义了一个 1 行 2 列的表格，然后在第 1 个单元格中嵌套一个 2 行 2 列的表格，在第 2 个单元格中显示一幅图片。在浏览器中查看网页的效果如图 2-31 所示。

图 2-31　示例 2-31 定义的嵌套表格效果

示例 2-31

```
<!--demo0231.html-->
<!DOCTYPE HTML>
<html>
<head>
   <meta charset="utf-8">
   <title>嵌套表格示例</title>
</head>
<body>
<h2>嵌套表格</h2>
<table width="400px" height="160px" border="1px">
   <tr>
      <td width="240px" height="160px">
         这是嵌入的表格
         <table width="240px" border="1" >
            <tr>
               <td width="60px">地址：</td>
               <td>大连市甘井子区柳树南街 1 号</td>
            </tr>
            <tr>
```

```
                <td>景点</td>
                <td>大连成园温泉山庄</td>
            </tr>
          </table>
        </td>
        <td>
          <img src="images/tu1.jpg">
        </td>
      </tr>
    </table>
</body>
</html>
```

示例 2-32 定义的第 1 个表格为 4 行 2 列。将第 1、2 行单元格均设置为跨二竖列效果，在第 2 行单元格中插入了 1 行 4 列、黑色边框的嵌套表格，并为表格内容添加超链接，制作成页面导航的效果。在浏览器中查看网页的效果如图 2-32 所示。

示例 2-32

```
<!--demo0232.html-->
<!DOCTYPE HTML>
<html>
<head>
    <meta charset="utf-8">
    <title>嵌套表格示例</title>
</head>
<body>
    <table style="width:760px;" border=1 cellspacing="0">
      <tr>
        <td colspan="2"><img src="images/header.jpg" style="width:760px">
        </td>
      </tr>
    <tr>
      <td colspan="2">
        <table style="width:100%" border="1" bordercolor="#000000">
          <tr style="text-align:center">
            <td> <a href="#">旅游须知</a></td>
            <td> <a href="#">旅游景点</a></td>
            <td> <a href="#">旅游图库</a></td>
            <td> <a href="#">特色美食</a></td>
          </tr>
        </table>
      </td>
    </tr>
    <tr>
      <td><img src="images/tu.jpg"></td>
      <td>    旅顺口地处辽东半岛最南端，三面环海，一面与大连市区相连，隔海与山东半岛相望。全区土地面积 506 平方公里， 其中城区规划面积 37 平方公里，海岸线总长 169 公里。……</td>
    </tr>
    <tr>
      <td><img src="images/tu2.jpg"></td>
      <td>    旅顺口历史悠久，最早名称叫“将军山”，将军山是老铁山的一部分。早在四五千年前，老铁山下就有人类的活动，现今铁山街道郭家村北大岭新石器时期遗址就证实了这一点。……</td>
    </tr>
    </table>
```

```
</body>
</html>
```

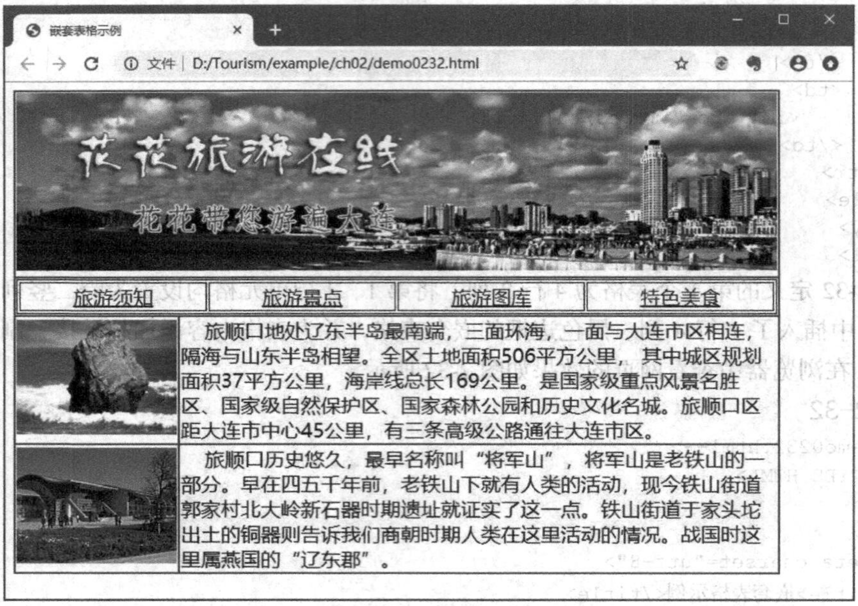

图 2-32　示例 2-32 的显示效果

2.7　内嵌框架

框架是一种在一个浏览器窗口中显示多个 HTML 文件的网页制作技术。通过框架，可把一个浏览器窗口划分为若干个小窗口，每个窗口可以显示不同的网页内容。使用框架可以非常方便地实现页面导航。HTML5 已经不支持 frameset 框架，本节介绍更为通用的 iframe 内嵌框架。

内嵌框架也叫浮动框架，是在浏览器窗口中嵌入子窗口，即将一个文档嵌入在另一个网页中显示。在当今网络广告盛行的时代，iframe 能将嵌入的文档与整个页面的内容相互融合，形成一个整体。与 frameset 框架相比，内嵌框架更容易对网站的导航进行控制，最大的优点在于其更具灵活性。

使用成对的<iframe></iframe>标记即可在网页中插入内嵌框架，语法格式如下。

```
<iframe src="url"></iframe>
```

HTML5 对<iframe>标记的支持只限于 src 属性，<iframe>标记的具体属性及含义如表 2-18 所示。

表 2-18　<iframe>标记的具体属性及含义

属　性	描　述
src	设置源文件的地址
width	设置内嵌框架的窗口宽度
height	设置内嵌框架的窗口高度
bordercolor	设置边框颜色

续表

属 性	描 述
align	设置框架对齐方式，可选值为 left、right、top、middle、bottom
name	设置框架名称，是链接标记的 target 所需参数
scrolling	设置是否显示滚动条，默认为 auto，表示根据需要自动出现。yes 表示有，no 表示无
frameborder	设置框架边框，1 表示显示边框，0 表示不显示（不提倡用 yes 或 no）
framespacing	设置框架边框宽度
marginheight	设置内容与窗口上下边缘的边距，默认为 1
marginwidth	设置内容与窗口左右边缘的距离，默认为 1

1. src 属性和 name 属性

（1）src 属性

在 HTML 文件中，利用 src 属性可以设置框架中显示的文件路径和文件名。此文件是框架窗口的初始内容，可以是一个 HTML 文档，也可以是一张图片或其他文档。当浏览器加载完网页时，就会加载框架窗口的初始文档。

如果 src 属性中所指定的文件与当前网页文件不在同一目录下，则需在 src 属性中对路径加以说明。

（2）name 属性

<iframe>标记中的 name 属性用于为框架自定义名称。

用 name 属性定义框架名称不会影响框架的显示效果。设置了 iframe 的名称后，可以通过 target 属性在 iframe 的内嵌框架窗口显示不同的页面。

示例 2-33 在表格的单元格中定义内嵌框架，同时指定内嵌窗口的名称，并在框架页面定义超链接，指定目标窗口。

示例 2-33

```
<!--demo0233.html-->
<!DOCTYPE HTML>
<html>
<head>
    <meta charset=utf-8>
    <title>内嵌框架网页</title>
</head>
<body>
<table width="800" border="1" align="center" bgcolor="#99CCFF">
    <tr>
        <td width="150" height="100">
          友情链接:
        </td>
        <td width="600" height="400" rowspan="4">
            <iframe src="" width="100%" height="100%" name="test"></iframe>
        </td>
    </tr>
    <tr>
        <td height="50" align="center"><a href="http://www.bing.com/" target="test">
必应</a></td>
    </tr>
    <tr>
```

```
        <td height="50" align="center"><a href="http://www.sogou.com/" target="test">
搜狗</a></td>
      </tr>
      <tr>
        <td height="50" align="center"><a href="http://www.wiki.com/" target="test">
维基</a></td>
      </tr>
  </table>
  </body>
  </html>
```

在浏览器中查看网页初始的显示效果，右侧没有链接到任何网页，显示为空白。用鼠标单击左侧链接标题“维基”，可在名为“test”的 iframe 窗口中打开链接目标网页，即维基百科网站的首页，如图 2-33 所示。如果定义超链接时没有指定 target，就会在浏览器当前窗口中打开链接页面。

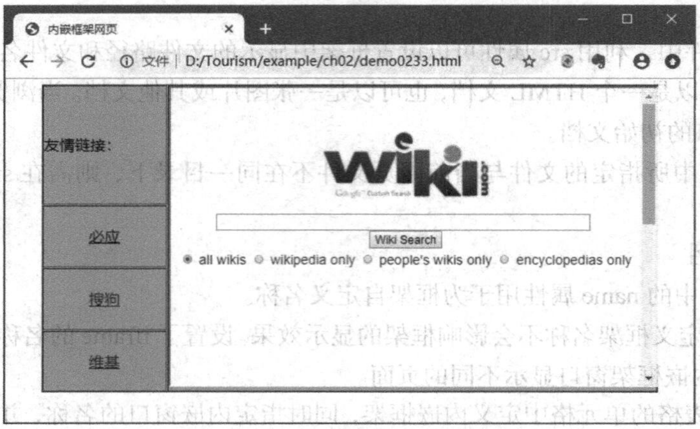

图 2-33　单击链接标题，在框架窗口打开链接目标的效果

2. width/height 属性和 scrolling 属性

（1）width/height 属性

在 HTML 中，可以使用 width 和 height 属性设定内嵌框架窗口的大小。例如，<iframe src="test.html" height="150px" width="300px"></iframe>，即将 test.html 网页内嵌到单元格中，内嵌窗口的宽度为 300 像素，高度为 150 像素。

<td><iframe src="test.html" height="50%" width="90%"></iframe></td>，即将 test.html 网页内嵌到单元格中，同时定义内嵌窗口的宽度为所在单元格宽度的 90%，高度为所在单元格高度的 50%。

（2）scrolling 属性

使用 scrolling 属性指定内嵌窗口是否显示滚动条。例如，语句<td><iframe src="test.html" scrolling="no"></iframe></td>，表示定义 test.html 为内嵌网页，同时隐藏内嵌窗口的滚动条。

2.8　应用案例

2.8.1　多层嵌套列表案例

在网页文件中，有时需要使用嵌套的列表。嵌套列表是指包含其他列表的列表（列表里可以含有子列表）。通常用嵌套列表表示层次较多的内容，这不仅可以使网页布局更加美观，而且可以使显示的内容更加清晰、明白。定义时，只需在无序列表标记<ul></ul>之间或有序列表标记<ol></ol>之间插入所需的列表标记即可。当然，也可以在有序列表标记对<ol></ol>间嵌套无序或有序列表。

示例 2-34 定义了嵌套列表的效果，第一层无序列表中又分别嵌套了一组无序列表和一组有序列表，在浏览器中显示的效果如图 2-34 所示。

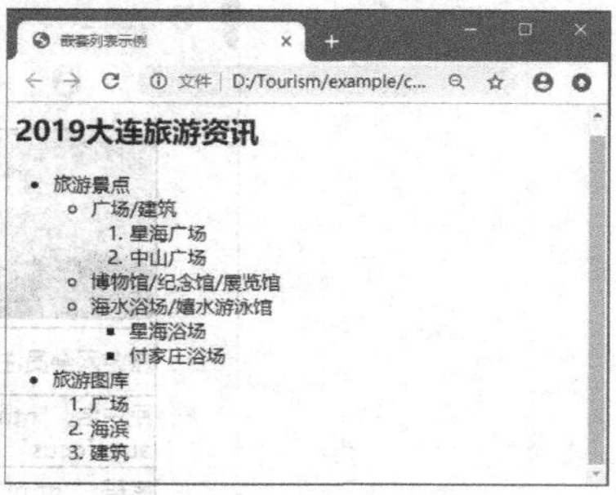

图 2-34 多层嵌套的列表

示例 2-34

```
<!-- demo0234.html -->
<!DOCTYPE html>
<html>
<head>
<meta charset="utf-8">
<title>嵌套列表示例</title>
</head>
<body>
<h2>2019 大连旅游资讯 </h2>
<ul>
    <li>旅游景点</li>
    <ul>
            <li>广场/建筑</li>
            <ol>
                <li>星海广场</li>
                <li>中山广场</li>
            </ol>
            <li>博物馆/纪念馆/展览馆</li>
            <li>海水浴场/嬉水游泳馆</li>
            <ul>
                <li>星海浴场</li>
                <li>付家庄浴场</li>
            </ul>
        </ul>
        <li>旅游图库</li>
            <ol>
                <li>广场</li>
                <li>海滨</li>
                <li>建筑</li>
            </ol>
</ul>
</body>
</html>
```

2.8.2 会员注册表单案例

示例 2-35 定义了会员注册表单，其中包含文本框、密码框、单选按钮、复选框、列表框、多行文字域、提交按钮以及重置按钮等 HTML4 以前的表单元素，还使用了 HTML5 表单新增的 placeholder、autofocus、list、required 等属性，也包括 HTML5 新增的 input 类型，例如，数值输入域 number、滑动条 range、email 等。

嵌入的 CSS 将表格文本大小定义为 13 像素。该网页在浏览器中显示的效果如图 2-35 所示。

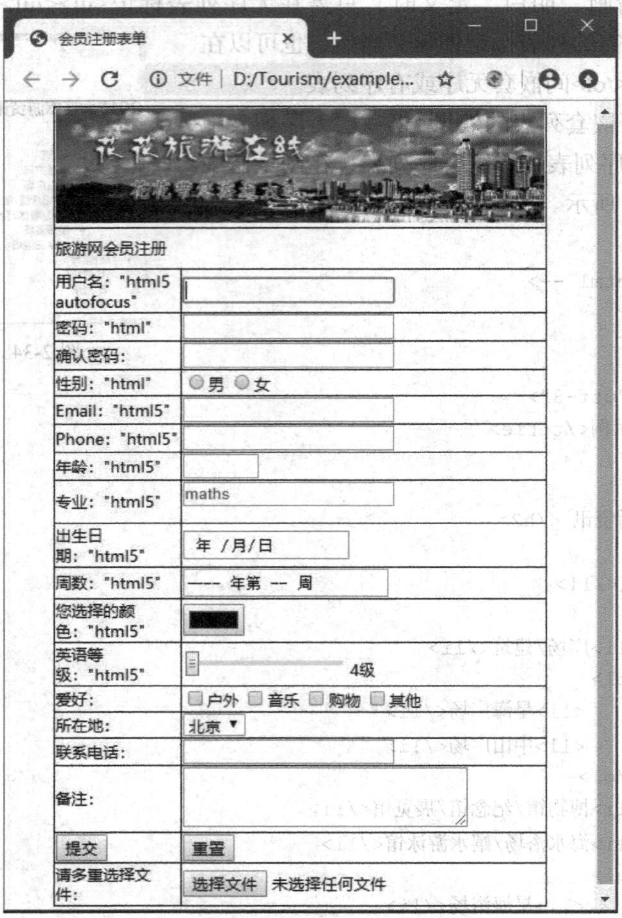

图 2-35　会员注册表单

示例 2-35

```
<!--demo0235.html -->
<!DOCTYPE html >
<html>
<head>
<title>会员注册表单</title>
<meta  charset="utf-8">
<style type="text/css">          /*嵌入的样式表*/
    table{
        width:400px;
        margin:0 auto;
        border:1px solid black;
        border-collapse:collapse;
        font-size:13px;
    }
</style>
</head>
<body>
```

```
<!--以下<form></form>之间的代码完成表单定义-->
<form name="form1" method="post" action="success.html">
<table border="1">
 <tr>
    <td colspan="2"><img src="images/header.jpg" style=" width:400px; margin:0
auto"></td>
   </tr>
   <tr> <td height="32" colspan="2">旅游网会员注册</td>
   </tr>
   <tr>
      <td width="87">用户名: "html5 autofocus"</td>
      <td width="269"><input type="text" name="myname" autofocus required></td>
   </tr>
   <tr>
      <td>密码: "html"</td>
      <td><input type="password" name="mypassword"></td>
   </tr>
   <tr>
      <td>确认密码: </td>
      <td><input type="password" name="repassword"></td>
   </tr>
   <tr>
      <td>性别: "html"</td>
      <td><input type="radio" name="rad" value="rad1">男
      <input type="radio" name="rad" value="rad2">女</td>
   </tr>
   <tr>
      <td>Email: "html5"</td>
      <td><input type="email" name="myemail" required></td>
   </tr>
    <tr>
   <td>Phone: "html5"</td>
   <td><input type="tel" name="tel" required ></td>
   </tr>
   <tr>
   <td>年龄: "html5"</td>
   <td><input type="number" name="myage" min=16 max=28></td>
   </tr>
   <tr>
   <td>专业: "html5"</td>
   <td><input type="text" list="alist" name="mydepartment" placeholder="maths">
     <datalist id="alist">
        <option value="computer"> </option>
        <option value="physics"> </option>
        <option value="chinese"> </option>
        <option value="maths"> </option>
      </datalist>
          <p> <p> <p>
   </td>
   </tr>

   <tr>
      <td>出生日期: "html5"</td>
```

```
            <td><input type="date" name="birthdate"></td>
        </tr>
        <tr>
            <td>周数: "html5"</td>
            <td><input type="week" name="myweek"></td>
        </tr>
        <tr>
            <td>您选择的颜色: "html5"</td>
            <td><input type="color" name="mycolor">
        </td>
        </tr>
        <tr>
            <td>英语等级: "html5"</td>
            <td><input type="range" name="rank"min=2 max=8  step=2 value="2" onChange=
"showr.value=value">
            <output id="showr">4</output>级
        </td>
        </tr>
    <!-- HTML4 以下 -->

    <tr>
        <td>爱好: </td>
        <td>
        <input name="check1" type="checkbox" value="sport">户外
        <input name="check2" type="checkbox" value="voice">音乐
        <input name="check3" type="checkbox" value="movie">购物
        <input name="check4" type="checkbox" value="shopping">其他
        </td>
    </tr>
    <tr>
        <td>所在地: </td>
        <td>
        <select name="menu2" size="">
            <option value="2">北京</option>
            <option value="3">上海</option>
            <option value="4">大连</option>
            <option value="5">其他</option>
        </select>
        </td>
    </tr>
    <tr>
        <td>联系电话: </td>
        <td><input type="text" name="textfield4">
        </td>
    </tr>
    <tr>
        <td>备注: </td>
        <td><textarea name="texta" rows="3" cols="30" wrap="" ></textarea>
        </td>
    </tr>
    <tr>
        <td><input name="sub" type="submit" value="提交"></td>
```

```
            <td><input name="reset" type="reset" value="重置"></td>
        </tr>
            <td>
               <label for myfile>请多重选择文件：</label>
            </td>
            <td> <input type="file" id="myfile" multiple form="myform" /></td>
        </tr>
        </table>
    </form>
    </body>
    </html>
```

2.8.3 内嵌框架案例

示例 2-36 在表格的单元格中定义内嵌框架（框架窗口初始显示文件 demo-lyxz.html），同时指定内嵌窗口的名称为“test”，并在页面中定义超链接，指定在内嵌窗口中打开链接目标网页。

示例 2-36

```
<!--demo0236.html-->
<!DOCTYPE HTML>
<html>
<head>
<meta charset="utf-8">
<title>内嵌框架应用案例</title>
</head>
<body>
<img src="images/header.jpg" style="width:980px; height:200px;" />
<table style="width:980px;" border="1" cellspacing="0">
  <tr>
  <td>
     <table style="width:200px; border:1px solid #000000;" cellpadding="3">
     <tr  style="background-color:#CCCCCC;">
     <td><a href="demo-lyxz.html" target="test">旅游须知</a></td>
        </tr>
        <tr>
     <td>
     <span style="font-size:12px;">-参加旅行社注意事项<br>
     -旅游保险常识</span>
     </td>
     </tr>
     <tr style="background-color:#FFFF66;">
     <td><a href="demo-lyjd.html" target="test">旅游景点</a></td>
     </tr>
     <tr>
     <td>
     <span style="font-size:12px;">-广场/建筑<br>
        -博物馆/纪念展览馆<br>
        -主题公园/游乐场<br>
        -海水浴场/游泳馆
     </span></td>
     </tr>
     <tr style="background-color:#99FF33">
     <td><a href="demo-lytk.html" target="test">旅游图库</a></td>
```

```
            </tr>
            <tr>
            <td>
            <span style="font-size:12px;">-广场<br>
            -海滨<br>
            -建筑
            </span>
            </td>
            </tr>
            </table>
        </td>
        <td rowspan="3" style="width:780px; height:380px;">
        <iframe src="demo-lyxz.html" name="test" width="99%" height="100%"></iframe>
        </td>
        </tr>
        <tr>
        <td>友情链接</td>
        </tr>
        <tr>
        <td>
    <a href="#"><img src="images/hklogo.png"  style="width:165px; height:40px;"> </a>
        </td>
        </tr>
    </table>
    </body>
    </html>
```

在浏览器中查看网页的初始效果如图 2-36（a）所示，右侧内嵌框架显示网页文件 demo-lyxz.html。用鼠标单击左侧链接标题“旅游图库”，在名为“test”的内嵌窗口中打开链接目标 demo-lytk.html，打开超链接页面后的网页如图 2-36（b）所示。

图 2-36（a） 内嵌框架初始效果

图 2-36（b） 单击链接标题，在框架窗口打开链接目标的效果

2.8.4 表格布局应用综合案例

示例 2-37 在网页中定义了 1 个表格，其中包含了 6 个嵌套表格。外层表格为 3 行 2 列，在第 1 行第 1 个单元格中嵌套了 1 个 10 行 1 列的表格，作为网站的导航目录；第 1 行第 2 个单元格跨 3 个横行，其中嵌套了 5 个 2 行 2 列的表格，制作了 5 个模块的内容简介。图 2-37 和图 2-38 分别给出了初始的布局示意图和最终的布局示意图。为了方便读者区分，下列代码中的每一对 <table></table>标记已使用不同的格式进行标识。

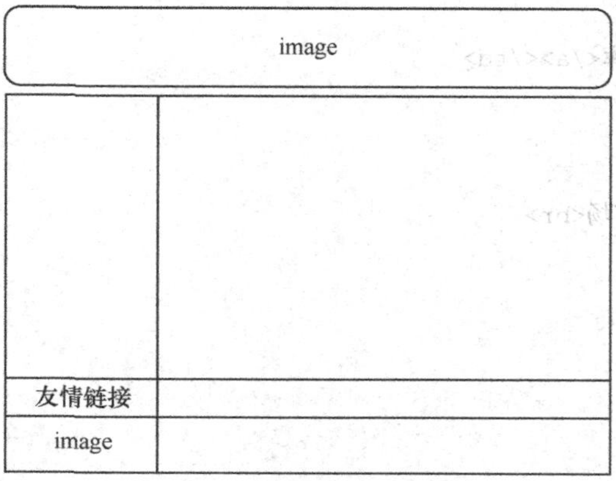

图 2-37 初始的布局示意图

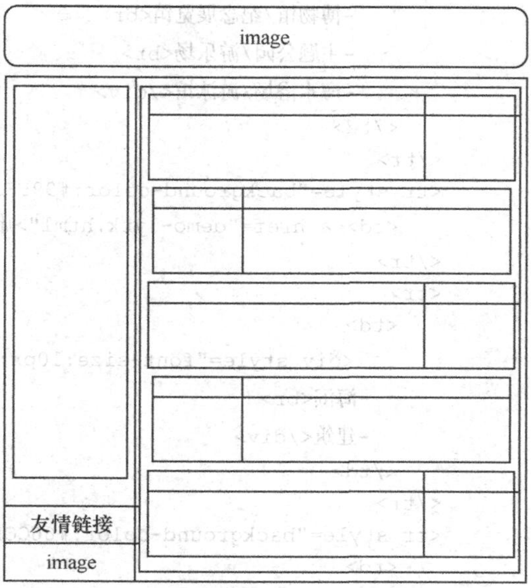

图 2-38 最终的布局示意图

示例 2-37

```
<!--demo0237.html-->
<!DOCTYPE HTML>
<html>
<head>
<meta charset="utf-8">
<title>表格综合案例</title>
</head>
<body>
<img src="images/header.jpg" style="width:1120px; height:237px;" >
<table style="width:1120px;" border="1" cellspacing="0">
<tr>
<td style="vertical-align:top;">
    <!--左侧导航表格-->
    <table  border="1"  cellpadding="6"style=" width:220px;border-collapse:collapse;
border-color:black;">
    <tr  style="background-color:#CCCCCC;">
        <td><a href="demo-lyxz.html">旅游须知</a></td>
    </tr>
    <tr>
    <td>
        <div style="font-size:10px;">-参加旅行社注意事项<br>
        -旅游保险常识</div>
    </td>
    </tr>
    <tr style="background-color:#FFFF66">
        <td><a href="demo-lyjd.html">旅游景点</a></td>
    </tr>
    <tr>
        <td>
         <div style="font-size:10px;">-广场/建筑<br>
            -博物馆/纪念展览馆<br>
            -主题公园/游乐场<br>
            -海水浴场/游泳馆</div>
        </td>
    </tr>
    <tr style="background-color:#99FF33">
        <td><a href="demo-lytk.html">旅游图库</a></td>
    </tr>
    <tr>
        <td>
            <div style="font-size:10px;">-广场<br>
           -海滨<br>
           -建筑</div>
        </td>
    </tr>
    <tr style="background-color:#66CCFF">
        <td>
        <a href="#">特色美食</a>
```

```
            </td>
        </tr>
        <tr>
        <td>
            <font size="2">-美食推荐<br>
            -街边小吃<br>
            -特色海鲜</font>
            </td>
        </tr>
        <tr style="background-color:#FF99FF">
            <td><a href="#">购物街区</a></td>
        </tr>
        <tr>
            <td>
            <div style="font-size:10px;">-西安路商圈<br>
            -青泥洼桥商圈<br>
            -奥林匹克广场商圈<br>
            -二七广场商圈</div>
            </td>
        </tr>
        </table>
    </td>
    <td rowspan="3" vlign="top">
        <!--旅游须知-->
        <table  style="width:100%; padding:0;" >
            <tr style="background-color:#CCCC00">
                <td>旅游须知</td>
                <td align="right"><a href="demo-lyxz.html">more>>></a> </td>
            </tr>
        <tr>
         <td colspan="2">
              <div  style="font-size:10px;">     如何选择合法旅行社？
判断一个旅行社是否合法，要看它是否拥有“一证、一照”：……</div>
         </td>
        </tr>
        </table>
         <!--旅游景点-->
       <table  style="width:100%; padding:0;" >
            <tr bgcolor="CCCC00">
                    <td><a href="demo-lyjd.html">more>>></a></td>
            <td align="right">旅游景点</td>
            </tr>
            <tr>
                  <td><img src="images/tu10.jpg" width="120"></td>
              <td>
          <div style="font-size:10px;">      从星海广场沿中央大道北行
500 米左右是星海会展中心，南行 500 米左右是广袤无垠的大海，……</div> </td>
            </tr>
         </table>
```

```
 <!--旅游图库-->
<table style="width:100%; padding:0;" >
    <tr bgcolor="CCCC00">
        <td>旅游图库</td>
        <td align="right"><a href="demo-lytk.html">more>>></a></td>
    </tr>
    <tr>
      <td colspan="2"><img src="images/tu1.jpg" width="120"><img src="images/tu2.jpg" width="120"><img src="images/tu3.jpg" width="120"><img src="images/tu4.jpg" width="120"><img src="images/tu5.jpg" width="120"></td>
    </tr>
</table>
  <!--特色美食-->
<table style="width:100%; padding:0;" >
    <tr bgcolor="CCCC00">
        <td><a href="#">more>>></a></td>
        <td align="right">特色美食</td>
    </tr>
    <tr>
        <td><img src="images/tu11.jpg" style="width:120px;"></td>
      <td>
      <div style="font-size:10px;">    主料是新鲜活扇贝和蛋清，配料是青豆、葱、料酒、酱油和味精。……</div>
          </td>
    </tr>
</table>
<!--购物街区表格-->
<table style="width:100%; padding:0;">
    <tr bgcolor="CCCC00">
        <td>购物街区</td>
        <td align="right"><a href="#">more>>></a> </td>
    </tr>
    <tr>
        <td><div style="font-size:10px;">    沃尔玛、家乐福、百盛三家大型超市，罗斯福、麦凯乐、友谊商场、百盛、锦辉五家综合商场，……</div></td>
        <td><img src="images/tu9.jpg" style="width:120px; height:85px;""></td>
    </tr>
</table>
</td>
</tr>
<tr>
    <td>友情链接</td>
</tr>
<tr>
    <td><a href="#"><img src="images/hklogo.png" width="165" height="40"></a>
    </td>
</tr>
</table>
</body>
</html>
```

示例 2-37 在浏览器中的显示效果如图 2-39 所示。

图 2-39　表格综合案例

本章小结

本章主要介绍了 HTML 超文本标记语言的含义及功能，分类介绍了 HTML 文件中的常用标记及其属性，以及 HTML 文件的书写规范等，重点包括以下内容。

- HTML 超文本标记语言的文档结构及书写规范。
- 定义网页标题、段落和块的<hn>、<p>、<div>等标记，HTML5 增加的用于描述文档结构的<article>、<section>、<nav>、<aside>等标记。
- 3 种列表标记，包括有序列表<ol>、无序列表<ul>、自定义列表<dl>，以及列表标记嵌套使用的方法。
- 插入多媒体素材的标记，包括图像标记<img>、多媒体插件标记<embed>，以及 HTML5 中新增的视频标记<video>和音频标记<audio>。注意，<embed>、<video>、<audio>标记需在支持 HTML5 的浏览器中才能显示。
- 超链接标记<a>、链接类型及路径、链接目标的定义。注意内部链接、外部链接和书签链接的区别，以及绝对路径、相对路径和根路径的区别。网页制作中，内部链接多采用相对路径。
- 表单定义标记<form>、输入标记<input>及各种输入类型、HTML5 中新增的 input 类型、列表框标记<select>、多行文本输入标记<textarea>等。注意，多数的标记及属性都需要在<form>标记中定义。

- 表格标记<table>、行标记<tr>、单元格标记<td>、表头标记<th>，以及各标记的用法。
- 在 HTML 中定义表格时各标记的属性设置，包括 border、bordercolor、width、height、bgcolor、background、align、valign、cellspacing、cellpadding、colspan、rowspan 等。

注意，HTML5 中仅保留了表格的 border 属性，且只允许使用值“空值”或“1”，还保留了单元格的 colspan、rowspan 属性。HTML5 中主要通过 CSS 样式表来设置表格效果。

- 内嵌框架标记<iframe>。其属性及用法与<frame>标记基本相同。

目前网页制作中常用的 HTML 标记及属性有些已不再被 HTML5 支持，但仍然被绝大多数主流浏览器支持，制作网页时可以根据需要灵活使用。

思考与练习

1. 简答题

（1）HTML 文档的基本结构包括哪些？书写 HTML 文档时有哪些语法规范？

（2）定义列表的标记有哪几种？各种列表标记之间都可以嵌套使用吗？

（3）在 HTML 文档中插入图像使用什么标记？该标记有哪些常用属性？分别实现什么功能？

（4）HTML5 中插入视频使用什么标记？描述其语法格式及含义、其属性及功能。

（5）绝对路径、相对路径和根路径的区别是什么？

（6）如何为网页添加超链接？定义超链接时如何指定打开链接文件的目标窗口？有几种目标窗口形式？

（7）表单中文本框和密码框在定义方法和实现效果上有什么区别？在表单中定义一组单选按钮和一组复选按钮在方法上有什么区别？

2. 操作题

（1）使用无序列表标记<ul>和有序列表标记<ol>定义图 2-40 所示的嵌套列表，链接文件可自定义或输入“#”。

（2）在网页中插入图像，并对图像做如下设置。

图像宽为浏览器窗口的一半，图像边框宽 5 像素，替代文字为“图片欣赏”，图像显示在文字左侧。

（3）在网页中插入视频，并对视频做以下设置。

① 320 像素宽，240 像素高；

② 显示视频播放器控件；

③ 循环播放；

④ 首选播放 OGG 格式文件，其次分别为 MP4 格式和 WEBM 格式（此处需准备 3 种不同格式的文件）；

⑤ 若不支持 video 元素，则显示提示文字“请选用其他高版本浏览器尝试播放此视频”。

（4）制作图 2-41 所示的表单。

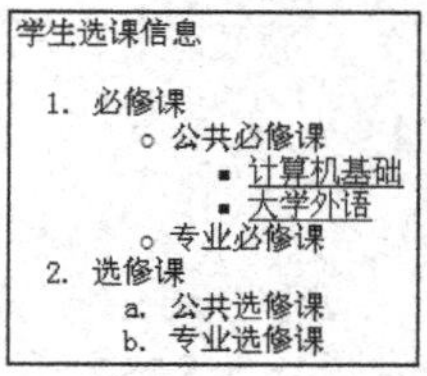

图 2-40　嵌套列表效果

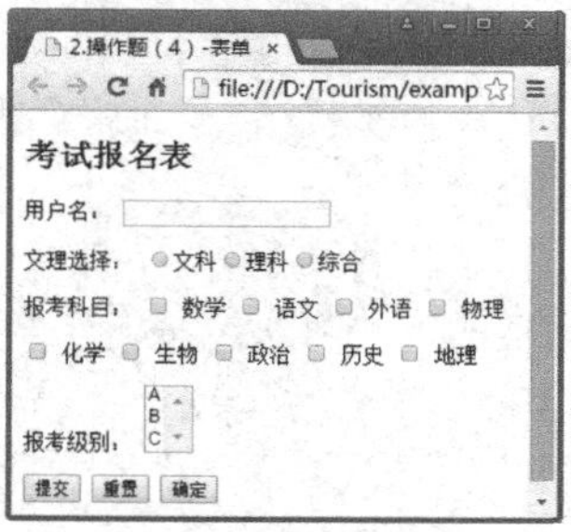

图 2-41　表单示例

第二部分

CSS3 技术及其应用

第3章 美化网页——使用CSS技术

HTML 定义了一系列标记和属性，这些标记和属性主要用于描述网页的结构和定义一些基本的格式。更多的文本、图片和网页的样式在 HTML 中并没有涉及。如果需要一种技术对网页的页面布局、字体、颜色、背景等效果实现更加精确的控制，那么这种技术就是 CSS。

本章主要内容包括：

- 为什么要学习 CSS；
- CSS 的基本语法规则和基本选择器；
- 在 HTML 中使用 CSS；
- 用 CSS 设置文本、颜色和图像。

3.1 CSS 概述

CSS（Cascading Style Sheets）称为层叠样式表，也可以称为 CSS 样式表或样式表，其文件扩展名为“.css”。CSS 是用于控制网页样式，并允许将网页内容与样式信息分离的一种标记语言。

3.1.1 CSS 的引入

在 CSS 还没有被引入页面设计之前，使用 HTML 语言设计页面是十分麻烦的。例如，一个网页中有多处涉及<h2>标记定义的标题，如果要把它设置为蓝色，并对字体进行相应的设置，则需要引入<font>标记，并设置其属性。

示例 3-1 就是使用传统 HTML 设计的页面。

示例 3-1

```
<!-- demo0301.html -->
<!DOCTYPE html>
<html>
<head>
<meta charset="utf-8">
</head>
<body bgcolor="#CCCCCC">
<h1 align="center">人类三次技术革命回望</h1>
<h2><font face="幼圆" size="+1" color="blue">一、蒸汽机“改变了世界”</font></h2>
<br/>17 世纪的科学革命已经提出“用火提水的发动机”原理，在专家和生产者大量研究和实验的基础上，1776
年，瓦特制成了高效能蒸汽机，1785 年，蒸汽机开始生产。瓦特完成了从动力机到工具机的生产技术体系，他的巨大成
```

```
功“改变了世界”。
    ……
<h2><font face="幼圆" size="+1" color="blue">二、电力技术“开创一个新纪元”</font></h2>
<br/>1876 年美国庆祝独立 100 周年之际，在费城举办的有 37 个国家参加的国际博览会上，美国展出了大功率发电机和电动机。继西门子之后，贝尔于 1876 年发明电话，爱迪生于 1879 年发明电灯，这三大发明“照亮了人类实现电气化的道路”。
    ……
<h2><font face="幼圆" size="+1" color="blue">三、计算机——人类大脑的延伸</font></h2>
<br/>1944 年，美国有关人员在国防部领导下开始研制计算机，并于 1946 年制成世界上第一台电子数字计算机 ENIAC，开辟了一个计算机科学技术的新纪元，拉开了信息技术革命序幕。
……
</body>
</html>
```

示例 3-1 在浏览器中显示的结果如图 3-1 所示。3 个二级标题均为蓝色、幼圆字体，字号是+1。如果要修改图中的 3 个标题，需要对每个标题的<font>标记进行修改。如果一个网站的多个网页都需要修改类似的<font>标记，工作量非常大，也很难实现。按 HTML5 标准，<font>标记已经被抛弃，需要使用 CSS 来实现。

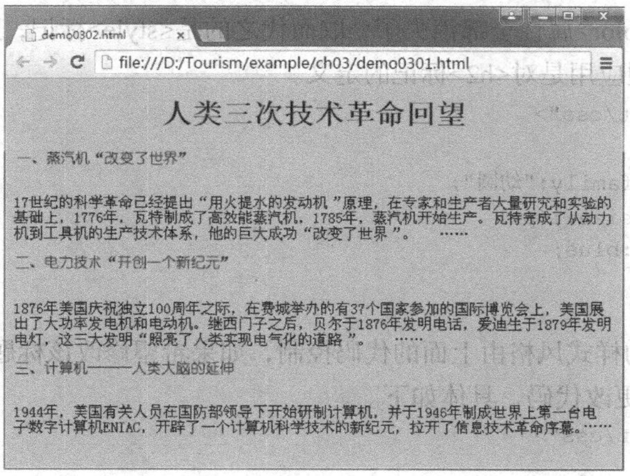

图 3-1　示例 3-1 的显示结果

如果引入 CSS，代码如示例 3-2 所示。

示例 3-2

```
<!-- demo0302.html -->
<!DOCTYPE html>
<html>
<head>
<meta charset="utf-8">
<style type="text/css">
  h2{
        font-family:"幼圆";
        font-size:16px;
        color:blue;
    }
</style>
</head>
<body style="background-color:#CCCCCC;">
```

```
<h1 style="text-align:center;">人类三次技术革命回望</h1>
<h2>一、蒸汽机“改变了世界”</h2>
<br/>17 世纪的科学革命已经提出“用火提水的发动机”原理，在专家和生产者大量研究和实验的基础上，1776 年，瓦特制成了高效能蒸汽机，1785 年，蒸汽机开始生产。瓦特完成了从动力机到工具机的生产技术体系，他的巨大成功“改变了世界”。
    ......
<h2>二、电力技术“开创一个新纪元”</h2>
<br/>1876 年美国庆祝独立 100 周年之际，在费城举办的有 37 个国家参加的国际博览会上，美国展出了大功率发电机和电动机。继西门子之后，贝尔于 1876 年发明电话，爱迪生于 1879 年发明电灯，这三大发明“照亮了人类实现电气化的道路”。
    ......
<h2>三、计算机——人类大脑的延伸</h2>
<br/>1944 年，美国有关人员在国防部领导下开始研制计算机，并于 1946 年制成世界上第一台电子数字计算机 ENIAC，开辟了一个计算机科学技术的新纪元，拉开了信息技术革命序幕。
......
</body>
</html>
```

该示例的显示效果与示例 3-1 是完全一样的。观察上面代码中的粗体部分，可以发现，页面中的<font>标记、<bgcolor>属性全部消失了，取而代之的是<style>标记，这种<style>标记（属性）就是 CSS。CSS 的典型应用是对<h2>标记的定义。

```
<style type="text/css">
    h2{
            font-family:"幼圆";
            font-size:16px;
            color:blue;
    }
</style>
```

页面中<h2>标记的样式风格由上面的代码控制，如果希望修改该标题的样式为绿色、黑体，大小为“14px”，只需更改代码，具体如下。

```
<style type="text/css">
    h2{
            font-family:"黑体";
            font-size:14px;
            color:green;
    }
</style>
```

在浏览器中观察，可以看出网页样式的变化。

使用 CSS 有以下几个主要优点。

（1）结构和风格分离

“网页结构代码”和“网页样式风格代码”分离，从而使网页设计者可以对网页布局进行更多控制。可以将整个站点上的所有网页都引用某个 CSS 样式定义文件，设计者只需要修改 CSS 文件中的内容，就可以改变整个网站的样式风格。

（2）扩充 HTML 标记

HTML 本身标记并不是很多，而且很多标记都是关于网页结构和网页内容的，关于内容样式的标记（如文字间距、段落缩进、行高设定等）很难在 HTML 中找到。使用 CSS 可以扩充 HTML 标记。

（3）提高网站维护效率

CSS 解决了为修改某个标记格式，需要在网站中花费很多时间来定位这个标记的问题。对整个网站而言，后期修改和维护成本大大降低。

（4）可以实现精美的页面布局

DIV+CSS 是一种常见的布局方式，它以“块”为结构定位，用简洁的代码实现精准的定位，方便维护人员的修改和维护，优化了搜索引擎的搜索，也使页面载入更快捷。

3.1.2 CSS 简介

CSS 的引入是为了使 HTML 语言更好地适应页面的美工设计。它以 HTML 语言为基础，提供了丰富的格式化功能，如字体、颜色、背景和整体排版等，并且网页设计者可以针对各种可视化浏览器来设置不同的样式风格。随着 CSS 的广泛应用，CSS 技术也越来越成熟，CSS 的发展经历了 CSS1、CSS2、CSS3 3 个不断改进的标准。

1. CSS 的发展

1996 年 12 月，W3C（万维网联盟）发布了 CSS1 规范，该规范主要定义了网页的基本属性，如字体、颜色、字间距和行间距等。

1998 年 5 月，CSS2 规范发布。CSS2 规范是基于 CSS1 设计的，其包含了 CSS1 所有的功能，并在此基础上添加了一些高级功能（如浮动和定位），以及一些高级的选择器（如子选择器、相邻选择器和通用选择器等）。

2001 年 5 月，W3C 完成了 CSS3 的工作草案。该草案制订了 CSS3 的发展路线图，并将 CSS3 标准分为若干个相互独立的模块，这将有助于厘清模块化规范之间的关系，减小完整文件的体积。

目前主要使用的是 CSS3 规范，CSS3 制定完成之后所添加的新功能（即新样式）已经获得大多数浏览器的支持。

2. 浏览器对 CSS3 的支持

虽然目前流行的浏览器对 CSS 都有很好的支持，但不同浏览器对 CSS3 一些细节的处理存在差异。可能某个标记属性能够被一种浏览器支持而不能被另一种浏览器支持，或者两个浏览器都支持但显示效果不一样。例如，CSS3 中的 border-image 属性用来设计图像边框，如果要在 IE 浏览器、Chrome 浏览器和 Firefox 浏览器中使用，则需要分别声明以获得支持，但本质上并没有大的变化。设置一个 div 块的 border-image 属性的代码如下。

```
div {
    border-image:url(images/borderimage.png) 20/18px;             /*IE 浏览器*/
    -moz-border-image:url(images/borderimage.png) 20/18px;        /*Chrome 浏览器*/
    -webkit-border-image:url(images/borderimage.png) 20/18px;     /*Firefox 浏览器*/
    padding:20px;
  }
```

一些主流浏览器通过定义私有属性来加强页面显示效果，导致现在每个浏览器都存在大量的私有属性。目前，这些私有属性一部分被 CSS3 标准所接受，也有一部分被淘汰。采用 CSS3 规范后，网页的布局更加合理，样式更加美观。随着所有浏览器都支持 CSS3 样式，网页设计者将可以使用统一的标记，在不同浏览器上实现一致的显示效果，网页设计将会变得非常容易。

3. CSS 的编辑器

CSS 文件和 HTML 文件一样，都是文本格式文件，可以使用如 NotePad+、记事本等文本编辑工具进行编辑，也可以选择专业的 CSS 编辑工具（如 Dreamweaver CS6、WebStorm、IntelliJ IDEA 等）。本书使用的是 Dreamweaver CS6 环境，但对部分 CSS3 新增的标记并没有足够的语法提示。

3.2 CSS 基本选择器

CSS 的样式定义由若干条样式规则组成，这些样式可以应用到不同的、被称为**选择器**（Selector）的对象上。CSS 的样式定义就是对指定选择器的某个方面的属性进行设置，并给出该属性的值。在 CSS 中，根据选择器的功能或作用范围，选择器主要分为标记选择器、类选择器和 ID 选择器 3 种。另外，CSS 中还有一些复合选择器，例如交集选择器、并集选择器和后代选择器等，这些选择器将在后面的章节中介绍。

CSS 可以认为是由多个选择器组成的集合，每个选择器由 3 个基本部分——“选择器名称”“属性”和“值”组成，格式定义描述如下。

```
selector {
   property:value;
}
```

其中，selector 有不同的形式，包括 HTML 标记（例如<body>、<table>、<p>等），也可以是用户自定义标记；property 是选择器的属性；value 指定了属性的值。如果需要定义选择器的多个属性，则属性和属性值为一组，组与组之间用分号（;）分隔。下面是一个 CSS 定义。

```
<style type="text/css"
   p {
          font-family:"华文细黑","宋体";
          color:white;
          background-color:blue;
     }
</style>
```

上面的代码中，将 HTML 的页面标记<p>设置字体为华文细黑或宋体（如果浏览器不支持华文细黑字体，采用备用的宋体显示），文字颜色是白色，背景颜色是蓝色。如果需要更改<p>标记的格式，只要修改其中的属性值就可以了。

选择器是 CSS 中很重要的概念，所有 HTML 语言中的标记样式都可以通过不同的 CSS 选择器来控制。用户只需要通过选择器对不同的 HTML 标记进行选择，并赋予各种样式声明，即可实现各种效果。

用 CSS 设计的网页可以和我们生活中的地图做一个比较。在地图上都可以看到一些“图例”，比如河流用蓝色的线表示，公路用红色的线表示，省会城市用黑色圆点表示，等等。当图例变化时，地图上的颜色表示肯定要发生变化。对应到 CSS 中，选择器即是图例，当选择器的属性发生变化时，网页的表现形式也要改变。本质上，这就是一种“内容”与“表现形式”的对应关系。

因此，为了能够使 CSS 规则与各种 HTML 元素对应起来，就应当定义一套完整的规则，实现 CSS 对 HTML 不同元素的“选择”，这就是“选择器”的由来。

3.2.1 标记选择器

一个 HTML 页面由很多不同的标记组成，例如<p>、<h1>、<div>等。CSS 标记选择器就用于声明这些标记的 CSS 样式。因此，每一种 HTML 标记的名称都可以作为相应的标记选择器的名称。例如，前面提到的 p 选择器，就是用来声明页面中所有<p>标记的样式风格。标记选择器的格式定义如下。

```
tagName {
  property:value;
}
```

需要注意的是，CSS 语句对所有属性和值都有严格要求。如果声明的属性在 CSS 规范中不存在，或者某个属性的值不符合该属性的要求，都不能使该 CSS 语句生效。

3.2.2　类选择器

标记选择器用于控制页面中所有同类标记的显示样式。例如，当声明了<h2>标记样式为蓝色、隶书时，页面中所有的<h2>标记都将发生变化。如果希望页面中部分<h2>标记为蓝色、隶书，而另一部分<h2>标记为绿色、黑体时，仅使用标记选择器是远远不够的，还需要使用类选择器。

类选择器用来为一系列标记定义相同的呈现方式，语法格式如下。

```
.className {
   property:value;
}
```

className 是选择器的名称，具体名称由 CSS 制定者自己命名。如果一个标记具有 class 属性且属性值为 className，那么该标记的呈现样式由该选择器指定。在定义类选择符时，需要在 className 前面加一个句点“.”。示例 3-3 所示为标记选择器和类选择器的综合应用。

示例 3-3

```
<!-- demo0303.html -->
<!DOCTYPE html>
<html>
<head>
<meta charset="utf-8">
<style type="text/css">
    h2{                          /*标记选择器*/
        font-family:"幼圆";
        font-size:16px;
        color:blue;
    }
    .special1 {                  /*类选择器*/
        line-height:140%;
        background-color:#999;
    }
    .special2 {                  /*类选择器*/
        line-height:120%;
        font-size:12px;
    }
</style>
</head>
<body style="background-color:#CCCCCC;">
<h1  style="text-align:center;">人类三次技术革命回望</h1>
<h2>一、蒸汽机“改变了世界”</h2>
<p class="special1">1776 年，瓦特制成了高效能蒸汽机，1785 年，蒸汽机开始生产。瓦特完成了从动力机到工具机的生产技术体系，他的巨大成功“改变了世界”。
  ……</p>
```

```
<h2>二、电力技术“开创一个新纪元”</h2>
<p class="special2">继西门子之后，贝尔于 1876 年发明电话，爱迪生于 1879 年发明电灯，这三大发明“照亮了人类实现电气化的道路”。
    ……</p>
<h2>三、计算机——人类大脑的延伸</h2>
<p class="special1">1946 年制成世界上第一台电子数字计算机 ENIAC，开辟了一个计算机科学技术的新纪元，拉开了信息技术革命序幕。
……</p>
</body>
</html>
```

示例 3-3 定义了一个标记选择器 h2，两个类选择器分别为 special1 和 special2。类选择器的名称可以是任意英文字符串，或以英文开头的英文与数字的组合。本例中类选择器被应用于指定的标记<p>中，用于呈现不同的显示方式，运行结果如图 3-2 所示。

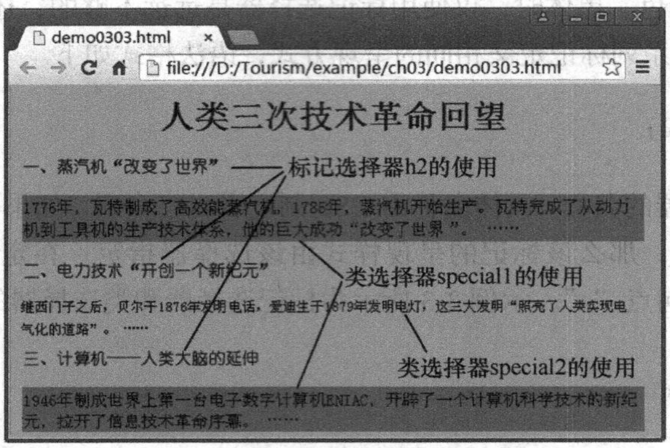

图 3-2　示例 3-3 使用标记选择器和类选择器的效果

3.2.3　ID 选择器

ID 选择器和类选择器在设置样式的功能上类似，都是对特定属性的属性值进行设置。但 ID 选择器的一个重要功能是用作网页元素的唯一标识，所以，HTML 文件中一个元素的 id 属性值是唯一的。定义 ID 选择器的语法格式如下。

```
#idName {
  property:value;
}
```

在上面的语法格式中，idName 是选择器名称，可以由 CSS 定义者自己命名。如果某标记具有 id 属性，并且该属性值为 idName，那么该标记的呈现样式由该 ID 选择器指定。通常情况下，id 属性值在文档中具有唯一性。在定义 ID 选择器时，需要在 idName 前面加一个“#”符号，如下面的示例所示。

```
#font1{
    font-family:"幼圆";
         color:#00F;
}
```

类选择器与 ID 选择器主要区别如下。

① 类选择器可以给任意数量的标记定义样式，但 ID 选择器在页面的标记中只能使用一次。

② ID 选择器比类选择器具有更高的优先级，即当 ID 选择器与类选择器在样式定义上发生冲

突时，优先使用 ID 选择器定义的样式。

示例 3-4 是 ID 选择器的应用。

示例 3-4

```
<!-- demo0304.html -->
<!DOCTYPE html>
<html>
<head>
<meta charset="utf-8">
<style type="text/css">
    p {
        text-indent:2em;
    }
    #first{            /*ID 选择器*/
        font-family:"幼圆";
        color:#00F;
    }
    #second {
        line-height:130%;
        font-family:"隶书";
    }
</style>
</head>
<body>
<p id="first">开展计算思维教学是计算机科学发展的必然结果。</p>
<p id="second">计算机早期的发展，在计算机科学的引领下，指导什么能做，什么不能做；什么做得快，什么做得慢；什么做得好，什么做得不好。</p>
<p >现在已经没有章法了，似乎计算机没有不能做的。而且计算机的超快计算速度和超大存储能力傲视着理论研究。这掩盖了一些深层次的本质问题。</p>
</body>
</html>
```

示例 3-4 中 ID 选择器的浏览效果如图 3-3 所示。

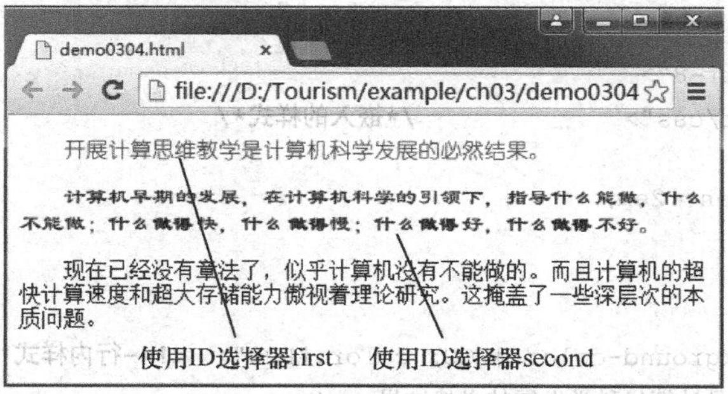

图 3-3　示例 3-4 中 ID 选择器的浏览效果

可以看到，第 1 段为幼圆字体，蓝红色显示（本书为黑白印刷，书中显示为黑色），第 2 段字体为隶书，行间距为 130%。

在上面代码中，如果第 1 段和第 3 段都使用了名为“first”的 ID 选择器，也都会显示 CSS 效果，但需要指出，将 ID 选择器用于多个标记是存在隐患的，因为每个标记定义的 ID 不仅可以被 CSS 调用，还可以被 JavaScript 等脚本语言调用。如果一个 HTML 页面中有多个相同 id 的标记，那么 JavaScript 在查找 id 时将会出错。

因为 JavaScript 脚本语言可以调用 HTML 中设置的 id，所以 ID 选择器一直被广泛使用。网页设计者在编写 HTML 代码时应该养成一个习惯，即一个 id 只赋予一个 HTML 标记。

3.3 在 HTML 中使用 CSS 的方法

为了保证设置的 CSS 样式能够在网页中产生作用，需要将 CSS 样式和 HTML 文件链接在一起。在 HTML 文件中使用 CSS 的方式有 4 种：行内样式、嵌入样式、链接样式和导入样式。

3.3.1 行内样式

行内样式是最简单的一种使用方式，该方式直接把 CSS 代码添加到 HTML 的代码行中，由<style>标记支持，代码示例如下。

```
<h1 style="color:blue; font-style:bold"></h1>
```

这种方法需要在 CSS 样式的每行中都加入样式规则，否则到下一行时浏览器将转回到网页的默认设置。从方便程度看，加入行内的 CSS 样式不如嵌入、链接及导入的 CSS 样式功能强大，但为局部内容设置样式时非常方便。

3.3.2 嵌入样式

嵌入样式将样式集定义为网页代码的一部分，写在 HTML 文档的<head>和</head>之间，通过<style>和</style>标记来声明。嵌入的样式与行内样式有相似的地方，但是又不同，行内样式的作用域只有一行，而嵌入的样式可以作用于整个 HTML 文档。

示例 3-4 使用的 CSS 即为嵌入样式。示例 3-5 是包含行内样式和嵌入样式的一个例子。

示例 3-5

```
<!-- demo0305.html -->
<!DOCTYPE html>
<html>
<head>
<meta charset="utf-8">
<style type="text/css">                    /*嵌入的样式*/
    p {
        text-indent:2em;
    }
</style>
</head>
<body style="background-color:#CCC; color:#F00"> <!--行内样式 -->
<p>开展计算思维教学是计算机科学发展的必然结果。</p>
<p>计算机早期的发展，在计算机科学的引领下，指导什么能做，什么不能做；什么做得快，什么做得慢；什么做得好，什么做得不好。</p>
<p>现在已经没有章法了，似乎计算机没有不能做的。而且计算机的超快计算速度和超大存储能力傲视着理论研究。这掩盖了一些深层次的本质问题。</p>
</body>
</html>
```

嵌入样式规则后，浏览器在整个 HTML 页面中都执行该规则。这里的<style>是 HTML 标记，它负责通知浏览器：包含在标记内的是 CSS 代码。

使用嵌入式样式的好处是方便用户调试当前页面，尤其是样式在特定页面应用时比较方便，但是使用嵌入式样式维护和更新网站非常麻烦。当设计包含多页面的网站，且各页面的风格需要统一时，需要复制和粘贴样式定义到每个页面，而且修改的时候必须编辑每一个网页，这时候用链接样式是最合适的。

3.3.3　链接样式

链接样式是在 HTML 中引入 CSS 使用频率最高的方法，它很好地体现了“页面内容”和“样式定义”独立，实现了内容描述和 CSS 代码的分离，使网站的前期制作和后期维护都十分方便。同一个 CSS 文件可以链接到多个 HTML 文件中，甚至可以链接到整个网站的所有页面中，使网站整体风格统一、协调，可以大大减少后期维护的工作量。

链接样式需要先定义一个扩展名为“.css”的文件（即外部样式），比如样式文件 mystyle.css，该文件包含需要使用的 CSS 规则，不包含任何其他的 HTML 代码。创建样式文件后，将其与要进行格式设置的 HTML 文件进行关联，这种关联是通过 HTML 中<link>标记来实现的，<link>标记只在 HTML 页面的<head>部分出现。链接样式的方法就是在 HTML 文件的<head>部分添加代码，格式如下。

```
<link rel="stylesheet" type="text/css" href="mystyle.css" />
```

<link>标记有很多属性，比较重要的就是上面代码中用到的几个属性。

① rel 属性表示链接类型，定义链接的文件和 HTML 文档之间的关系就设为 stylesheet。

② type 属性指明了链接样式的语言，它的取值为 text/css。

③ href 属性指出了样式文件的位置，它只是个普通的 URL 地址，可以是相对地址，也可以是绝对地址。

由于<link>只是一个开始标记，没有相匹配的关闭标记，所以在结尾处添加一个斜杠作为结束标记。

下面来看链接样式的一个示例——demo0306.html。

首先创建一个样式文件 mystyle.css，该文件包括了示例 3-4 中的样式定义，同时定义了<body>标记的样式。

```
/* CSS 外部样式 mystyle.css */
body{
    font-family:"宋体";
    font-size:12px;
    background-color:#CCC;
}
p {
    text-indent:2em;
}
#first{                                    /*ID 选择器*/
    font-family:"幼圆";
    color:#00F;
}
#second {
    line-height:130%;
    font-family:"隶书";
}
```

再完成一个 HTML 文件 demo0306.html，代码如下。

示例 3-6

```
<!-- demo0306.html -->
<!DOCTYPE html>
<html>
<head>
<meta  charset="utf-8">
<link href="mystyle.css" type="text/css" rel="stylesheet"/>
</head>
<body>
<p id="first">开展计算思维教学是计算机科学发展的必然结果。</p>
<p id="second">计算机早期的发展，在计算机科学的引领下，指导什么能做，什么不能做；什么做得快，什么做得慢；什么做得好，什么做得不好。</p>
<p>现在已经没有章法了，似乎计算机没有不能做的。而且计算机的超快计算速度和超大存储能力傲视着理论研究。这掩盖了一些深层次的本质问题。</p>
</body>
</html>
```

本例中，需要将 HTML 文件和 CSS 文件保存在同一个文件夹中，否则 href 属性中需要带有正确的文件路径。页面浏览效果如图 3-4 所示。

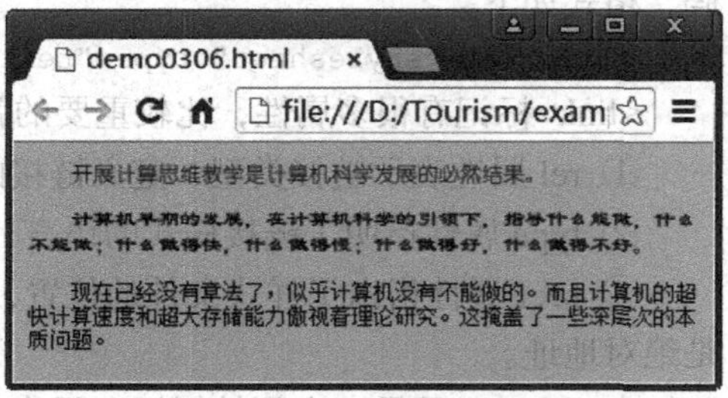

图 3-4　示例 3-6 中使用的链接样式

从这个例子可以看到，文件 mystyle.css 将 CSS 代码从 HTML 文件中分离出来，然后在 HTML 文件的<head>和</head>标记之间加上<link href="mystyle.css"type="text/css" rel="stylesheet"/> 语句，将 CSS 文件链接到页面中，使用 CSS 中的标记进行样式控制。

链接式样式的最大优势在于 CSS 代码与 HTML 代码完全分离，并且同一个 CSS 文件可以被不同的 HTML 文件链接使用。在设计网站时，为了实现相同的样式风格，可以将一个 CSS 文件链接到所有的页面中去。如果整个网站需要修改样式，只修改 CSS 文件即可。

3.3.4　导入样式

导入样式和链接样式的操作过程基本相同，都需要一个单独的外部 CSS 文件，然后再将其导入 HTML 文件中，但在语法和运行过程上有所差别。导入样式是 HTML 文件初始化时将外部 CSS 文件导入 HTML 文件内，作为文件的一部分，类似于嵌入效果。而链接样式则是在 HTML 标记需要样式风格时才以链接方式引入。

导入外部样式需要在 HTML 文件的<style>标记中使用@import 导入一个外部的 CSS 文件，示例代码如下。

```
 <style type="text/css">
     @import "mystyle.css";
</style>
```

导入外部样式相当于将样式文件导入到 HTML 文件中，其中，@import 必须在样式文件的开始部分（即位于其他样式代码的前面）。

示例 3-7 使用导入样式文件完成示例 3-6 的显示，其中的外部样式文件 mystyle.css 的内容与示例 3-6 是一样的，但应将其放入 css 文件夹内。页面浏览效果与图 3-4 一致。

示例 3-7

```
<!--demo0307.html-->
<!DOCTYPE html>
<html>
<head>
<meta charset="utf-8">
<style type="text/css">
<!--
@import "css/mystyle.css";
-->
</style>
</head>
<body>
<p id="first">开展计算思维教学是计算机科学发展的必然结果。</p>
<p id="second">计算机早期的发展，在计算机科学的引领下，指导什么能做，什么不能做；什么做得快，什么做得慢；什么做得好，什么做得不好。</p>
<p>现在已经没有章法了，似乎计算机没有不能做的。而且计算机的超快计算速度和超大存储能力傲视着理论研究。这掩盖了一些深层次的本质问题。</p>
</body>
</html>
```

3.3.5 样式的优先级

如果同一个页面使用了多种引用 CSS 样式的方法，比如同时使用行内样式、链接样式和嵌入样式，当不同方式的样式定义共同作用于同一元素，就会出现优先级问题。

例如，使用嵌入样式设置字体为宋体，使用链接样式设置字体为红色，那么二者会同时生效；但如果都设置字体颜色且颜色不同，那么哪种样式的设置有效呢?

1. 行内样式和嵌入样式比较

示例 3-8 是关于行内样式和嵌入样式比较的例子。

示例 3-8

```
<!--demo0308.html-->
<!DOCTYPE html>
<html>
<head>
<meta charset="utf-8">
<style type="text/css">
 h2{
      font-size:14px;
      font-style:normal;
 }
</style>
</head>
<body>
<h2 style=" font-style:italic;">预测未来的最好方法就是把它创造出来。</h2>
<h2 style="font-family:Calibri;">The best way to predict the future is to invent it.</h2>
</body>
</html>
```

在 HTML 文档中，标记<h2>存在样式规则冲突，一种行内样式定义 font-style 为 italic，另一种嵌入的样式定义 font-style 为 normal，而在页面代码中，该标记选择了行内的样式定义。页面显示结果如图 3-5 所示。

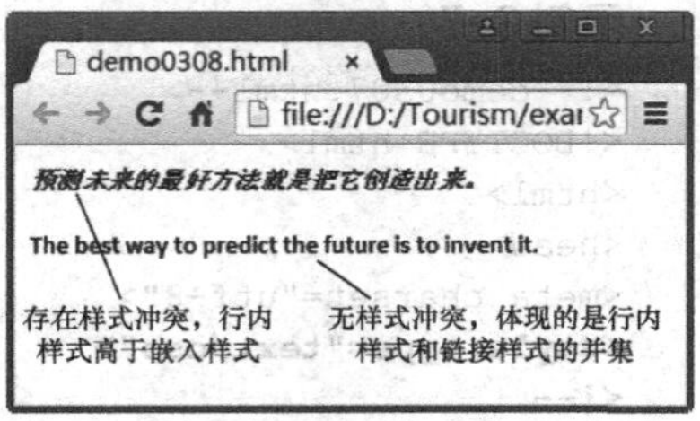

图 3-5　行内样式和嵌入样式的冲突效果

可以看出，行内样式的优先级大于嵌入样式。如果没有样式冲突，采用的是样式定义的并集，如代码的第 2 行对<h2>的描述。

2. 嵌入样式和链接样式比较

下面采用和上面类似的步骤来测试嵌入样式和链接样式的优先级。

① 完成一个外部 CSS 文件 link1.css，代码如下。

```
/* link1.css */
div {
        font-size:14px;
        font-style:italic;
}
```

② 完成示例 3-9，demo0309.html。

示例 3-9

```
<!-- demo0309.html -->
<!DOCTYPE html>
<html>
<head>
<meta  charset="utf-8">
<link href="css/link1.css" type="text/css" rel="stylesheet" />
<style type="text/css">
 div{
      font-size:16px;
      font-style:normal;
 }
</style>
</head>
<body>
<div>预测未来的最好方法就是把它创造出来。</div>
<div style="font-family: calibri; font-size:20px">The best way to predict the future
is to invent it.</div>
</body>
</html>
```

页面的浏览效果如图 3-6 所示，div 块中的字体以 normal 方式显示，可以看出嵌入样式的优先级高于链接样式。

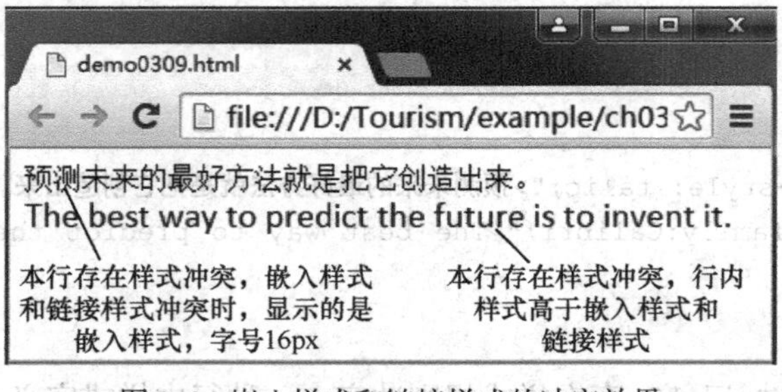

图 3-6　嵌入样式和链接样式的冲突效果

3. **链接样式和导入样式比较**

通过和上面类似的方法对链接样式和导入样式的优先级进行比较。

① 完成两个外部 CSS 文件，分别是 link1.css 和 import1.css，代码如下。

```
/* link1.css */
div {
        font-size:14px;
        font-style:italic;
}
/* import1.css */
div {
    font-size:10px;
    font-style:normal;
}
```

② 完成示例 3-10，demo0310.html。

示例 3-10

```
<!-- demo0310.html -->
<!DOCTYPE html>
<html>
<head>
<meta charset="utf-8">
<style type="text/css">
 @import "css/import1.css";
</style>
<link href="css/link1.css" type="text/css" rel="stylesheet"/>
</head>
<body>
<div>预测未来的最好方法就是把它创造出来。</div>
</body>
</html>
```

代码显示结果是斜体，可以看出，链接样式的优先级高于导入样式的优先级。通过前面的例子可以看出，CSS 样式的优先顺序由高到低依次为：行内样式、嵌入样式、链接样式、导入样式。

3.4 CSS 复合选择器

每个选择器都有它的作用范围。前面介绍了 3 种基本的选择器，它们的作用范围都是一个单独的集合。例如，标记选择器的作用范围是使用该标记的所有元素的集合，类选择器的作用范围是自定义的某一类元素的集合。有时希望对几种选择器的作用范围取交集、并集、子集后，再对选中的元素定义样式，这时就要用到复合选择器了。

复合选择器就是两个或多个基本选择器通过不同方式组合而成的选择器，可以实现更强、更方便的选择功能，主要有交集选择器、并集选择器和后代选择器等。本节除了复合选择器外，还将介绍伪类选择器和伪元素选择器。

3.4.1 交集选择器

交集选择器是由两个选择器直接连接构成的，其结果是选中两者各自作用范围的交集。其中，第 1 个必须是标记选择器，第 2 个必须是类选择器或 ID 选择器，例如“h1.class1；p#id1”。交集选择器的基本语法格式如下。

```
tagName.className {
        property:value;
}
```

下面给出一个交集选择器的定义。

```
div.class1 {
        color:red;
        font-size:10px;
        font-weight:bold;
}
```

交集选择器将选中同时满足前后二者定义的元素，也就是前者定义的标记类型，并且指定了后者的类别或 id 的元素。

示例 3-11 演示了交集选择器的作用，显示结果如图 3-7 所示。

示例 3-11

```
<!-- demo0311.html -->
<!DOCTYPE html>
<head>
<meta charset="utf-8">
<style>
div {
    color:blue;
    font-size:9px;
}
.class1 {
    font-size:12px;
}
div.class1 {
    color:red;
    font-size:10px;
    font-weight:bold;
}
</style>
</head>
<body>
    <div>正常 div 标记，蓝色，9px</div>
    <p class="class1">类选择器，12px</p>
    <div class="class1" >交集选择器，红色，加粗，10px</div>
</body>
</html>
```

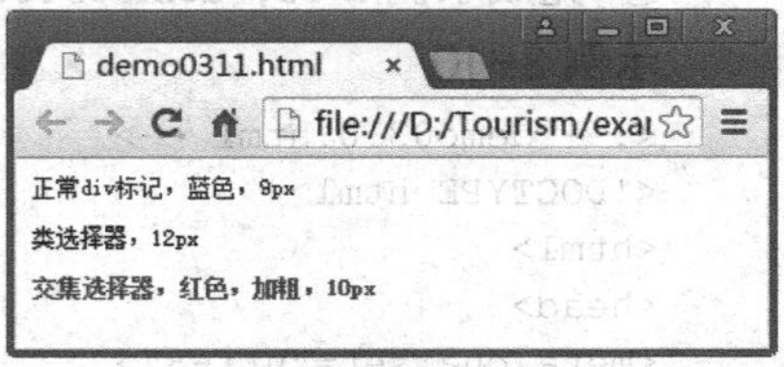

图 3-7　示例 3-11 交集选择器的效果

示例 3-11 中第 1 行文本的样式由<div>标记来定义，第 2 行文本的样式由 class1 类选择器来定义，第 3 行文本是它们的交集，由交集选择器来定义，显示的是红色、粗体、10px 大小。

3.4.2　并集选择器

并集选择器就是对多个选择器进行集体声明，多个选择器之间用逗号隔开，每个选择器可以是任何类型的选择器。如果某些选择器定义的样式完全相同，或者部分相同，这时便可以使用并集选择器。下面是并集选择器的语法格式。

```
selector1,selector2,… {
  property:value;
}
```

下面给出的是一个并集选择器的定义。

```
p,td,li {
     line-height:20px;
     color:red;
}
```

示例 3-12 演示了并集选择器的作用。

示例 3-12

```
<!--demo0312.html-->
<!DOCTYPE html>
<head>
<meta  charset="utf-8">
<style>
div,h1,p {
     color:blue;
     font-size:9px;
}
div.class1,.class1,#id1{
    color:red;
    font-size:10px;
    font-weight:bold;
}
</style>
</head>

<body>
    <div>常 div 标记，蓝色，9px</div>
    <p>p 标记，和 div 标记相同</p>
   <div class="class1" >红色，加粗，10px</div>
   <span id="id1" >红色，加粗，10px</span>
</body>
</html>
```

代码中首先通过并集选择器声明 div、hl、p 等元素的样式，这些样式格式相同，均为蓝色、9px；另一组并集选择器声明 div.class1、.class1、#id1 等元素的样式，均为红色、10px、粗体。

3.4.3 后代选择器

在 CSS 选择器中，还可以通过嵌套的方式，对特殊位置的 HTML 标记进行控制。例如，当<div>与</div>之间包含<b>标记时，就可以使用后代选择器定义出现在<div>标记中的<b>标记的格式。后代选择器的写法是把外层的标记写在前面，内层的标记写在后面，之间用空格隔开，语法格式如下。

```
selector1 selector2 {
    property:value;
}
```

两个选择器之间用空格隔开，并且 selector2 是 selector1 包含的对象。

下面是后代选择器的一个示例。

```
.class1 b{
    color:#060;
    font-weight:800;
}
```

上面的选择器应用于类标记<class1>里面包含的<b>标记。

示例 3-13 演示了后代选择器的作用，浏览效果如图 3-8 所示。

示例 3-13

```
<!-- demo0313.html -->
<!DOCTYPE html >
<head>
<meta  charset="utf-8">
</head>
<style>
   div {
        font-family:"幼圆";
        color:#003;
        font-size:12px;
        font-weight:bold;
   }
   div li {                              /*后代选择器*/
        margin:0px;
        padding:5px;
        list-style:none;                 /*隐藏默认列表符号*/
   }
   div li a {                            /*后代选择器*/
        text-decoration:none;            /*取消超链接下划线*/
   }
</style>
<body>
     <div><a href="#">请选择下列选择器</a>
        <ul>
            <li><a href="#">交集选择器</a></li>
            <li><a href="#">并集选择器</a></li>
            <li><a href="#">后代选择器</a></li>
            <li><a href="#">子选择器</a></li>
            <li><a href="#">相邻选择器</a></li>
        </ul>
     </div>
</body>
</html>
```

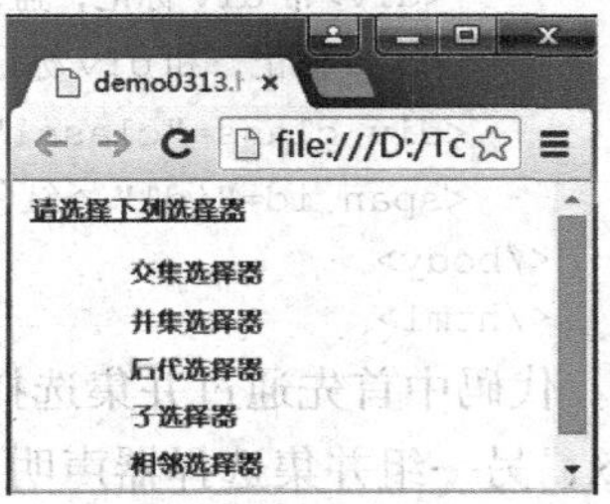

图 3-8　示例 3-13 后代选择器的效果

上例中，<div>标记选择器选中显示的是蓝色、幼圆、12px 字体。<div>标记中的 li 元素被后代选择器选中，格式被重新定义为 padding 值为 5px，且无项目符号。通过后代选择器 div li a 取消了列表中超链接的下划线，而未被后代选择器选中的超链接则显示下划线。

这个例子在制作导航菜单中应用比较广泛，实际上，设计超链接的格式时，还可以设计更多种 div a li 的后代选择器。

和其他所有 CSS 选择器一样，后代选择器定义的具有继承性的样式同样也能被其子元素继承。例如，在上例中，<div>标记中的属性将被后代标记<li>继承。所以，<li>标记内字体也是幼圆、12px。

后代选择器的使用非常广泛，不仅标记选择器可以用这种方式组合，类选择器和 ID 选择器也都可以进行嵌套，而且包含选择器还能够进行多层嵌套，例如：

```
a b {  /*应用于 a 标记中的 b 标记*/
   font-family:"幼圆"; color:#F00;
}
#menu ul li { /* ID 为 menu 的标记里面包含的<ul>和<li>标记 */
   background:#06C;    height:26px;
}
```

在设计网页格式时，将选择器嵌套在 CSS 的编写中可以大大减少对 class 或 id 的声明。因此在构建 HTML 框架时通常只给外层标记（父标记）定义 class 或 id，内层标记（子标记）能通过嵌套表示的也利用这种方式，而不再重新定义新的 class 或 id。

3.4.4 子选择器

子选择器用于选中标记的直接后代，它的定义符号是大于号（>），语法格式如下。

```
selector1>selector2
```

看下面的示例 3-14。

示例 3-14

```
<!-- demo0314.html -->
<!DOCTYPE html>
<head>
<meta  charset="utf-8">
    <style>
      div>p {
          font-family:"幼圆";
          color:#F00;
      }
    </style>
</head>
<body>
  子选择器是在 CSS2.1 以后的版本中增加的。
    <div>
      <p>本行应用了子选择器，幼圆、红色</p>
        <em>
          <p>本行不是 div 的直接后代，子选择器无效</p>
        </em>
    </div>
</body>
</html>
```

上例中，显示结果的第 2 行显示为幼圆、红色，因为<p>是<div>的直接后代；而第 3 行显示结果与子选择器无关，这是因为<p>并不是<div>标记的直接后代。如果把“div>p”改为后代选择器“div p”，那么显示结果的第 2 行和第 3 行均为幼圆、红色。这就是子选择器和后代选择器的区别。

3.4.5 相邻选择器

相邻选择器是另一个有趣的选择器，它的定义符号是加号（+），可以选中紧跟在它后面的一个兄弟元素（这两个元素具有共同的父元素），如示例 3-15 所示，运行结果如图 3-9 所示。

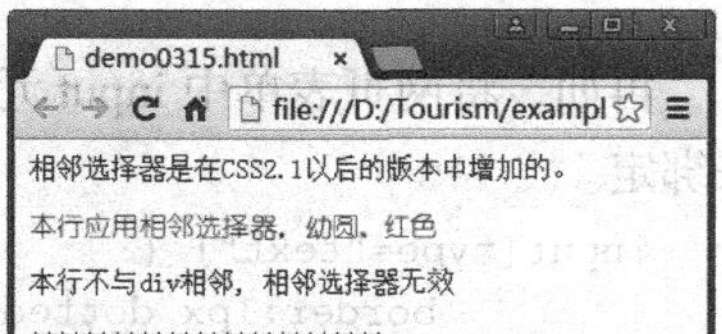

图 3-9 示例 3-15 应用相邻选择器的效果

示例 3-15

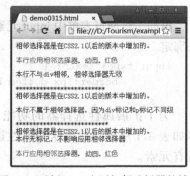

```
<!-- demo0315.html -->
<!DOCTYPE html>
<head>
<meta charset="utf-8">
    <style>
      div+p {
```

```
        font-family:"幼圆";
            color:#F00;
        }
      </style>
    </head>
    <body>
        <div>相邻选择器是在 CSS2.1 以后的版本中增加的。 </div>
        <p>本行应用相邻选择器，幼圆红色</p>
            <p>本行不与 div 相邻，相邻选择器无效</p>
  ***************************
        <div>相邻选择器是在 CSS2.1 以后的版本中增加的。
        <p>本行不属于相邻选择器，因为 div 标记和 p 标记不同级</p>
        </div>
  ***************************
        <div>相邻选择器是在 CSS2.1 以后的版本中增加的。 </div>
          本行无标记，不影响应用相邻选择器
        <p>本行应用相邻选择器，幼圆，红色</p>
    </body>
    </html>
```

第一个段落标记紧跟在 div 之后，因此会被选中。在最后一个 div 元素后，尽管紧接的是一段文字，但那些文字不属于任何标记，因此紧随这些文字之后的第一个 p 元素也会被选中。

如果希望紧跟在 h2 后面的任何元素都变成幼圆、红色，可使用通用选择符：

```
h2+* { font-family:"幼圆"; color: #F00; }
```

3.4.6 属性选择器

属性选择器是 CSS3 新增的一个重要内容。

在 HTML 中，通过使用各种各样的属性，可以给元素增加很多附加信息。例如，通过 id 属性，可以区分不同的元素；通过 class 属性，可以设置元素的样式。CSS3 的属性选择器可以将样式与具有某种属性的元素绑定，实现各种复杂的选择，减少样式代码书写的工作量，也有利于样式表简洁清晰。

例如，设置网页中 id 值为“first”的元素背景色和前景颜色，使用属性选择器的描述如下。

```
div[id="first"] {
    color:blue;
    background-color:yellow;
}
```

再如，将网页表单中 input 元素中的“text”类型设置蓝色边框，可以通过下面的属性选择器来绑定。

```
input[type="text"] {
        border:1px dotted blue;
}
```

为了扩展属性选择器的功能，可以使用^、$和*这 3 个通配符。使用通配符的属性选择器如表 3-1 所示。如果这些属性选择器前未指定绑定元素，则该选择器适应于具有该属性的所有元素。

表 3-1　　属性选择器及其功能

选　择　器	说　　明
[att*="value"]	匹配属性包含特定值的元素，例如，a[href*="lnnu"]，匹配<a href="http://www.lnnu. edu.cn">包含匹配</a>
[att^="value"]	匹配属性包含以特定值开头的元素，例如，a[href^="ftp"]，匹配<a href="ftp://computer.tech. edu.cn">头匹配</a>
[att$="value"]	匹配属性包含以特定值结尾的元素，例如，a[href$="cn"]，匹配<a href="http://icourses. edu.cn">尾匹配</a>
[att="value"]	匹配属性等于某特定值的元素，例如，[type="text"]，匹配<input type="text" name= "username" />

示例 3-16 是关于属性选择器的一个例子，如果 href 属性以“http”开头，增加显示内容“超文本传输协议”；如果 href 属性以“jpg”或“png”结尾，增加显示内容“图像”。显示结果如图 3-10 所示。

图 3-10　属性选择器显示效果

示例 3-16

```
<!--demo0316-->
<!DOCTYPE html>
<html>
<head>
<meta charset="utf-8">
<style type="text/css">
* {    /*网页中所有文字的格式*/
    text-decoration:none;
    font-size:16px;
}
a[href^=http]:before{                        /*在指定属性之前插入内容*/
   content:"超文本传输协议: ";
   color:red;
}
a[href$=jpg]:after,a[href$=png]:after{       /*在指定属性之后插入内容*/
   content:"  图像";
   color:green;
}
</style>
</head>
<body>
   <ul>
      <li><a href="http://dltravel.html">Welcome to DL</a></li>
      <li><a href="firework.png">Firework 素材</a></li>
      <li><a href="photoShop.jpg">Photoshop 素材</a></li>
   </ul>
</body>
```

3.4.7　伪类选择器

伪类选择器是在 CSS 中已经定义的选择器，而不是由用户自行定义的。它可以分为结构伪类选择器和 UI 伪类选择器两种。结构伪类选择器是 CSS3 新增的选择器之一。结构伪类利用文档结构树实现元素过滤，也就是说，通过文档结构的位置关系来匹配特定的元素，从而减少文档对 class 属性和 id 属性的定义，使文档更加简洁。UI 伪类选择器作用在标记的状态上，即指定的样式只有当元素处于某种状态时才起作用，默认状态下该选择器不起作用。

1. 基本结构伪类选择器

基本结构伪类选择器包括以下 4 种，用于匹配文档特定位置，如表 3-2 所示。

表 3-2　基本结构伪类选择器

选 择 器	功 能
:root	匹配文档的根元素
:not	对某个结构元素使用样式，但排除这个结构元素下面的子结构元素
:empty	指定当元素内容为空白时使用的样式
:target	对页面中某个 target 元素（该元素的 id 被当作页面超链接来使用）指定样式，该样式只在用户单击了页面中的超链接，并且跳转到 target 元素后起作用

下面的代码展示了部分结构伪类选择器的功能。

```
<style>
  :root { /*整个网页背景为天蓝色*/
      background-color:skyblue;
  }
</style>

<style>
 body *:not(h1) {/*除 h1 标记外的网页背景为黄色*/
      background-color:yellow;
  }
</style>
```

2. 与元素位置有关的结构伪类选择器

下面的选择器能够对一个父元素的第一个子元素、最后一个子元素、指定序号子元素，甚至第偶数个、第奇数个子元素指定样式，具体如表 3-3 所示。

表 3-3　与元素位置有关的结构伪类选择器

选 择 器	功 能
E:first-child	选择父元素的第 1 个匹配 E 的子元素
E:last-child	选择位于其父元素中最后一个位置，且匹配 E 的子元素 例如，h1:last-child 匹配<div><p></p><h1></h1></div>片段中 h1 元素
E:nth-child(n)	选择所有在其父元素中的第 *n* 个位置的匹配 E 的子元素 注意：参数 ***n*** 可以是数字（1、2、3）、关键字（odd、even）、公式（2*n*、2*n*+3），参数的索引起始值为 1，而不是 0 例如，tr:nth-child(3)匹配所有表格里第 3 行的位元素，tr:nth-child(2n+1)匹配所有表格的奇数行，tr:nth-child(2n) 匹配所有表格的偶数行，tr:nth-child(odd) 匹配所有表格的奇数行，tr:nth-child(even)匹配所有表格的偶数行
E:nth-last -child(n)	选择所有在其父元素中倒数第 *n* 个位置的匹配 E 的子元素 注意：该选择器的计算顺序与 E:nth-child(n)相反，但语法和用法相同

下面代码使用了元素的 first-child、last-child 属性，设置列表的第一行和最后一行的背景。

```
<style type="text/css">
li:first-child{
    background-color: yellow;
}
```

```
li:last-child{
    background-color: skyblue;
}
```

示例 3-17 使用了 nth-child(odd)、nth-child(even)属性，显示结果如图 3-11 所示。

示例 3-17

```
<!--demo0317-->
<!DOCTYPE HTML>
<html>
<head>
<meta charset="utf-8">
<style type="text/css">
     tr:nth-child(odd){
          background-color: yellow;
     }
     tr:nth-child(even){
          background-color: skyblue;
     }
</style>
</head>
<body>

<h2>广场列表</h2>
<table>
    <tr><td>星海广场</td><td>从星海广场沿中央大道北行 500 米左右是星海会展……</td></tr>
    <tr><td>人民广场</td><td>城雕前 100 双脚印揭示了大连一步一个脚印地走过了百年……</td></tr>
    <tr><td>中山广场</td><td>是一个购物、餐饮、休闲、娱乐一站式购物街区……</td></tr>
    <tr><td>友好广场</td><td>博物馆/纪念展览馆，主题公园/游乐场……</td></tr>
    <tr><td>五四广场</td><td>从百盛的兴起，到家乐福的进驻，再到罗斯福的开业……</td></tr>
</table>
</body>
</html>
```

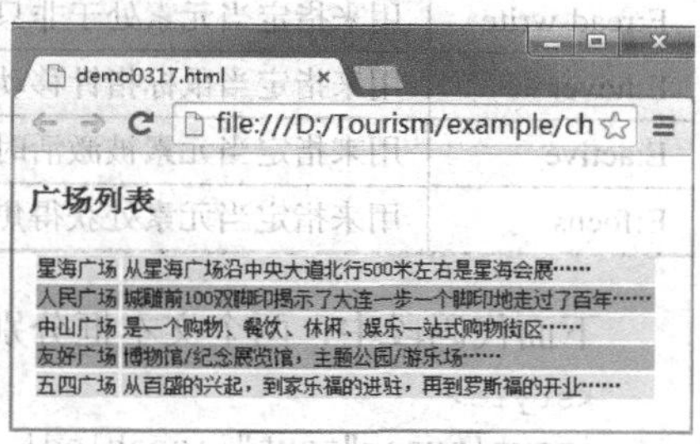

图 3-11　示例 3-17 显示效果

3. UI 伪类选择器

UI 伪类选择器作用在标记的状态上。在 CSS3 中，共有 11 种 UI 伪类选择器，常用的 UI 伪类选择器如表 3-4 所示。

表 3-4　常用的 UI 伪类选择器

选　择　器	功　　能
E:enabled	选择匹配 E 的所有可用 UI 元素（在网页中，UI 元素一般是指包含在 form 元素内的表单元素），例如，input:enabled 匹配下面代码框中的文本框，但是不能匹配该代码片段中的按钮 <form> <input type="text"/> <input type="button"disabled="disabled" /> </form>
E:disabled	选择匹配 E 的所有不可用 UI 元素，例如，input:disabled 匹配下面代码段中的按钮，但不匹配该片段中的文本框 <form> <input type=”text " /> <input type= "button" disabled= "disabled"/> </form>

续表

选 择 器	功 能
E:checked	选择匹配 E 的所有处于选中状态的 UI 元素
E:read-only	用来指定当元素处于只读状态时的样式
E:read-write	用来指定当元素处于非只读状态时的样式
E:hover	用来指定当鼠标指针移动到元素上面时元素所使用的样式
E:active	用来指定当元素被激活时使用的样式
E:focus	用来指定当元素处获得焦点时使用的样式

下面代码段中，两个文本框分别处于不同状态，分别定义了黄色和紫色。

```
<style>
input[type="text"]:enabled{
   background-color:yellow;
}
input[type="text"]:disabled{
   background-color:purple;
}
</style>
<body>
<form>
    Name: <input type=text id="text1" disabled /><br/>
    ID: <input type=text id="text2" enabled />
</form>
</body>
</html>
```

伪类选择器最常应用在<a>元素上，它表示超链接 4 种不同的状态——未访问链接（link）、已访问链接（visited）、鼠标指针停留在链接上（hover）、激活超链接（active）。要注意的是，<a>标记可以只具有一种状态，也可以有 2 种或 3 种状态。例如，任何一个具有 href 属性的<a>标记，在没有任何操作时都已具备了:link 状态，也就是满足了有链接属性这个条件；如果访问过<a>标记，会同时具备:link、:visited 两种状态；把鼠标指针移动到访问过的<a>标记上时，<a>标记就同时具备了:link、:visited、:hover 3 种状态。示例 3-18 是超链接的伪类选择器的应用。

示例 3-18

```
<!--demo0318.html-->
<!DOCTYPE html >
<head>
<meta charset="utf-8">
<style type="text/css">
    a:link {
        font-family: "幼圆";
        font-size: 10px;
        color: #060;
        text-decoration: none;
    }
    a:visited {
        font-family: "黑体";
        color: #60C;
```

```
        }
        a:hover {
            font-size: 16px;
            color: blue;
        }
        a:active {
            font-family: "华文新魏";
            font-size: 10px;
            color: #666;
        }
    </style>
    </head>
    <body>
        <a href="#">伪类测试</a>
    </body>
    </html>
```

示例 3-19 展示了伪类选择器:focus 和:first-child 的功能。:focus 用于定义元素获得焦点时的样式。例如，对于一个表单来说，当光标移动到某个文本框内时（通常是单击了该文本框或使用 Tab 键切换到了这个文本框上），这个<input>标记就获得了焦点。因此，可以通过 input:focus 伪类选中元素，改变它的背景色，使它突出显示。代码如下。

```
input:focus{background:yellow; }
```

:first-child 伪类选择器用于匹配它的父元素的第 1 个子元素。

示例 3-19 的浏览效果如图 3-12 所示。

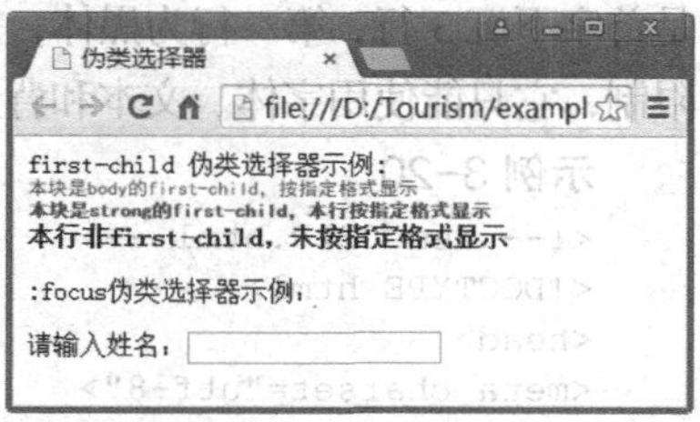

图 3-12　伪类选择器:first-child 和:focus 的效果

示例 3-19

```
<!-- demo0319.html -->
<!DOCTYPE html>
<head>
<meta charset="utf-8"/>
<title>伪类选择器</title>
    <style>
      input:focus {
          background: #FF6;
          font-family: "黑体";
          font-size: 12px;
      }
      div:first-child {
          color: #060;
          font-family: "黑体";
          font-size: 12px;
      }
    </style>
</head>
<body>
    first-child 伪类选择器示例：
    <div>本块是 body 的 first-child，按指定格式显示</div>
  <strong>
        <div>本块是 strong 的 first-child，本行按指定格式显示</div>
        <div>本行非 first-child，未按指定格式显示</div>
  </strong>
   <p>
   :focus 伪类选择器示例：
```

```
    <form name="form1" method="get">
     请输入姓名：<input type="text" name="name"/>
    </form>
</body>
</html>
```

这段代码的第 1 部分是对:first-child 的测试。第 1 个 div 元素是其父元素 body 的第 1 个子元素，以指定格式显示；第 2 个 div 元素是其父元素 strong 的第 1 个子元素，以指定格式显示；第 3 个 div 元素并不是其父元素的第 1 个子元素，所以未按指定格式显示。

:focus 伪类选择器示例中，运行时只要将焦点置于文本框中，即可看到设置的格式效果。

3.4.8 伪元素选择器

在 CSS 中，伪元素选择器主要有:first-letter、:first-line、:before 和:after。之所以称这些选择器是伪元素选择器，是因为它们在效果上使文档增加了一个临时元素，属于一个“虚构元素”。

1. 选择器:first-letter 和:first-line

:first-letter 用于选中元素内容的首字符，例如，使用它可以选中段落标记<p>中的第 1 个字母或中文字符。

:first-line 用于选中元素中的首行文本，例如，使用它可以选中每个段落的首行，而不考虑其他显示区域。

示例 3-20 中，<div>标记中同时应用了:first-letter 和:first-line 两个选择器，在浏览器中的显示结果是首字下沉 3 行，第一行为黑体，并进行了行高设置。需要注意，:first-line 可使用的 CSS 属性有一些限制，它只能使用字体、文本和背景属性，不能使用盒子模型属性（如边框、背景）和布局属性。

示例 3-20

```
<!-- demo0320.html -->
<!DOCTYPE html>
<head>
<meta charset="utf-8">
  <style>
     div:first-letter {
          float:left;
          font-size:3em;
     }
     div:first-line {
          font-family:"黑体";
          color:#900;
          line-height:125%;
     }

  </style>
</head>
<body>
     <div>计算机是信息加工的工具。如果说人类制造的其他工具是人类双手的延伸，那么计算机作为代替人脑进行信息加工的工具，则可以说是人类大脑的延伸。自 1996 年第一台速度超过每秒一万亿次浮点运算的超级计算机问世以来，世界上最大的计算机制造商们一直在进行……
     </div>
</body>
</html>
```

2. 选择器:before 和:after

:before 和:after 两个伪元素选择器必须配合 content 属性使用才有意义。它们的作用是在指定的标记内产生一个新的行内元素，该行内元素的内容由 content 属性里的内容指定。

:before 选择器用于在某个元素之前插入内容，格式如下。

```
<E>:before {
    content:文字或其他内容
}
```

:after 选择器用于在某个元素之后插入内容，格式如下。

```
<E>:after {
    content:文字或其他内容
}
```

示例 3-21 展示了伪元素选择器的应用，浏览效果如图 3-13 所示。

示例 3-21

```
<!--demo0321-->
<!DOCTYPE HTML>
<html>
<head>
<meta charset=utf-8>
<style>
    li:after{
        content:"(案例课程，请参考学习。)";
        font-size:12px;
        color:red;
    }
    p:before{content: "★";}
</style>
</head>

<body>
<h1>课程清单</h1>
<ul>
    <li><a href="html.mp4">HTML5</a></li>
    <li><a href="css.mp4">CSS3</a></li>
    <li><a href="JS.mp4">JavaScript</a></li>
</ul>
<h2>HTML5</h2>
    <p>Canvas</p>
    <p>WebWorker</p>
    <p>WebStorage</p>
    <p>离线应用</p>
    <p>WebSocket</p>
</body>
</html>
```

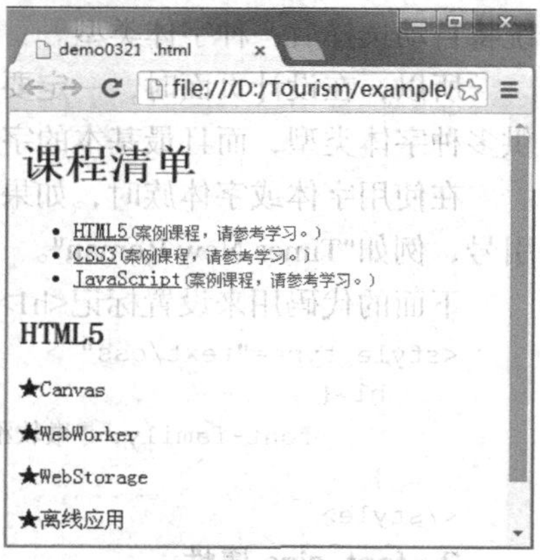

图 3-13 伪元素选择器示例

3.5 用 CSS 设置文本样式

3.5.1 字体属性

字体属性用于控制网页文本字符的显示方式，例如，控制文字的大小、粗细以及使用的字体类型等。CSS 中的字体属性包括 font、font-family、font-size、font-style、font-variant 和 font-weight 等。

1. font-family 属性

font-family 属性用于确定要使用的字体列表（类似于<font>标记的 face 属性，但 HTML5 中已经不支持 face 属性），取值可以是字体名称，也可以是字体族名称，值之间用逗号分隔。常见的字体包括宋体、黑体、楷体_GB2312、Arial、Times New Roman 等。字体族和字体类似，只是一个字体族中通常包含多种字体，例如，serif 字体族典型的字体包括 Times New Roman、MS Georgia、宋体等。

在显示字体时，一些特殊字体不能在浏览器或者操作系统中正确显示，这时可以通过 font-family 属性预设多种字体类型。font-family 属性可以预置多个供页面使用的字体类型，即字体类型序列，其中每种字体类型之间使用逗号隔开。如果前面的字体类型不能够正确显示，则系统将自动选择后一种字体类型。

所以，在设计页面时，一定要考虑字体的显示问题。为了确保页面达到预计的效果，最好提供多种字体类型，而且最基本的字体类型应放在最后。

在使用字体或字体族时，如果字体或字体族名称中间有空格，这时需要对字体或字体族加上引号，例如"Times New Roman"。

下面的代码用来设置标记<h1>的 font-family 属性。

```
<style type="text/css" >
    h1 {
        font-family: "微软雅黑", "仿宋_GB2312","楷体_GB2312";
    }
</style>
```

2. font-size 属性

font-size 属性用于控制文字的大小，它的取值分为 4 种类型——绝对大小、相对大小、长度值以及百分数。该属性的默认值是 medium。

当使用绝对大小类型时，可能的取值为 xx-small、x-small、small、medium、large、x-large、xx-large，它们依次表示越来越大的字体。

当使用相对大小时，可能的取值为 smaller 和 larger，分别表示比上一级元素中的字体小一号和大一号。例如，如果在上级元素中使用了 medium 大小的字体，而子元素采用了 larger 值，则子元素的字体尺寸将是 large。

需要说明的是，所谓上一级元素是指包含当前元素的元素，例如，body 是所有元素的上级元素。另外，元素与标记是一个含义，本书不做区分。

当使用长度值时，取值可以直接指定。

当使用百分比值时，表示与当前默认字体（即 medium）所代表字体大小的百分比。

示例 3-22 设置了不同段落的 font-size 属性，浏览效果如图 3-14 所示。

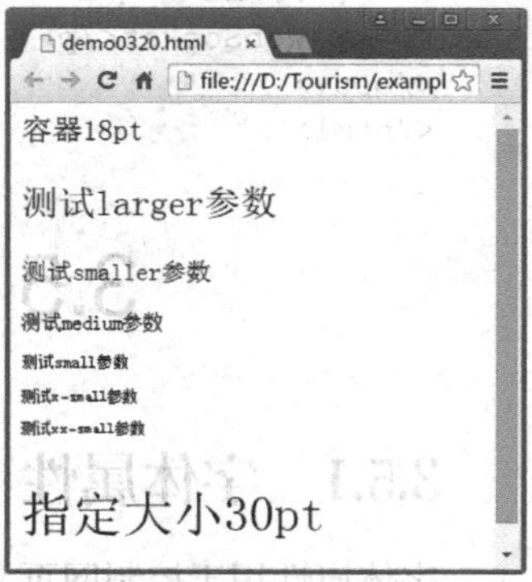

图 3-14　示例 3-22 文字大小测试

示例 3-22

```
<!--demo0322.html-->
<!DOCTYPE html>
<html>
<meta charset="utf-8">
<body>
    <div style="font-size:18pt">容器 18pt
```

```
        <p style="font-size:larger">测试 larger 参数</p>
        <p style="font-size:smaller">测试 smaller 参数</p>
        <p style="font-size:medium">测试 medium 参数</p>
        <p style="font-size:small">测试 small 参数</p>
        <p style="font-size:x-small">测试 x-small 参数</p>
        <p style="font-size:xx-small">测试 xx-small 参数</p>
        <p style="font-size:30pt">指定大小 30pt</p>
    </div>
</body>
</html>
```

3. font-style 属性

font-style属性是用来控制字体倾斜的，其值包括normal、italic和oblique 3种，默认值为normal，表示普通字形；italic 和 oblique 表示斜体字形，font-style 属性的定义格式如下。

```
font-style:normal;
font-style:oblique;
font-style:italic;
```

实际上，斜体文字的倾斜并不是真的通过把文字"拉斜"实现的，倾斜字体本身就是一种独立存在的字体，对应于操作系统中的一个字库文件。然而在 Windows 操作系统中，并不区分 oblique 和 italic，它们二者都是按照 italic 方式显示的。另外，中文字体的倾斜效果并不好看，因此，网页上较少使用中文字体的倾斜效果。

严格来说，在英文中，字体的倾斜有以下两种。

- 一种称为 italic，即意大利体。我们平常说的倾斜都是指"意大利体"，这就是各种文字处理软件中，字体倾斜的按钮上面大都使用字母"*I*"来表示的原因。
- 另一种称为 oblique，即真正的倾斜。这就是把一个字母向右边倾斜一定角度产生的效果。

示例 3-23 设置了不同段落的 font-style 属性，浏览效果如图 3-15 所示。

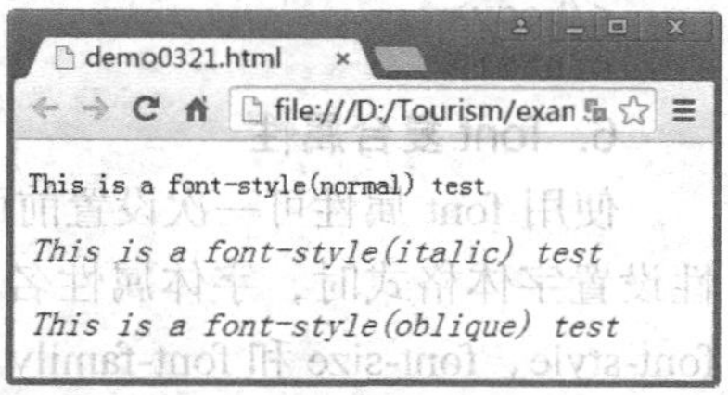

图 3-15　示例 3-23 文字倾斜的显示效果

示例 3-23

```
<!--demo0323.html-->
<!DOCTYPE html>
<html>
<head>
<meta charset=utf-8>
<body>
    <p style="font-style:normal" > This is a font-style(normal) test </p>
    <p style="font-size:20px;font-style:italic">This is a font-style(italic) test </p>
    <p style="font-size:20px;font-style:oblique">This is a font-style(oblique) test </p>
</body>
</html>
```

4. font-variant 属性

font-variant 属性用于在浏览器中显示指定元素的字体变体。该属性可以有 3 个值：normal、small-caps 和 inherit。该属性默认值为 normal，表示使用标准字体。small-caps 表示小体大写，也就是说，文本中所有小写字母看上去与大写字母一样，不过尺寸要比标准的大写字母小一些。

5. font-weight 属性

font-weight 属性定义了字体的粗细值，它的取值可以是以下值中的一个——normal、bold、

bolder 和 lighter。该属性默认值为 normal，表示正常粗细。bold 表示粗体。该属性的取值也可以使用数值，范围为 100～900，对应从最细到最粗，normal 相当于 400，bold 相当于 700。如果使用 bolder 或 lighter，则表示相对于上一级元素中的字体更粗或更细。

示例 3-24 测试了 font-variant 属性和 font-weight 属性，浏览效果如图 3-16 所示。

图 3-16 font-variant 属性和 font-weight 属性的测试效果

示例 3-24

```
<!--demo0324.html-->
<!DOCTYPE html>
<html>
<head>
<meta charset="utf-8">
</head>
<body>
    <div style="font-size:18pt; font-variant:small- caps">测试Font-Variant:small-caps</div>
    <div style="font-size:18pt ;font-variant:normal">测试 Font-Variant:normal </div>
    <p>
     <div style="font-size:18pt" >容器指定 font-size:18pt
     <div style="font-weight:normal">测试 normal 参数</div>
     <div style="font-weight:bold">测试 bold 参数</div>
     <div style="font-weight:bolder">测试 bolder 参数</div>
     <div  style="font-weight:lighter">测试 lighter 参数</div>
     <div style="font-weight:100">指定属性值 100</div>
     <div style="font-weight:400">指定属性值 400</div>
     <div style="font-weight:700">指定属性值 700</div>
   </div>
</body>
</html>
```

6. font 复合属性

使用 font 属性可一次设置前面介绍的各种字体属性（属性之间以空格分隔）。在使用 font 属性设置字体格式时，字体属性名可以省略。font 属性的排列顺序是 font-weight、font-variant、font-style、font-size 和 font-family。

需要说明的是，font-weight、font-variant、font-style 这 3 个属性的顺序是可以改变的，但 font-size、font-family 必须按指定的顺序出现，如果顺序不对或缺少一个，那么整条样式定义可能不起作用。

示例 3-25 显示了各种常用字体属性的用法。

示例 3-25

```
<!--demo0325.html-->
<!DOCTYPE html>
<html>
<head>
<meta http-equiv="Content-Type" content="text/html; charset=utf-8" />
<style type="text/css">
.s1 {
    font:normal bolder 18pt  "幼圆", "宋体","Arial Black", "Gadget"," sans-serif";
}
</style>
```

```
</head>
<body>
  <p class="s1" >
```

使用 font 属性可一次设置前面介绍的各种字体属性(属性之间以空格分隔)。在使用 font 属性设置字体格式时，各字体属性可以省略。font 属性的排列顺序是 font-weight，font-variant，font-style，font-size，font-family。

```
  </p>
</body>
</html>
```

3.5.2 文本属性

文本属性用于控制段落格式和文本的修饰方式，例如，设置单词间距、字符间距、首行缩进、段落对齐方式等。CSS 中的常用文本属性包括 word-spacing、letter-spacing、text-align、text-indent、line-height、text-decoration 和 text-transform 等。

1. word-spacing 和 letter-spacing 属性

word-spacing 用于设定单词之间的间隔，它的取值可以是 normal 或具体的长度值，也可以是负值。默认值为 normal，表示浏览器根据最佳状态调整字符间距。

letter-spacing 属性和 word-spacing 类似，它的值决定了字符间距（除去默认距离外）。它的取值可以是 normal 或具体的长度值，也可以是负值。默认值为 normal，也就是说，如果将 letter-spacing 设置为 0，它的效果并不与 normal 相同。

示例 3-26 显示了中英文的 word-spacing 和 letter-spacing 属性的用法。浏览效果如图 3-17 所示，注意观察中英文单词间距和字符间距的区别。

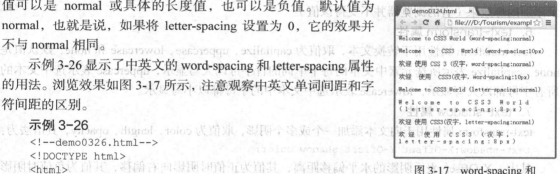

图 3-17 word-spacing 和 letter-spacing 属性的测试效果

示例 3-26

```
<!--demo0326.html-->
<!DOCTYPE html>
<html>
<meta charset="utf-8" >
<body>
<p style="word-spacing:normal">Welcome to CSS3 World (word-spacing:normal)</p>
<p style="word-spacing: 10px">Welcome to CSS3 World (word-spacing:10px)</p>
<p style="word-spacing:normal">欢迎 使用 CSS3 (汉字, word-spacing:normal)</p>
<p style="word-spacing:10px">欢迎 使用 CSS3(汉字, word-spacing:10px)</p>

<p style="letter-spacing:normal">Welcome to CSS3 World (letter-spacing:normal)</p>
<p style="letter-spacing:8px">Welcome to CSS3 World  (letter-spacing:8px)</p>
<p style="letter-spacing:normal">欢迎 使用 CSS3(汉字, letter-spacing:normal)</p>
<p style="letter-spacing:8px">欢迎 使用 CSS3 (汉字, letter-spacing:8px)</p>
</body>
</html>
```

2. text-align 属性

text-align 属性指定了所选元素的对齐方式（类似于 HTML 标记符的 align 属性），取值可以是 left、right、center 和 justify，分别表示左对齐、右对齐、居中对齐和两端对齐。此属性的默认值依浏览器的类型而定。CSS3 增加了 start、end 两个属性值，分别表示向行的开始边缘对齐、向行的结束边缘对齐。

3. text-indent 属性

text-indent 属性可以对特定选项的文本进行首行缩进，取值可以是长度值或百分比。此属性的默认值是 0，表示无缩进。

4. line-height 属性

line-height 属性决定了相邻行的间距（或者说行高），其取值可以是数字、长度或百分比，默认值是 normal。当以数字指定该值时，行高就是当前字体高度与该数字相乘的积，示例如下。

```
div{
      font-size: 10pt;
      line-height: 1.5;
}
```

这段代码表示行高是 15pt。

如果指定具体的长度值，则行高为该具体值。如果用百分比指定行高，则行高为当前字体高度与该百分比相乘得到的值。

5. text-decoration 属性

text-decoration 属性可以对特定选项的文本进行修饰，它的取值为 none、underline、overline、line-through 和 blink，默认值为 none，表示不加任何修饰。

underline 表示添加下划线，overline 表示添加上划线，line-through 表示添加删除线，blink 表示添加闪烁效果（有的浏览器并不支持该值）。

6. text-transform 属性

text-transform 属性用于转换文本，取值为 capitalize、uppercase、lowercase 和 none，默认值是 none。capitalize 表示所选元素中文本的每个单词的首字母以大写显示，uppercase 表示选中文本的所有字母都以大写显示，lowercase 表示选中文本中的字母都以小写显示。

7. text-shadow 属性

text-transform 属性用于向文本添加一个或多个阴影，取值为 color、length、opacity，其语法为：

```
text-shadow:X-Offset Y-Offset shadow color;
```

其中，X-Offset 表示阴影的水平偏移距离，其值为正值时阴影向右偏移，其值为负值时阴影向左偏移；Y-Offset 是指阴影的垂直偏移距离，其值是正值时阴影向下偏移，其值是负值时阴影向上偏移；shadow 指阴影的模糊值，不可以是负值，用来指定模糊效果的作用距离，值越大阴影越模糊，反之阴影越清晰，如果不需要阴影模糊，可以将 shadow 值设置为 0；color 指定阴影颜色，可以使用 RGB 色。

下面的代码为 div 块中的文字定义了阴影。

```
div{
      text-shadow:5px 8px 3px gray;
      font:24pt "楷体";
  }
```

8. word-wrap 属性

word-wrap 属性允许超过容器的长单词换行到下一行，它的取值为 normal 和 break-word，默认值为 normal，表示只在允许的断字点换行；break-word 表示在长单词或 URL 地址内部进行换行。例如：

```
div{
      font-size:14px;
      word-wrap: break-word;
}
```

示例 3-27 显示了各种常用文本属性的用法，显示效果如图 3-18 所示。

示例 3-27

```
<!--demo0327.html-->
<!DOCTYPE html >
<html >
<head>
<meta  charset="utf-8" >
<style type="text/css">
    body {
        background-color:#ccc;
    }
    .type1 { /* 类选择器,设置字符间距 */
        letter-spacing:5px;
    }
    type2 {  /* 设置行间距 */
        line-height:180%;
    }
    h2 { /* 设置居中对齐 */
        text-align:center;
    }
    .type4 { /* 设置首字符大写 */
        text-transform:capitalize;
    }
    .type5,p {    /* 设置首行缩进 2 个字体高 */
        text-indent:2em;
    }
    .type6 { /* 设置字体阴影 */
        font-size:24px;
        text-shadow: 2px 2px 2px #ff0000;
    }
</style>
</head>
<body>
<h2>人类三次技术革命回望</h2>
   <p>一、蒸汽机“改变了世界”
<div class="type2 type5">工具革新在技术革命中占有主要地位，是产业革命的导火线。1733 年，英国兰开夏工人发明了飞梭，1764 年，织布工人哈格里沃斯发明了珍妮纺车，效率提高了 8 倍。……
</div>
<div class="type5">  17 世纪的科学革命已经提出“用火提水的发动机”原理，在专家和生产者大量研究和实验的基础上，1776 年，瓦特制成了高效能蒸汽机，1785 年，蒸汽机开始生产。……
</div>
    ……
   <p>  二、电力技术“开创一个新纪元”
<div class="type5">电力技术革命起源于欧洲，完成在美国。1866 年，德国人西门子发明电机后曾给他在伦敦的弟弟写信说“电力技术很有发展前途，它将会开创一个新纪元”。
1876 年美国庆祝独立 100 周年之际,在费城举办了有 37 个国家参加的国际博览会上,美国展出了大功率发<br/>动机和电动机。继西门子之后，贝尔于 1876 年发明电话，爱迪生于 1879 年发明电灯，这三大发明“照亮了人类实现电气化的道路”。
</div>
   ……
<p>三、计算机——人类大脑的延伸
<div class="type5">1944 年，美国有关人员在国防部领导下开始研制计算机，并于 1946 年制成世界上第一
```

```
台电子数字计算机 ENIAC，开辟了一个计算机科学技术的新纪元，拉开了信息技术革命序幕。
    ……
    </div>
    ……
      <div class="type5">一些经济学家认为，现在用“生产力=(劳动者+劳动工具+劳动对象)×科技”的公式表示已经不够，新的公式应该是<span class="type1">“生产力=(劳动者+劳动工具+劳动对象)</span>的高科技次方”，即科技对生产力三要素所起的作用不只是用乘法按倍数计算，而是按幂级数增长。
    </div>
    <div class="type6 type 4">what is the fourth technological revolution? New energy, bio-technology, information technology, networking, ...
    </div>
    </body>
    </html>
```

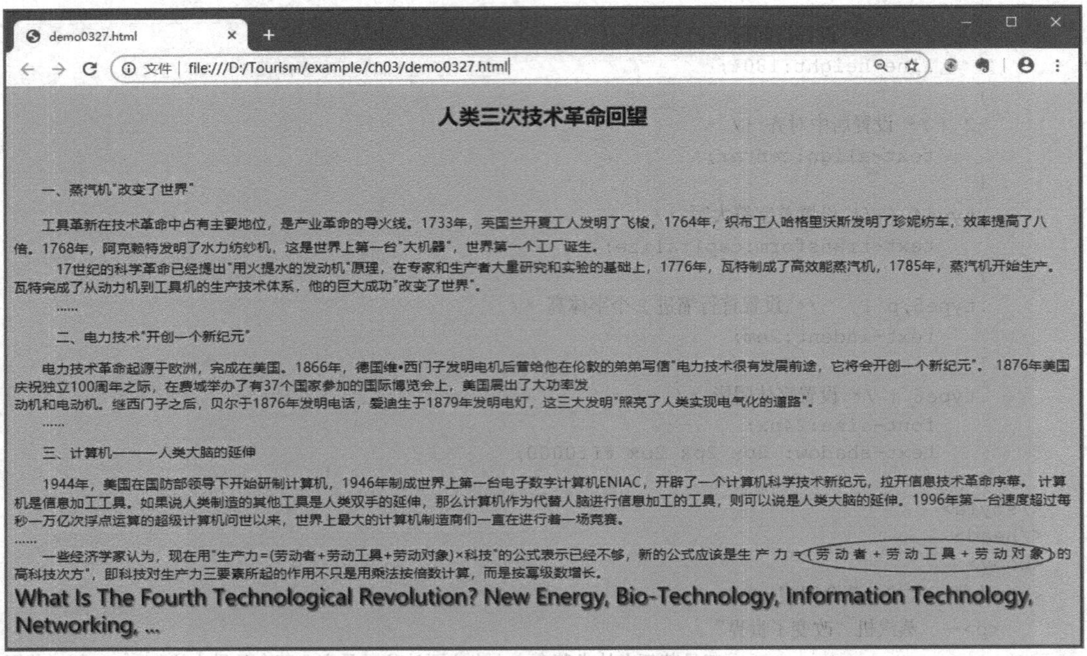

图 3-18　示例 3-27 显示效果

3.6　用 CSS 设置颜色与背景

在 CSS 中，颜色属性可以用来设置元素内文本的颜色，而各种背景属性则可以控制元素的背景颜色或背景图像。color 属性用来描述元素的前景颜色，CSS 背景属性包括 background-color、background-image、background-attachment、background-position 和 background-repeat、background 等。

3.6.1　颜色设置

color 属性用于控制 HTML 元素内文本的颜色，取值可以使用下面的任意一种方式。

- 颜色名：直接使用颜色的英文名称作为属性值，例如，blue 表示蓝色。
- #rrggbb：用一个 6 位的十六进制数表示颜色，例如，#0000FF 表示蓝色。

- #rgb：是#rrggbb 的一种简写方式，例如，#0000FF 可以表示为#00F，#00FFDD 表示为#0FD。
- rgb（rrr,ggg,bbb）：使用十进制数表示颜色的红、绿、蓝分量，其中，rrr、ggg、bbb 都是 0～255 的十进制整数。例如，rgb（0,0,0）代表黑色。
- rgb（rrr%,ggg%,bbb%）：使用百分比表示颜色的红、绿、蓝分量，例如，rgb（50%、50%、50%）表示 rgb（128、128、128）。

示例 3-28 是关于文本颜色测试的例子。

示例 3-28

```
<!--demo0328.html-->
<!DOCTYPE html>
<html>
<head>
<meta charset=utf-8 >
<style type="text/css">
    .blue{
        color:#00F;
    }
    .green {
        color:#00FF00;
    }
    .black {
        color:black;
    }
    .yellow {
        color:rgb(255,255,0);
    }
    .red {
        color:rgb(100%,0%,0%);
    }
</style>
</head>
<body>
    <p class="blue" >颜色测试</p>
    <p class="green" >颜色测试</p>
    <p class="black" >颜色测试</p>
    <p class="yellow" >颜色测试</p>
    <p class="red" >颜色测试</p>
    </body>
</html>
```

3.6.2 背景设置

1. background-color 属性

background-color 属性用于设置 HTML 元素的背景颜色，取值可以采用上一小节介绍的任意一种表示颜色的方式。此属性的默认值是 transparent，表示没有任何颜色（或者说是透明色），此时上级元素的背景可以在子元素中显示出来。

2. background-image 属性

background-image 属性用于设置 HTML 元素的背景图像，取值为 url（imageurl）或 none。该属性默认值为 none，表示没有背景图像。如果要指定背景图像，需要将图像位置及名字写在 imageurl 中。

3. background-attachment 属性

background-attachment 属性控制背景图像是否随内容一起滚动，取值为 scroll 或 fixed。该属性默认值为 scroll，表示背景图像随着内容一起滚动。fixed 表示背景图像静止，而内容可以滚动，这类似于在<body>标记中设置 bgproperties="fixed"所获得的水印效果。

4. background-position 属性

background-position 属性指定了背景图像相对于关联区域左上角的位置。该属性通常指定由空格隔开的两个值，既可以使用关键字 left/center/right 和 top/center/bottom，也可以指定百分数值，或者指定以标准单位计算的距离。例如，50%表示将背景图像放在区域的中心位置，25px 的水平值表示图像左侧距离区域左侧 25px。如果只提供了一个值而不是一对值，则相当于只指定水平位置，垂直位置自动设置为 50%。指定距离时也可以使用负值，表示图像可超出边界。此属性的默认值是“0% 0%”，表示图像与区域左上角对齐。

5. background-repeat 属性

background-repeat 属性用来表示背景图像是否重复显示，取值可以是 repeat/repeat-x/repeat-y/no-repeat。该属性的默认值是 repeat，表示在水平方向和垂直方向都重复，即像铺地板一样将背景图像平铺。repeat-x 表示在水平方向上平铺，repeat-y 表示在垂直方向上平铺，no-repeat 表示不平铺，即只显示一幅背景图像。

6. background 属性

background 属性与 font 属性类似，它也是一个组合属性，可用于同时设置 background-color、background-image、background-attachment、background-position 和 background-repeat 等背景属性。不过，在指定 background 属性时，各属性值的位置可以是任意的。

示例 3-29 显示了颜色和背景属性的用法，效果如图 3-19 所示。

示例 3-29

```
<!--demo0329.html-->
<!DOCTYPE html >
<html>
<head>
<meta charset="utf-8">
<style type="text/css">
        h1 {
                font-family:"黑体";
                text-align:center;
                background-color:blue;                 /*背景颜色*/
                color:white;                           /*前景颜色*/
        }
        body {
                background-color:#CCC;
                background-image:url(b6407.jpg);       /*背景图像*/
                background-repeat:no-repeat;           /*不重复*/
                background-position:center;            /*水平居中*/
                background-attachment:fixed;           /*背景图像静止*/
        }
        .type4 {
             text-transform:capitalize;
        }
        .type5{
             text-indent:2em;
        }
        p{
             text-indent:2em;
```

```
    }
</style>
</head>
<body>
<h1>人类三次技术革命回望</h1>
  <p>一、蒸汽机"改变了世界"
<div class="type5">工具革新在技术革命中占有主要地位，是产业革命的导火线。1733 年，英国兰开夏工人发明了飞梭，……
</div>
<div class="type5">  17 世纪的科学革命已经提出“用火提水的发动机”原理，在专家和生产者大量研究和实验的基础上，1776 年，瓦特制成了高效能蒸汽机，1785 年，蒸汽机开始生产……
</div>
    ……
 <p>  二、电力技术“开创一个新纪元”
<div class="type5">电力技术革命起源于欧洲，完成在美国。1866 年，德国人西门子发明电机后曾给他在伦敦的弟弟写信说“电力技术很有发展前途，它将会开创一个新纪元”。……
</div>
   ……
<p>三、计算机——人类大脑的延伸
<div class="type5">1944 年，美国有关人员在国防部领导下开始研制计算机，并于 1946 年制成世界上第一台电子数字计算机 ENIAC，开辟了一个计算机科学技术的新纪元，拉开了信息技术革命序幕……
</div>
……

<div class="type5">一些经济学家认为，现在用“生产力=(劳动者+劳动工具+劳动对象) ×科技”的公式表示已经不够，新的公式应该是“生产力=(劳动者+劳动工具+劳动对象)的高科技次方”，即科技对生产力三要素所起的作用不只是用乘法按倍数计算，而是按幂级数增长。
</div>
<div class="type4 type5">what is the fourth technological revolution? New energy, bio-technology, information technology, networking, ...
</div>
</body>
</html>
```

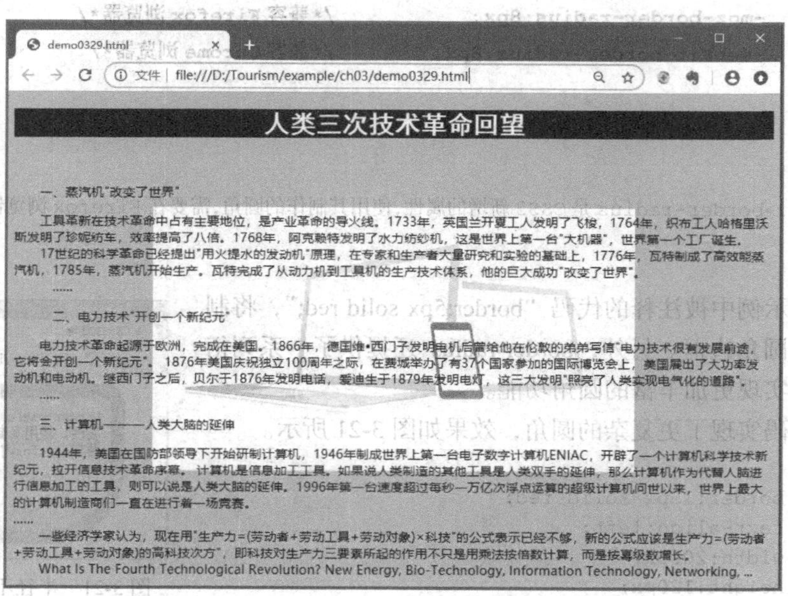

图 3-19　示例 3-29 显示效果

3.6.3 圆角边框和图像边框

1. 圆角边框

圆角是网页设计中经常用到的技巧，早期的圆角多采用在表格中嵌入圆角图形来实现，但当网页放大或缩小时，圆角的效果往往不理想。在 CSS3 中，使用 border-radius 属性可以设计各种类型的圆角边框，可以直接给 border-radius 属性赋一组值来定义圆角。如果直接给 border-radius 属性赋 4 个值，这 4 个值按照 top-left（左上）、top-right（右上）、bottom-right（右下）、bottom-left（左下）的顺序来设置。

- 如果只设置 1 个值，则表示 4 个圆角相同。
- 如果 bottom-left 值省略，其圆角效果与 top-right 相同。
- 如果 bottom-right 值省略，其圆角效果与 top-left 相同。
- 如果 top-right 值省略，其圆角效果与 top-left 相同。

用 CSS3 的 border-radius 属性完成一个圆角的背景的示例代码如下，显示结果如图 3-20 所示。

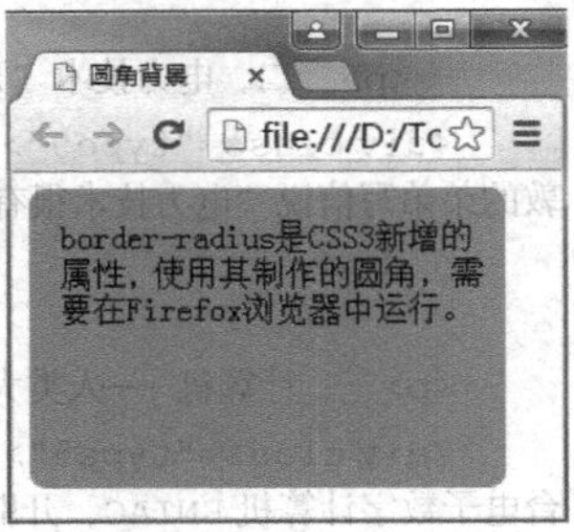

图 3-20　示例 3-30 显示效果

示例 3-30

```
<!-- demo0330.html -->
<!DOCTYPE html>
<head>
<meta charset="utf-8" >
<style>
    div {
            background:#cba276;/*制作圆角边框用这行代码 border:5px solid red;*/
            text-align:left;
            width:200px;
            height:120px;
            padding:15px;
            border-radius:8px;
            -moz-border-radius:8px;                /*兼容 Firefox 浏览器*/
            -webkit-border-radius:8px;             /*兼容 Chrome 浏览器*/
        }
</style>
</head>
<body>
    <div>border-radius 是 CSS3 新增的属性,使用其制作的圆角,需要在 Firefox 浏览器中运行。</div>
</body>
</html>
```

如果使用示例中被注释的代码“border:5px solid red;”，将制作一个实线的圆角边框。另外，border-radius 还提供了一系列衍生属性，可以实现更加丰富的圆角功能。

下面的代码实现了更复杂的圆角，效果如图 3-21 所示。

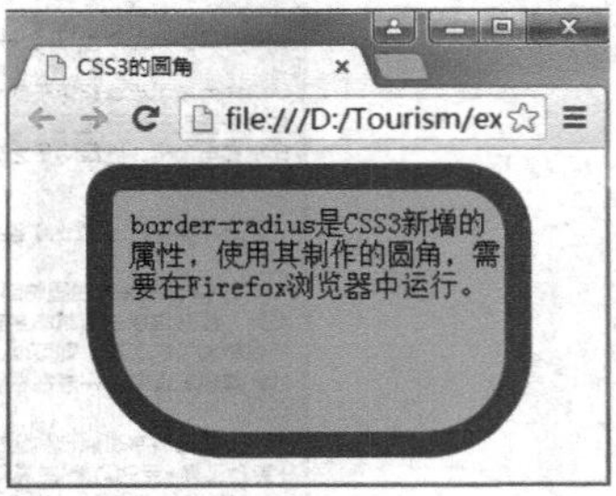

图 3-21　半径不同的圆角效果

```
div{
        border:15px solid red;
        text-align:left;
        width:200px;
        height:120px;
        padding:10px;
```

```
        border-radius:20px 40px 60px 80px;
        margin:auto;
        background-color:#CCC;
    }
```

2. 图像边框

在 CSS3 之前，为元素添加图像边框时，较难做到图像和内容的自动适应，需要精心设计图像边框及文字内容的多少。针对这种情况，CSS3 增加了一个 border-image 属性，该属性让处于随时变化状态的边框使用一个图像文件来绘制，边框的长和宽会随着承载内容的多少自动调整。使用 border-image 属性，可以让浏览器在显示图像时，自动将使用到的图像边框分割成 9 部分进行处理，不需要用户再考虑边框与内容的适应问题。

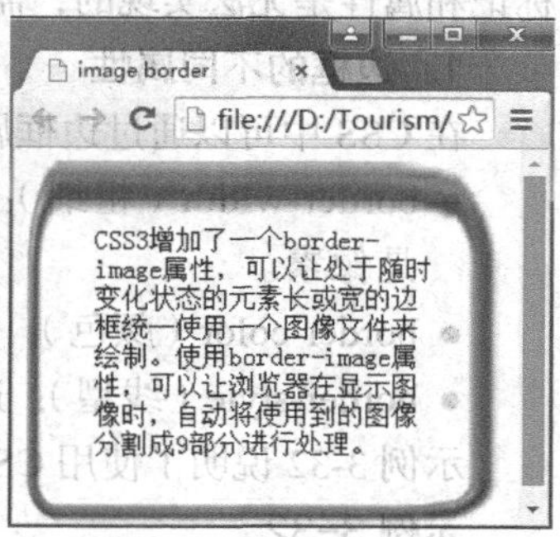

图 3-22　图像边框效果

示例 3-31 使用一个 div 块设置了图像边框，需要的边框素材在指定的文件夹下，显示结果如图 3-22 所示。这个示例兼容 IE 浏览器、Chrome 浏览器和 Firefox 浏览器。border-image 属性的第 1 个参数需要指明边框图像的地址，接着 4 个参数是浏览器将边框图像分割时的上、右、下、左 4 个边距，最后一个参数是边框宽度。

示例 3-31

```
<!--demo0331-->
<!DOCTYPE HTML>
<html>
<head>
<meta  charset="utf-8">
<title>image border</title>
<style>
    div {
        width:200px;
        padding:15px;
        border-image:url(images/borderimage.png) 5 10 15 20/25px;
        -moz-border-image:url(images/borderimage.png) 5 10 15 20/25px;
        -webkit-border-image:url(images/borderimage.png) 5 10 15 20/25px;
    }
</style>
</head>
<body>
<div>CSS3 增加了一个 border-image 属性，可以让处于随时变化状态的边框使用一个图像文件来绘制。使用 border-image 属性，可以让浏览器在显示图像时，自动将使用到的图像分割成 9 部分进行处理。</div>
</body>
</html>
```

3.7　用 CSS 设置图像效果

HTML 文档可以直接通过<img>标记来添加图片。使用 border、width、height 等属性可以在 HTML 页面中调整图片。使用 CSS 可以为图片设置更加丰富的风格和样式，包括添加边框、缩放图片、实现图文混排和设置对齐方式等。

3.7.1 为图片添加边框

使用<img>标记的 border 属性可以为图片添加边框，属性值为边框的粗细，以像素为单位，从而控制边框的效果。当设置属性值为 0 时，显示为没有边框。下面是为图片添加边框的代码。

```
<img src="img1.jpg" border="2" />
<img src="img2.jpg" border="0" />
```

但使用这种方法存在很大的限制，即所有的边框都只能是黑色，而且风格十分单一，都是实线，只能在边框粗细上进行调整。如果希望更换边框的颜色，或者换成虚线边框，仅仅依靠 HTML 标记和属性是无法实现的，需要使用 CSS。

1. 边框的不同属性

在 CSS 中可以通过边框属性为图片添加各式各样的边框。一个边框由 3 个属性组成。

- border-width（粗细）：设置边框的粗细，可以使用各种 CSS 中的长度单位，通常用的是像素。
- border-color（颜色）：定义边框的颜色，可以使用各种合法的颜色来定义。
- border-style（线型）：选择一些预先定义好的线型，如虚线、实线或点画线等。

示例 3-32 说明了使用 CSS 设置边框的方法。

示例 3-32

```
<!-- demo0332.html -->
<!DOCTYPE html>
<html>
<head>
<meta  charset="utf-8" >
<style type="text/css">
        .border1{
             border-style:double;
             border-color:#00F;
             border-width:6px;
        }
        .border2{
             border-style:dashed;
             border-color:#339;
             border-width:4px;
        }
        .border3{
          border-style:solid;
          border-color:#339;
          border-width:4px;
          border-radius:15px;
        }
</style>
</head>
<body>
   <img src="images/kay.gif"  width="150"class="border1" />
   <img src="images/Neg.gif"  width="150"class="border2" />
   <img src="images/kay.gif"  width="150" class="border3" />
</body>
</html>
```

浏览效果如图 3-23 所示。在这个示例中，设置图片的 width 属性后，height 属性将按同比例缩放，除非指定图片的 height 属性。

2. 为不同的边框分别设置样式

如果需要单独地定义边框某一边的样式，可以使用 border-top-style 设定上边框样式，使用 border-bottom-style 设定下边框样式，使用 border-right-style 设定右边框样式，使用 border-left-style 设定左边框样式。

类似地，可以设置上、下、左、右 4 个边框的颜色和宽度属性。

示例 3-33 使用 CSS 设置了同一图片的不同边框。

图 3-23 为图片设置不同的边框的显示效果

示例 3-33

```
<!-- demo0333.html -->
<!DOCTYPE html>
<html>
<head>
<meta charset="utf-8" >
<style type="text/css">
      .border1{
           border-left-style:double;
           border-left-width:10px;
           border-left-color:blue;

           border-right-style:dotted;
           border-right-width:4px;
           border-right-color:red;

           border-top-style:ridge;
           border-top-width:7px;
           border-top-color:green;
      }
</style>
</head>
<body>
  <img src="kay.gif" width="150" class="border1" />
</body>
</html>
```

图 3-24 为图片设置不同边框的显示效果

浏览效果如图 3-24 所示，示例程序中，只设置了左、右和上边框的属性，下边框未做设置。

3.7.2 图片缩放

在网页上显示一张图片时，默认情况下都按图片的原始大小显示。页面排版时，有时还要重新设定图片的大小。如果对图片设置不恰当，会造成图片变形和失真，所以一定要保持宽度和高度的比例适中。为图片设定大小，可以采用以下 3 种方式。

1. 使用<img>标记的 width 和 height 属性

在 HTML 语言中，通过<img>标记的描述属性 width 和 height 可以设置图片大小。width 和 height 分别表示图片的宽度和高度，二者的值可以为数值或百分比，为数值时单位是 px。高度属性 height 和宽度属性 width 的设置要求相同。

另外，当仅仅设置 width 属性时，height 属性会按等比例缩放；如果只设置 height 属性，也是一样的情况。只有同时设定 width 和 height 属性时，才会按不同比例缩放。

2. 使用 CSS3 中的 max-width 属性和 max-height 属性

max-width 和 max-height 分别用来设置图片宽度最大值和高度最大值。在定义图片大小时，如果设置图片的尺寸超过了 max-width 的大小，那么就以 max-width 所定义的宽度值显示，而图片高度将同比例变化，定义 max-height 也是一样的情况。但是如果图片的尺寸小于最大宽度或者高度，那么图片就按原尺寸大小显示。max-width 和 max-height 的值一般是数值类型。

示例 3-34 展示了 max-width、max-height 属性和 width、height 的关系。

示例 3-34

```
<!-- demo0334.html -->
<!DOCTYPE html>
<html>
<head>
<meta charset="utf-8">
<style type="text/css">
     img {
          max-width:240px;
          max-height:240px;
     }
</style>
</head>
<body>
  <img src="tu1.jpg"  width="400" class="border1" />
</body>
</html>
```

图片 tu1.jpg 的实际大小是 410px×308px，示例中定义图片的 width 属性值为 400px，超过了 max-width 的值，显示的实际大小是 max-width 的值 240px，其高度将按 max-height 的值作同比例缩放。在本例中，也可以只设置 max-width 来定义图片最大宽度，而让高度自动缩放。

3. 使用 CSS 中的 width 和 height 属性

在 CSS 中，可以使用 width 和 height 属性来设置图片的宽度和高度，从而实现对图片的缩放。

示例 3-35 对 CSS 中 width 和 height 的属性进行了详细解释。

示例 3-35

```
<!-- demo0335.html -->
<!DOCTYPE html>
<html>
<head>
<meta  charset="utf-8">
<style type="text/css">
     img {
          width:200px;
          height:140px;
          border-style:double;
     }
</style>
</head>
<body>
  <img src="images/Neg.gif" />
  <img src="images/Neg.gif" style="width:100px;height:100px" />
```

```
    <img src="images/Neg.gif" style="width:30%;height:30%" />
</body>
</html>
```

上例在浏览器中的效果如图 3-25 所示。示例中除了设置 width 和 height 属性外，还定义了 border-style 属性。另外，Neg.gif 使用了离它最近的行内样式定义。第 3 幅图片的百分比按浏览器的实际大小设置，该图片将随浏览器的大小发生变化。

图 3-25　示例 3-35 的显示效果

3.7.3　图文混排

很多情况下，网页效果的展示都是通过图文混排来实现的。使用 CSS 可以设置多种不同的图文混排方式。

在网页中进行排版时，可以将文字设置成环绕图片的形式，构成复杂版式。文字环绕应用非常广泛，很多网页都有文字环绕的效果。

CSS 使用 float 属性来实现文字环绕效果。float 属性主要定义图像向哪个方向浮动。文字环绕也可以使文本围绕其他浮动对象（块）。不论浮动对象本身是何种元素，都会生成一个块级框。被浮动对象需要指定一个明确的宽度，否则会很窄。

float 语法格式如下。

```
float:none/left/right;
```

其中，none 表示默认值对象不浮动，left 表示文本流向对象的右边，right 表示文本流向对象的左边。

示例 3-36 展示了文字环绕功能。

示例 3-36

```
<!--demo0336.html-->
<!DOCTYPE html>
<html>
<head>
<meta charset="utf-8">
<style type="text/css">
body{
    font-size:12px;
    background-color:#CCC;
    margin:0px;
    padding:0px;
}
.img1{                    /*第 1 种环绕方式*/
    float:right;
    margin:10px;
    padding:5px;
}
.img2{                    /*第 2 种环绕方式*/
    float:left;
    margin:10px;
    padding:5px
}
p{
    color:#000;
```

```
        margin:0px;
        padding-top:10px;
        padding-left:5px;
        padding-right:5px;
    }
    span{            /*实现首字下沉*/
        float:left;
        font-size:36px;
        font-family:黑体;
        padding-right:5px;
    }
    </style>
    </head>
    <body>
        <p><span>美</span>国著名的《连线》杂志，曾就一系列事物的发展前景向一批各自领域的专家征询。这
些专家的看法可能有些武断，但令人欣赏地直奔主题。下面是他们对互联网络所预言的另一张时间进程表。</p>
    <p>  2001 远程手术将十分普及，最好的医学专家可以为全世界的人诊断治疗疾病。 </p>
    <img src="Neg.gif" class="img2" />
    <p>  2001《财富 500 家》上榜者中将出现一批“虚拟企业”。</p>
    <p>  2003 全球可视电话将支持更普遍的“远程会议”，企业家将通过网络管理公司。</p>
    <p>  2003“远程工作”将是更多的人主要的“上班”方式。</p>
    <p>  2007 光纤电缆广泛通向社区和家庭，“无限带宽”不再停留在梦想中。</p>
    <p>  2016 出现第一个虚拟大型公共图书馆，虚拟书架上堆满了虚拟书籍和资料。</p><img src="kay.gif"
class="img1" />
    <p>  这些预言中，还包括了所谓“食品药片”“冷冻复活”等匪夷所思的言论。仅从与网络相关的预言看，人类
全方位的“数字化生存”——包括工作、生活和学习等相当广泛的领域——都不是那么遥远。</p>
    <p>     这一张时间进度表究竟能不能如期兑现？阿伦·凯（A.Kay）首先提出，又被尼葛洛庞帝引用过的著名论
断说得好：“预测未来的最好办法就是把它创造出来。” ……</p>
    <p align="right">摘自《大师的预言》</p>
    </body>
    </html>
```

示例 3-36 的浏览效果如图 3-26 所示。这个例子设计了两个类 .img1 和 .img2，对图像使用了“float:right”和“float:left”两种环绕方式，使得图片显示在窗口的右侧和左侧。另外，对文本的第一个字“美”应用了“float:left”方式，并放大了文字，实现了首字下沉的效果。

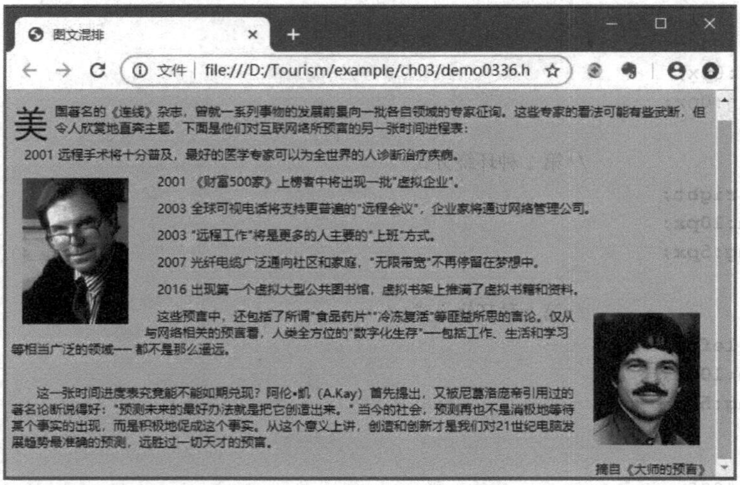

图 3-26　示例 3-36 的文字环绕效果

为了避免文字紧密环绕图片，希望文字与图片有一定间隔，本例中为<img>标记添加了 margin 和 padding 属性。

3.8　应用案例

3.8.1　用 CSS 美化表单案例

利用 CSS 可以为网页中的元素添加填充、边框和背景等效果，只要运用得当，就能很方便地美化网页。美化表单是 CSS 的一个典型应用。

网站中的用户登录、在线交易都是以表单的形式呈现的。表单元素在默认情况下背景是灰色的，文本框边框是粗线条、带立体感的，可以通过 CSS 改变表单的边框样式、边框颜色和背景颜色，也可以重新定义文本框、按钮、列表框等元素的样式。示例 3-37 用 CSS 美化了一个网站的在线注册页面，效果如图 3-27 所示。

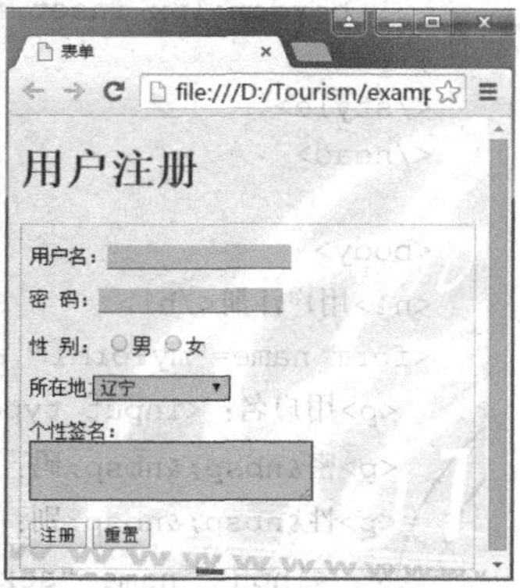

图 3-27　用 CSS 美化表单的效果

示例 3-37

```
<!--demo0337.html-->
<!DOCTYPE html>
<head>
<meta charset="utf-8">
<style>
body{
    background-image:url(images/bj.jpg)
}
form{
    border:1px dotted #999;
    padding:1px 6px 1px 6px;
    margin:0px;
    font:14px Arial;
}
input{                                          /* 所有 input 标记 */
    color:#00008B;
}
input[type="text"],input[type="password"]{      /* 属性选择器*/
    background-color:#ADD8E6;
    border:none;
    border-bottom:1px solid #266980;

    color: #1D5061;
}
input[type="button"]  {                         /* 属性选择器*/
    color:#00008B;
    background-color:#ADD8E6;
    border:1px outset #00008B;
    padding:1px 2px 1px 2px;
```

```
}
select{
    width:100px;
    color:#00008B;
    background-color:#ADD8E6;
    border:1px solid #00008B;
}
textarea{
    width:200px;
    height:40px;
    color:#00008B;
    background-color:#ADD8E6;
    border:1px inset #00008B;
}
</style>
</head>

<body>
<h1>用户注册</h1>
<form name="myForm1" action="" method="post" >
  <p>用户名：<input type="text" name="name" size=15/></p>
  <p>密  码：<input name="passwd" type="password" size="15" /></p>
  <p>性  别：
      <input  name="sex" type="radio" value="male" />男
      <input  name="sex" type="radio" value="female" />女
  </p>
    <p>所在地:<select name="addr">
         <option value="1">辽宁</option>
         <option value="2">吉林</option>
         <option value="3">黑龙江</option>
      </select>
    </p>
    <p>个性签名：<br/><textarea name="sign"></textarea></p>
  <p><input type="submit" name="Submit" value="注册" />
      <input type="reset" name="Submit2" value="重置" />
    </p>
</form>
</body>
</html>
```

上述代码中，使用属性选择器 input[type="text"]来选择文本框，使用 input[type="button"]重新定义了按钮的格式，还定义了 select 元素和 textarea 元素的格式。可以看到，美化表单主要就是重新定义表单元素的边框和背景色等属性。

3.8.2 用 CSS 设计网站页面案例

CSS 提供的属性比 HTML 标记的属性更丰富，可以有效设置文本、图像、表单等元素的显示方式，实现网页样式合并，或实现内容与表现分离。本示例的布局使用表格，页面中的元素如文字、超链接、表单、水平线等由 CSS 来控制，页面效果如图 3-28 所示。

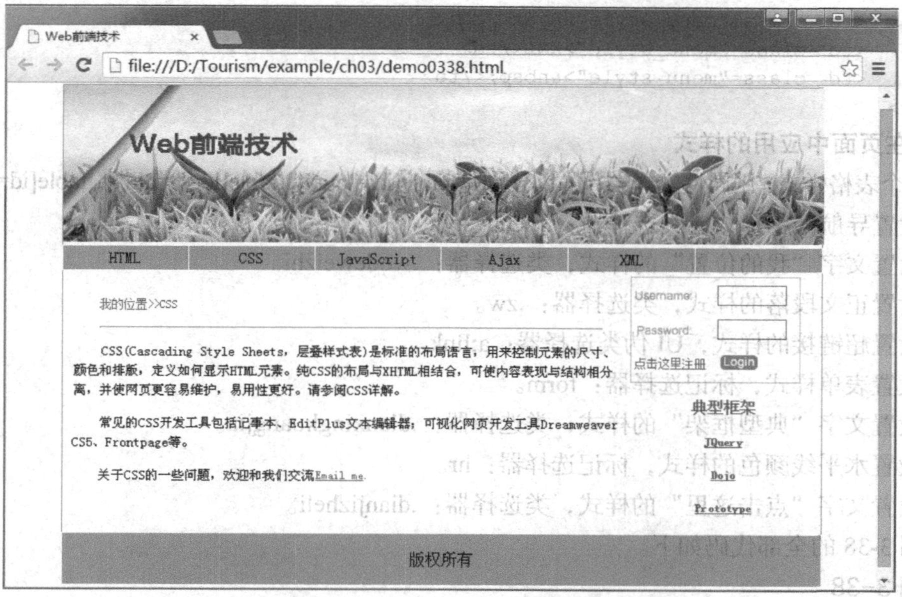

图 3-28　页面显示效果

1. 网页布局

整个网页布局为 4 行 1 列。本示例在设计时，将表格设置为 4 行 6 列，第 1 行、第 3 行、第 4 行跨列。第 1 行是网页的标题图像，第 2 行是页面导航，第 3 行是网页的主体内容，最后一行是版权说明。页面布局的框架代码如下。

```
<!--用table属性选择器定义表格的外框架-->
<table id="out">
    <tr>
      <!--标题图像，由行内CSS样式定义-->
    </tr>
    <tr>
      <!--页面导航内容，样式由类选择器menu_style定义-->
    </tr>
      <tr>
       <!--主体内容，由属性选择器定义表格样式，该表格1行2列-->
      </tr>
    <tr>
       <!--版权说明-->
    </tr>
  </table>
```

标题图像代码如下。

```
<tr>
   <td colspan="6" style="height:110px; text-align:center; padding:0;">
<img src="images/title3.jpg" style="width:760px; height:161px;" /></td>
</tr>
```

页面导航代码如下，其中 td_style 用于设置导航的样式。

```
<tr>
      <td  class="menu_style">HTML</td>
      <td  class="menu_style">CSS</td>
      <td  class="menu_style">JavaScript</td>
```

```
    <td  class="menu_style">Ajax</td>
    <td  class="menu_style">XML</td>
    <td  class="menu_style"> </td>
</tr>
```

2. 在页面中应用的样式

- 3 个表格样式，用属性选择器设置，分别是 table[id="out"]，table[id="main"]，table[id="search"]。
- 设置导航文字样式，类选择器：.menu_style。
- 设置文字“我的位置”的样式，类选择器：.wodeweizhi。
- 设置正文段落的样式，类选择器：.zw。
- 设置超链接的样式，UI 伪类选择器：a:link。
- 设置表单样式，标记选择器：form。
- 设置文字“典型框架”的样式，类选择器：.dianxingkuangjia。
- 设置水平线颜色的样式，标记选择器：hr。
- 设置文字“点击这里”的样式，类选择器：.dianjizheli。

示例 3-38 的全部代码如下。

示例 3-38

```
<!--demo0338.html-->
<!DOCTYPE html>
<head>
<meta charset="gb2312">
<style type="text/css">
<!--
table[id="out"] {
    width:760px;
    border:1px solid #9fa1a0;
    margin:0 auto;
    padding:0;
    border-collapse:collapse;
}
.menu_style,.foot_style {                /*菜单设置*/
    background-color: #90d226;
    text-align: center;
    vertical-align: middle;
    border: thin solid #FFFFFF;
    text-decoration: none;
    width: 10%;
    height: 23px;
}
table[id="main"] {
    width: 100%;
    height: 256px;
    border: 0;
    padding: 0;
}
.wodeweizhi {                            /*我的位置*/
    width: 550px;
    vertical-align: top;
    padding-top: 10px;
    padding-left: 10px;
```

```
}
hr {/*水平线*/
    width: 500px;
    text-align: center;
}
.zw {                                   /*正文段落*/
    font-size: 12px;
    font-style: normal;
    line-height: 1.75em;
    font-weight: normal;
    color: #666666;
    text-align: left;
    text-indent: 2em;
}
a:link {                                /*超链接*/
    font-size: 12px;
    color: #336699;
    text-decoration: underline;
}
table[id="search"] {
    width: 170px;
    height: 110px;
    border: 1px solid #CCC;
    padding: 0;
    margin: 0 auto;
}
form {                                  /*表单*/
    height: 110px;
    width: 170px;
}
input {                                 /*输入域*/
    height: 17px;
    width: 67px;
    border: thin solid #467BA7;
}
.dianxingkuangjia {                     /*典型框架*/
    text-align: center;
    font-weight: bold;
    color: #06F;
}
.dianjizheli {                          /*点击这里*/
    font-size: 12px;
    font-style: normal;
    line-height: 1.75em;
    font-weight: normal;
    color: #666666;
}
-->
</style>
</head>
```

```
<body>
<table id="out">
    <tr>
      <td  colspan="6"  style="height:110px;  text-align:center;  padding:0;"  ><img
src="images/title3.jpg"  style="width:760px; height:161px;" /></td>
    </tr>
    <tr>
      <td  class="menu_style">HTML</td>
      <td  class="menu_style">CSS</td>
      <td  class="menu_style">JavaScript</td>
      <td  class="menu_style">Ajax</td>
      <td  class="menu_style">XML</td>
      <td  class="menu_style"> </td>
    </tr>
    <tr>
      <td colspan="6">
        <table  id="main">
        <tr>
          <td class="wodeweizhi"><p class="zw">我的位置&gt;&gt;CSS</p>
            <hr/>
            <p class="zw">CSS(Cascading Style Sheets，层叠样式表)是标准的布局语言，用来控
制元素的尺寸、颜色和排版，定义如何显示 HTML 元素。纯 CSS 的布局与 XHTML 相结合，可使内容表现与结构相分离，
并使网页更容易维护，易用性更好。    请参阅<a href="#">CSS 详解</a>。</p>
            <p class="zw"> 常见的 CSS 开发工具包括记事本、EditPlus 文本编辑器；可视化网页开发
工具 Dreamweaver CS5、Frontpage 等。</p>
            <p class="zw">关于 CSS 的一些问题,欢迎和我们交流<a href="#">Email me</a>.  </p>
          </td>
          <td>

              <form id="form1" name="form1" method="post" action="">
              <table id="search">
                <tr>
                  <td style="width:50%;"><img src="images/username.jpg"
  style="width:61px; height:17px;"  /></td>
                  <td><label for="textfield"></label>
                    <input type="text" name="textfield" id="textfield" /></td>
                </tr>
                <tr>
                  <td><img src="images/password.jpg" style="width:61px;
  height:17px;"  /></td>
                  <td><label for="label"></label>
                    <input type="text" name="textfield2" id="label" /></td>
                </tr>
                <tr>
                  <td><span class="dianjizheli">点击这里</span><a href="#">注册</a> </td>
                  <td><img src="images/login_1_7.jpg" style="width:44px;
                          height:17px;"  /></td>
              </tr>
              </table>
                </form>
```

```
        <div class="dianxingkuangjia">
            <p>典型框架</p>
            <p><a href="#">JQuery</a></p>
            <p><a href="#">Dojo</a></p>
            <p><a href="#">Prototype</a></p>
        </div>
        </td>
    </tr>
  </table>
    </td>
  </tr>
  <tr>
    <td colspan="6" class="foot_style"><p>版权所有</p></td>
  </tr>
</table>
</body>
</html>
```

本章小结

本章首先介绍了 CSS 的概念，这是本章的基础，也是网页设计内容和格式分离的基础。CSS3 出现以后，更多的格式控制都已经从标记的属性中转移到 CSS 中了。

本章核心内容如下。

- 3 种基本选择器是标记选择器、类选择器和 ID 选择器，需要注意类选择器和 ID 选择器的区别。
- HTML 中使用 CSS 的方式有 4 种，即行内样式、嵌入样式、链接样式和导入样式，其优先级规则是：行内样式>嵌入样式>链接样式>导入样式。
- 5 种复合选择器是交集选择器、并集选择器、后代选择器、子选择器和相邻选择器。复合选择器是由两个或多个基本选择器通过不同方式组合而成的。
- CSS3 中的属性选择器、伪类选择器和伪元素选择器的使用。
- CSS 中的字体属性用于控制字形、字号、风格，包括 font、font-family、font-size、font-style、font-variant 和 font-weight 等。
- CSS 中的文本属性用于控制段落格式、修饰方式，包括 word-spacing、letter-spacing、text-align、text-indent、line-height、text-decoration 和 text-transform 等。
- CSS 背景属性包括 background、background-attachment、background-color、background-image、background-position 和 background-repeat 等。
- 用 CSS3 的 border-radius 属性和 border-image 属性可设置圆角边框和图像边框。
- 在 HTML 中可以直接通过<img>标记来添加图片。使用图片的 border、width、height 等属性可以在 HTML 中调整图片。使用 CSS 可以为图片设置更加丰富的风格和样式，包括添加边框、缩放图片、实现图文混排和设置对齐方式等。

由于本章涉及大量 CSS 代码，推荐读者使用 Dreamweaver CS6 的编辑环境。使用 Dreamweaver CS6 的可视化环境可以提高 CSS 的学习效率。学习时，建议书写代码和利用可视化环境同时进行。

思考与练习

1. 简答题

（1）在网页中使用 CSS 的方法有 4 种，各有什么特点？设计一个使用 CSS 的页面，应用行内样式、嵌入样式、链接样式和导入样式来使用 CSS 样式。

（2）使用 CSS 修饰页面元素时，采用默认值还是指定值，哪种比较好？

（3）描述“选择器”的含义，设计一个示例，包含标记选择器、类选择器和 ID 选择器，并在具体页面中应用。

（4）ID 选择器和类选择器在使用上有什么区别？

（5）设计示例，比较后代选择器和相邻选择器的区别。

（6）文本的 font 属性在使用时需要注意哪些问题？

2. 操作题

（1）创建一个名为“mycss1”的样式文件，该样式定义字体为华文仿宋、幼圆和宋体，字号为 12pt，颜色为黄色，背景为蓝色，并在一个 HTML 文件中链接该样式文件。

（2）设计<a>标记的 CSS 样式，要求如下。

① 超链接无下划线。

② 未访问链接（link）为宋体、12pt、黑色。

③ 已访问链接（visited）为黑体、绿色。

④ 鼠标指针停留在链接上（hover）为黑体、16pt、红色。

⑤ 激活超链接（active）文字为紫色。

（3）用 CSS 设计图 3-29 所示的页面，要求如下。

① 设置背景的 background-attachment、background-image、background-repeat、background-position 等属性。

② 设置图片的 border、width、height 等属性。

③ 为控制图片位置，可将图片置于<table>标记或<div>标记中。

图 3-29　习题显示效果

（4）用 Dreamweaver CS6 的可视化编辑环境实现上述的网页。

第 4 章

规划页面——使用 CSS 实现精美布局

随着网页内容的不断丰富，图像、声音、动画等多媒体的加入，网页布局变得十分复杂，代码量巨大。因此，DIV+CSS 布局方式应运而生，并以其代码简洁、定位精准、载入快捷、维护方便等优点日趋流行。

本章主要内容包括：

- CSS 盒模型；
- CSS 布局常用属性；
- 典型的 CSS 网页布局。

4.1 CSS 盒模型

盒模型是 CSS 控制页面布局的一个非常重要的概念，页面上的所有元素，包括文本、图像、超链接、div 块等，都可以被看作盒子。由盒子将页面中的元素包含在一个矩形区域内，这个矩形区域称为“盒模型”。

网页布局的过程可以看作在页面空间中摆放盒子的过程。通过调整盒子的边框、边界等参数控制各个盒子，实现对整个网页的布局。盒模型由内到外依次分为内容（content）、填充（padding）、边框（border）和边界（margin）4 部分，如图 4-1 所示。盒子的实际大小为 4 部分之和，图 4-1 所示的盒子宽度为：左边界+左边框+左填充+内容宽度+右填充+右边框+右边界。

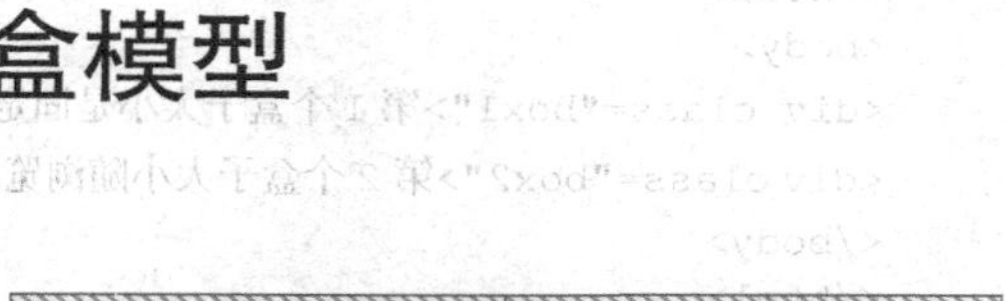

图 4-1　盒模型

4.1.1 内容

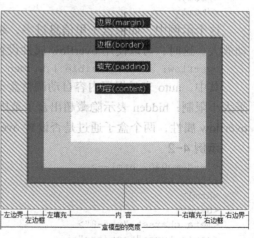

内容（content）是盒子里的“物品”，是盒模型中必须有的部分，可以是网页上的任何元素，如文本、图片、视频等。内容的大小由属性宽度和高度定义，语法格式如下。

```
width: auto | length;
height: auto | length;
```

auto 表示宽度或高度可以根据内容自动调整，length 是长度值或百分比值，百分比值是基于父对象的值来计算当前盒子大小的。示例 4-1 对 2 个含有文字信息的盒模型进行了内容设置，第 1 个盒子的大小是固定的，第 2 个盒子的大小随浏览器的大小按比例改变，这两个盒子都是块元素，单独占一行。为方便观察，示例设置了盒子的背景色，在浏览器中显示效果如图 4-2 所示。

示例 4-1

```
<!--demo0401.html-->
<!DOCTYPE html>
<html>
<head>
<meta charset="utf-8" >
<style type="text/css">
.box1 {
      height: 60px;
      width: 100px;
      background-color: #3CC;
}
.box2 {
      height: 20px;
      width: 70%;
      background-color: #CCC;
}
</style>
</head>
<body>
<div class="box1">第 1 个盒子大小是固定的</div>
<div class="box2">第 2 个盒子大小随浏览器的大小按比例改变。这两个盒子都是块元素，单独占一行</div>
</body>
</html>
```

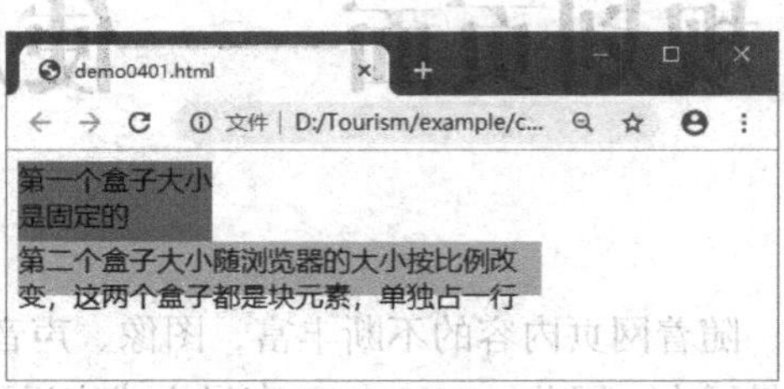

图 4-2　设置盒子宽、高的显示效果

这个示例中，如果盒子里信息过多，超出 width 和 height 属性限定的大小，盒子的高度将自动放大。这时，可以使用 overflow 属性设置处理方式，语法格式如下。

```
overflow: auto | visible | hidden | scroll;
```

其中，auto 表示根据内容自动调整盒子是否显示滚动条；visible 表示显示所有内容，不受盒子大小限制；hidden 表示隐藏超出盒子范围的内容；scroll 表示始终显示滚动条。示例 4-2 使用了 overflow 属性，两个盒子通过是否设置 overflow 属性进行对比，代码的显示效果如图 4-3 所示。

示例 4-2

```
<!--demo0402.html-->
<!DOCTYPE html>
<html>
<head>
<meta charset="utf-8">
<style type="text/css">
.box1 {
      height: 40px;
      width: 70%;
      background-color: #3CC;
}
.box2 {
      height: 40px;
      width: 70%;
```

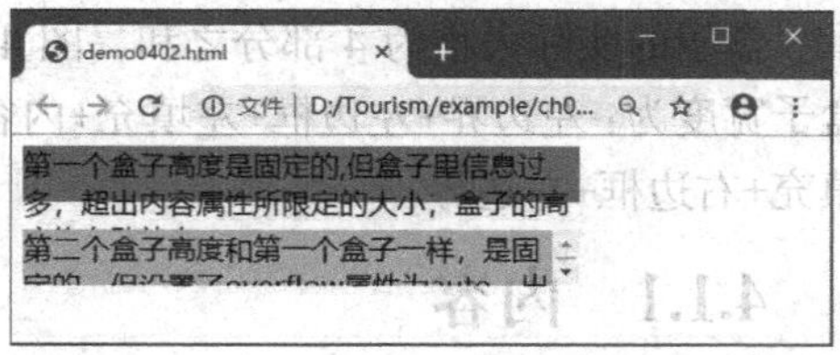

图 4-3　设置 overflow 后的显示效果

```
        overflow: auto;
        background-color: #CCC;
    }
</style>
</head>
<body>
<div class="box1">第 1 个盒子高度是固定的，但盒子里信息过多，超出内容属性所限定的大小，盒子的高度将自动放大</div>
<p>
<div class="box2">第 2 个盒子高度和第一个盒子一样，是固定的，但设置了 overflow 属性为 auto，出现滚动条，盒子高度不变。</div>
</body>
</html>
```

4.1.2　边界

边界（margin）是盒模型与其他盒模型之间的距离，使用 margin 属性定义，语法格式如下。

```
margin: auto | length;
```

length 是长度值或百分比值，百分比值是基于父对象的值。长度值可以为负值，从而实现盒子间的重叠效果。也可以利用 margin 的 4 个子属性 margin-top、margin-bottom、margin-left、margin-right 分别定义盒子四周各边界值，语法同 margin。对于行内元素，只有左、右边界起作用。

示例 4-3 演示了边界设置，显示效果如图 4-4 所示。

示例 4-3

```
<!--demo0403.html-->
<!DOCTYPE html>
<html>
<head>
<meta  charset="utf-8">
<style type="text/css">
div{
      height: 100px;
      width: 100px;
}
.m1 {
      overflow: scroll;
      margin: 10px;
}
.m2 {
      overflow: visible;
      margin-top: 10px;
      margin-right: 20px;
      margin-bottom: 30px;
      margin-left: 40px;
}
</style>
</head>
<body>
<div class="m1"><img src="images/kay.gif" width="120" height="160"/></div>
<div class="m2"><img src="images/Neg.gif" width="120" height="160"/></div>
</body>
</html>
```

图 4-4　示例 4-3 的显示效果

从图 4-4 中可以看到，可以通过设置边界属性使盒子不能紧贴在一起，保持了距离。但二者的距离值并不是 10px 与 10px 的和，而是 10px。因此，相邻盒子的距离不是取边界值的和，而是取二者中的较大值。

上例中，第 1 个盒子的 margin 属性后只有一个值，它的 4 个边界相同。第 2 个盒子的 4 个不同边界的设置也可以直接用 margin 属性后加 4 个值，用空格隔开进行设置，代码如下。

```
margin: 10px 20px 30px 40px;  /*值顺序为上 右 下 左*/
```

等同于：

```
margin-top: 10px;
margin-right: 20px;
margin-bottom: 30px;
margin-left: 40px;
```

若 margin 属性后加 2 或 3 个值，则省略的值与其相对的边值相等，即上下边界相等或左右边界相等，例如：

```
margin: 10px 20px;          /*表示上下边界均为 10px，左右边界均为 20px*/
margin: 10px 20px 30px;     /*表示上边界为 10px，左右边界均为 20px，下边界为 30px*/
```

4.1.3 填充

填充（padding）用来设置内容和盒子边框之间的距离，可用 padding 属性设置，语法格式如下。

```
padding: length;
```

length 可以是长度值或百分比值，百分比值是基于父对象的值。与 margin 类似，也可以利用 padding 的 4 个子属性 padding-top、padding-bottom、padding-left、padding-right 分别定义盒子 4 个方向的填充值。长度值不可以为负。

示例 4-4 是对 padding 属性的应用。为了更清晰观察盒子的属性，按【F12】键打开“开发者工具窗口”，单击“开发者工具”窗口工具栏左上角的“选择检查元素”按钮，再单击一个要显示信息的元素，可以看到该元素的具体属性信息，如图 4-5 所示。

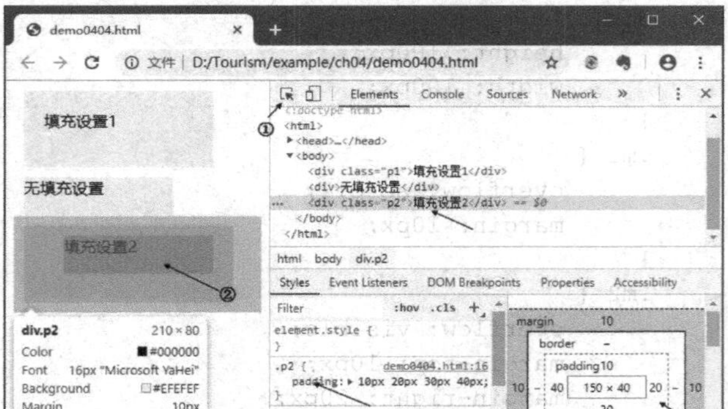

图 4-5 在“开发者工具”窗口中观察 padding 属性设置

示例 4-4

```
<!--demo0404.html-->
<!DOCTYPE html>
<html>
<head>
<meta charset=utf-8>
<style type="text/css">
div {
    height:40px;
    width: 150px;
    background-color: #EFEFEF;
    margin: 10px;
}
.p1 {
    padding: 20px;
}
.p2 {
    padding: 10px 20px 30px 40px;
}
</style>
</head>
<body>
```

```
    <div class="p1">填充设置 1</div>
    <div >无填充设置</div>
    <div class="p2">填充设置 2</div>
</body>
</html>
```

上例中，3 个 div 元素的高度设置均为 40px，而“填充设置 1”的实际高度是 80px，这是因为它的 padding 属性设为 20px，已超出其设置高度，因此其实际高度上下均增加了 20px。同理，“填充设置 2”的实际高度是 80px，上部增加 10px，下部增加 30px。

4.1.4　边框

边框(border)是盒模型中介于填充(padding)和边界(margin)之间的分界线，可用 border-style、border-width、border-color 属性定义边框的样式、宽度、颜色，也可以直接在 border 属性后加 3 个对应值，用空格隔开进行设置。

1. 边框样式

边框样式用 border-style 属性描述，其值可取的关键字如下。

- none：无边框，默认值。
- hidden：隐藏边框。
- dashed：点划线构成的虚线边框。
- dotted：点构成的虚线边框。
- solid：实线边框。
- double：双实线边框。
- groove：根据 color 值，显示 3D 凹槽边框。
- ridge：根据 color 值，显示 3D 凸槽边框。
- inset：根据 color 值，显示 3D 凹边边框。
- outset：根据 color 值，显示 3D 凸边边框。

2. 边框宽度

边框宽度用 border-width 属性描述，值可以是关键字 medium、关键字 thin、关键字 thick、长度值或百分比。

3. 边框颜色

边框颜色用 border-color 属性描述，值同 color 属性，可以是 RGB 值、颜色名等。

需要注意的是，上面进行属性设置时，边框的样式属性不能省略，否则边框不存在，即使设置其他属性也无意义。

示例 4-5 对边框进行了设置，显示效果如图 4-6 所示。

示例 4-5

```
<!--demo0405.html-->
<!DOCTYPE html>
<html>
<head>
<meta charset=utf-8">
<style type="text/css">
div{
    width: 200px;
    background-color: #EFEFEF;
```

```
        margin: 10px;
        padding: 10px;
    }
    .b1 {
        border-style: inset;
        border-width: 10px;
        border-color: rgb(100%,0%,0%);
    }
    .b2 {
        border-style: double;
        border-width: thick;
        border-color: black;
    }
    .b3 {
        border: groove thin rgb(255,255,0);
    }
    .b4{
        border: #000 medium dashed;
    }
    </style>
    </head>
    <body>
    <div class="b1">边框设置 1</div>
    <div class="b2">边框设置 2</div>
    <div class="b3">边框设置 3</div>
    <div class="b4">边框设置 4</div>
    </body>
    </html>
```

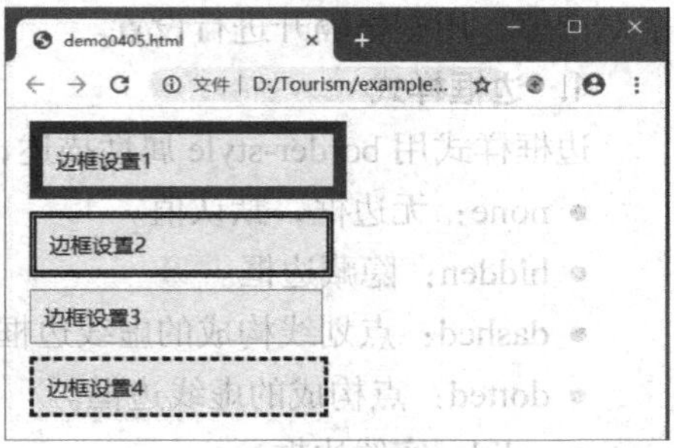

图 4-6　边框设置效果

与 margin、padding 类似，当 4 个边框不同时，可以利用 border 的 4 个子属性 border-top、border-bottom、border-left、border-right 分别定义，例如示例 4-6，显示效果如图 4-7 所示。

示例 4-6

```
<!--demo0406.html-->
<!DOCTYPE html>
<html>
<head>
<meta charset="utf-8">
<style type="text/css">
div{
    width: 200px;
    background-color: #EFEFEF;
    margin: 10px;
    padding: 10px;
}
.b{
    border-left-style:dotted;
    border-left-width:thick;
    border-left-color:#F00;
    border-top-style:solid;
    border-top-width:medium;
    border-top-color:#000;
    border-right-style:outset;
    border-right-width:10px;
    border-right-color:#0F0;
    border-bottom-style:ridge;
```

```
        border-bottom-width:thin;
        border-bottom-color:#F0F;
}
</style>
</head>
<body>
  <div class="b">边框分别设置</div>
</body>
</html>
```

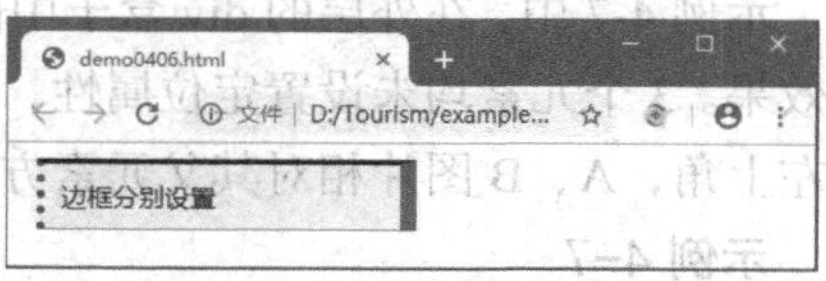

图 4-7　边框分别设置的效果

示例 4-6 代码较为繁琐，可以使用其简化形式，在 border-left、border-top、border-right、border-bottom 后加相应边属性值，用空格隔开，示例 4-6 中边框设置代码与下列代码段等效。

```
border-left:dotted thick #F00;
border-top:solid medium #000;
border-right:outset 10px #0F0;
border-bottom:ridge thin #F0F;
```

也可以在 border-style、border-width、border-color 属性后加各边属性值，代码如下。

```
border-style:solid outset ridge dotted;      /*值顺序为上 右 下 左*/
border-width:medium 10px thin thick;         /*值顺序为上 右 下 左*/
border-color:#000 #0F0 #F0F #F00;            /*值顺序为上 右 下 左*/
```

4.2　CSS 布局常用属性

CSS 布局一般先利用<div>标记将页面整体分为若干个盒子，而后对各个盒子进行定位。常用的布局方式主要有定位式和浮动式两种，相应的布局属性为定位属性（position）和浮动属性（float）。

4.2.1　定位属性

盒子的定位涉及盒子的类型。盒子可以分为块内元素和行内元素两种。在 CSS 中，通过 display 属性来定义盒子是块内元素还是行内元素。默认情况下，作为块内元素的盒子，例如<div>、<p>，HTML 规则约定上下排列；如果是行内元素，例如<span>、<a>，HTML 规则约定盒子左右排列。

使用 position 属性可以精确控制盒子的位置，其语法格式如下。

```
position: static |relative | absolute | fixed;
```

各属性值含义如下。

- static：静态定位，默认的定位方式，盒子按照 HTML 规则定位，定义 top、left、bottom、right 无意义。
- relative：相对定位，通过 top、left、bottom、right 等属性值定位元素相对其原本应显示位置的偏移位置，占用原位置空间。
- absolute：绝对定位，通过 top、left、bottom、right 等属性值定位盒子相对其具有 position 设置的父对象的偏移位置，释放原来占用的页面空间。
- fixed：固定定位，通过 top、left、bottom、right 等属性值定位盒子相对浏览器窗口的偏移位置。

1. 静态定位

设置 position 属性的值为 static，或不做设置，即缺省时默认为 static，此时元素按照 HTML

规则定位。

示例 4-7 中，在外层的 div 盒子中嵌套两个内部 div 盒子，实现一个方框内放置两张图片的浏览效果。3 个元素均未设置定位属性，即为默认值 static，按照 HTML 规则，方框元素起始于浏览器左上角，A、B 图片相对其父元素方框无偏移，浏览效果如图 4-8 所示。

示例 4-7

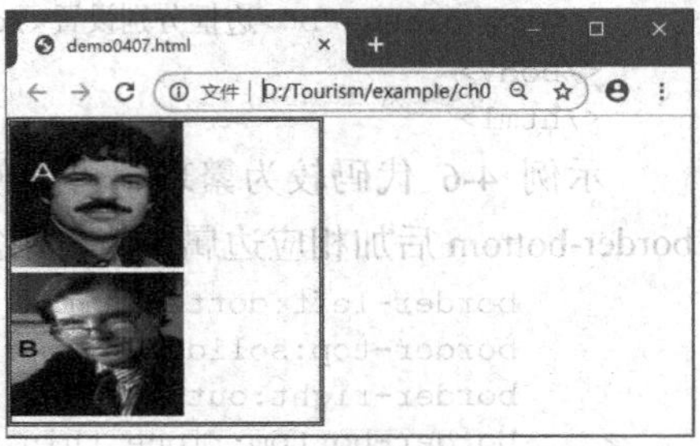

图 4-8　静态定位浏览效果

```
<!-- demo0407.html -->
<!DOCTYPE html>
<html>
<head>
<meta charset=utf-8">
<style type="text/css">
#st{
      width:250px;
      height:250px;
      border:medium #00C double;
}
</style>
</head>
<body>
<div id="st">
  <div><img src="images/kay.gif" width="140px" height="120 px"/></div>
  <div><img src="images/Neg.gif" width="140px" height="120px"/></div>
</div>
</body>
</html>
```

2. 相对定位

设置 position 属性的值为 relative 时即为相对定位，设置盒子相对其原本位置的定位。相对定位的盒子占用原页面空间。对示例 4-7 中的方框和 A 图片进行相对定位设置，代码如下。

示例 4-8

```
<!--demo0408.html-->
<!DOCTYPE html>
<html>
<head>
<meta charset="utf-8">
<style type="text/css">
#st{
       width: 250px;
       height: 250px;
       border: medium #00C double;
       position: absolute;
       left: 100px;  top: 0px;
}
#st1{
       position: relative;
       left: 50px;  top: 50px;
    }
</style>
</head>
<body>
<div id="st">
  <div><img id="st1" src="images/kay.gif" width="140px" height="120px"/></div>
  <div><img src="images/Neg.gif" width="140px" height="120px"/></div>
```

```
</div>
</body>
</html>
```

示例 4-8 的浏览效果如图 4-9 所示。方框左侧留出了 100px，即向右移动了 100px。A 图片左侧和上部分别留出了 50px，即向右向下分别移动了 50px，但仍占用其原有位置，所以 B 图片并没有跟在移动后的 A 图后面，而是起始于 A 图片原本的位置之后。

图 4-9　相对定位浏览效果

3. 绝对定位

设置 position 属性的值为 absolute 时即为绝对定位，设置盒子相对其具有 position 设置的父对象进行定位。绝对定位的元素浮于页面之上，不占用原页面空间，后续元素不受其影响，填充其原有位置。

（1）父对象有 position 属性设置

绝对定位以离其最近的设有 position 属性的父对象为起始点，如示例 4-9 中，A 图片的父对象设置有 position 属性（即使移动值是 0），所以 A 图片以其父对象为参照绝对定位，B 图片占据其原有位置，浏览效果如图 4-10 所示。

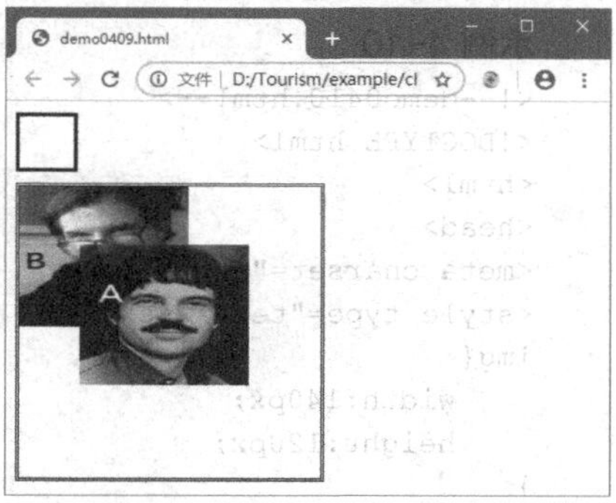

图 4-10　参照父对象绝对定位浏览效果

示例 4-9

```
<!--demo0409.html-->
<!DOCTYPE html>
<html>
<head>
<meta charset="utf-8">
<style type="text/css">
#s{    /*定义的矩形框位置供参考*/
      width:45px;
      height:45px;
      border:medium #00C solid;
      margin:10px 0px;
}
#st{  /*容器*/
      width:250px;
      height:250px;
      border:medium #00C double;
      position:relative;
      left:0px;  top:0px;
}
#st1{
      position:absolute;
      left:50px;
      top:50px;
}
</style>
</head>
<body>
<div id="s">
</div>
<div id="st">
  <div><img id="st1" src="images/kay.gif" width="140px" height="120px"/></div>
  <div><img src="images/Neg.gif" width="140px" height="120px" /></div>
</div>
```

```
</body>
</html>
```

（2）父对象无 position 属性设置

绝对定位元素的不同层次的父对象均无 position 属性设置时，该元素以 body，即以浏览窗口为参照绝对定位。如示例 4-9 中，删除 A 图片父对象 position 属性设置，即删除如下代码行。

```
position:relative;
left:0px;
top:0px;
```

则浏览效果如图 4-11 所示，A 图片脱离其父元素，以浏览窗口为参照偏移定位，其后 B 图片占据其原有位置。

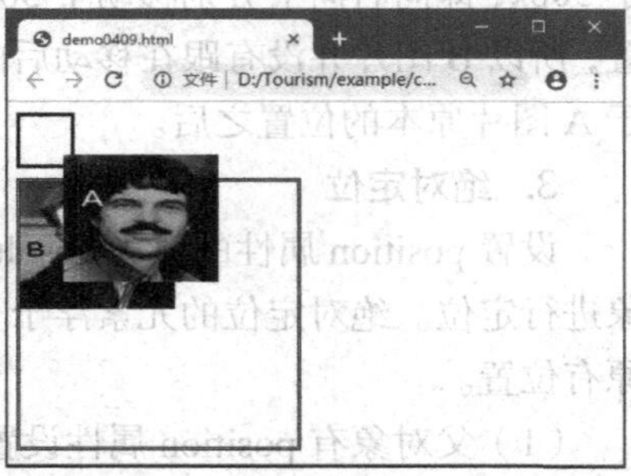

图 4-11　参照浏览窗口绝对定位浏览效果

4. 层叠定位属性

从前面定位的例子中可以看到，被定位的元素会挡住部分其他元素，我们可以通过层叠定位属性（z-index）定义页面元素的层叠次序。z-index 的取值表示各元素间的层次关系，值大者在上，当为负数时表示该元素位于页面之下。示例 4-10 对盒子进行了 z-index 设置，浏览效果如图 4-12 所示。

示例 4-10

```
<!--demo0410.html-->
<!DOCTYPE html>
<html>
<head>
<meta charset="utf-8" >
<style type="text/css">
img{
    width:140px;
    height:120px;
}
#pa {
    position:relative;
    top:100px; left:100px;
    z-index:3;
}
#pb {
    position:relative;
    top:-150px; left:200px;
    z-index:2;
}
#pc {
    position: absolute;
    top:20px;  left:100px;
    z-index:-1;
}
</style>
</head>
<body>
   <div><img id="pa" src="images/kay.gif" ></div>
   <div>通过 z-index 属性控制层叠顺序</div>
   <div><img id="pb" src="images/Neg.gif"></div>
   <div><img id="pc" src="images/jobs.gif"></div>
```

```
</body>
</html>
```

图 4-12 中元素原本的顺序由上至下应为 C 图片、B 图片、A 图片。设置了 z-index 属性值后，A、B 图片的 z-index 值皆为正，都浮于页面上，即在例中文字之上，A 图的 z-index 值大于 B 图，所以在上；C 图的 z-index 值为负，因此在页面之下，即例中文字的下方。

图 4-12　层叠定位浏览效果

4.2.2　浮动属性

浮动属性可以控制盒子左右浮动，直到边界碰到父对象或另一个浮动对象，其语法格式如下。

```
float:none|left|right;
```

各属性值含义如下。

- none：默认值，元素不浮动。
- left：元素向父对象的左侧浮动。
- right：元素向父对象的右侧浮动。

1. 基本浮动定位

设置了向左或向右浮动的盒子，整个盒子会做相应的浮动。浮动盒子不再占用原本在文档中的位置，其后续元素会自动向前填充，遇到浮动对象边界则停止。示例 4-11 对 A 图片设置了向左浮动，浏览效果如图 4-13 所示。

示例 4-11

```
<!--demo0411.html-->
<!DOCTYPE html>
<html>
<head>
<meta charset="utf-8">
<style type="text/css">
img{
    width:140px;
    height:120px;
}
.fleft {
    float: left;
}
</style>
</head>
<body>
<div class="fleft"><img src="images/kay.gif" /></div>
<div><img src="images/Neg.gif" /></div>
<div><img src="images/jobs.gif" /></div>
</body>
</html>
```

图 4-13　A 图片向左浮动浏览效果

由图 4-13 可以看到，原本每个元素应各占其后的水平位置，即 3 个元素纵向排列，由于 A 图片设置了向左浮动，后续元素紧跟其后。那么如何实现 3 个图片都横向排列呢？只要将 B 图片也设置为向左浮动即可，即将示例 4-11 中的如下代码行：

```
<div><img src="images/Neg.gif"/></div>
```

改为：

```
<div class="fl"><img src="images/Neg.gif"/></div>
```

即可。浏览效果如图 4-14 所示。

图 4-14　A、B 图片向左浮动浏览效果

2. 清除浮动属性

浮动设置使设计者能够更加自由方便地布局网页，但有时某些盒子可能需要清除浮动设置，这时需要用到浮动属性 clear，其语法格式如下。

```
clear:none|left|right|both;
```

各属性值含义如下。

- none：默认值，允许浮动。
- left：清除左侧浮动。
- right：清除右侧浮动。
- both：清除两侧浮动。

示例 4-12 对 C 图片设置了清除左侧浮动，所以该图片换行显示，忽略掉其前一个元素 B 图片设置的向左浮动，浏览效果如图 4-15 所示。

示例 4-12

```
<!--demo0412.html-->
<!DOCTYPE html>
<html>
<head>
<meta charset="utf-8" />
<style type="text/css">
img{
    width:140px;
    height:120px;
}
.fleft{
    float: left;
}
.clear{
    clear:left;
}
</style>
</head>
<body>
   <div class="fleft"><img src="images/kay.gif" ></div>
   <div class="fleft"><img src="images/Neg.gif" ></div>
   <div class="clear"><img src="images/jobs.gif" ></div>
</body>
</html>
```

图 4-15　清除浮动浏览效果

4.3　DIV+CSS 的网页布局

网页布局结构按照列数可分为单列、两列和三列等几种布局。一些网站的网页设计也采用嵌套的布局结构。可变宽度布局比固定宽度布局更实用，CSS3 也对可变宽度布局提供了很好的支持。随着移动设备的广泛使用，响应式布局已经成为流行的布局结构，它需要以 DIV+CSS 布局为基础。下面介绍几种 DIV+CSS 的页面布局，分别为单列布局，一列固定、一列可变的两列布局，两侧列固定、中间列可变的三列布局等。

4.3.1　单列布局

单列布局相对简单，很多复杂布局往往以单列布局为基础。单列布局中的对象位置可固定在左上角、浮在左上角或居中；宽度可用像素值、百分比或相对字号设置。

示例 4-13 是一种常见的单列布局，利用 HTML5 结构元素（header、footer、article、section 等）或 div 元素划分 3 个盒子，在各自元素的 CSS 中定义盒子的大小、边界等属性，实现居中自适应布局，浏览效果如图 4-16 所示。

示例 4-13

```
<!--demo0413.html-->
<!DOCTYPE html>
<html>
<head>
<title>用 HTML5 结构元素布局</title>
<meta  charset="utf-8">
<style type="text/css">
body{
    margin:0;
    padding:0;
    text-align: center; /*定义居中*/
}
header,article,footer {
    min-width:700px;
    width:80%;              /*自适应页面大小*/
    margin:5px auto;
}
header{
    background:#FFC;
    height:80px;
}
article{
    background: #D0FFFF;
    height:200px;
    text-align:left;
}
footer{
    background:#FFC;
    height:100px;
    text-align:left;
}
</style>
</head>
<body>
<header><h1>搜索引擎改变记忆方式 人们忘记网上找到的信息</h1></header>
<article>
   Article: <p>美国科学家在 7 月 15 日出版的《科学》杂志上报告称，……</p>
   <p>哥伦比亚大学的心理学家贝齐•斯帕罗和同事进行了一系列实验后得出结论说，……</p>
</article>
<footer>
    Footer:<p>  更深层次的分析表明，当人们能够记住信息时，他们不会记住在何处能找到某些信息；而当人们无法记住信息本身时，才会倾向于记住在何处能找到这些信息。</p>
</footer>
```

```
</body>
</html>
```

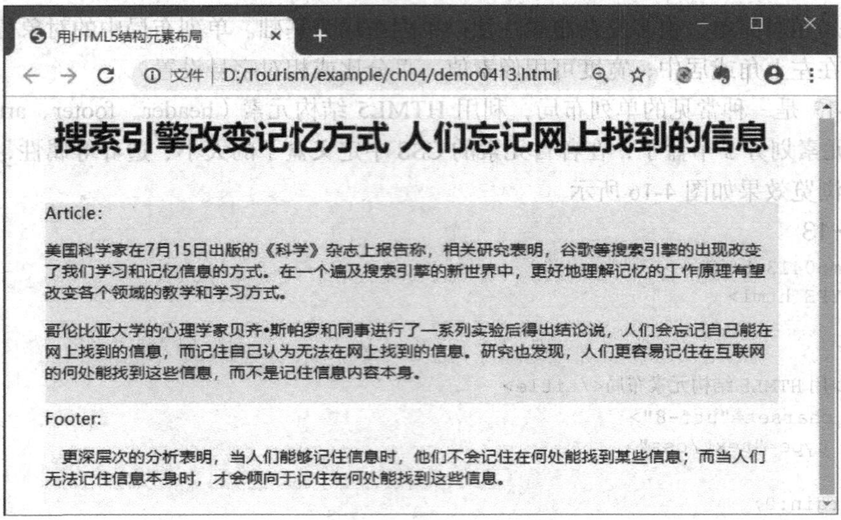

图 4-16　单列布局效果

4.3.2　两列布局

1．传统的两列布局

两列布局使用 2 个盒子，第 1 个盒子（第 1 列）位置应在页面左侧，第 2 个盒子（第 2 列）应在页面右侧，可用 fixed 或 float 设定；宽度可用像素值、百分比设定，或用相对字号设置。

2 个盒子的设定可以根据具体需求而定。示例 4-14 实现的是，第 1 个盒子固定宽度且浮在左侧；第 2 个盒子距离左边距的宽度等于第 1 个盒子的宽度，但其本身的宽度未设置（是自适应的），随页面的变化而变化，浏览效果如图 4-17 所示。

示例 4-14

```
<!--demo0414.html-->
<!DOCTYPE html>
<html>
<title>用 float 属性实现的两列布局</title>
<head>
<meta charset="utf-8">
<style type="text/css">
body{
    margin:5px;
    padding:0;
    min-width:500px;
}
div {
    border:1px solid #999;
}
#left{
    background:#FFC;
    float:left;
    height:400px;
    width:160px;
```

```
}
#right{
    margin-left:160px;
    background:#D0FFFF;
    height:400px;
}
</style>
</head>
<body>
<div id="left">Left:<br>
搜索引擎改变记忆方式 人们忘记网上找到的信息
</div>
<div id="right">Right:<br>美国科学家在 7 月 15 日出版的《科学》杂志上报告称，……<p>
哥伦比亚大学的心理学家贝齐•斯帕罗和同事进行了一系列实验后得出结论说，……<p>
斯帕罗说："自从搜索引擎问世后，人们就开始调整自己记忆信息的方式。……" <p>
斯帕罗团队的研究是首个对搜索引擎对人类记忆影响的研究。
</div>
</body>
</html>
```

这个示例存在两个问题，一是如果左右两个盒子没有设置统一的高度"height: 400px"，这两个盒子的高度是不一致的，影响页面效果；二是设置盒子的 padding 属性也将影响页面布局。解决这个问题的办法是通过 CSS3 的 box 属性使用盒布局。

2. 用 CSS3 改进的盒布局

如果使用 CSS3 的盒布局实现图 4-17 的效果，需要设置左右两个盒子的外层容器的 box 属性，不再需要使用 float 属性。注意观察下面代码中关于 CSS 定义部分的变化。示例 4-15 中，最外层的 id 为 mycontainer 的元素样式应用了 box 属性。在 Firefox 浏览器中需要写成"display:-moz- box;"的形式；在 Chrome 浏览器中，需要写成"display:-webkit-box;"的形式。该示例的浏览结果与图 4-17 基本相同，但盒子的高度不须设置，是自适应的。

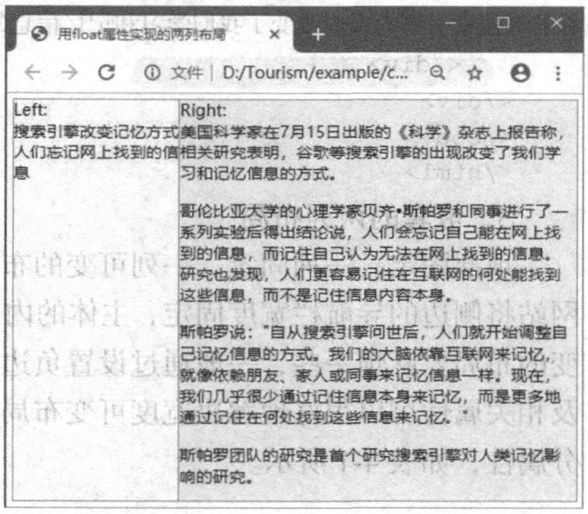

图 4-17　示例 4-14 浏览效果

示例 4-15

```
<!--demo0415.html-->
<!DOCTYPE html>
<html>
<head>
<meta charset="utf-8">
<style type="text/css">
body{
    margin:5px;
    padding:0;
}
div {
    border:1px solid blue;
}
#mycontainer {                    /*下面 3 行代码兼容不同的浏览器*/
    display:box;
```

```
        display:-webkit-box;
        display:-moz-box;
        margin:0 auto;
        width:670px;
    }
    #left{
        background:#999;          /*删除了 float 和 height 属性*/
        width:160px;
    }
    #right{
        width:500px;              /*不需要 margin-left 和 height 属性*/
        padding-left:10px;
        background:#D0FFFF;
    }
    </style>
    </head>
    <body>
    <div id="mycontainer">
        <div id="left">Left:<br>
        搜索引擎改变记忆方式 人们忘记网上找到的信息
        </div>
        <div id="right">Right:<br>美国科学家在 7 月 15 日出版的《科学》杂志上报告称，相关研究表明，
谷歌等搜索引擎的出现改变了我们学习和记忆信息的方式。……
        </div>
    </div>
    </body>
    </html>
```

3. 嵌套的两列布局

顶部固定，一列固定、一列可变的布局是在博客类网站中很受欢迎的布局形式。通常，这类网站将侧边的导航栏宽度固定，主体的内容栏宽度是可变的。早期用 CSS 实现一列固定、一列可变的布局要麻烦一些，一般通过设置负边界来实现。使用 CSS3 的盒布局实现非常方便，盒布局及相关属性可以很好地解决宽度可变布局及布局顺序问题。下面列出了 CSS3 与盒布局相关的部分属性，如表 4-1 所示。

表 4-1　　与盒布局相关的部分属性

属　性	功　能	说　明
box-flex	设置弹性盒布局	应用于盒布局中，如果使用 Chrome 浏览器，使用-webkit-box-flex；如果使用 Firefox 浏览器，使用-moz- box-flex
box-ordinal-group	设置盒元素的显示顺序	应用于盒布局中，如果使用 Chrome 浏览器，使用-webkit-box-group；如果使用 Firefox 浏览器，使用-moz- box-group
box-orient	设置盒元素的显示方向	应用于盒布局中，如果使用 Chrome 浏览器，使用-webkit-box-orient；如果使用 Firefox 浏览器，使用-moz-box-orient
box-sizing	指定使用 width、height 属性时，指定的值是否包括元素的 pading 值与 border 值。	如果使用 Chrome 浏览器，使用-webkit-box-sizing；如果使用 Firefox 浏览器，使用-moz-box-sizing；如果使用 IE 浏览器，使用-ms-box-sizing

示例 4-16 是一个典型的嵌套两列布局，用到了盒布局中的弹性布局属性-webkit-box-flex。浏览结果如图 4-18 所示。

示例 4-16

```
<!--demo0416.html-->
<!DOCTYPE html>
<head>
<meta charset="utf-8">
<style>
header,footer,article{
    margin:0 auto;
    width:85%;  min-width:1000px;
    border:1px solid #99CCFF;
    background-color:#99CCFF;
    /*盒子的 width 和 height 属性值包括了 padding 值和 border 值*/
    -webkit-box-sizing:border;
}
article {
    display:-webkit-box;
}
#main{
    -webkit-box-flex:1;
    background-color:#9CC;
}
#left{
    width:160px;                    /*固定宽度*/
    padding:5px;
    background-color:#F9F;
}
footer{
    background-color:#FFC;
}
</style>
</head>
<body>
<header>
    <h2>Page Header</h2>
   物联网+云计算+第六感科技=2015
</header>
<article>
    <div id="left">
      <h2>Left</h2>
      <p>手势识别将充当"现实世界与数字世界的桥梁"，核心技术是：……</p>
   </div>
   <div id="main">
     <h2>Page Content</h2>
      做一个将物体从 A 处转移至 B 处的手势，然后计算机 A 桌面上的文件便轻而易举。……
   </div>
</article>
<footer>
    <p>版权所有</p>
</footer>
</body>
</html>
```

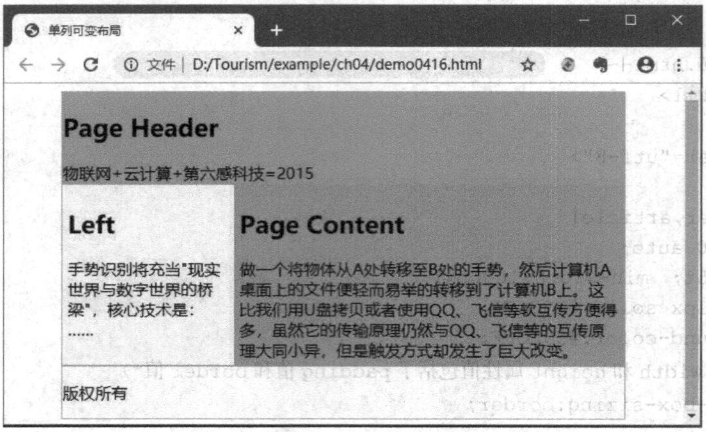

图 4-18　示例 4-16 浏览效果

这个例子中，将 box-sizing 设置为 border-box 值，将页面中的 header、footer、article 等元素设置 min-width 值为 1000px，合理设置 padding 值，进一步优化了布局。

4.3.3　使用 CSS3 盒布局的三列布局

三列布局可以使用 float 属性实现，对 3 个盒子（列）对象分别设定位置和宽度，再设置浮动属性即可。下面的代码使用 float 属性，实现的是左列和右列固定宽度，分别浮于页面左右，中间自适应布局。这种布局方式有一定的局限性。

```
#left{
    height: 400px;
    width: 120px;
    float: left;
}
#right{
    background: #FFC;
    height: 400px;
    width: 100px;
    float: right;
}
#main{
    background: #D0FFFF;
    height: 400px;
    margin-left: 100px;
}
```

1. 简单的三列布局

示例 4-17 是一个使用 DIV+CSS 实现的三列布局。左右两列宽度固定，中间列自适应。在学习示例时读者要重点体会 box-ordinal-group 属性和 box-flex 属性的作用，如果调整 box-ordinal-group 属性的值，可以实现三列顺序的改变。浏览效果如图 4-19 所示。

示例 4-17

```
<!--demo0417.html-->
<!DOCTYPE html>
<html>
<head>
<meta charset="utf-8">
<style type="text/css">
```

```
body{
    margin:5px;
    min-width:400px;
}
#mycontainer {
    display:-webkit-box;display:-moz-box;display:box;
}
div {
    border:1px solid #999;
}
#left{
    background:#FFC;
    width:120px;
    -webkit-box-ordinal-group:3;
    -moz-box-ordinal-group:3;
    box-ordinal-group:3;
    padding:2px;
}
#right{
    background:#FFC;
    width:100px;
    -webkit-box-ordinal-group:1;box-ordinal-group:1;-moz-box-ordinal-group:1;
    padding:2px;
}
#main{
    background:#D0FFFF;
    padding:2px;
    -webkit-box-flex:1;-moz-box-flex:1;box-flex:1;
    -webkit-box-ordinal-group:2;box-ordinal-group:2;-moz-box-ordinal-group:2;
}
</style>
</head>
<body>
<div id="mycontainer">
   <div id="left">左侧固定：<p>基于视觉的手势识别技术在欧美等国家已经实现民用</div>
   <div id="right">右侧固定：<p>相信经过 3～5 年的发展，外加市场需求，这项技术一定可以集成在我们的手机中，走进我们平常的生活。</div>
   <div id="main">主体可变：<p>手势识别在未来的智能便携终端中将会大规模应用，题和手机屏幕显示问题。…… </div>
</div>
</body>
</html>
```

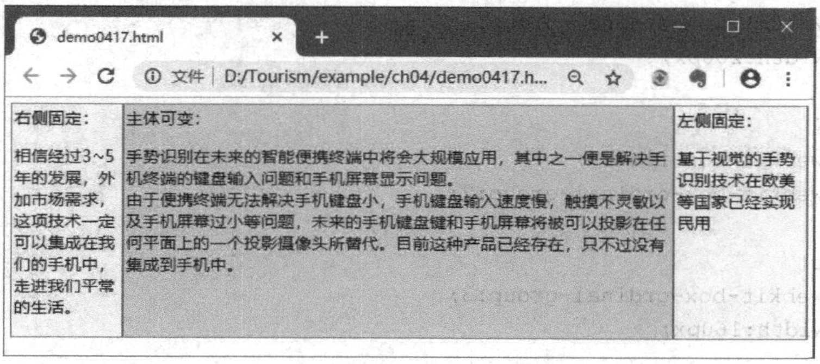

图 4-19　示例 4-17 浏览效果

这个例子设置padding属性值为2px，控制了文字到边框的距离。如果为div元素设置box-sizing属性值为 border-box，页面中#left、#right 内容的宽度值实际是 width-padding×2−border×2，请读者注意体会。

2. 嵌套的三列布局

前面布局采用的策略是将盒子（div 块）从上到下、从左到右依次排列。实际上，网页布局灵活多变，一种典型复杂网页布局是：顶部是一个 div 盒子，中间部分是并排的 2 个或 3 个 div 盒子，下面是 1 个 div 盒子，如图 4-20 所示。

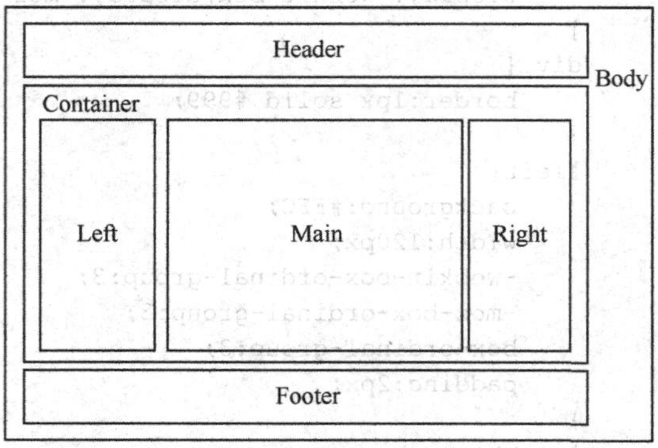

图 4-20　一种典型的复杂布局效果图

实现上面布局的关键是中间 3 个 div 块的嵌套，即将中间的 3 个 div 块放入到一个容器中，当然，这个容器也是一个 div 块。图 4-20 给出的 DIV+CSS 布局的代码如示例 4-18 所示。

示例 4–18

```
<!--demo0418.html-->
<!DOCTYPE HTML>
<head>
<meta charset="gb2312">
<style>
    header,footer{
        margin:0 auto;                /*与 width 配合实现水平居中*/
        width:80%;
        border:1px dashed #FF0000;    /*添加边框*/
    }
    div#container{
        margin:0 auto;
        display:-webkit-box;
        width:80%;
    }

    #left,#main,#right{
    border:1px solid #0066FF;         /*添加边框*/
    }

    #left{
        -webkit-box-ordinal-group:1;
        width:200px;
        }
    #main{
        -webkit-box-flex:1;
        -webkit-box-ordinal-group:2;
        }
    #right{
        -webkit-box-ordinal-group:3;
        width:160px;
    }
</style>
```

```
</head>

<body>
    <header>header</header>
    <div id="container">
        <div id="left">id="left"</div>
        <div id="main">id="main"</div>
        <div id="right">id="right"</div>
    </div>
    <footer>footer</footer>

</body>
</html>
```

4.4 应用案例

在设计网页之前，首先对网页布局有一个总体思路，然后就可以用盒子对网页进行大致分块设定，例如，一种典型的布局结构是将页面划分为头部、主题、底部 3 部分。当然也可以将页面划分为更多或更少部分，或在设计过程中根据需要随时改变，这正是 DIV+CSS 布局的灵活性所在。然后再利用各种标记、属性对块内及块间相对位置进行详细设计和调整。

4.4.1 用 DIV+CSS 实现图文混排案例

1. 用 DIV+CSS 布局方式实现示例 3-36

下面利用 DIV+CSS 布局方式重新实现示例 3-36。首先可以利用 div 块对文档结构进行划分，代码如下。

```
<body>
    <div><!--文字：“美国著名……进程表：” --></div>
    <div><!-- 第一张图片--></div>
    <div><!--文字：“2001 远程手术……了虚拟书籍和资料。” --></div>
    <div><!-- 第二张图片--></div>
    <div><!--文字：“这些预言……都不是那么遥远。” --></div>
    <div><!--文字：“这一张时……过一切天才的预言。” --></div>
    <div><!--文字：“摘自《大师的预言》” --></div>
</body>
```

div 块划分完成后，根据计划实现的效果，对每部分内容进行详细设计。对于图片内容，使用 float 属性设置文字环绕方式，使用 padding、margin 属性设置填充和边界，使图片与其他内容之间有空隙。对于文字内容，使用 padding-top 属性设置段前距离，使用 line-height 属性设置行间距等。具体代码如示例 4-19 所示。可以看出，采用 div 布局可以使版面更为清晰，可读性更强，更重要的是，布局的可扩展性也得到增强。浏览效果如图 4-21 所示。

示例 4-19

```
<!--demo0419.html-->
<!DOCTYPE html>
<html>
```

```
<head>
<meta charset="utf-8">
<style type="text/css">
body{
  font-size:12px;
  background-color:#CCC;
}
.text{
  padding-top:10px;
  margin:5px;
  line-height:150%;
}
#img1{                    /*第一种环绕方式*/
  float:right;
  margin:10px;
  padding:5px;
}
#img2{                    /*第二种环绕方式*/
  float:left;
  margin:10px;
  padding:5px;
}
span{                     /*实现首字下沉*/
  float:left;
  font:36px 黑体;          /*注意 font 属性顺序*/
  padding:10px 0px;
}
</style>
</head>
<body>
  <div class="text"><span>美</span>国著名的《连线》杂志，曾就一系列事物的发展前景向一批各自领域的专家征询。这些专家的看法可能有些武断，但令人欣赏地直奔主题。下面是他们对互联网络所预言的另一张时间进程表。</div>
  <div id="img2"><img src="4.jpg"/></div>
  <div class="text">2001 远程手术将十分普及，最好的医学专家可以为全世界的人诊断治疗疾病。<br/>2001 《财富 500 家》上榜者中将出现一批“虚拟企业”。<br/>2003 全球可视电话将支持更普遍的“远程会议”，企业家将通过网络管理公司。<br/>2003 “远程工作”将是更多的人主要的“上班”方式。<br/>2007 光纤电缆广泛通向社区和家庭，“无限带宽”不再停留在梦想中。<br/>2016 出现第一个虚拟大型公共图书馆，虚拟书架上堆满了虚拟书籍和资料。<br/></div>
  <div id="img1"><img src="5.jpg"/></div>
  <div class="text">这些预言中，还包括了所谓“食品药片”“冷冻复活”等匪夷所思的言论。仅从与网络相关的预言看，人类全方位的“数字化生存”——包括工作、生活和学习等相当广泛的领域——都不是那么遥远。</div>
  <div class="text">这一张时间进度表究竟能不能如期兑现？阿伦•凯（A.Kay）首先提出，又被尼葛洛庞帝引用过的著名论断说得好：“预测未来的最好办法就是把它创造出来。”……</div>
  <div class="text" style="text-align:right" >摘自《大师的预言》</div>
</body>
</html>
```

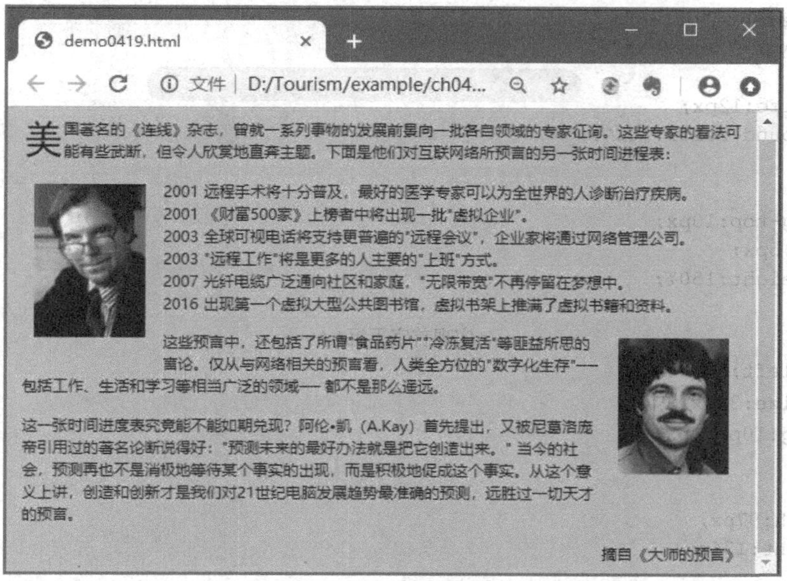

图 4-21　示例 4-19 浏览效果

2. 对示例 4-19 的改进

示例 4-19 通过盒子（<div>标记）将整个页面分为 7 部分，每部分包含一段文字或一张图片。对两个图片分别设置向左和向右浮动，实现文字右侧和左侧环绕。下面对该例布局做些改动，将两张图片作为一部分，然后在该部分内部再划分每个图片为一部分，且添加图片的说明性标识，如图 4-22 所示。

图 4-22　div 嵌套图文混排示例图

实现图 4-22 的效果首先要在页面总体布局中划分出图片部分，再将其内部划分为第一张图片、第二张图片和总标识 3 部分。每个图片部分又划分为图和标识两部分，通过 div 嵌套划分，代码如下。

```
<div><!--图片部分-->
  <div><!--第 1 张图片及标识-->
      <div><!--图--></div>
      <div><!--标识--></div>
  </div>
  <div><!--第 2 张图片及标识-->
      <div><!--图--></div>
      <div><!--标识--></div>
  </div>
  <div><!--总标识--></div>
</div>
```

划分好部分后，即可对每一部分进行详细设计，其他文字部分保留示例 4-19 效果。具体代码如示例 4-20 所示，页面浏览效果如图 4-23 所示。

示例 4-20

```
<!--demo0420.html-->
<!DOCTYPE html>
<html>
<head>
```

```
<meta charset="utf-8">
<style type="text/css">
body{
  font-size:12px;
  background-color:#CCC;
}
.text{
  padding-top:10px;
  margin:5px;
  line-height:150%;
}
span{                                   /*实现首字下沉*/
  float:left;
  font-size:36px 黑体;
  padding:10px 0px;
}
img {
    width:97px;
    height:136px;
}
.img{                                   /*内层虚线框*/
  float:left;
  border:thin dotted #F00;
  margin:2px;
}
.imgtag{                                /*文字标识*/
  margin:5px;
  text-align:center;
  clear:left;
  background-color:#E8FFFF;
  }
.outer {                                /*外层实线框*/
  border:thin solid #00F;
  width:214px;
  float:left;
  margin:8px;
}
</style>
</head>
<body>
  <div class="text"><span>美</span>国著名的《连线》杂志，曾就一系列事物的发展前景向一批各自领域的专家征询。这些专家的看法可能有些武断，但令人欣赏地直奔主题。下面是他们对互联网络所预言的另一张时间进程表。</div>
  <div class="outer">  <!--图片部分 -->
    <div class="img"> <!--第 1 张图片及标识-->
      <div><img src="4.jpg"/></div>
      <div class="imgtag"/>尼葛洛庞帝</div>
    </div>
    <div class="img"><!--第 2 张图片及标识-->
      <div><img src="5.jpg"/></div>
      <div class="imgtag">阿伦•凯</div>
    </div>
    <div class="imgtag"><!--总标识-->代表人物</div>
```

```
    </div>
    <div class="text">2001 远程手术将十分普及，最好的医学专家可以为全世界的人诊断治疗疾病。<BR>2001《财富 500 家》上榜者中将出现一批“虚拟企业”。<BR>2003 全球可视电话将支持更普遍的“远程会议”，企业家将通过网络管理公司。<BR>2003“远程工作”将是更多的人主要的“上班”方式。<BR>2007 光纤电缆广泛通向社区和家庭，“无限带宽”不再停留在梦想中。<BR>2016 出现第一个虚拟大型公共图书馆，虚拟书架上堆满了虚拟书籍和资料。<BR></div>
    <div class="text">这些预言中，还包括了所谓“食品药片”“冷冻复活”等匪夷所思的言论。仅从与网络相关的预言看，人类全方位的“数字化生存”——包括工作、生活和学习等相当广泛的领域——都不是那么遥远。</div>
    <div class="text">这一张时间进度表究竟能不能如期兑现？阿伦•凯（A.Kay）首先提出，……</div>
    <div class="text" style="text-align:right;">摘自《大师的预言》</div>
  </body>
  </html>
```

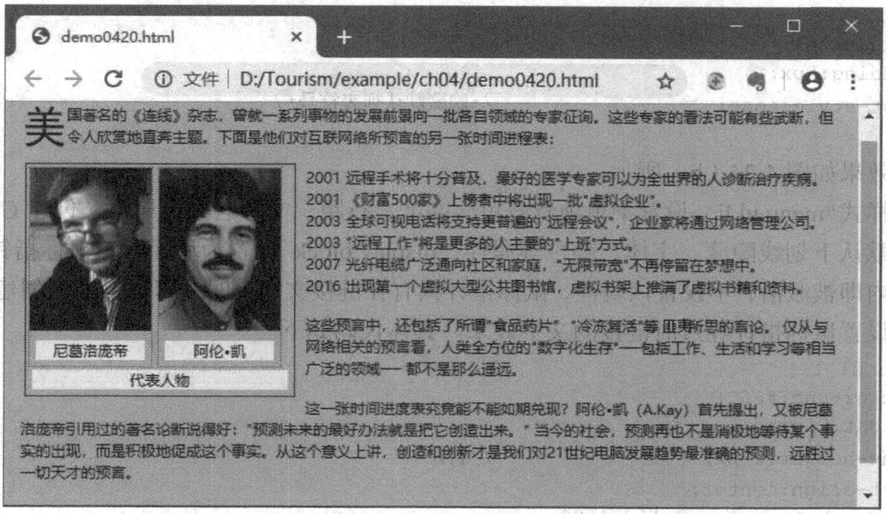

图 4-23　示例 4-20 浏览效果

4.4.2　二级导航菜单制作案例

导航菜单通常分为横向导航菜单和纵向导航菜单。横向导航菜单主要用于网站的主导航，例如大多数门户网站；纵向导航菜单主要用于网站信息分类，大部分购物网站如京东、淘宝、亚马逊等都提供了纵向的商品信息分类菜单。DIV+CSS 布局中多通过控制列表样式制作导航菜单，主要用到<ul>、<li>、<a>等 3 组标记。

下面以 Web 前端开发的知识结构为例，详细讲述使用 DIV+CSS 建立菜单的过程，具体包括创建一级菜单、定义 CSS 样式、创建二级菜单等步骤。

1. 创建一级菜单

菜单可以通过对列表进行格式转换得到。在一个盒子（div 块）中定义的“Web 前端开发知识”的列表代码如下。

```
<div>
  <ul>
      <li><a href="#">HTML</a></li>
      <li><a href="#">CSS</a></li>
      <li><a href="#">JavaScript</a></li>
      <li><a href="#">XML</a></li>
```

```
        <li><a href="#">PHP</a></li>
        <li><a href="#">Ajax</a></li>
    </ul>
</div>
```

浏览效果如图 4-24（a）所示。

2. 定义 CSS 样式

创建样式#menu，设置菜单整体大小等属性，并添加到<div>标记中；创建样式#menu ul，设置隐藏列表符号、清除边距等属性。代码如下。

```
#menu{
  width:100px;
  border:1px solid #999;
}
#menu ul{
  margin:0px;
  padding:0px;
  list-style:none;                    /*隐藏默认列表符号*/
}
```

浏览效果如图 4-24（b）所示。

创建样式#menu ul li，设置菜单项背景色、高度、行距、文字居中等属性。创建 CSS 样式 a，设置链接默认下划线隐藏、字体、颜色等属性。display:block 设置为块元素，鼠标指针在链接所在块范围内即被激活；不设置该属性，鼠标指针只有在链接文字上时才可以激活。创建 CSS 样式 a:hover，设置鼠标指针经过时链接的文字效果。具体代码如下。

```
#menu ul li{
  background:#06C;
  height:26px;
  line-height:26px;                   /*行距*/
  text-align:center;
  border-bottom:1px solid #999;
}
a{
  display:block;
  font-size:13px;
  color:#FFF;
  text-decoration:none;               /*隐藏超链接默认下划线*/
}
a:hover{
  color:#F00;
  font-size:14px;
}
```

以上设计实现了一级导航菜单，浏览效果如图 4-24（c）所示。

图 4-24（a） 列表的浏览效果

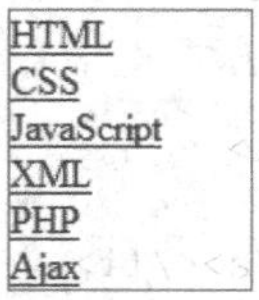

图 4-24（b） 设置样式#menu 后的浏览效果

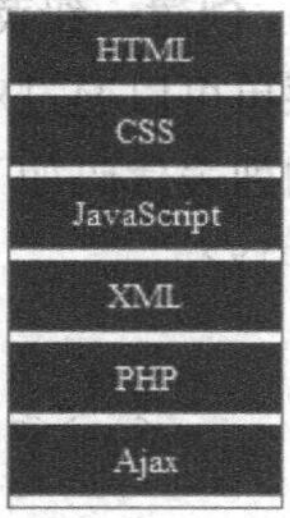

图 4-24（c） 纵向导航菜单

3. 创建二级菜单

二级导航菜单是指当鼠标指针经过一级菜单项时，会弹出相应的二级菜单，鼠标指针离开该项后二级菜单自动消失。接下来在上例的基础上制作二级菜单。以一级菜单项“CSS”为例，在其下添加二级菜单。

在“CSS”列表下嵌套<ul>，代码如下。

```
<li><a href="#">CSS</a>
   <ul>
      <li><a href="#">Selector</a></li>
      <li><a href="#">Use CSS File in HTML</a></li>
      <li><a href="#">Formatting Document</a></li>
      <li><a href="#">Layout</a></li>
   </ul>
</li>
```

创建样式#menu ul li ul，设置二级菜单的默认隐藏、宽度及边界等属性，定位方式为绝对、向左浮动，并向其父对象的样式#menu ul li 中添加 position:relative 属性，以使二级菜单以其父对象（即相应一级菜单项）为参照向左绝对定位。创建样式#menu ul li:hover ul 和#menu ul li:hover ul li a，均添加属性 display，block 设置为块元素。

文档整体详细代码如示例 4-21 所示。

示例 4-21

```
<!--demo0421.html-->
<!DOCTYPE html>
<html>
<head>
<meta charset="utf-8">
<style type="text/css">
#menu{
  width: 100px;
  border: 1px solid #999;
}
#menu ul{
  margin: 0px;
  padding: 0px;
  list-style: none;                              /*隐藏默认列表符号*/
}
#menu ul li{
  background: #06C;
  height: 26px;
  line-height: 26px;                             /*行距*/
  text-align: center;
  border-bottom: 1px solid #999;
  position: relative;
}
a{
  display: block;
  font-size: 13px;
  color: #FFF;
  text-decoration: none;                         /*隐藏超链接默认下划线*/
}
a:hover{
  color: #F00;
```

```
    font-size: 14px;
  }
  #menu ul li ul{
    display: none;                    /*默认隐藏*/
    top: 0px;
    width: 130px;
    border: 1px solid #ccc;
    border-bottom: none;
    position: absolute;
    left: 100px;
  }
  #menu ul li: hover ul li a{
    display: block;
  }
  </style>
  </head>
  <body>
  <div id="menu">
     <ul>
          <li><a href="#">HTML</a></li>
          <li><a href="#">CSS</a>
            <ul>
                 <li><a href="#">Selector</a></li>
                 <li><a href="#">Use CSS File in HTML</a></li>
                 <li><a href="#">Formatting Document</a></li>
                 <li><a href="#">Layout</a></li>
            </ul>
          </li>
          <li><a href="#">JavaScript</a></li>
          <li><a href="#">XML</a></li>
          <li><a href="#">PHP</a></li>
          <li><a href="#">Ajax</a></li>
     </ul>
  </div>
  </body>
  </html>
```

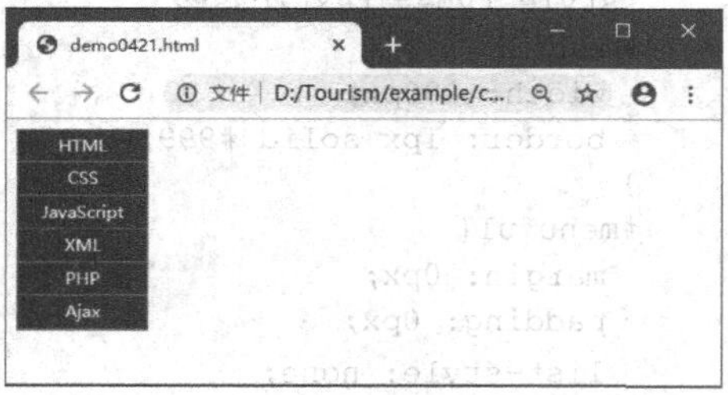

图 4-25　纵向二级导航栏

浏览效果如图 4-25 所示。

4. 横向二级导航菜单

横向导航菜单和纵向导航菜单相似，在示例 4-21 纵向二级导航菜单的基础上略做修改，即可实现一个横向二级导航菜单。要点如下。

（1）由于菜单变为横向，因此整体菜单宽度增加，高度应该为一个菜单项的高度。修改样式#menu 的对应属性 width:707px、height:26px，添加 margin:0px auto 属性，使菜单整体居中。

（2）菜单项宽度设为 120px，每个菜单项应跟在其前一个菜单项右侧，可利用 float 属性实现。为样式#menu ul li 添加 width:120px 和 float:left 属性设置，修改 border-bottom 为 border-right 属性，使菜单项间隔线位置由原来的底部改为右侧。

（3）二级导航菜单相对位置由左侧偏移改为顶部偏移一个菜单项的位置，即修改样式#menu ul li ul 的 top:26px 和 left:0px 属性。

设计横向二级菜单的代码略。需要说明的是，随着 Bootstrap 框架的流行，越来越多的用户使用 Bootstrap 的下拉组件来设计菜单，设计和实现更为方便和快速，具体见本书第 8 章相关内容。

本章小结

本章介绍了如何使用 DIV+CSS 对网页进行布局，主要内容如下。

（1）盒模型。盒模型是 CSS 控制页面的最基本、最重要的概念之一，读者必须充分理解其概念和属性设置。

（2）常用布局属性。主要包括定位属性和浮动属性。通过不同属性值的设置可以实现对页面各元素绝对和相对位置及层叠次序的布局，使页面布局灵活美观。

（3）CSS 的页面布局。介绍了单列、两列和三列等多种常见的页面布局方式。还介绍了使用 CSS3 布局的属性，包括 box-flex、box-ordinal-group、box-orient、box-sizing 等，这些属性可以很好地解决宽度可变布局及布局顺序问题。

（4）导航菜单。介绍了纵、横两种二级导航菜单的制作方法。

本章内容涵盖了 DIV+CSS 网页布局的大部分基础知识，并介绍了一些美化页面的方法。读者在充分理解本章内容的基础上，可在实际网页制作中充分运用这些知识，并加以综合、变通，从而设计出更多具有特色的网页。

思考与练习

1. 简答题

（1）什么是 CSS 盒模型，如何计算其宽度？设置 box-sizing 后，宽度如何计算。

（2）说明下列 border-style 属性值的含义：solid、outset、ridge、dotted。

（3）简述绝对定位的设置效果。

2. 操作题

（1）设置盒模型，实现图 4-26 所示效果。

（2）设计实现购物网站商品橱窗展示，效果参考图 4-27。

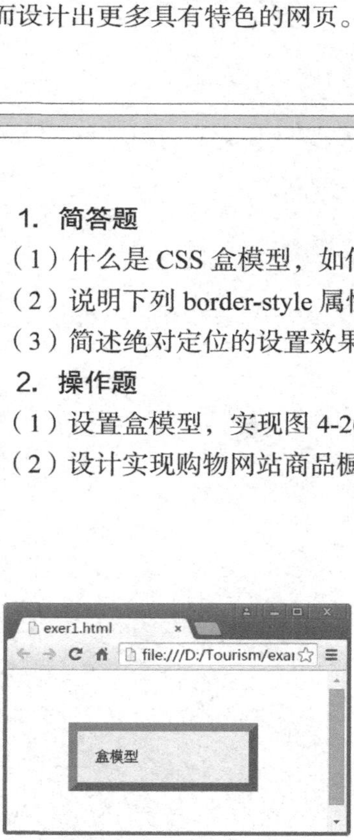

图 4-26　盒模型浏览效果

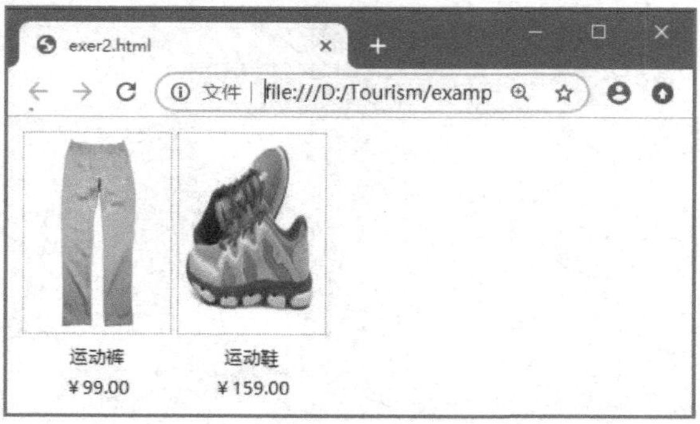

图 4-27　购物网站商品橱窗展示浏览效果

（3）请参考本章案例完成图 4-28 所示页面的设计。

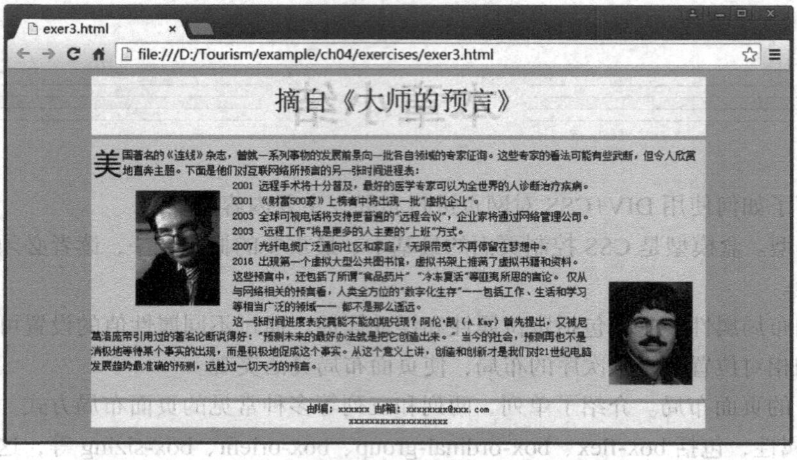

图 4-28　页面效果

（4）请充分运用本章知识点，自由设计一个网页。

第三部分

JavaScript 技术及其应用

第 5 章

让网页动起来——使用 JavaScript 技术

按照 Web 标准，网页主要包括结构、表现和行为 3 部分。前面几章的内容包括使用 HTML 语言来描述网页的内容，利用超链接技术组织网站结构，再通过 CSS 来控制网页表现形式，实现文本的表现与内容分离。网页设计还包括一项重要内容——JavaScript，它可以实现网页实时、动态的表达功能，还可以通过交互来控制网页的行为。

本章主要内容包括：

- JavaScript 语言的概念和特点；
- JavaScript 的数据类型、常量、变量、运算符和表达式；
- JavaScript 的流程控制和函数。

5.1 JavaScript 概述

JavaScript 是一种脚本语言，是一种介于 HTML 与高级编程语言（Java、VB 和 C++等）之间的特殊语言。脚本是一种能完成某些功能的小程序段，由一组可以在 Web 服务器或客户端浏览器运行的命令组成。脚本语言可以嵌入 HTML 页面，并被浏览器解释执行。使用脚本可以把网页对象和浏览器对象集成并组装起来，使网页具有动态效果和交互功能。

除 JavaScript 外，PHP、Perl、VBScript 等也是常用的脚本语言。

5.1.1 JavaScript 的特点

JavaScript 最早由 Netscape 公司开发，是一种跨平台、基于对象和事件驱动的脚本语言。由于它的开发环境简单，不需要编译器，可以直接运行在 Web 浏览器上，从而倍受 Web 设计者喜爱。JavaScript 主要有以下几个特点。

（1）脚本编写语言

JavaScript 作为脚本语言，采用小程序段的方式编程，其基本结构形式与 C、C++、VB 等计算机语言十分类似。但与这些语言不同的是，JavaScript 是解释型语言，不需要先编译，而是在程序运行过程中被逐行地解释。它可以与 HTML 标记结合在一起，从而方便用户的使用。

（2）基于对象的语言

JavaScript 是一种基于对象（Object-Based）的语言，同时也可以看作一种面向对象的语言。

JavaScript 可以把 HTML 页面中的每个元素都看作对象，并且这些对象之间存在着层次关系。通过操作 HTML 对象的方法和属性，可以捕捉到用户在浏览器中的操作，从而实现页面的动态效果。

（3）简单性

JavaScript 在语法上可以认为是基于 Java 的语句和控制流，如果读者已经学习了 Java 语言，使用 JavaScript 将变得非常容易；反之，学习 JavaScript 也是对学习 Java 一种非常好的铺垫。另外，JavaScript 的变量类型是弱类型，并不需要定义严格的数据类型。

（4）安全性

JavaScript 是一种安全性语言，它不允许访问本地的硬盘，并不能将数据保存到服务器上，不允许对网络文档进行修改和删除，只能通过浏览器实现信息浏览或动态交互，从而有效地防止数据丢失。

（5）动态性

JavaScript 是动态的，它可以直接对用户或客户输入做出响应，无须经过 Web 服务程序。JavaScript 对用户的响应是以事件驱动的方式进行的。“事件”（Event）是指在浏览器中执行的某种操作，例如，按下鼠标键、移动窗口、选择菜单等都可以视为事件。当事件发生后，可能会引起相应的事件响应，这就是事件驱动。

（6）跨平台性

JavaScript 依赖于浏览器本身，与操作环境无关，只要计算机能运行浏览器并支持 JavaScript 就可正确执行。从而实现“write once,run everywhere”（一次编写、各处运行）。

所以，JavaScript 是一种基于对象和事件驱动并具有安全性的脚本语言。JavaScript 嵌入在 HTML 页面中，使用 JavaScript 可以开发客户端的应用程序，实现与客户的交互。

5.1.2　第一个 JavaScript 程序

1. 脚本编写工具

可以使用 Windows 记事本来书写 JavaScript 程序，但纯文本编辑器的主要用途是编辑文本，缺少对 JavaScript 语言的特性支持，只适用于编写少量的脚本。相对而言，Notepad++、UltraEdit、Dreamweaver CS6 等专业脚本编辑工具更为常用。这些工具具有代码自动生成、智能感知、调试等功能，所以开发人员经常使用这些工具进行 Web 程序的开发，以提高效率。本书选择的脚本编辑工具是 Dreamweaver CS6。

2. JavaScript 程序的编写和运行

下面我们编写第一个包含 JavaScript 代码的网页文件 demo0501.html，通过它来说明 JavaScript 程序的编写和运行过程。

① 启动 Dreamweaver CS6，新建 HTML 文件。

② 在 Dreamweaver CS6 的代码窗口中，输入示例 5-1 中的程序代码，如图 5-1 所示。本例的代码在<body>与</body>标记内。

示例 5-1

```
<script language="javascript">
<!--
  alert("hello JavaScript!!! ");
//-->
</script>
```

③ 将文件保存为.html 或.htm 格式文件即可。

在 Chrome 浏览器中运行 demo0501.html 文件，结果如图 5-2 所示。

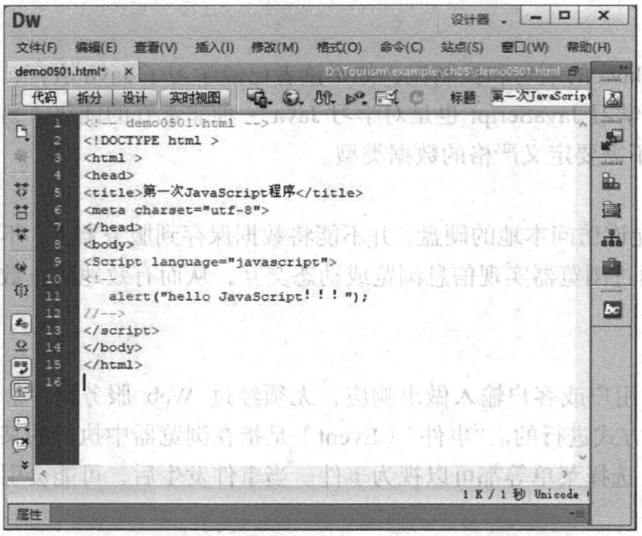

图 5-1　在 Dreamweaver CS6 中输入程序代码

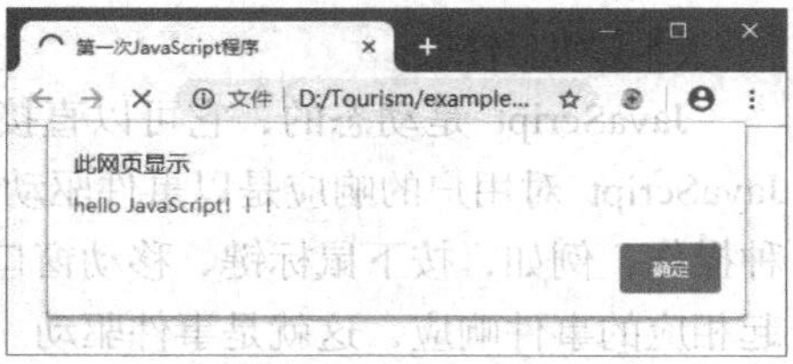

图 5-2　demo0501.html 文件的运行结果

说明

① JavaScript 程序由<script language="javascript">……</script>声明。

② alert()是 JavaScript 的窗口对象方法，其功能是弹出一个具有“确定”按钮的对话框并显示括号中的字符串。

③ 脚本代码放在 HTML 的注释标记<!--和//-->之间，这样做可以使支持 JavaScript 的浏览器正确解释执行脚本程序，也可以使不支持 JavaScript 的浏览器把这段程序当作注释而忽略掉。

3. 调试 JavaScript 程序

程序错误分为语法错误和逻辑错误两种。

（1）语法错误

语法错误是指在程序编写过程中使用了不符合语言规则的语句而产生的错误。例如，错误地使用了 JavaScript 的关键字，错误地定义了变量名称等，这时浏览器运行 JavaScript 程序就会报错。

例如，将示例 demo0501.html 的语句 alert("hello JavaScript!!! ")中的 alert 函数名少写一个字母“t”，保存后在 Chrome 浏览器中运行，浏览器无任何显示。如果在浏览器窗口的页面中单击鼠标右键，在弹出的快捷菜单中选择【检查】命令（或按快捷键< F12>），将出现调试窗口，如图 5-3 所示。其中给出了代码的提示信息。

此时，可参考提示窗口中显示的程序出错信息，在错误所在行附近查错并调试。

另外，Dreamweaver CS6 具有代码出错智能提示功能，当程序出现语法错误时，无须在浏览器运行，即可实时提供语法错误提示功能。例如，将示例 demo0501.html 的语句 alert("hello JavaScript!!! ")中的引号去掉，Dreamweaver CS6 就会显示实时代码错误提示，如图 5-4 所示。

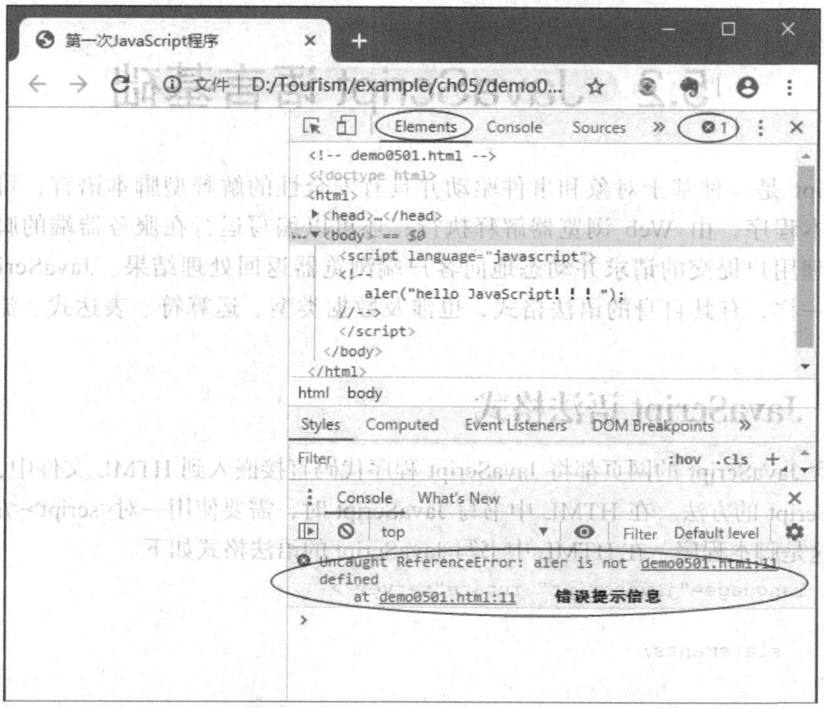

图 5-3　Chrome 浏览器错误提示窗口

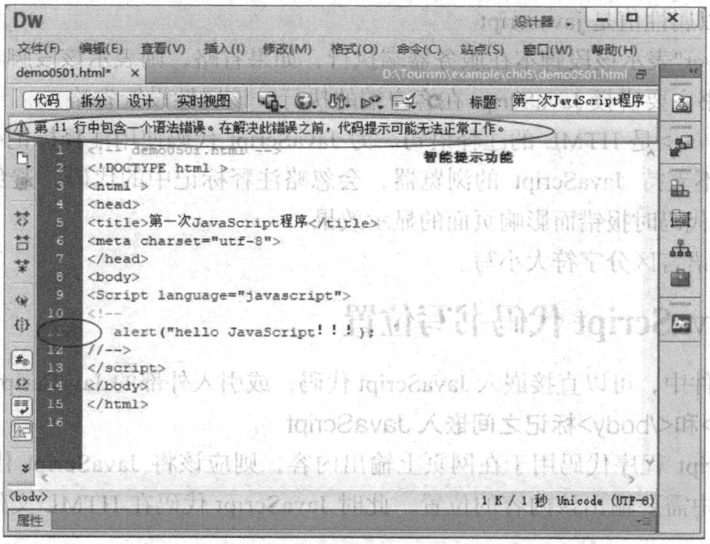

图 5-4　Dreamweaver CS6 的错误智能提示功能

（2）逻辑错误

逻辑错误是程序设计方面的错误。有时程序中不存在语法错误，也没有执行非法操作的语句，可是程序运行的结果不正确，这种错误就是逻辑错误。逻辑错误对于编译器来说并不算错误，但是由于代码中存在逻辑问题，得不到期望的结果，从程序的功能上看是错误的。

逻辑错误很难调试和发现，用户能看到的就是程序的功能没有实现，必须由用户自己来查错。因此，在编写程序的过程中，一定要注意语句或者函数的书写完整、逻辑清晰。

5.2 JavaScript 语言基础

JavaScript 是一种基于对象和事件驱动并具有安全性的解释型脚本语言，可以用于编写客户端的脚本程序，由 Web 浏览器解释执行；还可以编写运行在服务器端的脚本程序，由服务器端处理用户提交的请求并动态地向客户端浏览器返回处理结果。JavaScript 脚本语言与其他语言一样，有其自身的语法格式，也涉及数据类型、运算符、表达式、流程语句和函数等内容。

5.2.1 JavaScript 语法格式

很多包含 JavaScript 的网页都将 JavaScript 程序代码直接嵌入到 HTML 文件中，这是最常见的使用 JavaScript 的方法。在 HTML 中书写 JavaScript 时，需要使用一对<script></script>标记来告诉浏览器这是脚本程序。在 HTML 中书写 JavaScript 的语法格式如下。

```
<script language="javascript" runat="server">
  <!--
        statements;
  //-->
</script>
```

- language 是<script>标记的基本属性，取值一般为 javascript 或 vbscript。本书使用 JavaScript 编程，所以属性值是 javascript。
- runat="server"表示该段脚本在服务器端执行，如果省略，则表示该段脚本将发送到客户端运行。本书主要讲授 JavaScript 在客户端的执行，该属性设置省略。
- <!-- ……//-->是 HTML 的注释语句。为 JavaScript 代码使用注释标记<!--……//-->后，对于少数不支持 JavaScript 的浏览器，会忽略注释标记中的代码，避免因浏览器在运行 JavaScript 代码时报错而影响页面的显示效果。
- JavaScript 语言区分字符大小写。

5.2.2 JavaScript 代码书写位置

在 HTML 文件中，可以直接嵌入 JavaScript 代码，或引入外部的 JavaScript 脚本。

1. 在<body>和</body>标记之间嵌入 JavaScript

如果 JavaScript 程序代码用于在网页上输出内容，则应该将 JavaScript 代码段置于 HTML 文件<body>标记中需要输出该内容的位置，此时 JavaScript 代码在 HTML 文件载入到浏览器时便被执行。

2. 在<head>和</head>标记之间嵌入 JavaScript

如果所编写的 JavaScript 代码需要在 HTML 文件中多次使用，那么就应该将这部分代码写成 JavaScript 函数，并将其置于<head>标记内。此时，JavaScript 函数并不是在 HTML 文件载入浏览器时立刻执行，而是在某个事件调用的时候才去执行。

示例 5-2 是一个单击按钮时调用 JavaScript 函数的例子。当用户单击“调用函数”按钮时，才去调用 check()函数。JavaScript 函数将在本章第 5.4.2 小节详细讲解。

示例 5-2

```
<!—demo0502.html-->
<!DOCTYPE html>
<html>
<head>
<meta charset="utf-8">
<title>置于 head 标记中的 javascript 代码</title>
<script language="javascript">
    function check(){
        alert("我是 JavaScript 函数，需要被调用执行");
    }
</script>
</head>
<body>
<input type="submit" value="调用函数" onClick="check()">
</body>
</html>
```

3. 引用外部 JavaScript 文件

如果编写的 JavaScript 程序代码需要在多个 HTML 文件中使用，或者所编写的 JavaScript 程序很长，这时就应该将这段代码放到单独的.js 文件中，然后在 HTML 文件中通过<script>标记引用该.js 文件。看下面的例子。

demo0503A.js 文件的内容如下，调用和显示结果如图 5-5 所示。

```
alert("这是外部的 JavaScript 代码");
```

demo0503.html 文件的内容如示例 5-3 所示。

示例 5-3

```
<!--demo0503.html-->
<!DOCTYPE html>
<html>
<head>
<meta charset="utf-8">
</head>
<body>
<script src="demo0503A.js"></script>
</body>
</html>
```

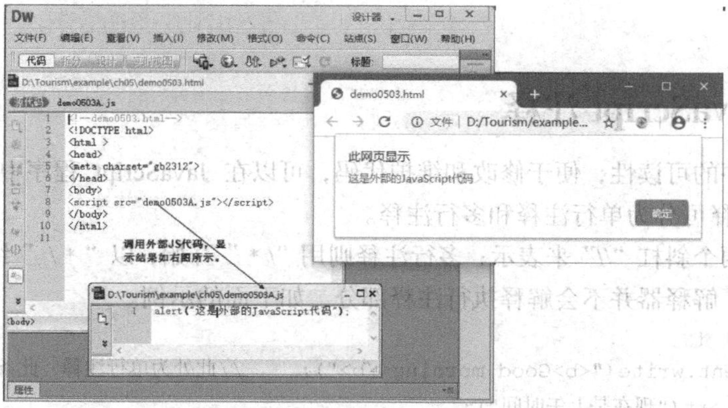

图 5-5　引用外部 JavaScript 文件及运行结果

需要注意，外部的 JavaScript 程序文件中只能出现 JavaScript 代码，不能出现<script>标记。另外，引用外部文件时，如果 HTML 文件与 JavaScript 文件不在同一路径下，需要加上路径说明，通常使用相对路径，并且文件名要有扩展名。

5.2.3 JavaScript 语句

与许多编程语言一样，语句是组成 JavaScript 程序的基本单元。JavaScript 语句由若干运算符、表达式和关键字等组成。

1. 语句结束标志

和 Java、C 语言类似，JavaScript 使用分号“;”表示一条语句的结束。与 Java、C 语言不同的是，JavaScript 中用分号结束一条语句并不是强制性的要求，如下面的例子。

```
var a=1;                    //以分号结尾的 JavaScript 语句
var b=2                     //不以分号结尾的 JavaScript 语句
```

这两种写法都是正确的，但是如果多条语句写到同一行的时候，则要求单条语句必须以分号结束。例如：

```
var x=1;y=20;z=300;         //多条语句写到一行必须以分号结束
```

JavaScript 解释器在语法检查方面相对宽松，但还是建议开发人员书写 JavaScript 代码时尽量保持比较严谨的风格，最好用分号来结束一条语句。这样可以保证代码便于阅读，不会导致歧义，而且某些浏览器的 JavaScript 解释器要求语句必须以分号作为结束符，否则不能执行。

2. 语句块

一组大括号“{}”内的 JavaScript 语句称为语句块，一个语句块内的多条语句可以被当作一条语句处理。语句块通常用在条件语句、循环语句或函数中。下面是语句块的一个示例。

```
<script language="javascript">
time=10;
// if 语句中的语句块
if (time<12) {
        document.write("<b>Good morning</b>");
        alert("现在是上午时间");
}
else {
        document.write("<b>Good afternoon</b>");
        alert("现在是下午时间");
}
</script>
```

5.2.4 JavaScript 注释

为了增加程序的可读性，便于修改和维护代码，可以在 JavaScript 程序中为代码添加注释。JavaScript 中的注释可分为单行注释和多行注释。

单行注释用两个斜杠“//”来表示；多行注释则用“/＊”开始，以“＊/”结束。在 JavaScript 程序执行过程中，解释器并不会解释执行注释部分，如下面的示例。

```
if (time<12) {
      document.write("<b>Good morning</b>");     //此处为单行注释，此条语句用于页面输出
           alert("现在是上午时间");
}
 else{
```

```
        document.write("<b>Good afternoon</b>");
            alert("现在是下午时间");
}
/*    此处为多行注释，当注释的内容多于一条时，采用此种方式；
      推荐使用多行的单行注释来替代多行注释，这样有助于将代码和注释区分开来。
  */
```

5.2.5 数据类型

JavaScript 中的数据类型可以分为 3 类，分别是 3 种基本数据类型、2 种复合数据类型和 2 种特殊数据类型。基本数据类型包括数值型（Number）、字符型（String）、布尔型（Boolean）。复合数据类型包括数组类型和对象类型。特殊数据类型包括空数据类型 null、未定义类型 undefined。

1. 基本数据类型

JavaScript 基本类型的数据可以是常量，也可以是变量。由于 JavaScript 采用弱类型的形式，因而一个数据的变量或常量不必先作声明，而是在使用或赋值时确定其数据类型。当然也可以先声明该数据的类型，然后再赋值。下面详细介绍 JavaScript 中的 3 种基本数据类型。

（1）数值型

数值型既可以是整型，也可以是浮点型，这是 JavaScript 与 Java、C++的不同之处。在 Java、C++语言中，整型和浮点型是不同的类型，但在 JavaScript 中，数值型包含了整型和浮点型，如下面的示例。

```
num1=12.3;
num2=0123;                          //表示八进制数 123
num3=0xEF;                          //表示十六进制数 EF
num4=3.5e11;                        //表示 3.5×10^11
```

和其他高级语言类似，数值型可以是十进制、八进制、十六进制数，也可以使用科学计数法。八进制数的表示方法是在数字前加“0”，如“0123”表示八进制数“123”。十六进制则是加“0x”，如“0xEF”表示十六进制数“EF”。使用科学计数法表示数值型数据如 3.5e11 或 3.5E11，表示的是 3.5×10^{11}。

（2）字符型

字符型数据是用英文双引号（" "）或单引号（' '）括起来的零个或多个字符，如"I like JavaScript"、"1112"、"hello812" 等。需要注意的是，单引号定界的字符串中可以含有双引号，双引号定界的字符串中也可以包含单引号，但是单引号和双引号定界的字符串中却不能再包含同样定界符的字符串，如下面的示例。

```
str1= "I like JavaScript!"          //双引号定界符
str2= 'I like JavaScript!'          //单引号定界符
str3="I like 'JavaScript'!"         //双引号中包含单引号
str4='I like "JavaScript" ! '       //单引号中包含双引号
str5="I love "JavaScript" ! "       //错误的表示方法
```

（3）布尔型

布尔型常用于逻辑运算，通常用来说明一种状态或表示比较的结果。布尔型只有真值 true 或假值 false 两个值。在 JavaScript 中，也可以用非 0 数值表示 true，数值 0 表示 false。

2. 复合数据类型

（1）数组

在 JavaScript 中，数组主要用来保存一组相同或不同数据类型的数据。

（2）对象

对象是对一个事物的描述。JavaScript 中的对象保存的是一组不同类型的数据和函数，对象中的数据被称为属性，函数被称为方法。不同类别的对象具有不同的对象类型。

3．特殊数据类型

（1）空值

JavaScript 中的关键字 null 是一个特殊的值，用于定义空的或不存在的引用。如果试图引用一个没有定义的变量，则返回 null。这里必须要注意的是，null 不等同于空的字符串""或 0。

由于 JavaScript 区分大小写，所以空值 null 不同于 Null 或 NULL。

（2）未定义类型

未定义类型即 undefined 类型。当一个变量被创建后，未给该变量赋值，则该变量的值就是 undefined。另外，引用一个不存在的数组元素时，会返回 undefined；引用一个不存在的对象属性时，也返回 undefined。

5.2.6 变量

变量是指在程序运行过程中可以改变的量，是程序中被命名的存储单元。在程序中使用变量来临时保存数据。变量用标识符来命名，其定义包括变量名、变量数据类型和作用域等几个部分。

1．变量名

变量名是一个合法的标识符，JavaScript 的变量名区分大小写。变量名应具有一定的含义，以增加程序的可读性。JavaScript 变量的命名规则如下。

- 必须以字母或下划线开头，中间可以是数字、字母或下划线。
- 除下划线作为连字符外，变量名称不能有空格、加号、减号、逗号等符号。
- JavaScript 的变量名是严格区分大小写的，例如，UserName 与 username 代表两个不同的变量。
- 变量名长度原则上没有限制。
- 不能使用 JavaScript 中的关键字作变量名。JavaScript 中定义了 40 多个关键字，这些关键字是 JavaScript 内部使用的，不能作为变量的名称，如 var、int、double、true 不能作为变量的名称。

2．变量的声明与赋值

在 JavaScript 中，所有类型的变量都由关键字 var 声明，语法格式如下。

```
var  variableName;
```

看下面的示例。

```
var name;                //声明变量但没有赋值
var name="mike";         //声明变量同时赋值
var a,b,c;               //用一个 var 关键字同时声明 a、b 和 c 等 3 个变量
var i=1;j=2;k=3;         //同时声明 i、j 和 k 这 3 个变量，并分别进行初始化
```

另外，由于 JavaScript 采用弱类型的形式，所以变量可以无须声明而直接赋值，然后在使用时根据数据的类型来确定变量的类型。

例如：

```
v=100;                              //变量 v 是数值型
str="hello!";                       //变量 str 是字符型
flag=true;                          //变量 flag 是布尔型
```

另外，也可以使用 var 关键字多次声明同一个变量，如果重复声明的变量已经有一个初始值，那么此时的声明就相当于为变量重新赋值。

例如：

```
var i=1;                        //声明变量 i 并赋值
var i=100;                      //重新给 i 赋值
```

下面通过示例 5-4 来说明变量的声明与赋值的过程。程序运行结果如图 5-6 所示。

示例 5-4

```
<!--demo0504.html-->
<!DOCTYPE html>
<html>
<body>
<script language="javascript">
<!--
  var length;                   //声明变量 length
  length=4.5;                   //给变量 length 赋值
  width=3;                      //直接给变量赋值数值型数据
  area=length*width;
  var str="长方形的面积是：";      //声明变量的同时赋值
  document.write(str,area);
  //-->
</script>
</body>
</html>
```

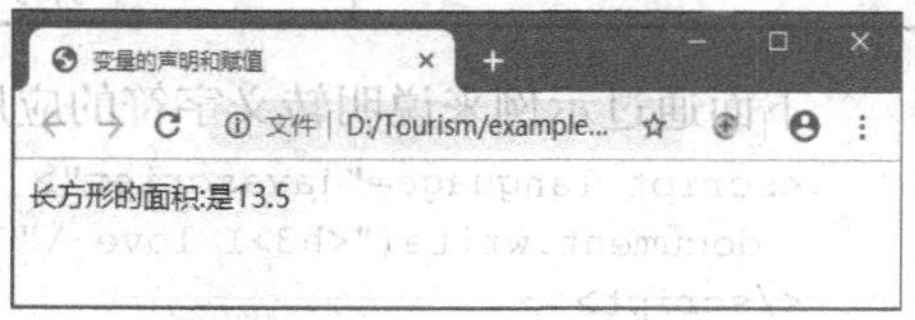

图 5-6　示例 5-4 运行结果

在 JavaScript 中，虽然变量可以不提前声明，而是在使用时根据变量的实际值来确定其数据类型，但是建议在使用变量前对其声明。声明变量的最大好处就是方便及时发现代码中的错误。JavaScript 是动态编译的，而动态编译不易于发现代码中的错误，特别是变量命名方面的错误。

3. 变量的作用域

变量的作用域是指变量在程序中的有效范围，也就是程序中可以使用这个变量的区域。在 JavaScript 中，根据作用域，变量可以分为两种——全局变量和局部变量。全局变量定义在所有函数之外，作用于整个脚本代码；局部变量定义在函数体内，只作用于函数体本身，函数的参数也是局部变量，只在函数内部起作用。

4. 变量的生存期

变量的生存期是指变量在计算机中存在的有效时间。从编程的角度来讲，变量的生存期可以简单地理解为变量的作用域，因此 JavaScript 中变量的生存期有两种——全局变量生存期和局部变量生存期。

全局变量在主程序中定义，其有效范围从主程序定义开始，一直到主程序结束为止。局部变量在主程序的函数中定义，其有效范围是定义它的函数，在函数结束后，局部变量生存期也就结束了。

5.2.7　常量

在程序运行过程中值保持不变的量称为常量。常量主要用于为程序提供固定的和精确的值。常量的数据类型除了数值型、字符型、布尔型和空值外，还包括一些反斜杠（\）开头的不可显示的特殊字符，通常称为转义符（控制符）。常用的转义字符如表 5-1 所示。

表 5-1　　JavaScript 常用转义字符

转 义 字 符	说　明	转 义 字 符	说　明
\b	退格	\"	双引号
\n	回车换行	\v	跳格
\t	Tab 符号	\r	换行
\f	换页	\\	反斜杠
\'	单引号		

下面通过示例来说明转义字符的应用。

```
<script language="javascript">
  document.write("<h3>I love \"JavaScript\" very much!!! \n and you?</h3>");
</script>
```

代码在浏览器中的执行结果如图 5-7 所示。

从结果中可以发现转义字符“\n”并没有实现换行的效果，这是因为浏览器在解析程序时只有看到 html 标记
才能实现换行，所以上例中可以运用<pre>标记来实现换行的效果。将代码做如下修改。

```
<script language="javascript">
  document.write("<pre>");
  document.write("I love \"JavaScript\" very much!!! \n and you? ");
  document.write("</pre>");
</script>
```

修改后的代码在浏览器中的显示结果如图 5-8 所示。

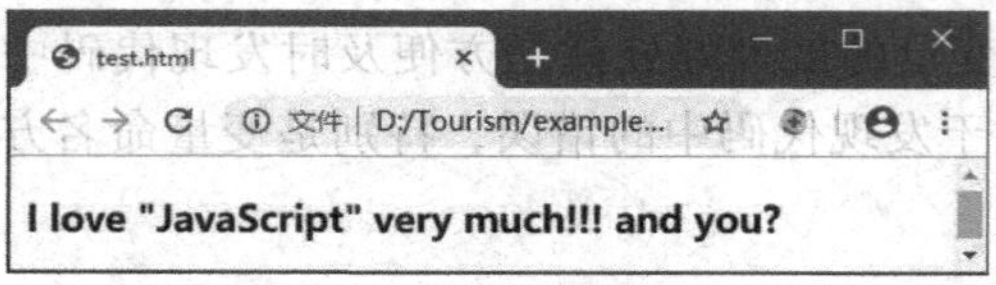

图 5-7　转义字符的应用

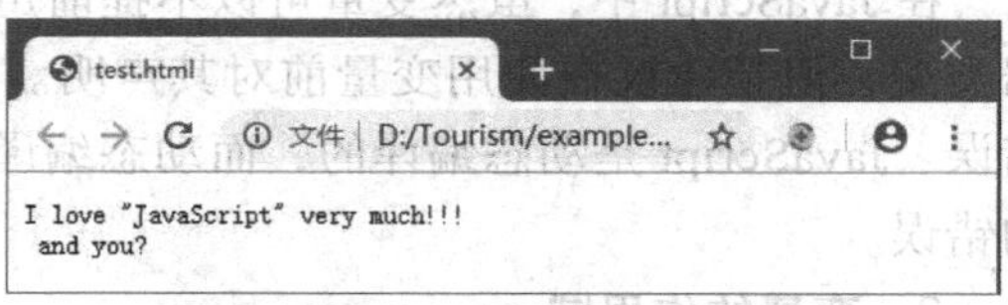

图 5-8　用<pre>标记实现换行的效果

常量在程序中定义后便会在计算机内存固定的位置存储下来，在程序没有结束之前，它是不会发生变化的。如果在程序中过多地使用常量，会降低程序的可读性和可维护性。如果一个常量在程序中被多次引用，可以考虑在程序开始处将它设置为变量然后再引用。这样既可以减少出错的机会，又可以提高程序运行效率。

5.3　表达式与运算符

5.3.1　表达式

在定义完变量后，就可以对其进行赋值、改变、计算等一系列操作，这一过程通常用表达式来完成。表达式是由操作数和运算符按一定的语法形式组成的符号序列。在表达式中，表示各种不同运算的符号称为运算符，参与运算的变量或常量称为操作数。根据运算符或表达式的运算结果，通常将表达式分为算术表述式、字符串表达式、赋值表达式以及布尔表达式等。

5.3.2　运算符

运算符用于对一个或多个对象进行运算，以实现自然算法的计算机表示。JavaScript 中常用的运算符有字符串运算符、算术运算符、逻辑运算符、位运算符、关系运算符、赋值运算符等。

1. 字符串运算符

在 JavaScript 中，可以使用字符串运算符“+”将两个字符串连接起来，形成一个新的字符串。看下面的示例代码。

```
<script language="javascript">
    var str1="I like studying";
    var str2="JavaScript programming!!";
    var str=str1+str2;
    document.write(str);
</script >
```

在以上语句执行后，变量 str 的值是“I like studyingJavaScript programming!!”。如果想在两个字符串之间增加空格，则将上述程序中的 str=str1+str2 语句改为 str=str1+" "+str2，或者对变量 str1 赋值时在末尾增加空格字符（或对变量 str2 赋值时在开始位置增加空格字符）。

需要注意的是，如果将两个数字相加，那么“+”被当作算术运算符处理；如果将数字与字符串相加，结果将成为字符串。示例 5-5 显示的是“+”运算符的应用。

示例 5-5

```
<!--demo0505.html-->
<!DOCTYPE html>
<html>
<head>
<meta charset="utf-8">
<title>字符串运算符实例</title>
</head>
<body>
<script language="javascript">
  x=1+19;
  document.write(x);            //结果为:20,  "+"被当作算术运算符处理
  document.write("<br/>");
  x="1"+"19";
  document.write(x);            //结果为:119,  "+"被当作字符串运算符处理
  document.write("<br/>");
  x=1+"19";
  document.write(x);            //结果为:119,  "+"被当作字符串运算符处理
  document.write("<br/>");
  x="1"+19;
  document.write(x);            //结果为:119,  "+"被当作字符串运算符处理
</script>
</body>
</html>
```

2. 算术运算符

算术运算符用来连接算术表达式，包括加（+）、减（-）、乘（*）、除（/）、自增（++）、自减（--）、取模（%）等运算符，运算结果是数值。常用的算术运算符如表 5-2 所示。

表 5-2　　常用的算术运算符

算术运算符	举　例	功　能
+	x+y	加法运算，返回 x+y 的值
−	x−y	减法运算，返回 x−y 的值
*	x*y	乘法运算，返回 x*y 的值
/	x/y	除法运算，返回 x/y 的值
++	x++ ++x	自增运算，x 值加 1，但仍返回原来的 x 值 x 值加 1，返回后来的 x 值
−−	x−− −−x	自减运算，x 值减 1，但仍返回原来的 x 值 x 值减 1，返回后来的 x 值
%	x%y	取模运算，返回 x 与 y 的模（x 除以 y 的余数）

示例 5-6 应用算术运算符来计算各个表达式的值。程序执行结果如图 5-9 所示。

示例 5–6

```
<!--demo0506.html-->
<html>
<body>
<script language="javascript">
    var x = 20;
    var y = 8;
    var z = -5;
    document.write("x="+x+";");
    document.write("y="+y+";");
    document.write("z="+z+"<br>");
    document.write( "x + y = "+(x + y)+"<br/>");
    document.write( "x - y = "+(x - y)+"<br/>");
    document.write( "x * y = "+(x * y)+"<br/>");
    document.write( "x / y = "+(x / y)+"<br/>");
    document.write( "x % z = "+(x%z)) ;
</script>
</body>
</html>
```

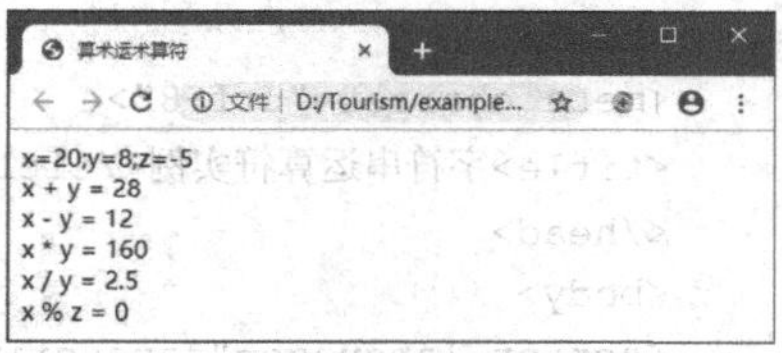

图 5-9　算术运算符的应用

3. 逻辑运算符

为了使用计算机语言描述逻辑关系，引入了逻辑运算符的概念。逻辑运算符主要作用是实现人类语言中“并且”“或者”等连词在计算机中的表示。使用逻辑运算符可以连接关系表达式以构成复杂的逻辑表达式。JavaScript 中共有 4 种逻辑运算符，分别为逻辑与（&&）、逻辑或（||）、逻辑非（!）和逻辑异或（^），如表 5-3 所示。

表 5-3　　逻辑运算符

逻辑运算符	举　例	功　能
&&	x&&y	逻辑与，当 x 和 y 同时为 true 时返回 true，否则返回 false
||	x||y	逻辑或，当 x 和 y 任意一个为 true 时返回 true，当两者同时为 false 时返回 false
!	!x	逻辑非，返回与 x（布尔值）相反的布尔值
^	x^y	逻辑异或，当 x 和 y 相同时，返回 false，否则返回 true

示例 5-7 用来验证表单中用户名信息是否包含除数字、字母和下划线外的其他非法字符。程序执行结果如图 5-10 所示。

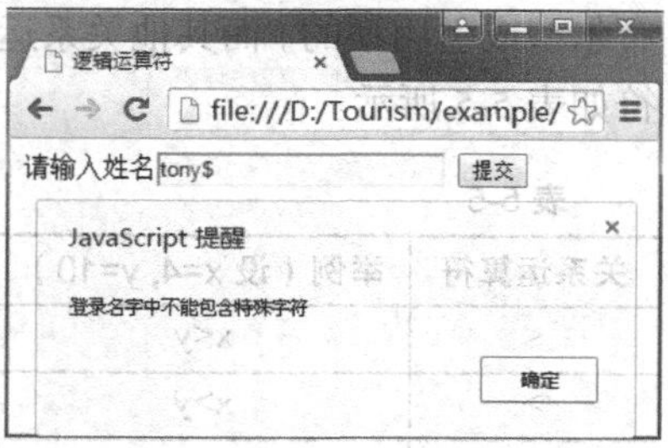

图 5-10 逻辑运算符的应用

示例 5-7

```
<!--demo0507.html-->
<!DOCTYPE html>
<html>
<head>
<meta charset="utf-8">
<title>逻辑运算符</title>
<script language="javascript">
  function checkName(){
        //从表单文本框中取出输入的用户名字符串赋给变量 strLoginName
        var strLoginName=document.fr.loginName.value;
        for(var i=0;i<strLoginName.length;i++){
            str1=strLoginName.substring(i,i+1);      //从字符串中依次取出单个字符进行验证
            //判断字符是否是除数字、字母和下划线的非法字符
             if(!((str1>="0"&&str1<="9")||(str1>="a"&&str1<="z")||(str1=="_"))) {
                        alert("登录名字中不能包含特殊字符");
                        document.fr.loginName.focus();
                    }
            }
        }
</script>
</head>
<body>
<form name="fr" method="post" action="">
请输入姓名<input type="text" name="loginName"/>
<input type="submit" value="提交" onclick="checkName()"/>
</form>
</body>
</html>
```

4. 位运算符

位运算符分为两种，一种是普通位运算符，另一种是移位运算符。在进行运算前，都是先将操作数转换为 32 位的二进制数，然后再进行运算，最后的输出结果以十进制数表示。JavaScript 中常用的位运算符如表 5-4 所示。

表 5-4 JavaScript 中常用的位运算符

位运算符	举　例	功　能
&	x&y	与运算符，当两个数位同时为 1 时，返回数据的当前数位为 1，其他情况都为 0
|	x|y	或运算符，两个数位中只要有一个为 1，则返回 1；当两个数位都为零时才返回零
^	x^y	异或运算符，两个数位中有且只有一个为 0 时返回 0，否则返回 1
~	~x	非运算符，反转操作数的每一位
>>	x>> y	右移 y 位
<<	x<< y	左移 y 位

5. 关系运算符

关系运算是指两个数据之间的比较运算。关系运算符有 6 个，即>（大于）、<（小于）、>=（大于等于）、<=（小于等于）、==（等于）和!=（不等于）。

在关系运算符中，==和!=可以用于任何类型数据的比较，数据既可以是数值型的，也可以是布尔型或引用型的。而其他关系运算符只能用于数值型数据的比较。JavaScript 中常用的关系运算符如表 5-5 所示。

表 5-5　JavaScript 中常用的关系运算符

关系运算符	举例（设 x=4, y=10）	功　能
<	x<y	小于，x<y 的值为 true
>	x>y	大于，x>y 的值为 false
<=	x<=y	小于等于，x<=y 的值为 true
>=	x>=y	大于等于，x>=y 的值为 false
==	x==y	等于。当 x 等于 y 时返回 true，否则返回 false
!=	x!=y	不等于。当 x 不等于 y 时返回 true，否则返回 false

下面的代码应用关系运算符计算各表达式的值。

```
<script language="javascript">
    var x=15, y=8;
    document.write("x="+x+"<br>");                         //输出 x=15
    document.write("y="+y+"<br>");                         //输出 y=8
    document.write("15<8 返回值是: "+(x<y)+"<br>");        //输出 false
    document.write("15>=8 返回值是: "+(x>=y)+"<br>");      //输出 true
    document.write("15!=8 返回值是: "+(x!=y));             //输出 true
</script>
```

6. 赋值运算符

最基本的赋值运算符是等号（=），用于对变量进行赋值，而其他运算符可以和赋值运算符联合使用，构成组合赋值运算符。JavaScript 中常用的赋值运算符如表 5-6 所示。

表 5-6　JavaScript 中常用的赋值运算符

赋值运算符	举　例	说　明
=	x=10	将右边表达式的值赋给左边的变量
+=	x+=y	将运算符左边的变量加上右边表达式的值赋给左边的变量，相当于 x=x+y
-=	x-=y	将运算符左边的变量减去右边表达式的值赋给左边的变量，相当于 x=x-y
*=	x*=y	将运算符左边的变量乘以右边表达式的值赋给左边的变量，相当于 x=x*y
/=	x/=y	将运算符左边的变量除以右边表达式的值赋给左边的变量，相当于 x=x/y
%=	x%=y	将运算符左边的变量用右边表达式的值求模，并将结果赋给左边的变量，相当于 x=x%y

7. 其他运算符

JavaScript 还包括其他几个特殊的运算符，如表 5-7 所示。

表 5-7　其他运算符

运 算 符	说　明
?:	条件运算符，等价于一个简单的 if-else 语句，例如 age>=18?"成年人":"未成年人"
[]	下标运算符，用于引用数组元素，例如 mybook[3]

续表

运　算　符	说　　明
()	紧接函数名称，用于调用函数的运算符。例如 mycheck()
,	逗号运算符，用于分隔不同的值，例如 var bookid,bookname
.	成员选择运算符，用于引用对象的属性和方法，例如 window.close()
delete	用于删除一个对象的属性或一个数组元素，例如 delete mybook[2]
new	用于创建一个用户自定义对象类型或内置对象类型的实例，例如 new Object
this	用于引用当前对象的关键字，例如 this.color
typeof	返回当前操作数的数据类型。typeof 的返回值有 6 种——number、string、boolean、object、function 和 undefined
void	指定要计算一个表达式，但没有返回值

8. 运算符优先级

JavaScript 运算符有明确的优先级与结合性。优先级较高的运算符将先于优先级较低的运算符进行运算。结合性则是指具有同等优先级的运算符将按照怎样的顺序进行运算。结合性包括向左结合和向右结合，例如，对于表达式“x+y+z”，向左结合就是先计算“x+y”，即“(x+y)+z”；而向右结合就是先计算“y+z”，即“x+(y+z)”。JavaScript 运算符的优先级和结合性如表 5-8 所示。

表 5-8　　JavaScript 运算符的优先级和结合性

优先级别	运　算　符	说　　明	结合性
1	.、[]、()	字段访问、数组下标访问以及函数调用	左结合
2	++、--、-、!、delete、new、typeof、void、this	一元运算符、其他运算符	左结合
3	*、/、%	乘法、除法、取模	左结合
4	+、-、+	加法、减法、字符串连接	左结合
5	<、<=、>、>=	小于、小于等于、大于、大于等于	左结合
6	==、!=	等于、不等于	左结合
7	&	按位与	左结合
8	^	按位异或	左结合
9	|	按位或	左结合
10	&&	逻辑与	左结合
11	||	逻辑或	左结合
12	?:	条件	右结合
13	=、*=、/=、%=、+=、-=、&=、^=、|=	赋值、运算赋值	右结合
14	,	逗号运算符	右结合

5.4　JavaScript 控制结构与函数

程序都是由若干语句组成的。一般地，JavaScript 语句是以分号（;）结束的单一的一条语句。实际上，语句也可以是大括号（{}）括起来的语句块（复合语句）。复合语句和单一语句的功能类似。在编写程序的过程中，不同的计算机语言都有流程控制的问题。JavaScript 的流程控制与其他高级语言基本相同，包括顺序、分支和循环 3 种结构，也支持函数调用。

5.4.1 JavaScript 控制结构

JavaScript 的流程控制语句除了顺序结构外，还包括分支结构，用 if-else 和 switch-case-break 描述；循环结构，用 while、do-while、for 描述；转移语句，用 break、continue、label 描述；返回语句，用 return 描述。

1. 顺序结构

一个 JavaScript 程序段可以有多条语句，通常，这些语句按照它们的书写顺序从头到尾依次执行。这就是顺序结构是程序执行的最简单流程。

2. 分支结构

分支结构主要包括两类语句，一类是条件分支 if 语句，另一类是多重分支 switch 语句。下面对这两种类型的条件控制语句进行详细讲解。

（1）简单条件分支 if 语句

if 语句是最基本、最常用的分支结构语句。通过判断条件表达式的值为 true 或者 false，来确定是否执行某一分支。if 语句的语法格式如下。

```
if(boolCondition) {
    statement;
}
```

其中，boolCondition 是必选项，用于指定 if 语句执行的条件。当 boolCondition 的值为 true 时执行大括号中的语句块；当 boolCondition 的值为 false 时则跳过大括号中的语句块。

检测表单提交的数据可以用 if 分支来实现，例如，判断表单提交的数据是否为空，或者判断提交的数据是否符合标准等。

示例 5-8 说明了 if 语句的用法。该示例程序的执行结果如图 5-11 所示。

示例 5-8

```
<!--demo0508.html-->
<!DOCTYPE html>
<html>
<head>
<meta charset="utf-8">
<title>if 语句</title>
<script language="javascript">
<!--
    //check 为自定义函数，用于验证用户名和密码是否为空
    function check(){
        if(fr.username.value==""){
            alert("用户名不能为空!!! ");    //弹出提示对话框
            fr.username.focus();            //将焦点聚焦在用户名文本框上
        }
        if(fr.password.value==""){
            alert("密码不能为空!!!");
            fr.password.focus();
        }
    }
//-->
</script>
</head>
```

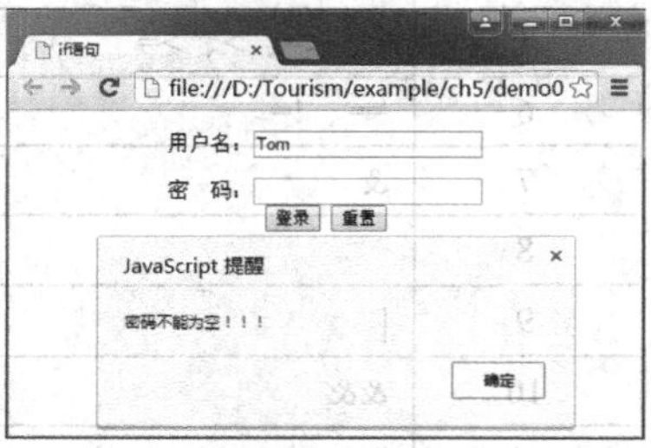

图 5-11　if 语句用于表单验证

```
<body>
<form action="" method="post" name="fr">
    <p  style="text-align:center"/>用户名: <input type="text" name="username" />
    <p style="text-align:center"/>密 码: <input type="password" name="password"
/><br/>
    <input type="button" value="登录" onClick="check()" />
                                        <!--当单击登录按钮时调用 check()函数-->
    <input type="reset" value="重置" />
</form>
</body>
</html>
```

（2）选择分支 if-else 语句

if-else 语句也称为选择分支语句，是在 if 语句的基础上增加一个 else 子句，语法格式如下。

```
if(boolCondition) {
  statement1;
}else{
  statement2;
}
```

if-else 语句执行时，首先对 boolCondition 的值进行判断，如果它的值为 true，则执行 statement1 语句块中的内容；否则执行 statement2 语句块中的内容。示例 5-9 为 if-else 语句的用法，运行结果如图 5-12 所示。

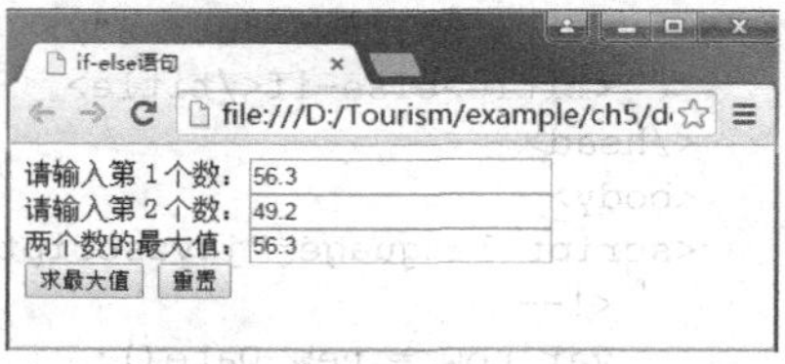

图 5-12　用选择分支语句求两数的最大值

示例 5-9

```
<!--demo0509.html-->
<!DOCTYPE html>
<html>
<head>
<meta charset="utf-8">
<title>if-else 语句</title>
<script language="javascript">
<!--
   function maxnumber(){
         var x=Number(fr.num1.value);         //注意，此处需将将字符串转换为数值
         var y=Number(fr.num2.value);
         var maxnum;
         if(x>y)
             maxnum=x;
         else
             maxnum=y;
             fr.max.value=maxnum;
    }
//-->
</script>
</head>
<body>
<form action="" method="post" name="fr">
    请输入第 1 个数: <input type="text" name="num1"/><br/>
    请输入第 2 个数: <input type="text" name="num2"/><br/>
    两个数的最大值: <input type="text" name="max"/> <br/>
    <input type="button" value="求最大值" onClick="maxnumber()"/>
    <input type="reset" value="重置"/>
```

```
</form>
</body>
</html>
```

（3）使用 if-else if-else 的多重分支语句

标准的 if-else 语句可以根据表达式的结果判断一个条件，然后根据返回值执行两个语句块中的一个。如果要执行多个语句块中的某一个，则应该使用 else if 语句，通过 else if 语句可以对多个条件进行判断，并且根据判断的结果执行不同的语句块。if-else if-else 语句的语法格式如下。

```
if(boolCondition1) {
    statement1;
}else if(boolCondition2) {
    statement2 ;
}
……
else {
    statement3;
}
```

示例 5-10 说明了多重分支语句的用法。

示例 5-10

```
<!--demo0510.html-->
<!DOCTYPE html >
<html>
<head>
    <meta charset="utf-8"/>
    <title>else-if</title>
</head>
<body>
<script language="javascript">
    <!--
    var now = new Date();
    var hour = now.getHours();
    if ((hour > 5) && (hour <= 7))
        alert("早上好!刷牙洗脸准备上班 ");
    else if ((hour > 7) && (hour <= 11))
        alert("上午好!努力工作多赚 money");
    else if ((hour > 11) && (hour <= 13))
        alert("中午好!睡个午觉吧! ");
    else if ((hour > 13) && (hour <= 17))
        alert("下午好!就要下班喽 ");
    else if ((hour > 17) && (hour <= 21))
        alert("晚上好! 好好休息，明天更美好!! ");
    else
        alert("不要加班啦，该睡觉了!! ");
    //-->
</script>
</body>
</html>
```

（4）使用 switch 的多重分支语句

switch 是典型的多重分支语句，其作用与 if-else if-else 语句基本相同，有时 switch 语句比 if 语句更具有可读性和灵活性，而且 switch 允许在找不到匹配条件的情况下执行默认的一组语句。switch 语句的语法格式如下。

```
switch (expression) {
```

```
  case value:
    statement;
    break;
  case value:
    statement;
    break;
        ……
  default:
    defaultstatement;
  break;
}
```

各参数说明如下。

- expression 为表达式或变量。
- value 为常数表达式。当 expression 的值与某个 value 的值相等时，就执行此 case 后的 statement 语句，如果 expression 的值与所有的 value 值都不相等时，则执行 default 后面的 defaulstatement 语句
- break 用于结束 switch 语句，从而使 JavaScript 只执行匹配的分支。如果省略了 break 语句，则该 switch 语句后面的所有分支都将被执行，switch 语句也就失去了选择转向的意义。

switch 语句的工作流程是：首先获取 expression 的值，然后查找和这个值匹配的 case 值。如果找到相应的值，则开始执行 case 值后的代码块中的第一条语句，直到遇到 break 语句终止 case 分支，并结束整个 switch 语句；如果没有找到和这个值相匹配的 case 值，则开始执行 default 分支后的代码块中的第一条语句；如果没有 default 分支，则跳过所有的代码块，即结束 switch 语句。

示例 5-11 用 switch 语句实现了示例 5-10 的功能。

示例 5-11

```
<!--demo0511.html-->
<!DOCTYPE html>
<html>
<head>
<meta charset="utf-8">
<title>switch 语句</title>
</head>
<body>
<script language="javascript">
<!--
var now=new Date();
var hour=now.getHours();
switch (hour){
  case 6:
  case 7:
              alert("早上好!刷牙洗脸准备上班"); break;

  case 8:
  case 9:
  case 10:
             alert("上午好!努力工作多赚 money"); break;

  case 11:
  case 12:
  case 13:
             alert("中午好!睡个午觉吧! "); break;

  case 14:
```

```
  case 15:
  case 16:
  case 17:
            alert("下午好!就要下班喽"); break;
  case 18:
  case 19:
  case 20:
            alert("晚上好！好好休息，明天更美好!! "); break;
default:
            alert("不要加班啦，该睡觉了!! "); break;
}
//-->
</script>
</body>
</html>
```

3. 循环结构

循环结构是在一定条件下反复执行某段程序的流程结构，反复执行的程序段被称为循环体。循环结构是程序中非常重要和基本的一种结构，它是由循环语句来实现的。JavaScript 的循环语句共有 3 种——while 语句、do-while 语句和 for 语句。

（1）while 语句

while 语句是基本的循环控制语句，语法格式如下。

```
while (boolCondition) {
    statement;
}
```

当条件表达式 boolCondition 的值为 true 时，执行大括号中的 statement 语句。执行完大括号中的语句后，再次检查 boolCondition 的值，如果还为 true，则再次执行大括号中的语句块。如此反复，直到 boolCondition 的值为 false 时结束循环，继续执行 while 循环后面的代码。

下面通过示例 5-12 来说明 while 语句的用法。程序执行结果如图 5-13 所示。

示例 5-12

```
<!--demo0512.html-->
<!DOCTYPE html>
<html>
<head>
<meta charset="utf-8">
<title>while 语句</title>
</head>
<body>
<script language="javascript">
   var i=1;
   while(i<7){
         document.write("<h"+i+">"+"运用 while 语句输出标题文字"+"</h"+i+">");
         i++;
   }
</script>
</body>
</html>
```

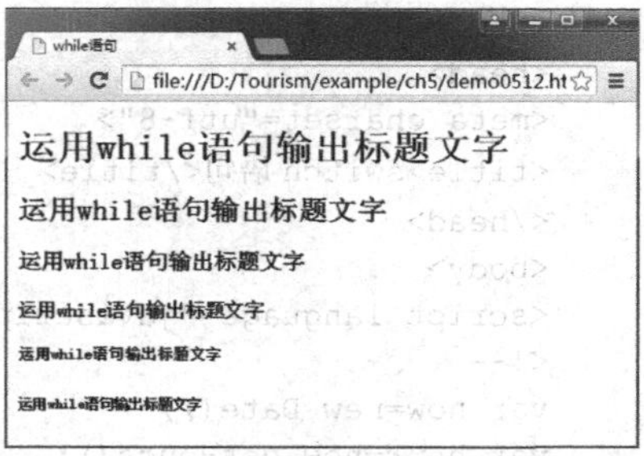

图 5-13　用 while 循环输出字符串

注意，使用 while 语句时，必须先声明循环变量并赋初值，并且在循环体中修改循环变量的值，否则 while 语句将成为一个死循环。

例如，在下面的代码中将出现一个死循环。

```
var i=1;
while (i<4) {
   document.write("未修改循环变量，出现死循环!! ");
}
```

在上述代码中，循环体没有指定循环变量的增量，始终没有改变 i 的值，即 i<4 永远返回 true，所以循环永远不会结束，出现死循环。出现死循环时可通过强制关闭浏览器来结束程序的执行。

正确代码如下。

```
var i=1;
while (i<4) {
   document.write("如果不修改循环变量的值，将会出现死循环!! ");
   i++;
 }
```

（2）do-while 语句

do-while 语句的使用与 while 语句很类似，不同的是它不像 while 语句那样先计算条件表达式的值，而是无条件地先执行一遍循环体，再来判断条件表达式。若表达式的值为真，则再运行循环体，否则跳出 do-while 循环，执行循环体外面的语句。可以看出，do-while 语句的特点是它的循环体将至少被执行一次。do-while 语句的语法格式如下。

```
do{
   statement;
}while(boolCondition) ;
```

请看下面的代码示例。

```
<script language="javascript">
    var i=0;
     do {
      document.write(i);
      i++;
  }while(i>1);
</script>
```

上面代码的运行结果是输出 0，因为程序在执行时首先执行循环语句，然后再去判断循环条件，所以，虽然当 i=0 时不满足 i>1 的条件，但是仍然可以执行一次循环语句。

需要注意的是，do-while 语句结尾处的 while 分支后面有一个分号“;”，在书写的过程中一定不能遗漏，否则 JavaScript 会认为循环语句是一个空语句，大括号中的语句块一次也不被执行，并且程序会陷入死循环。

（3）for 语句

for 语句是 JavaScript 中应用比较广泛的循环控制语句。通常 for 语句使用一个变量作为计数器来控制循环的次数，这个变量就称为循环变量。for 语句的语法格式如下。

```
for ( initialization;boolExpression;post-loop-expression ) {
   statements;
}
```

for 语句的参数说明如下。

boolExpression 是返回布尔值的条件表达式，用来判断循环是否继续；initialization 语句完成初始化循环变量和其他变量的工作；post-loop-expression 语句用来修改循环变量，改变循环条件。3 个表达式之间用分号隔开。

for 语句的执行过程是这样的：首先执行 initialization，完成必要的初始化工作；再判断 boolExpression 的值，若为 true，则执行循环体，执行完循环体后再返回 post-loop-expression，计算并修改循环条件，这样一轮循环就结束了。第二轮循环从计算并判断 boolExpression 开始，若表达式的值仍为 ture，则继续循环，否则跳出整个循环体，执行循环体外的语句。for 语句的 3 个表达式都可以为空，但若 boolExpression 为空，则表示当前循环是一个死循环，需要在循环体中书写另外的跳转语句终止循环。

例如，示例 5-12 使用 for 语句的写法如下。

```
<script language="javascript">
    for(var i=1;i<7;i++){
       document.write("<h"+i+">"+"运用 while 语句输出标题文字"+"</h"+i+">");
    }
</script>
```

上述代码中，for 语句的循环变量也可以在 for 语句外面声明，代码修改如下。

```
script language="javascript">
 var i;
 for(i=1;i<7;i++){
       document.write("<h"+i+">"+"运用 while 语句输出标题文字"+"</h"+i+">");
 }
</script>
```

（4）跳转语句

跳转语句用来实现程序执行过程中流程的转移。前面在 switch 分支中使用过的 break 语句就是一种跳转语句。为了提高程序的可靠性和可读性，JavaScript 不支持无条件跳转的 goto 语句。JavaScript 的跳转语句包括 continue 语句和 break 语句。

break 语句的功能是使程序立即跳出循环，并执行该循环之后的代码。continue 语句的功能是结束本次循环，即本次循环中 continue 语句后面的语句不再执行，进入到下次循环的条件判断，条件为真则进入到下次循环。

下面的代码中使用了 break 语句，程序的运行结果是在网页中输出数字 0～10。

```
for( i=0;i<20;i++ ) {
   document.write(i);
   if(i>10)
          break;
}
```

下面的代码中使用了 continue 语句，程序的运行结果是输出 10 以内的除 2、5 和 7 外的所有数字，即输出 1 3 4 6 8 9 10。

```
<script language="javascript">
  var i=1;
  while(i<=10){
    if (i==2||i==5||i==7){
      i++;
      continue;
    }
    document.write(i+" ");
    i++;
  }
</script>
```

5.4.2 函数

函数是一段能够实现特定运算的代码块，它可以被事件处理或被其他语句调用。JavaScript 中的函数包括内部函数（内置函数）和外部函数（自定义函数）。本节介绍的是根据程序设计需要用户自行设计的外部函数。

1. 函数的引入

在设计一个复杂的程序时，通常根据所要完成的功能，将程序中相对独立的每部分各编写为一个函数，从而使各部分充分独立，任务单一，程序清晰、易懂、易维护。此外，函数还可用来封装那些在程序中可能要多次用到的模块，以提高程序的可重用性。在事件处理中，可将函数作为事件驱动的结果而调用的程序，从而实现将函数与事件驱动相关联。

2. 函数的语法格式

函数是由关键字 function、函数名、参数及置于大括号中需要执行的语句块组成的。与其他的 JavaScript 代码一样，函数必须位于<script>和</script>标记之间。JavaScript 函数定义的基本语法格式如下。

```
function  functionName(parameters) {
  statements;
}
```

说明如下。

- 函数由关键字 function 定义，functionName 是用户定义函数的名字。
- parameters 是参数表，可以是一个或多个参数，多个参数用逗号隔开，是传递给函数使用或操作的值，其值可以是常量、变量或其他表达式。
- 函数通过函数名（实参）来调用，当函数有返回值时必须使用 return 语句将值返回。
- 函数名对大小写是敏感的。

下面的代码定义了一个求圆面积的函数。

```
<script language="javascript">
    function circleArea(r){
          return Math.PI*r*r;
    }
</script>
```

3. 函数的调用

函数定义后并不会自动执行，需要在特定的位置调用后方可执行。调用函数需要使用函数调用语句，函数的调用有下面几种方式。

（1）直接调用函数

函数的定义通常放在 HTML 文件的<head>标记中，而函数的调用语句通常被放在<body>标记中，如果在函数定义之前调用函数，将会报错。

函数的调用格式如下。

```
functionName(parameters);
```

函数的参数分为形式参数和实际参数，其中，形式参数（又称形参）是定义函数时用到的参数，它代表参数的类型和位置；实际参数是函数（又称实参）调用时传递给函数的实际数据。调用函数时将实参传递给形参，然后由该参数参与函数的具体执行。

示例 5-13 说明了函数调用的过程，代码运行结果如图 5-14 所示。

示例 5-13

```
<!--demo0513-->
<!DOCTYPE html>
<html>
<head>
<meta charset="utf-8">
<title>函数调用</title>
<script language="javascript">
```

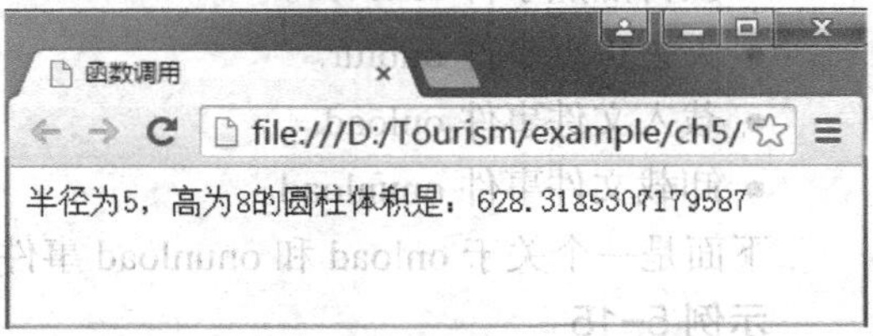

图 5-14　函数简单调用实例

```
    //定义函数，r,h 为形式参数
    function CylindricalVolume(r,h){
         return Math.PI*r*r*h;
    }
</script>
</head>
<body>
<script language="javascript">
  var v=CylindricalVolume(5,8);  //在页面中调 CylindricalVolume()函数，传递实参 5 和 8
  document.write("半径为 5，高为 8 的圆柱体积是："+v);
</script>
</body>
</html>
```

（2）事件响应中调用函数

JavaScript 是基于对象的语言，而基于对象的基本特征就是采用事件驱动。通常将鼠标或热键的动作称为事件，比如单击鼠标称为单击事件。而对事件做出的响应行为称为响应事件。在 JavaScript 中将函数与事件相关联即可完成响应事件的过程。

示例 5-14 显示了单击按钮事件的事件驱动方式，运行结果如图 5-15 所示。

示例 5-14

```
<!--demo0514.html-->
<!DOCTYPE html>
<html>
<head>
<meta charset="utf-8">
<title>函数调用</title>
<script language="javascript">
    function hello(){
         alert("hello,welcome!");
    }
</script>
</head>
<body>
<form action="" method="post">
<input type="button" value="问候" onclick="hello()">
</form>
</body>
</html>
```

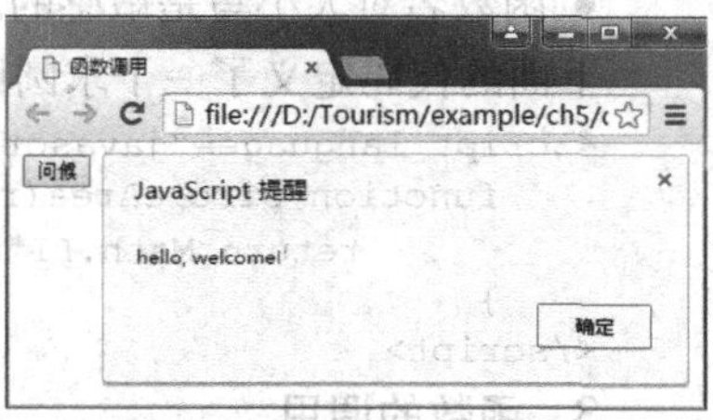

图 5-15 单击按钮事件下调用函数

JavaScript 中常用的事件如下。

- 单击事件 onclick。
- 改变事件 onchange。
- 选中事件 onselect。
- 获得焦点事件 onfocus。
- 失去焦点事件 onblur。
- 载入文件事件 onload。
- 卸载文件事件 onunload。

下面是一个关于 onload 和 onunload 事件的示例。

示例 5-15

```
<!--demo0515.html-->
```

```
<!DOCTYPE html>
<html>
<head>
<meta charset="utf-8">
<script Language="JavaScript">
<!--
function loadform(){
   alert("这是一个自动装载例子!");
}
function unloadform(){
   alert("这是一个卸载例子!");
}
//-->
</script>
</head>
<body onload="loadform()" onunload="unloadform()">
</body>
</HTML>
```

事件编程会在第 6 章中介绍。

(3) 通过超链接调用函数

函数除了可以在事件响应中被调用之外，还可以在超链接中被调用，只需在<a>标记的 href 属性中使用“javascript:”关键字调用函数即可。当用户单击这个链接时，相关函数将被执行。具体代码如示例 5-16 所示，运行结果如图 5-16 所示。

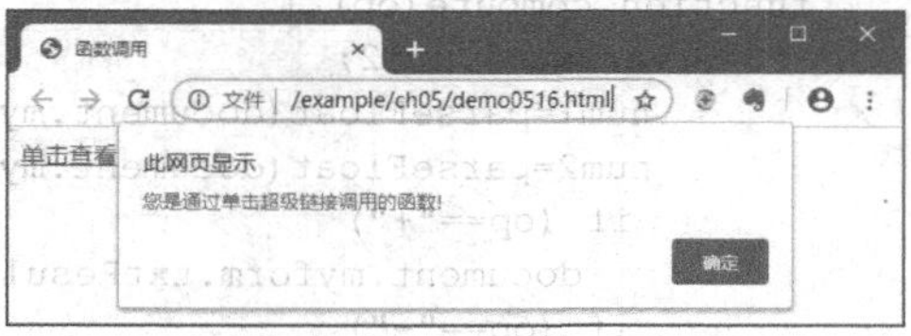

图 5-16　示例 5-16 的运行结果

示例 5-16

```
<!--demo0516.html-->
<!DOCTYPE html>
<head>
<meta charset="utf-8">
<title>函数调用</title>
<script Language="JavaScript">
<!--
    function hello(){
          alert("您是通过单击超链接调用的函数!");
    }
//-->
</script>
</head>
<body >
<a href="javascript:hello()">单击查看</a>
</body>
</html>
```

另外，通过超链接调用函数的写法还可以是：

```
<a href="#" onclick="hello()">单击查看</a>
```

5.5　应用案例

本案例用 JavaScript 程序实现简易计算器的功能，涉及用 CSS 定义表格边框，用表格实现简单的页面布局，建立 JavaScript 函数来响应事件等方面的知识。本案例具体代码如示例 5-17 所示。

简易计算器运行界面如图 5-17 所示。

图 5-17　简易计算器运行界面

示例 5-17

```
<!-- demo0517.html-->
<!DOCTYPE html>
<html>
<head>
<meta charset="gb2312">
<title>计算器</title>
<style type="text/css">
input.text {
    border-width:1px;
    border-style:solid;
    width:160px;
}
table {
    margin:0 auto;
    border:1px solid black;
    background-color:#C9E495;
    text-align:center;
}
</style>

<script language="JavaScript">
function compute(op) {
      var num1,num2;
       num1=parseFloat(document.myform.txtNum1.value);
       num2=parseFloat(document.myform.txtNum2.value);
        if (op=="+")
          document.myform.txtResult.value=num1+num2 ;
        if (op=="-")
          document.myform.txtResult.value=num1-num2 ;
        if (op=="*")
          document.myform.txtResult.value=num1*num2 ;
        if (op=="/"  &&  num2!=0)
          document.myform.txtResult.value=num1/num2 ;
  }
</script>
</head>
<body>

<form action="" method="post" name="myform" id="myform">
<table>
  <tr>
    <td colspan="4"><h3>简易计算器</h3></td>
  </tr>
  <tr>
    <td>第一个数</td>
    <td colspan="3"><input name="txtNum1" type="text" id="txtNum1" /></td>
  </tr>
  <tr >
    <td>第二个数</td>
    <td colspan="3"><input name="txtNum2" type="text" id="txtNum2" /></td>
  </tr>
  <tr>
```

```
        <td><input name="addButton2" type="button" id="addButton2" value=" + " onClick=
"compute('+')" /></td>
        <td><input name="subButton2" type="button" id="subButton2" value="  -  " onClick=
"compute('-')" /></td>
        <td><input name="mulButton2" type="button" id="mulButton2" value="  ×  " onClick=
"compute('*')" /></td>
        <td><input name="divButton2" type="button" id="divButton2" value="  /  " onClick=
"compute('/')" /></td>
      </tr>
      <tr>
        <td>计算结果</td>
        <td colspan="3"><input name="txtResult" type="text" id="txtResult"></td>
      </tr>
    </table>
    </form>
    </body>
    </html>
```

代码说明如下。

- 计算器的外观主要包括 3 个文本框和 4 个按钮。文本框用于输入参与计算的数据和输出计算结果，按钮显示运算符号，用户通过单击按钮查看计算结果。用表格实现页面的简单布局，用 CSS 定义输入/输出文本框和表格的格式。
- 样式 input.text 用于定义输入和输出文本域的格式。样式 table 设置了表格居中、表格中文本居中、表格边框、表格背景内容。
- 通过读取 document 对象中文本框的 value 属性值来获取输入数据，例如，“第一个数”通过“num1=parseFloat(document.myform.txtNum1.value)”得到。
- JavaScript 自定义函数 compute(op)用来实现具体计算功能，参数“op”用来接收计算时传递的运算符。在用户单击“+”“-”“×”“/”按钮后，实现 onClick()事件响应，执行函数 compute(op)，参数的值根据按钮的 value 属性值获取。

本章小结

本章主要介绍了 JavaScript 的概念和特点，JavaScript 的数据类型、常量、变量、运算符和表达式，JavaScript 的流程控制和函数。本章内容是 JavaScript 的基础。

本章核心内容如下。

- JavaScript 是由 Netscape 公司开发、嵌入 HTML 文档中的、跨平台的、基于对象和事件驱动的脚本语言，具有简单性、安全性、动态性、跨平台性等特点。
- JavaScript 中的数据类型可以分为 3 类，分别是 3 种基本数据类型、2 种复合数据类型和 2 种特殊数据类型。基本数据类型包括数值型（Number）、字符型（String）、布尔型（Boolean）。复合数据类型包括数组类型和对象类型。特殊数据类型包括空数据类型 null、未定义类型 undefined。
- JavaScript 中常用的运算符有字符串运算符、算术运算符、逻辑运算符、位运算符、赋值运算符、关系运算符等。运算符之间具有优先级。
- JavaScript 的流程控制与其他高级语言基本相同，包括顺序、分支和循环 3 种结构，也支持函数调用。

思考与练习

1. 简答题

（1）什么是脚本语言?

（2）在 JavaScript 中，如何定义一个函数?

（3）在 JavaScript 中，调用函数的方法有哪些?

2. 操作题

（1）编写 JavaScript 程序，采用外部引用的方式，在页面显示 1～1000 之间能被 3 和 7 整除的数,要求每行输出 10 个数。

（2）使用循环语句编写 JavaScript 程序，实现的效果如图 5-18 所示。

图 5-18　倒正金字塔效果图

第 6 章 实现用户与页面的交互——JavaScript 的对象与事件

JavaScript 是基于对象和事件驱动的脚本语言。通过对象的结构层次来访问对象，并调用对象的操作方法，可以大大简化 JavaScript 程序的设计，并提供直观、模块化的方式进行脚本程序开发。事件驱动编程也是 JavaScript 的核心技术之一。通过事件处理，可以实现用户与 Web 页面之间的动态交互。

本章主要内容包括：

- 对象和事件的概念；
- 内置对象；
- 浏览器对象和 DOM 对象；
- JavaScript 事件的类型和事件对象。

6.1 JavaScript 对象概述

6.1.1 对象

1. 对象的概念

对象的概念首先来自于对客观世界的认识，对象用于描述客观世界存在的特定实体。比如“学生”就是一个典型的对象，包括身高、体重、年龄等特性，同时又包含吃饭、睡觉、行走等动作。同样，一盏灯也是一个对象，它包含功率、亮灭状态等特性，同时又包含开灯、关灯等动作。

JavaScript 对象包括内置对象、浏览器对象、DOM 对象、用户自定义对象等，这些对象为 JavaScript 编程提供了方便。

2. 对象的属性和方法

对象作为一个实体，包含属性和方法两个要素。

（1）属性是用来描述对象静态特性的一组数据，用变量表示。

（2）方法是用来描述对象的动态特征或操作对象的若干动作，用函数描述。

在 JavaScript 中，对象是对具有相同特性实体的抽象描述，是属性和方法的集合。属性作为对象成员的变量，表明对象的状态；方法作为对象成员的函数，表明对象所具有的行为。通过访问或设置对象的属性并且调用对象的方法，就可以对对象进行各种操作，从而实现需要的功能。

6.1.2 对象的引用

1. 对象属性的引用

在 JavaScript 中，每一种对象都有一组特定的属性。引用对象属性主要使用点（.）运算符，把点运算符放在对象（实例）名和它对应的属性名之间，以此指向一个唯一的属性。引用对象属性的格式如下。

```
objectName.propertyName;
```

下面是对象属性引用的例子。

```
var str=new String("I like JavaScript");    //声明对象
document.write(str.length);    //17
```

其中，str 是系统内置对象 String 的一个实例，str.length 属性返回该对象的长度。

2. 对象方法的引用

方法实际上就是函数，如 String 对象的 toLowerCase()方法、charAt(index)方法等。方法只能在程序中使用，使用时需要注意方法的参数和返回值。

在 JavaScript 中，对象方法的调用非常简单，与对象属性的引用方法相同，使用点运算符。其引用格式如下。

```
objectName.methodName();
```

例如，调用内置对象 String 中的两个方法，代码如下。

```
var str=new String("I like JavaScript");
s1=str.toUpperCase();      //JAVASCRIPT
s2=str.charAt(3);          //i
```

6.1.3 对象的操作

JavaScript 是基于对象的语言，它提供了用于操作对象的语句、关键词及运算符。

1. for-in 语句

for-in 语句用于对数组元素或者对象的属性进行遍历，循环体中的代码每执行一次，就会对数组的元素或者对象的属性进行一次操作，for-in 循环中的计数值是对象中的属性个数或数组中元素的个数。该语句的优点是无须知道对象中属性的个数或数组元素的个数也可进行操作。

语法格式如下。

```
for (propertiesName in objectName) {
    statements;
}
```

示例 6-1 运用 for-in 语句对字符串对象进行遍历，字符串的每个非空字符后增加一个空格。页面显示结果如图 6-1 所示。

示例 6-1

```
<!--demo0601.html-->
<!DOCTYPE html>
<head>
    <meta charset="utf-8">
    <title>for-in 语句</title>
</head>
<body>
<script language="javascript">
```

```
        var str = new String("I like JavaScript"); //定义一个字符串
        document.write("<h4>遍历字符串：</h4>");
        for (i in str) {
            document.write(str[i] +" ");//将字符中的元素依次处理输出
        }
    </script>
    </body>
    </html>
```

2. with 语句

如果在程序中需要连续使用某个对象的一些属性和方法，使用 with 语句，可以简化代码的书写，其语法格式如下。

```
with(objectName){
     statements;
}
```

示例 6-2 使用 with 语句调用对象中的方法，页面显示结果如图 6-2 所示。

示例 6-2

```
<!--demo0602.html-->
<!DOCTYPE html>
<head>
    <meta charset="utf-8">
    <title>with 语句</title>
</head>
<body>
<script language="javascript">
    var date = new Date();
    //对象中的方法需要用对象名调用
    var d1 = date.getFullYear()+"年"+(date.getMonth()+1)+"月"+ date.getDate()+"日";
    document.write("普通方式显示系统日期： " + d1 + "<br>");
    //运用 with 语句，确定了对象的作用范围，在该范围内，可以直接使用对象中的方法
    with (date) {
        var t1=getHours()+"时"+getMinutes()+"分"+getSeconds()+"秒";
    }
    document.write("运用 with 语句显示系统时间： " + t1);
</script>
</body>
</html>
```

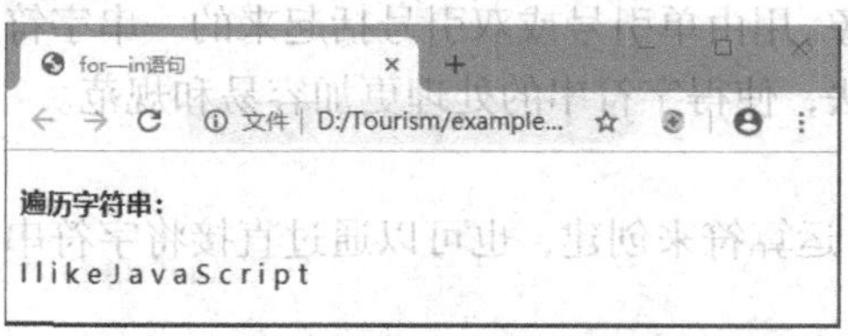

图 6-1 运用 for-in 遍历对象

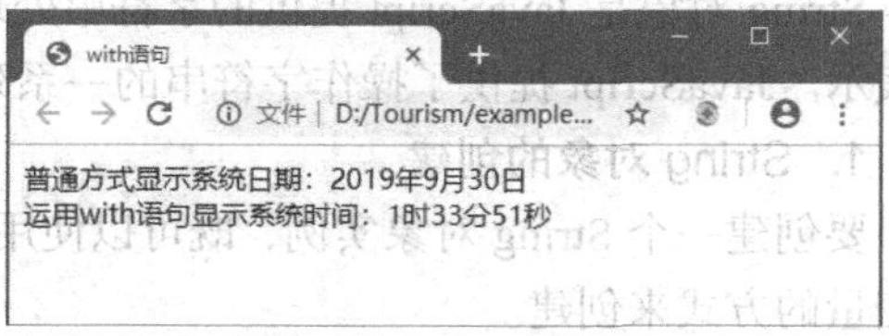

图 6-2 使用 with 语句调用对象中的方法

3. this 关键字

this 是指对当前对象的引用。在 JavaScript 中，由于对象的引用往往是多层次、多方位的，为了避免在引用对象时发生混乱，JavaScript 提供了关键字 this，用于指定当前对象。

4. new 运算符

该运算符用于创建用户自定义对象或者内置对象的实例，语法格式如下。

```
var objectName = new AObject([parameter1,parameter 2,…])
```

其中，“AObject”的对象类型可以是内置对象类型或用户自定义的对象类型，常用的内置对象将在后面章节中详细介绍。

例如：

```
var today=new Date();
var str=new String("20190704");
```

上述语句分别创建了 Date 类型的对象实例 today 和 String 类型对象实例 str。

6.1.4　JavaScript 的对象类型

在 JavaScript 中可以使用 4 类对象，即内置对象、浏览器对象（Browser Object Model，BOM）、HTML DOM（Document Object Model）对象和自定义对象。

- 内置对象是指 JavaScript 语言提供的对象，包括字符串对象（String）、数组对象（Array）、数学对象（Math）、日期对象（Date）等，提供对象编程基本功能。
- 浏览器对象是浏览器根据系统配置和所装载的页面，为 JavaScript 程序提供的对象，提供了访问、控制、修改客户端（浏览器）的方法，主要包括 Window 对象、Navigator 对象、Screen 对象、Location 对象等。
- HTML DOM 对象定义了访问和处理 HTML 文档的标准方法，主要功能是访问、检索、修改 HTML 文档的内容与结构，包括 forms、images、links 和 anchors 等集合对象。
- 自定义对象是指程序员根据需要而定义的对象。

本书重点介绍内置对象、浏览器对象、HTML DOM 对象。

6.2　JavaScript 内置对象

JavaScript 的内置对象是嵌入在系统中的一组共享代码，它是由开发商根据 Web 应用程序的需要，对一些常用的操作代码进行优化得来的。JavaScript 的常用内置对象包括 String、Array、Date、Math 等。

6.2.1　String 对象

String 对象是 JavaScript 提供的字符串处理对象，用由单引号或双引号括起来的一串字符序列来表示。JavaScript 提供了操作字符串的一系列方法，使得字符串的处理更加容易和规范。

1. String 对象的创建

要创建一个 String 对象实例，既可以使用 new 运算符来创建，也可以通过直接将字符串赋值给变量的方式来创建。

例如：

```
var str = "This is a new string.";
var str = new String("This is a new string.");
```

这两种方法都实现了创建字符串对象实例 str。

2. String 对象的属性

String 对象只有一个属性，就是 length，length 表示的是字符串中字符的数目。需要注意的是，如果字符串中包含汉字，汉字被计为一个字符。下面是创建字符串和使用字符串属性的例子。

```
var a = "我爱我家";
var b = "I love my home";
document.write(a.length);
document.write("<br>");
document.write(b.length);
```

document.write()方法用于在浏览器中输出。字符串 a 的长度是 4，字符串 b 的长度是 14。注意，空格字符也计入字符长度。

3. String 对象的常用方法

String 对象的常用方法如表 6-1 所示。

表 6-1 String 对象的常用方法

方　　法	说　　明
toLowerCase()	将字符串中的所有字母都转换为小写字母
toUpperCase()	将字符串中的所有字母都转换为大写字母
toString()	将对象转换成字符串
charAt(index)	返回 String 对象指定 index 位置的字符，index 是有效值从 0 到字符串长度减 1 的数字
indexOf(subString [, startIndex])	返回 String 对象内第一次出现子字符串 subString 的字符位置。如果未找到子字符串，则返回-1。subString 表示 String 对象中搜索的子字符串。startIndex 指定在 String 对象内开始搜索的索引。若省略此参数，则从字符串的起始处开始搜索
substr(start,[length])	返回一个从指定位置 start 开始,并具有指定 length 长度的子字符串。参数 start 为所求的子字符串的起始位置，length 为子字符串中包含的字符数。如果 length 为 0 或负数，将返回一个空字符串。如果没有指定该参数，则子字符串将延续到字符串的结尾
substring(start,end)	返回位于 String 对象中的从位置 start 开始到位置 end 结束的子字符串
replace(string1,string2)	在 String 对象中，将字符串 string1 的内容替换成字符串 string2 的内容，返回替换后的字符串
split(string)	返回 Array 对象，使用参数 string 作为分割符将 String 对象分割，将分割后的字符串存储到一个 Array 对象中

示例 6-3 的功能是验证表单的用户名和密码，要求用户名不能包含数字，密码长度不能小于 6，且两者都不能为空。页面显示结果如图 6-3 所示。

示例 6-3

```
<!--demo0603.html-->
<!DOCTYPE html>
<html>
<head>
  <meta charset="utf-8">
  <script language="JavaScript">
    //validate Name
    function checkUserName() {
      var fname = document.myform.txtUser.value;
      if (fname.length != 0) {
        for (i = 0; i < fname.length; i++) {
          var ftext = fname.substring(i, i + 1);   //获取表单元素的值
          if (ftext < 9 || ftext > 0) {           //验证用户名不能包含数字
```

```
                    alert("名字中包含数字 \n" + "请删除名字中的数字和特殊字符");
                    return false;
                }
            }
        }
        else {
            alert("未输入用户名，请输入用户名");
            return false;
        }
        return true;
    }
    function checkPassword() {
        var userpass = document.myform.txtpwd.value;
        if (userpass == "") {
            alert("未输入密码 \n" + "请输入密码");
            return false;
        }
        // Check if password length is less than 6 charactor.
        if (userpass.length < 6) {
            alert("密码必须多于或等于 6 个字符。\n");
            return false;
        }
        return true;
    }
    function validateform() {
        if (checkUserName() && checkPassword())
            return true;
        else
            return false;
    }
  </script>
</head>
<body>
<form name="myform" method="post" action="#" onSubmit="return validateform()">
  <p style="text-align:center"><img src="images/reg_back1.jpg" style="width:979px;
   height:195px"></p>
  <p> </p>
  <table style="border-width:0; margin:0 auto">
    <tr>
      <td>用户名：</td>
      <td colspan="2"><input name="txtUser" type="text" id="txtUser"/>*必填</td>
    </tr>
    <tr>
      <td>密 码：</td>
      <td colspan="2"><input name="txtpwd" type="password"
                             id="txtpwd"/>*必填
      </td>
    </tr>
    <tr>
      <td colspan="3" align="center">
        <p></p>
        <p><input name="clearButton" type="reset" id="clearButton" value="清空"/>
          <input name="regButton" type="submit" id="regButton" value="登录"/>
```

```
            </p></td>
        </tr>
    </table>
    <p></p>    <p></p>    <p></p>
    <p style="text-align:center"><img src="images/bottom.jpg" style=" width:969px;
    height:107px"></p>
    <p></p>
</form>
</body>
</html>
```

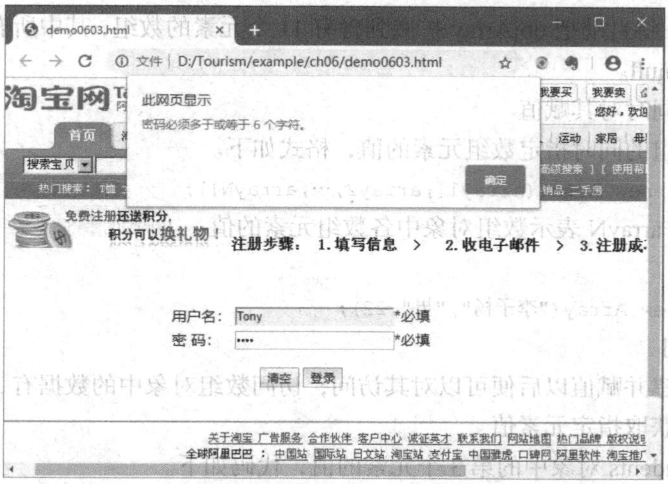

图 6-3 String 对象应用示例

6.2.2 Array 对象

1. 数组的概念

一般而言，一个变量只能存储一个值，但数组变量可以突破这种限制。也就是说，如果一个变量是数组变量，那么这个变量能够同时存储多个值。这就是数组变量与普通变量的本质区别。

数组变量（简称数组）的多值性在于一个数组变量可以包含多个子变量，而每个子变量的作用与普通变量的作用一样，既可以被赋值，也可以从中取出值。通常把这样的子变量称为数组元素变量（简称数组元素），将数组中元素的个数称为数组大小（或称数组长度）。

2. 数组的创建和赋值

在 JavaScript 中，使用内置对象 Array 可以创建数组对象。数组的创建和赋值有两种方式。

（1）先创建数组，再对其赋值

创建数组的格式为：

```
var arrayName=new Array(arraysize);
```

其中，arrayName 表示数组实例名，arraysize 表示数组大小。下面是创建数组的例子。

```
var objArray=new Array(3); //创建一个长度为 3 的数组对象实例
objArray[0]="I";
objArray[1]="Love";
objArray[2]="JavaScript";
```

在 JavaScript 中，不同数组元素通过下标加以区别，即一个数组元素由数组名、一对方括号[]和这对括号中的下标组合起来表示。例如，对于 arrayName 数组对象，它包含数组元素 arrayName[0]、 arrayName [1]、arrayName[2]、…、arrayName[arraysize-1]。

注意，数组下标从 0 开始，即第 1 个数组元素是 arrayName[0]，而最后一个数组元素是 arrayName[arraysize-1]。

在创建数组时，如果在 new Array()中没给出任何参数，即：

```
var objArray = new Array();
```

这时创建出来的 Array 对象 objArray 就没有任何数组元素，即数组长度为 0。由于 JavaScript 数组具有自动扩展功能，因此对于这样的空数组也允许赋值，例如：

```
objArray[10]="王武";
```

这时 JavaScript 将自动把 objArray 扩展到含有 11 个元素的数组，其中所有未被赋过值的数组元素将被初始化为 null。

（2）创建数组同时对其赋值

可以在创建数组的同时指定数组元素的值，格式如下。

```
var arrayName=new Array(array1[,array2,…,arrayN]);
```

其中，array1～arrayN 表示数组对象中各数组元素的值。

例如：

```
var student=new Array("李子杨","男",22);
```

3. 数组的访问

数组实例在创建并赋值以后便可以对其访问，访问数组对象中的数据有 3 种方式。

（1）应用下标获取指定元素值

例如，获取 students 对象中的第 3 个元素的值，代码如下。

```
var students=new Array("张扬","李丽","王刚","赵一");
document.write(students[2]);
```

（2）应用 for 循环或 for-in 语句遍历数组中的元素

for-in 语句专门用于处理与数组和对象相关的循环操作。使用 for-in 语句处理数组，可以依次对数组中的每个数组元素执行一条或多条语句，格式如下。

```
for (variable in arrayName){
    statements;
}
```

其中，variable 表示遍历数组中的每个索引，arrayName 是数组对象名。

示例 6-4 运用 for 循环和 for-in 语句遍历数组。页面显示结果如图 6-4 所示。

示例 6-4

```
<!--demo0604.html-->
<!DOCTYPE html>
<html>
<head>
<meta charset="utf-8">
<title>数组对象的遍历</title>
</head>
<body>
<script language="javascript">
    var students=new Array("张扬","李丽","王刚","赵一");
    var str1="";
    var x;
    for(var i=0;i<students.length;i++){ //students.length 表示数组的长度
        str1=str1++" "+students[i];
```

```
    }
    document.write("运用 for 循环输出学生姓名: "+str1);
    document.write("<br>运用 for-in 语句输出姓名:<br/>");
    for(x in students){
        document.write("第"+(parseInt(x)+1)+"个姓名是: "+students[x]+"<br/>");
    }
</script>
</body>
</html>
```

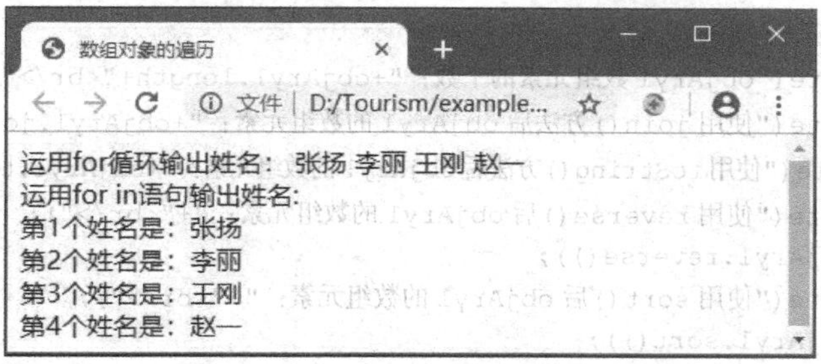

图 6-4　运用 for-in 语句遍历数组

（3）应用数组对象名输出所有元素值

使用数组对象名可以直接将数组中所有元素的值输出，例如：

```
var students=new Array("张扬","李丽","王刚","赵一");
document.write(students);
```

4. Array 对象的常用属性和方法

Array 对象的常用属性和方法如表 6-2 所示。

表 6-2　Array 对象的常用属性和方法

属性/方法	说　明
length	该属性用于返回数组的长度
concat(arrayname)	将参数中的数组连接到当前数组中
reverse()	将数组的元素反转，即原来数组的最后一个元素变为第一个元素，依此类推
sort()	将数组所有元素进行排序
toString()	把数组转换为字符串
join([string])	将数组的元素放入一个字符串，每个数组元素使用参数 string 指定的符号分隔，如果没有指定参数，则用“,”来进行分隔

示例 6-5 是 Array 对象常用属性和方法的应用，页面显示结果如图 6-5 所示。

示例 6-5

```
<!--demo0605.html-->
<!DOCTYPE html>
<html>
<head>
<meta charset="utf-8">
<title>Array 对象常用方法</title>
</head>
<body>
<script language="javascript">
```

```
    function showArray(objAry){
        for (var i=0; i<objAry.length; i++) {
            document.write(objAry[i]+" ")
        }
        document.write("<br>");
    }
    var objAry1=new Array("1","2","3");
    var objAry2=new Array(3);
    objAry2[0]="一";
    objAry2[1]="二";
    objAry2[2]="三";
    document.write("objAry1 数组元素的个数: "+objAry1.length+"<br/>");
    document.write("使用 join()方法后 objAry1 的数组元素: "+objAry1.join("#")+"<br/>");
    document.write("使用 toString()方法后 objAry1 的数组元素: "+objAry1.toString()+ "<br>");
    document.write("使用 reverse()后 objAry1 的数组元素: "+"<br/>");
    showArray(objAry1.reverse());
    document.write("使用 sort()后 objAry1 的数组元素: "+"<br/>");
    showArray(objAry1.sort());
    document.write("使用 objAry1=objAry1.concat(objAry2)后 objAry1 的数组元素: "+" <br/>");
    showArray(objAry1=objAry1.concat(objAry2));
    document.write("直接输出数组元素: "+objAry1+"<br/>");
</script>
</body>
</html>
```

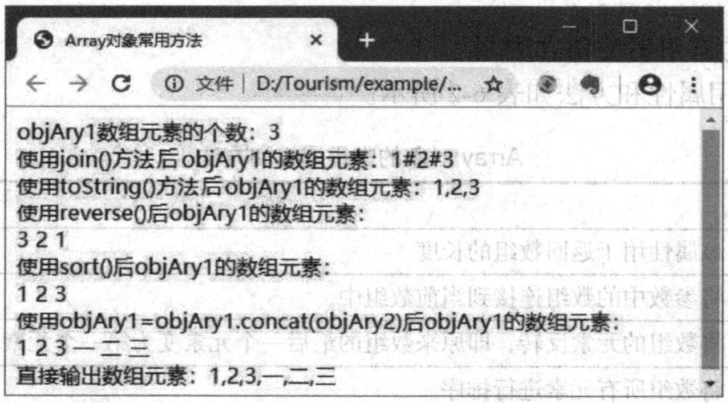

图 6-5　Array 对象的常用属性和方法

示例 6-6 使用数组存储数字序列，应用冒泡排序算法对用户输入的数字实现从大到小排序。页面显示结果如图 6-6 所示。

示例 6-6

```
<!--demo0606.html-->
<!DOCTYPE html>
<html>
<head>
<meta charset="utf-8">
<title>使用数组实现冒泡排序</title>
<script language="javascript">
function bubbleSort(arr) {                    //冒泡排序函数
    var temp;                                 //定义一个变量，排序交换的时候用作暂时的存储
    var exchange;
```

```
        for(var i=0; i<arr.length; i++) {          //循环排序
            exchange = false;
            for(var j=arr.length-2; j>=i; j--) {
                if(eval(arr[j+1]) > eval(arr[j])) {
            //如果当前的数字数值比这个数后一个数字数值要小，那么这两个数交换
                temp = arr[j+1];
                arr[j+1] = arr[j];
                arr[j] = temp;
                exchange = true;    //交换标志变量置为 true
                }
            }
        if(!exchange) {             //如果交换标志为 false，也就是不需要排序的情况，则退出
            break;
            }
        }
        return arr;                 //返回排序后的数组
    }
    function display(el) {                                  //显示排序后的数字函数
            str = document.getElementById('source').value; //从 HTML 得到值赋给变量 str
            strs = bubbleSort(str.split(','));     //将得到的值用 split() 函数分离成一个数组
            str = "";                                       //变量 str 置为空
            for(var i=0; i< strs.length; i++) {             //循环出排序后的数值
                str += strs[i] + ' ';
            }
           alert(str);                                      //显示排序后的数字
    }
    </script>
    </head>
    <body>
    <center>
      <h1>利用流程控制语句实现冒泡排序</h1>
      <hr>
      <pre>
    请输入排序序列：<input type="text" id="source"/>
    <input type="button" value="排序" onClick="display();"/>
    <span>（输入序列请用半角逗号隔开）</span>
    </pre>
    </center>
    </body>
    </html>
```

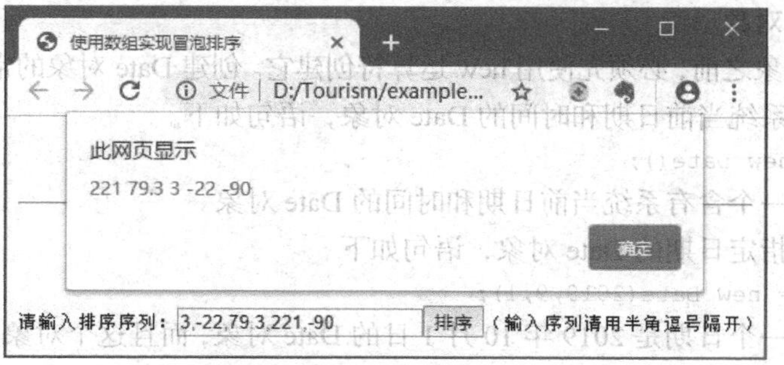

图 6-6　冒泡排序示例

5. 二维数组

如果数组中所有数组元素的值都是基本类型的值，就把这种数组称为一维数组。当数组中所有数组元素的值又是数组时就形成了二维数组。

示例 6-7 运用二维数组存储学生的姓名和成绩并显示。页面显示结果如图 6-7 所示。

示例 6–7

```
<!--demo0607.html-->
<!DOCTYPE html>
<head>
<meta charset="utf-8">
<title>二维数组</title>
</head>
<body>
<h4>姓名  高数 计算机</h4>
<script type="text/javascript">
    var students,i,j;
    students = new Array();
    students [0] = new Array("刘璐",78,92);
    students [1] = new Array("王锐",64,76);
    students [2] = new Array("赵昊",58,67);
    students [3] = new Array("何洁",87,98);
     for(i=0;i<students.length;i++) {
         for(j=0;j<students[i] .length;j++){
             document.write(students[i] [j]+"   ") ;
         }
         document.write("<br/>");
     }
</script>
</body>
</html>
```

图 6-7 二维数组的应用

对于本例中的数组 students，它的每个数组元素又都是一个数组，因此 students 是一个二维数组。这样，students[i]表示的就是某个学生记录，而 students[i][j]就表示学生 students[i]的第 j+1 项属性，j 的值为 0、1、2 时，分别存储学生的姓名、高数成绩和计算机成绩。

6.2.3 Date 对象

在开发网页的过程中，可以使用 JavaScript 的 Date 对象来实现对日期和时间的控制。

1. 创建 Date 对象

在使用 Date 对象之前，必须先使用 new 运算符创建它。创建 Date 对象的常见方法有以下 3 种。

（1）创建表示系统当前日期和时间的 Date 对象，语句如下。

```
var today = new Date();
```

该语句将创建一个含有系统当前日期和时间的 Date 对象。

（2）创建一个指定日期的 Date 对象，语句如下。

```
var theDate = new Date(2019,9,1);
```

该语句将创建一个日期是 2019 年 10 月 1 日的 Date 对象，而且这个对象中的小时、分钟、秒、毫秒值都为 0。

在创建 Date 对象时，需要注意以下两点。

- 参数中的年份值应该是完整的年份值，即 4 位数字，而不能写成 2 位。
- 月份的参数值的范围是数字 0～11，分别对应的是 1～12 月，如上例中的数字 9 表示的是 10 月。

（3）创建一个指定时间的 Date 对象，语句如下。

```
var theTime = new Date(2019,9,1,10,20,30,50);
```

该语句将创建一个包含确切日期和时间的 Date 对象，即 2019 年 10 月 1 日 10 点 20 分 30 秒 50 毫秒。

2. Date 对象的方法

Date 对象是 JavaScript 的一种内置对象，该对象没有可以直接读取的属性，所有对日期和时间的操作都是通过方法完成的。Date 对象的常用方法如表 6-3 所示。

表 6-3　Date 对象的常用方法

方　法	说　明
Date()	返回系统当前的日期和时间
getDate()	从 Date 对象返回一个月中的某一天（1～31）
getDay()	从 Date 对象返回一周中的某一天（0～6）
getMonth()	从 Date 对象返回月份（0～11）
getFullYear()	从 Date 对象以 4 位数字形式返回年份
getYear()	从 Date 对象以 2 位或 4 位数字形式返回年份
gerHours()	返回 Date 对象的小时（0～23）
getMinutes()	返回 Date 对象的分钟（0～59）
getSeconds()	返回 Date 对象的秒（0～59）
getMilliseconds()	返回 Date 对象的毫秒（0～999）
getTime()	返回 1970 年 1 月 1 日午夜至今的毫秒数
getTimezoneOffset()	返回本地时间与格林尼治标准时间的分钟差
setDate(x)	设置 Date 对象中的一个月的某一天（1～31）
setMonth(x)	设置 Date 对象中的月份（0～11）
setFullYear(x)	设置 Date 对象中的年份（4 位数）
setYear(x)	设置 Date 对象中的年份（2 位或 4 位数）
setHours(x)	设置 Date 对象中的小时（0～23）
setMinutes(x)	设置 Date 对象中的分钟（0～59）
setSeconds(x)	设置 Date 对象中的秒（0～59）
setMilliseconds(x)	设置 Date 对象中的毫秒（0～999）
setTime(x)	通过从 1970 年 1 月 1 日午夜添加或减去指定数目的毫秒来计算日期和时间
toString()	把 Date 对象转换为字符串
toTimeString()	把 Date 对象的时间部分转换为字符串
toLocaleString()	根据本地时间格式，把 Date 对象转换为字符串
toLocaleTimeSring()	根据本地时间格式，把 Date 对象的时间部分转化为字符串
toLocaleDateString()	根据本地时间格式，把 Date 对象的日期部分转换为字符串

示例 6-8 通过 Date 对象提供的方法，获取并设置日期和时间的具体值，然后按指定的格式显示。页面显示结果如图 6-8 所示。

示例 6-8

```
<!--demo0608.html-->
<!DOCTYPE html>
<html>
<head>
<meta charset="utf-8">
<title>Date 对象的方法</title>
</head>
<body>
<script language="javascript">
   var weekday=new Array("星期日","星期一","星期二","星期三","星期四","星期五","星期六");
   var objDay=new Date();
   //- 获取系统日期
   var output=objDay.getDate()+"/";
   output+=(objDay.getMonth()+1)+"/";
   output+=objDay.getFullYear()+"<br>";
   document.write("系统日期: "+output);
   //- 获取系统时间
   output=objDay.getHours()+":";
   output+=objDay.getMinutes()+":";
   output+=objDay.getSeconds()+"<br>";
   document.write("系统时间: "+output);
   document.write(weekday[objDay.getDay()]);
   //- 设置日期
   objDay.setDate("25");
   objDay.setMonth("2");
   objDay.setFullYear("2020");
   objDay.setHours("4");
   objDay.setMinutes("8");
   document.write("<br>重新设置后的日期时间值是: "+objDay.toLocaleString());
</script>
</body>
</html>
```

图 6-8　Date 对象方法的示例

6.2.4　Math 对象

在 JavaScript 程序中，关键字 Math 是对一个已创建好的 Math 对象的引用，因此使用 Math 对象时不必先使用 new 运算符创建实例。也就是说，在调用 Math 对象的属性和方法时，直接写成“Math.property”和“Math.method()”即可。

1. Math 对象的属性

Math 对象的属性是数学运算中常用的常量，如表 6-4 所示。

表 6-4　Math 对象的属性

属　性	说　明
E	常量 e，自然对数的底数（约等于 2.718）
LN2	返回 2 的自然对数（约等于 0.693）
LN10	返回 10 的自然对数（约等于 2.302）
LOG2E	返回以 2 为底的 e 的对数（约等于 1.443）
LOG10E	返回以 10 为底的 e 的对数（约等于 0.434）
PI	返回圆周率（约等于 3.14159）
prototype	向对象添加自定义属性和方法
SQRT1_2	返回 1/2 的平方根（约等于 0.707）
SQRT2	返回 2 的平方根（约等于 1.414）

2. Math 对象的方法

Math 对象的方法如表 6-5 所示。

表 6-5　Math 对象的方法

方　法	说　明	实　例	结　果
abs(x)	返回一个数的绝对值	abs(−2)	2
acos(x)	返回指定参数的反余弦值	acos(1)	0
asin(x)	返回指定参数的反正弦值	asin(−1)	−1.5708
cos(x)	返回指定参数的余弦值	cos(2)	−0.4161
sin(x)	返回指定参数的正弦值	sin(0)	0
tan(x)	返回一个角的正切值	tan(Math.PI/4)	1
atan(x)	以介于−PI/2 与 PI/2 弧度之间的数值来返回 x 的反正切值	atan (1)	0.7854
ceil(x)	返回大于等于 x 的最小整数	ceil(−10.8)	−10
exp(x)	返回 e 的指数	exp(2)	7.389
floor(x)	返回小于等于 x 的最大整数	floor(10.8)	10
log(x)	返回数的自然对数（底为 e）	log(Math.E)	1
max(x,y)	返回 x 和 y 中的最大值	max (3,5)	5
min(x,y)	返回 x 和 y 中的最小值	min (3,5)	3
pow(x,y)	返回 x 的 y 次幂	pow (2,3)	8
random()	返回 0~1 之间的随机数	random()	随机
round(x)	把一个数四舍五入为最接近的整数	round (6.8)	7
sqrt(x)	返回数的算术平方根	sqrt (9)	3

示例 6-9 是 Math 对象常用方法的应用。页面显示结果如图 6-9 所示。

示例 6-9

```
<!--demo0609.html-->
<!DOCTYPE html>
```

```
<html>
<head>
<meta charset="gb2312">
<title>Math 对象的方法</title>
</head>
<body>
<script language="javascript">
  document.write("最大值 max(1,2): "+Math.max(1,2)+"<br>");
  document.write("最小值 min(1,2): "+Math.min(1,2)+"<br>");
  document.write("四舍五入 round(3.456): "+Math.round(3.456)+"<br/>");
  document.write("四舍五入 round(3.567): "+Math.round(3.567)+"<br/>");
  document.write("随机数 random(): "+Math.random()+"<br/>");
  //- 0~10 的随机数
  var num=Math.round(Math.random()*10);
  document.write("0~10 的随机数: "+num+"<br/>");
  //- 0~100 的随机数
  num=Math.round(Math.random()*100);
  document.write("0~100 的随机数: "+num+"<br/>");
  document.write("半径为 5 的圆的面积是: "+Math.PI*Math.pow(5,2)+"<br/>");
</script>
</body>
</html>
```

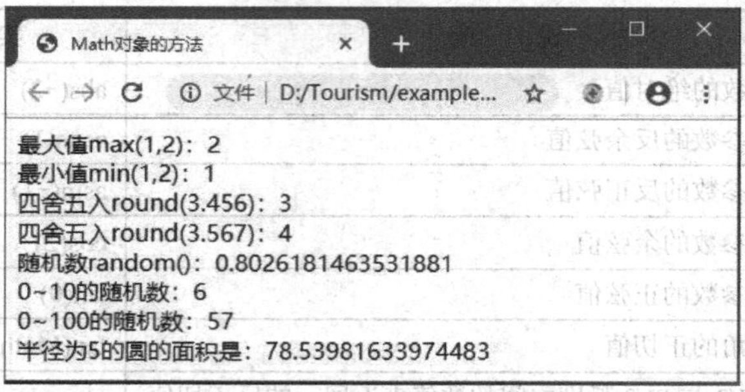

图 6-9　Math 对象方法的示例

6.3　浏览器对象

JavaScript 内置对象为程序设计提供了常用功能，浏览器对象则提供了访问、控制、修改客户端浏览器的方法。浏览器对象模型（Browser Object Model，BOM）是 JavaScript 可以操作浏览器的各个功能部件的接口，它提供访问各个功能部件（如窗口本身、屏幕功能部件、历史记录等）的途径以及操作方法。BOM 由一系列对象构成，主要包括 Window、Navigator、Screen、Location、History 和 Document 等对象。

6.3.1　BOM 概述

BOM 是浏览器窗口本身的一个对象化描述模型，由一系列对象组成。该模型提供了访问、控制、修改客户端（浏览器）的方法，也具有有限的访问和操作权限。由于不同浏览器都有各自的特点，所以到目前为止并没有一个统一的 BOM 标准。BOM 的核心（顶层）对象是 Window 对象。

1. BOM 对象体系结构

BOM 由一系列相关对象组成，其体系结构如图 6-10 所示。

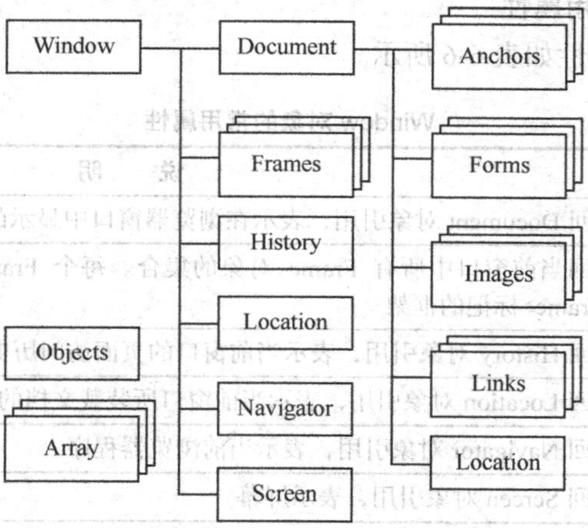

图 6-10 BOM 对象体系结构

在图 6-10 所示的 BOM 体系结构中，顶层对象是窗口对象（Window），第 2 层是 Window 对象包含的子对象，包括文档对象（Document）、框架对象（Frames）、历史对象（History）、地址对象（Location）、浏览器对象（Navigator）和屏幕对象（Screen）。第 3 层是 Document 对象包含的子对象，包括锚点对象（Anchors）、窗体对象（Forms）、图像对象（Images）、链接对象（Links）和地址对象（Location）。

2. 访问 BOM 中的对象

在 BOM 体系结构中，Window 对象是 BOM 的顶层（核心）对象，是浏览器窗口，可以直接访问。例如，设置窗口的状态栏属性，语句为：

```
window.status="欢迎光临我的网站！"          //status 为 Window 对象的状态栏属性
```

调用 Window 对象的方法，弹出信息提示窗口，语句为：

```
window.alert("欢迎光临!");          //alert()为 Window 对象的方法，功能是弹出信息提示窗口
```

在 BOM 体系结构中，所有下层对象都可以视为上层对象的属性，因此访问下层对象的方法与访问对象属性的方法相同，使用点（.）运算符。例如，若要调用 Window 对象的下一层 Document 对象的 write 方法，语句为：

```
window.document.write("hello");   //write()为 Document 对象的方法
```

在 BOM 中，由于 Window 对象是顶层对象，因此可以直接访问其属性和方法，即在调用属性和方法时，代码中的“window”可以省略不写。即上述语句可以直接写成：

```
document.write("hello");
```

下面对 alert()方法的两种访问方法都是正确的。

```
window.alert("hello") ;
alert("hello");
```

6.3.2 Window 对象

Window 对象代表的是打开的浏览器窗口。通过 Window 对象可以控制窗口的大小和位置、打开窗口与关闭窗口、弹出对话框、进行导航以及获取客户端的一些信息（如浏览器版本、屏幕分辨率等）。

对于窗口中的内容，Window 对象可以控制是否重载网页、返回上一文档或前进到下一文档等。

Window 对象是 BOM 中的顶级对象，操作 Window 对象的子对象，可以实现网页更多的动态效果。下面具体介绍 Window 对象及其子对象的常用属性和方法。

1. Window 对象的常用属性

Window 对象的常用属性如表 6-6 所示。

表 6-6　Window 对象的常用属性

属　性	说　明
document	返回 Document 对象引用，表示在浏览器窗口中显示的页面文档
frames	返回当前窗口中所有 Frame 对象的集合。每个 Frame 对象对应一个用<frame>或<iframe>标记的框架
history	返回 History 对象引用，表示当前窗口的页面访问历史记录
location	返回 Location 对象引用，表示当前窗口所装载文档的 URL
navigator	返回 Navigator 对象引用，表示当前浏览器程序
screen	返回 Screen 对象引用，表示屏幕
name	返回当前窗口的名字
status	返回窗口状态栏中的当前信息
defaultStatus	返回窗口状态栏中的默认信息
parent、self、top	分别返回父窗口、当前窗口和最顶层窗口的对象引用
closed	返回当前窗口是否关闭的布尔值

2. Window 对象的常用方法

Window 对象的常用方法如表 6-7 所示。

表 6-7　Window 对象的常用方法

方　法	说　明
open(URL,name,features)	创建一个名为"name"的新浏览器窗口，并在新窗口中显示 URL 指定的页面。其中，features 是可选项，可以为新建窗口指定大小和外观等特性；若 URL 是空字符串，则该 URL 相当于空白页的 URL
close()	关闭浏览器窗口
alert(msg)	弹出警示对话框，msg 为字符串，表示对话框中的显示文本
confirm(msg)	弹出带有"确认"和"取消"按钮的对话框，msg 为字符串，表示对话框中的显示文本，此参数可省略。当用户单击"确认"按钮时，confirm()方法返回 true；单击"取消"按钮时返回 false
prompt(msg,defaultText)	弹出提示对话框，此对话框中带有一个输入文本框，参数 msg 为显示在对话框中的提示信息，可省略；defaultText 为用户输入到输入文本框中的值，可设置默认值，如果忽略此参数，将被设置为 undefined。若选择"确定"按钮结束对话框，该方法返回值为用户输入的值；若选择"取消"按钮，则返回值为 null
print()	相当于单击浏览器工具栏中的"打印"按钮
blur()、focus()	分别将窗口放在所有其他打开窗口的后面、前面
moveTo(x,y)	将窗口移到指定位置。x、y 分别是水平、垂直坐标，以像素为单位（下同）
moveBy(offsetx,offsety)	将窗口移动指定的位移量

续表

方　法	说　明
resizeTo(x,y)	将窗口设置为指定的大小
resizeBy(offsetx,offsety)	按照给定的位移量重新设定窗口的大小
scrollTo(x,y)	窗口中的页面内容滚动到指定的坐标位置
scrollBy(offsetx,offsety)	按照给定的位移量滚动窗口中的页面内容
setTimeout(exp,time)	设置一个延时器，使 exp 中的代码在 time 毫秒后自动执行一次。该方法返回延时器的 ID
setInterval(exp,time)	设置一个定时器，使 exp 中的代码每间隔 time 毫秒就周期性地自动执行一次。该方法返回定时器的 ID
clearTimeout(timerID)	取消由 setTimeout()设置的延时操作
clearInterval(timerID)	取消由 setInterval()设置的定时操作
navigate(URL)	使窗口显示 URL 指定的页面

在 Window 对象的 open()方法中，feature 参数用来指定新建窗口的大小和外观等特性。具体参数请查阅相关文档。

在 JavaScript 中，对 Window 对象的使用主要集中在窗口的打开和关闭、窗口状态的设置、定时执行以及各种对话框的使用等。下面通过具体示例来说明 Window 对象的应用。

3. Window 对象的应用

（1）警告对话框、确认对话框和提示对话框

Window 对象的 alert()、confirm()和 prompt()方法执行时可以在网页中分别弹出警告、确认和提示对话框。

示例 6-10 综合运用 alert()、confirm()和 prompt()方法，实现用户登录考试系统的效果。程序运行中 prompt()方法运行情况如图 6-11 所示。

示例 6-10

```
<!--demo0610.html-->
<!DOCTYPE html>
<html>
<head>
<meta charset="utf-8">
<title>Window 对象方法</title>
</head>
<body>
<script language="javascript">
     var name="";
     name=window.prompt("请输入你的姓名：",name);
     window.alert(name+"你好！欢迎参加银行招聘考试，请核实个人信息！");
     if (window.confirm("单击“确定”将进入正式考试!")){
            window.location.href="exam.html";
     };
</script>
</body>
</html>
```

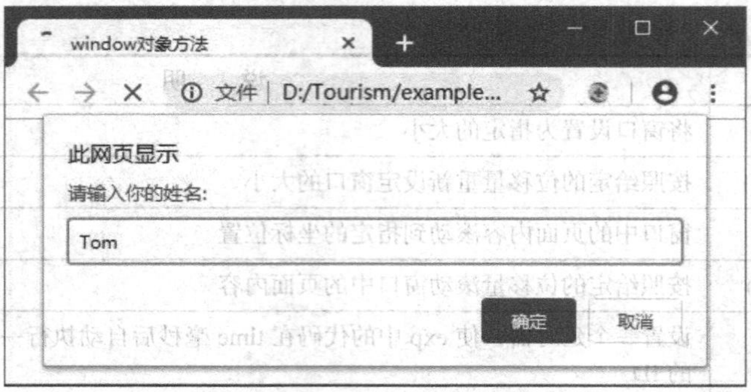

图 6-11　Window 对象的 prompt()方法

（2）定时器

Window 对象的 setInterval()和 setTimeout()方法分别实现系统定时器和延时器功能。两个方法的参数相同，但需要注意，setInterval()方法是每间隔参数指定时间，周期性地自动执行参数中指定的代码段，而 setTimeout()方法是经过参数指定时间后自动执行一次指定代码段。

示例 6-11 应用 setInterval()方法，实现了实时显示系统时间的功能。页面显示结果如图 6-12 所示。

示例 6-11

```
<!--demo0611.html-->
<!DOCTYPE html>
<html>
<head>
<meta charset="gb2312">
<title>Window 对象的定时器设置</title>
<script language="JavaScript">
    var timer;
    function clock() {
        var timestr="";
        var now=new Date();
        var hours=now.getHours();
        var minutes=now.getMinutes();
        var seconds=now.getSeconds();
        timestr+=hours;
        timestr+=((minutes<10)? ":0" : ":")+minutes;
        timestr+=((seconds<10)? ":0" : ":")+seconds;
        window.document.frmclock.txttime.value=timestr;
   }
        timer=setInterval('clock()',1000);       //每隔 1 秒钟自动执行 clock()函数
   function stopit()      {
          clearInterval(timer);                  //取消定时器
   }
</script>
</head>
<body>
    <form action="" method="post" name="frmclock" id="frmclock">
        <p>当前时间：<input name="txttime" type="text" id="txttime">
        <input type="button" name="Submit2" value="停止时钟" onclick="stopit()"/>
        </p>
    </form>
```

```
</body>
</html>
```

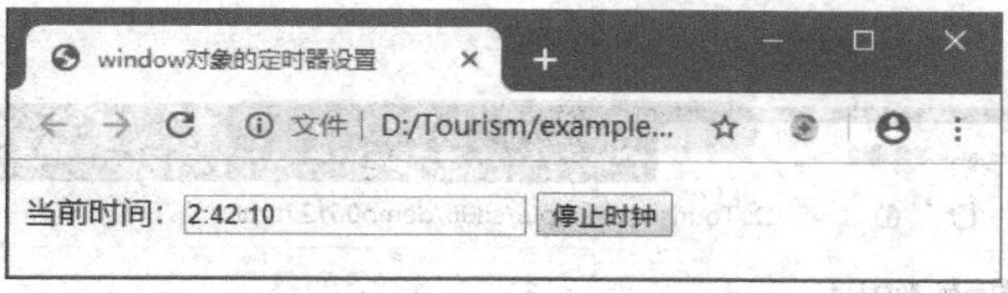

图 6-12　设置定时器实时显示系统时间

6.3.3　Navigator 对象

Navigator 是存储浏览器信息的对象。浏览器信息主要包含浏览器及与用户使用的操作系统有关的信息，这些信息只能读取，不可以设置。使用时只要直接引用 Navigator 对象即可。

浏览器对象常用的属性如表 6-8 所示。

表 6-8　Navigator 对象的常用属性

属　性	说　明
appCodeName	返回浏览器的代码名，绝大多数浏览器返回“Mozilla”
appName	返回浏览器的名称
appVersion	返回浏览器的平台和版本信息
platform	返回浏览器的操作系统平台
cpuClass	返回浏览器系统的 CPU 等级
onLine	返回指明系统是否处于联机模式的布尔值
cookieEnabled	返回指明浏览器中是否启用 cookie 的布尔值
userAgent	返回由客户机发送给服务器的 user-agent 头部的值

示例 6-12 应用 Navigator 对象获取浏览器信息。页面显示结果如图 6-13 所示。

示例 6-12

```
<!--demo0612.html-->
<!DOCTYPE html>
<html>
<head>
<meta charset="utf-8">
<title>Navigator 对象属性</title>
</head>
<body>
<pre>
<script language="javascript">
    document.writeln("浏览器代码名称: "+navigator.appCodeName);
    document.writeln("浏览器名称: "+navigator.appName);
    document.writeln("浏览器版本号: "+navigator.appVersion);
    document.writeln("操作系统平台: "+navigator.platform);
    document.writeln("CPU 等级: "+navigator.cpuClass);
    document.writeln("支持 Java? : "+navigator.javaEnabled());
    document.writeln("允许 cookie? : "+navigator.cookieEnabled);
    document.writeln("用户代理: "+navigator.userAgent);
```

```
</script>
</pre>
</body>
</html>
```

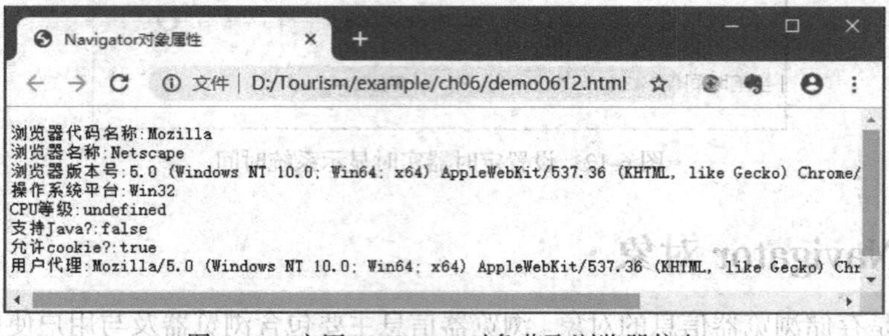

图 6-13　应用 Navigator 对象获取浏览器信息

6.3.4　Screen 对象

Screen 是 JavaScript 中的屏幕对象，反映了当前用户的屏幕设置信息。该对象的常用属性及说明如表 6-9 所示。

表 6-9　Screen 对象的常用属性

属　性	说　明
width、height	分别返回屏幕的宽度、高度，以像素为单位（下同）
availWidth	返回屏幕的可用宽度
availHeight	返回屏幕的可用高度（除 Window 任务栏之外）
colorDepth	返回屏幕的颜色深度，即用户在“显示属性”对话框“设置”选项中设置的颜色深度

示例 6-13 使用 Screen 对象获取屏幕信息。页面显示结果如图 6-14 所示。

示例 6-13

```
<!--demo0613.html-->
<!DOCTYPE html>
<html>
<head>
<meta charset="utf-8">
<title>Navigator对象属性</title>
</head>
<body>
<script language="javascript">
    w=window.screen.width;
    document.writeln("屏幕宽度是: "+w+"<br/>");
    h=window.screen.height;
    document.writeln("屏幕高度是: "+h+"<br/>");
    cd=window.screen.colorDepth;
    document.writeln("屏幕色深是: "+cd+"<br/>");
    aw=window.screen.availWidth;
    document.writeln("屏幕可用宽度是: "+aw+"<br/>");
    ah=window.screen.availHeight;
    document.writeln("屏幕可用高度是: "+ah);
```

```
</script>
</body>
</html>
```

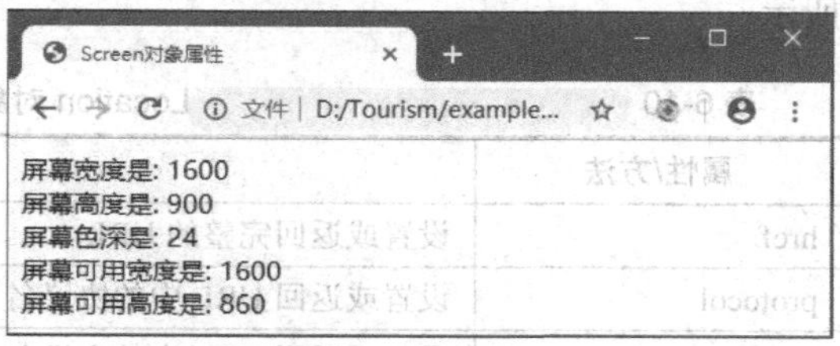

图 6-14 应用 Screen 对象获取屏幕信息

示例 6-14 实现的如下功能，当单击页面上的“注册”按钮时，检验当前屏幕分辨率是否为“1024×768”，如果是则打开注册页面 register.html；如果不是，则弹出警告对话框，提示用户更改屏幕分辨率，然后再去注册。当单击“退出”按钮时，弹出确认对话框，询问用户“确认退出系统吗？”，确认则关闭窗口，取消则不关闭。页面显示结果如图 6-15 所示。

示例 6-14

```
<!--demo0614.html-->
<!DOCTYPE html>
<html>
<head>
<meta charset="utf-8">
<title>JavaScript 对象</title>
<script language="javascript">
    function openwindow() {
      if (window.screen.width == 1024 && window.screen.height == 768)
        window.open("register.html");
      else
        window.alert("请设置分辨率为 1024x768，然后再打开");
    }
    function closewindow(){
      if(window.confirm("您确认要退出系统吗？"))
        window.close();
    }
</script>
</head>
<body>
    <input type="button" name="regButton" value="注册" onclick="openwindow()" />
    <input type="button" name="exitButton" value="退出" onclick="closewindow()" />
</body>
</html>
```

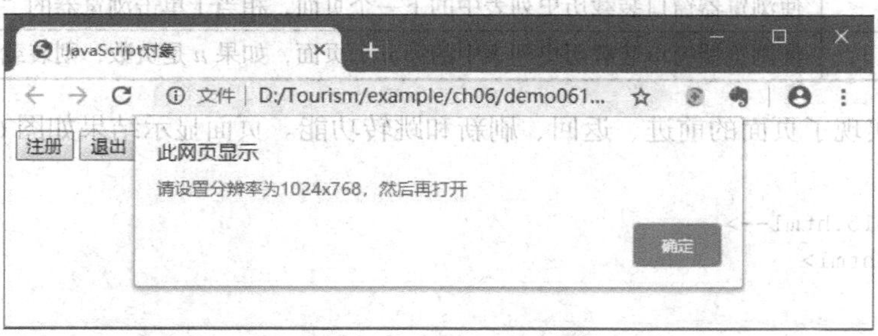

图 6-15 示例 6-14 显示结果

6.3.5 Location 对象

Location 对象即地址对象，表示当前窗口所装载文档的 URL，其常用属性和方法如表 6-10

所示。

表 6-10　　Location 对象常用属性和方法

属性/方法	说　明
href	设置或返回完整的 URL
protocol	设置或返回 URL 中的协议名
hostname	设置或返回 URL 中的主机名
host	设置或返回 URL 中的主机部分，包括主机名和端口号
port	设置或返回 URL 中的端口号
pathname	设置或返回 URL 中的路径名
hash	设置或返回 URL 中的锚点
search	设置或返回 URL 中的查询字符串及从问号开始的部分
assign(url)	为当前窗口装载由 URL 指定的文档
reload(force)	重新装载当前文档。若参数 force 值为 false（默认），则可能装载缓存的页面；若参数为 true，则表示从服务器重新装载
replace(url)	在浏览器窗口装载由 URL 指定的页面，并在历史列表中代替上一个网页的位置，从而使用户不能用“后退”按键返回前一个文档

6.3.6　History 对象

History 对象即历史对象，是一个只读的 URL 字符串数组，该对象主要用来存储最近所访问网页的 URL 地址列表。其常用属性和方法如表 6-11 所示。

表 6-11　　History 对象常用属性和方法

属性/方法	说　明
length	返回历史列表的长度及历史列表中包含的 URL 个数
current	当前文档的 URL
next	历史列表的下一个 URL
previous	历史列表的前一个 URL
back()	使浏览器窗口装载历史列表中的上一个页面，相当于单击浏览器的“后退”按钮
forward()	使浏览器窗口装载历史列表中的下一个页面，相当于单击浏览器的“前进”按钮
go(n)	使浏览器窗口装载历史列表中的第 *n* 个页面，如果 *n* 是负数，则装载前第 *n* 个页面

示例 6-15 实现了页面的前进、返回、刷新和跳转功能。页面显示结果如图 6-16 所示。

示例 6-15

```
<!--demo0615.html-->
<!DOCTYPE html>
<html>
<head>
<meta charset="utf-8">
<title>页面跳转</title>
</head>
<body >
    <form name="form1" method="post" action="">
```

```
    <td width="4%"><a href="javascript: history.forward()">前进</a></td>
    <td width="4%"><a href="javascript: history.back()">返回 </a></td>
    <td width="4%"><a href="javascript: location.reload()">刷新</a></td>
    <td width="6%"><a href="../index.html">首页</a></td>
  跳转到其他版块
    <select name="selTopic" id="selPTopic" onChange="javascript:
  location=this.value">
        <option value="news.html" selected="selected">新闻贴图</option>
        <option value="gard.html">网上谈兵</option>
        <option value="it.html">it 茶馆</option>
        <option value="education.html" selected >教育大家谈</option>
    </select>
    </form>
</body>
</html>
```

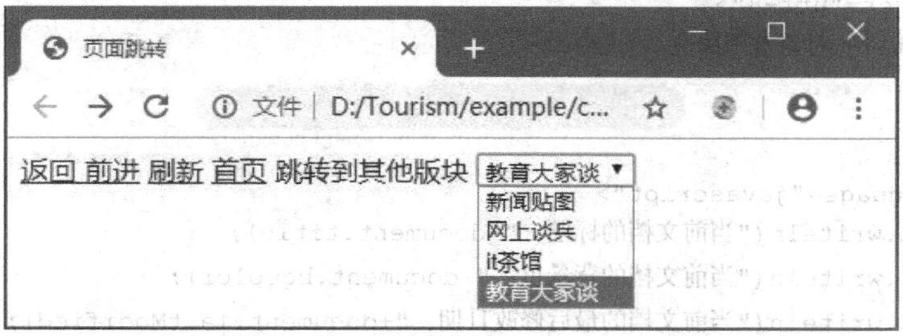

图 6-16 运用 History 对象实现页面前进、返回、刷新和跳转

6.3.7 Document 对象

Document 对象即文档对象，表示浏览器窗口中的页面文档，其常用的属性和方法如表 6-12 和表 6-13 所示。

表 6-12 Document 对象常用属性（作为 BOM 对象）

属　性	说　明
parentWindow	返回当前页面文档所在窗口对象的引用
cookie	设置或查询当前文档相关的所有 cookie
domain	返回提供当前文档的服务器域名
lastModified	返回当前文档的最后修改时间
title	返回当前文档的标题，即由<title>标记的文本
URL	返回当前文档的完整 URL
bgColor	返回文档的背景色
fgColor	返回文档的前景色
linkColor	返回文档中超链接的颜色
vlinkColor	返回文档中已访问超链接的颜色
alinkColor	返回文档中激活的超链接的颜色

表 6-13 Document 对象常用方法

方 法	说 明
open([type])	使用指定的 MIME 类型（默认为“text/html”）打开一个输出流。该方法将除去当前文档的内容，开始一个新文档。可以使用 write()或 writeln()方法为新文档编写内容，最后必须用 close()方法关闭输出流
close()	关闭用 open()方法打开的输出流，并强制缓存输出所有内容
write()	向文档写入 HTML 代码或文本
writeln()	与 write()方法类似，不过要多写入一个换行符

示例 6-16 显示当前页面文档的属性。页面显示结果如图 6-17 所示。

示例 6-16

```
<!--demo0616.html-->
<!DOCTYPE html>
<html>
<head>
<meta  charset="utf-8">
<title>Document 对象常用属性</title>
</head>
<body>
<pre>
<script language="javascript">
    document.writeln("当前文档的标题："+document.title);
    document.writeln("当前文档的背景色："+document.bgColor);
    document.writeln("当前文档的最后修改日期："+document.lastModified);
    document.writeln("当前文档的 cookie："+document.cookie);
    document.writeln("当前文档来自："+document.domain);
    document.writeln("当前文档 URL："+document.URL);
</script>
</pre>
</body>
</html>
```

图 6-17 显示页面文档的属性

示例 6-17 实现了重新设置当前页面属性及动态生成页面的效果。页面显示结果如图 6-18 所示。

示例 6-17

```
<!--demo0617.html-->
<!DOCTYPE html>
<html>
<head>
<meta charset="utf-8">
```

```
<title>动态生成文档</title>
<SCRIPT language=JavaScript>
    function setBgColor(color) {
         document.bgColor=color;
     }
     function setFgColor(color){
         //设置 id 为 text 的 div 区域的文本颜色
         document.getElementById("text").style.color=color;
     }
      function openWin() {
         var newwin=window.open('','','top=0,left=0,width=260,' +
          'height=220,menubar=no,toolbar=no,directories=no,' +
          'location=no,status=no,resizable=yes,scrollbars=yes');
          newwin.document.open();
          newwin.document.write("<h4>这是在指定窗口输出的内容</h4>");
          newwin.document.write('<center><b>最新通知</b></center>');
          newwin.document.write('<p>本周末我们班组织西山水库一日游，');
          newwin.document.writeIn('<br>有意者请到组织委员处报名！');
          newwin.document.bgColor="yellow";
          newwin.document.write('<p align="right">' +
          '<a href="javascript:self.close()">关闭窗口</a>');
         newwin.document.close();
     }
</SCRIPT>
</head>
<body>
    <p>设置当前页面背景色：
    <select name=stcolor onchange=setBgColor(this.value)>
        <option value=#f0f0f0 selected>浅灰</option>
        <option value=#FFFFFF>白色</option>
        <option value=#FFCCFF>粉红</option>
        <option value=#CCCCCC>灰色</option>
    </select>
    <p>设置当前页面文本颜色：
    <select name=stcolor onchange=setFgColor(this.value)>
        <option value=red>红色</option>
        <option value=#CCCCCC>灰色</option>
        <option value=#CCFFCC>绿色</option>
        <option value=blue>蓝色</option>
        <option value=#000000>黑色</option>
    </select>
    <p><a href="javascript:openWin()">单击查看最新通知</a>
    <h2>对象属性</h2>
    <div id="text">
        document.title—文档标题等价于 HTML 的 title 标签<br/>
        document.bgColor—页面背景色<br/>
        document.fgColor—前景色(文本颜色)<br/>
        document.linkColor—未点击过的链接颜色<br/>
        document.alinkColor—激活链接(焦点在此链接上)的颜色<br />
    </div>
```

```
</body>
</html>
```

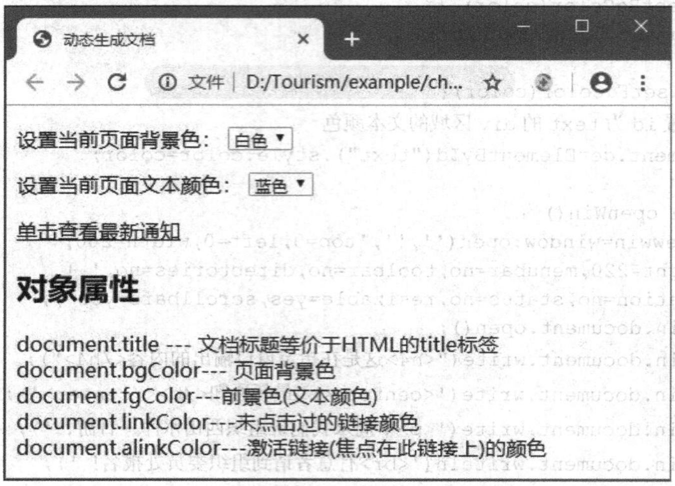

图 6-18　示例 6-17 的浏览效果

说明

① document.getElementById("text").style.color 表示设置 id 值为 text 的 div 区域的文本颜色，getElementById()方法将在 6.4.3 节给出详细讲解。

② openWin()函数中，window.open()表示打开一个新窗口，newWin.document.open()表示为新窗口打开一个文档输出流，从而可以用 Document 对象的 writeln()方法生成一个新页面文档的 HTML 代码。

③ 单击页面中的“单击查看最新通知”链接，将打开一个用文件输出流生成的页面。

作为 Window 对象的子对象，Document 对象主要实现了获取和设置页面文档的属性，动态生成页面文档等功能。但 Document 对象更为强大的功能是作为访问 HTML 页面的入口，使用 DOM 的强大功能实现访问、检索、修改 HTML 文档内容与结构。

6.4　HTML DOM 对象

通过上面章节的学习，我们知道 JavaScript 通过访问 BOM 对象来完成访问、控制、修改客户端浏览器的操作，如果要进一步处理浏览器窗口显示的页面文档，则必须使用 HTML DOM 技术。下面为读者详细介绍 HTML DOM 技术。

6.4.1　DOM 概述

1. DOM 的概念

DOM 是 Document Object Model 的简写，即文档对象模型。DOM 由一系列对象组成，提供一系列访问、检索、修改 XHTML 文档内容与结构的标准方法。

DOM 有如下特点。

- DOM 是跨平台与跨语言的。
- DOM 是用于 XHTML、XML 文档的应用程序接口（API）。

- DOM 提供一种结构化的文档描述方式，从而使 HTML 内容以结构化的方式显示。
- DOM 标准是由 W3C 制定与维护的。
- DOM 的顶层是 Document 对象。

在 W3C 制定的 DOM 标准，DOM 主要包括以下 3 部分。

- Core DOM（核心 DOM）：定义了访问和处理任何结构化文档的基本方法。
- XML DOM：定义了访问和处理 XML 文档的标准方法。
- HTML DOM：定义了访问和处理 HTML 文档的标准方法。

2. DOM 树

DOM 将文档表示为具有层次结构的节点树，HTML 文档中的每个元素、属性、文本等都代表着树中的一个节点。树起始于文档节点，并由此继续伸出枝条，直到处于这棵树最低级别的所有文本节点为止。

例如以下 HTML 文档。

```
<html>
  <head>
    <title>DOM Tutorial</title>
  </head>
  <body>
    <h1>DOM Lesson</h1>
    <p id="p1">Hello world!</p>
  </body>
</html>
```

DOM 将根据 HTML 标记的嵌套层次把该文档处理为图 6-19 所示的文档树。

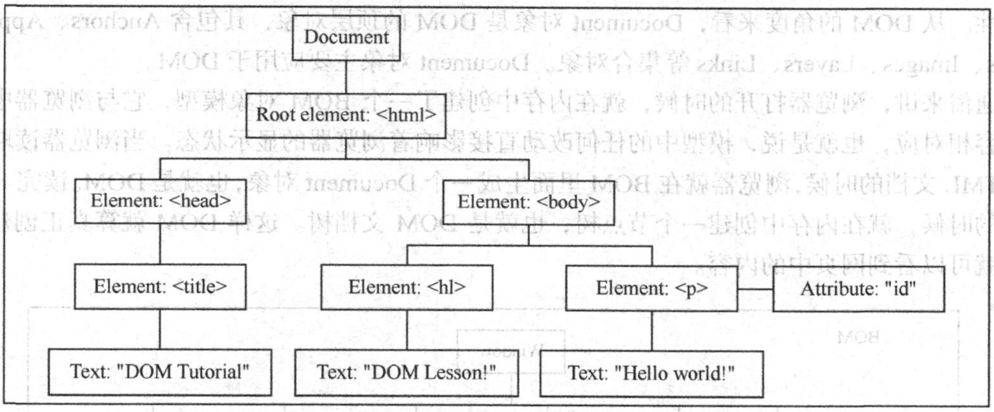

图 6-19　HTML DOM 树示意图

DOM 树的节点之间存在以下层次关系。

- 根节点：节点处于层次树的顶端，是其他所有节点的“祖先”。
- 父节点：除文档根节点之外的每个节点都有父节点。例如，上例中<head>和<body>的父节点是<html>节点，文本节点“Hello world!”的父节点是<p>节点。
- 子节点：大部分元素节点都有子节点。例如，<head>节点有一个子节点，即<title>节点。<title>节点也有一个子节点，即<text>节点“DOM Tutorial”。
- 兄弟关系：当节点分享同一个父节点时，它们就是兄弟关系（同级节点）。例如，<h1>和 <p>是兄弟关系，因为它们的父节点均是<body>节点。

- 祖先/后代关系：节点也可以拥有后代，后代指某个节点的所有子节点，或者这些子节点的子节点，依此类推，例如，所有的文本节点都是<html>节点的后代，而第一个文本节点是<head>节点的后代。节点也可以拥有先辈，先辈是某个节点的父节点，或者父节点的父节点，依此类推，例如所有的文本节点都可把<html>节点作为先辈节点。

3. 节点类型

根据 W3C DOM 规范，DOM 树中的节点分为 12 种类型。其中，常用节点类型是元素、属性、文本、注释和文档 5 种，如表 6-14 所示。

表 6-14　　常用 DOM 节点类型

节点类型	ID	说　明
Element	1	元素节点，表示用标记对标记的文档元素，如普通段落<p>…</p>
Attribute	2	属性节点，表示一对属性名和属性值，如 id="p1"。该类节点不能包含子节点
Text	3	文本节点，如<p>Hello world!</p>标记中的文本 Hello world!。该类节点不能包含子节点
Comment	8	注释节点，表示文档注释。该类节点不能包含子节点
Document	9	文档节点，表示整个文档

4. DOM 与 BOM 的关系

图 6-20 描述了 BOM 与 DOM 的关系。

从图 6-20 中可以看出 BOM 包含 DOM。Document 对象是一个既属于 BOM 又属于 DOM 的对象。从 BOM 的角度来看，Document 对象中包含了页面中一些通用的属性和方法（像之前介绍的 alinkColor、bgColor、fgColor、title 属性及 open()、write()等方法），用来获取和设置页面文档的属性。从 DOM 的角度来看，Document 对象是 DOM 的顶层对象，其包含 Anchors、Applets、Forms、Images、Layers、Links 等集合对象。Document 对象主要应用于 DOM。

通俗来讲，浏览器打开的时候，就在内存中创建了一个 BOM 对象模型，它与浏览器中显示的内容相对应，也就是说，模型中的任何改动直接影响着浏览器的显示状态。当浏览器读取到一个 HTML 文档的时候，浏览器就在 BOM 里面生成一个 Document 对象，也就是 DOM。读完 HTML 文档的时候，就在内存中创建一个节点树，也就是 DOM 文档树。这样 DOM 就算真正创建了，于是就可以看到网页中的内容。

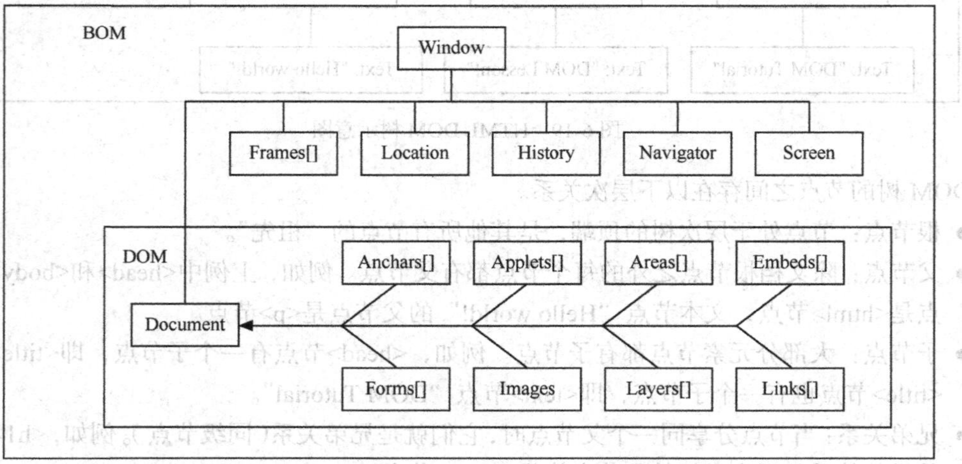

图 6-20　BOM 与 DOM 的关系

6.4.2 HTML DOM 对象

HTML DOM 是 DOM 规范中用来访问和处理 HTML 文档的标准方法，主要功能是实现访问、检索、修改 HTML 文档的内容与结构。在 HTML DOM 中，Document 对象表示处于 HTML DOM 树中顶层的文档节点，代表整个 HTML 文档，是访问 HTML 页面的入口。

HTML Document 对象包含很多集合对象，如 All、Anchors、Forms、Links 等，这些子对象也可以作为 HTML Document 的属性进行访问。通过 HTML Document 对象提供的常用属性和方法，可以访问页面中的任意元素。其常用属性与方法如表 6-15 和表 6-16 所示。

表 6-15　　Document 对象常用属性（作为 HTML DOM 对象）

属　　性	说　　明
all	返回文档中所有元素对象的集合（按 HTML 源代码顺序排列，下同），只有 IE 支持此属性，因此经常用来判断浏览器的种类
anchors	返回文档中所有锚点（<a name= "…">）对象的集合
forms	返回文档中所有表单（<form>）对象的集合
images	返回文档中所有图像（<img>）对象的集合
links	返回文档中所有超链接（<a href="…">）对象的集合
stylesheets	返回文档中所有样式表对象的集合
body	返回<body>元素对象的引用
documentElement	返回<html>元素对象的引用

表 6-16　　Document 对象常用方法（作为 HTML DOM 对象）

方　　法	说　　明
getElementById(id)	获取第 1 个具有指定 id 属性值的页面元素对象引用
getElementsByName(name)	获取具有指定 name 属性值的页面元素对象集合
getElementsByTagName(tag)	获取具有标记名为“tag”的页面元素对象集合

6.4.3 访问 HTML DOM 对象

通过 HTML Document 对象提供的属性和方法，运用 DOM 技术可以访问 HTML 文档中的每个元素。对文档元素进行访问和操作的常用方式有以下几种。

1. 访问集合对象

在 HTML DOM 中，Document 对象的子对象都是集合对象，如 All、Anchors、Forms、Images、Links 等。表 6-17 给出了这些集合对象的通用属性。

表 6-17　　HTML DOM 中集合对象的通用属性

属　　性	说　　明
length	返回集合中对象的数目
item(index)	返回由参数 index 指定的对象，参数 index 可以是以下两种类型的值。 ① 整数，是对象在集合中的索引号（从 0 开始），此时可将集合视为数组 ② 字符串，是页面元素对象的 name 或 id 属性值。若多个对象具有相同的 name 或 id 属性值，则该方法将返回一个集合
tags(tag)	获取具有标记名为“tag”的页面元素对象集合

（1）访问集合中的对象常使用以下 3 种方法。

- 将集合对象视为数组对象，按访问数组元素方式访问，如 forms[i]等同于 forms.item(i)。
- 使用集合对象的 item()方法访问具有指定 name 或 id 属性值的页面元素对象，如 item("text")。text 表示标签中 name 或 id 属性的值。
- 使用集合对象的 tags()方法访问具有指定标记名的页面元素对象的集合。

（2）访问 form 表单中的控件经常使用以下 2 种方法。

- 使用 Form 对象的 elements 集合属性。
- 直接使用控件名。

例如，对于下面的表单：

```
<form name="fr" action="hello.jsp" method="post">
    <input type="text" name="password">
</form>
```

若要访问表单中密码框的 value 属性，则可以用下列方法。

```
var pass=fr.elements[0].value;              //引用表单 fr 中第 1 个控件的 value 属性
var pass=fr.elements["password"].value;     //引用表单 fr 中控件为 password 的控件
var pass=fr.password.value                  //引用表单中 name 属性为 password 的控件
```

示例 6-18 为输出表单中包含的所有元素（标记）的名称（标记的 name 属性值）。页面显示结果如图 6-21 所示。

示例 6-18

```
<!--demo0618.html-->
<!DOCTYPE html>
<head>
<meta charset="utf-8">
<title>以集合方式访问 HTML 文档元素</title>
</head>
<body>
    <form method="post" action="">
    姓名：<input type=text name="name"  size=12 maxlength=6 /><p>
    性别：<select name="sex">
            <option> 男
            <option> 女
        </select><p>
    请选择目的地：
    <input type=checkbox name="bj" checked /> 北京
    <input type=checkbox name="sh" /> 上海
    <input type=checkbox name="xa" /> 西安
    <input type=checkbox name="km" /> 昆明<p>
    请选择付款方式：
    <input type=radio name="pay1" /> 信用卡
    <input type=radio name="pay1" checked /> 现金<p>
    <input type=reset name="复位" value="复位" />
    <input type=submit name="提交" value="确定" />
    </form>
    <script language="javascript">
        for(var j=0;j<document.forms.length;j++) {
```

```
            document.write("第"+(j+1)+"个表单中包括的元素名称为：");
            for(var i=0;i<=document.forms[j].length;i++) {
                //获得第 j+1 个表单中的第 i+1 个元素
                var element=document.forms[j].elements[i];
                if(i>0)  document.write(", ");
                document.write(element.name);         //显示元素的 name 属性
            }
        }
    </script>
</body>
</html>
```

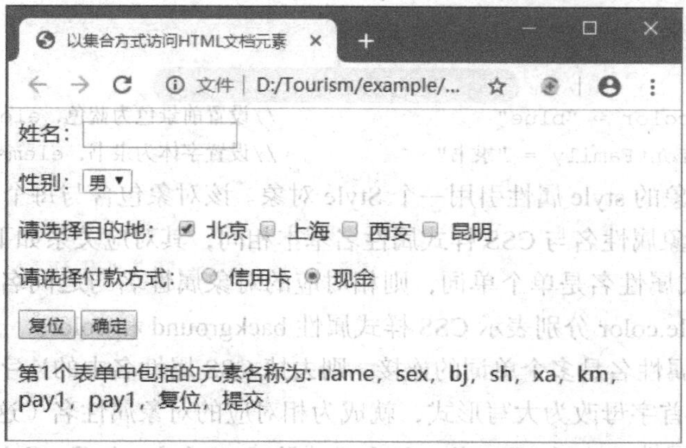

图 6-21　显示表单中包含的元素名称

说明

① document.forms.length 表示 forms 集合中包含的对象的个数，即文档中包含的 form 表单的个数。

② document.forms[j].length 表示第 *j*+1 个表单中包含的元素的个数，即 DOM 树中 form 元素包含的下一级元素的个数，也可以写为 document.forms.item[j].length。

③ document.forms[j].elements[i]表示第 *j*+1 个表单中第 *i*+1 个元素（控件），elements 为 Form 对象的集合属性。

2. 使用 getElementById()、getElementsByName()或 getElementsByTagName()方法访问指定元素

使用 getElementById()、getElementsByName()或 getElementsByTagName()方法可以访问 HTML 文档中具有指定 id、name 或标记名的元素。使用这几个方法时应注意以下 3 点。

① 语句 document.getElementById(id)与 document.all.item(id)、document.all.id 功能相同。语句 document.getElementsByName(name)与 document.all.item(name)、document.all.name 功能相同。语句 document.getElementsByTagName(tag)与 document.all.tags(tag)功能相同。

② 方法 getElementById(id)返回一个元素对象，而方法 getElementsByName(name)和 getElementsByTagName(tag)返回一个可能包含多个元素对象的集合。

③ IE 浏览器允许将 document.all.item(id 或 name)简写，即直接使用 id 或 name 属性值访问相应元素。

看下面的例子。

```
<a href="#" name="linkname" id="linkid">…</a>
```

若要访问<a>标记中的 href 属性，以下几种表示方法皆正确。

```
linkid.href;                                 //直接用 id 属性值引用
linkname.href;                               //直接用 name 属性值引用
document.all.item(linkid).href;              //用 document.all.item(id)方法引用
document.all.linkname.href;                  //用 document.all.name 方法引用
document.getElementById("linkid").href;      //用 document.getElementById(id)方法引用
```

3. 访问 CSS 对象

HTML DOM 也支持 CSS 样式表，可以使用 Style 对象操纵 HTML 文档的内嵌样式。我们知道 HTML 文档中的每个元素对象都有一个 style 属性，使用这个属性可以动态调整元素的内嵌样式，从而获得所需效果。

看下面的例子。

```
element.style.color = "blue"              //设置前景色为蓝色，element 表示元素对象
element.style.fontFamily = "隶书"          //设置字体为隶书，element 表示元素对象
```

实际上，元素对象的 style 属性引用一个 Style 对象。该对象包含与每个 CSS 样式属性相对应的属性，并且这些对象属性名与 CSS 样式属性名基本相同，其对应关系如下。

① 若 CSS 样式属性名是单个单词，则相对应的对象属性名与之同名。例如，对象属性的 style.background、style.color 分别表示 CSS 样式属性 background 和 color。

② 若 CSS 样式属性名是多个单词的连接，则去掉 CSS 属性名中的连字号（即“-”），并且将第 2 个及后续单词的首字母改为大写形式，就成为相对应的对象属性名（这种命名风格称为“驼峰式”）。例如，对象属性 style.fontFamily、style.fontSize、style.borderTopColor 分别表示 CSS 样式属性 font-family、font-size 和 border-top-color。

示例 6-19 是通过设置 style 对象的 display 属性来实现折叠树状菜单效果。页面显示结果如图 6-22 所示。

示例 6-19

```
<!--demo0619.html-->
<!DOCTYPE html>
<html>
<head>
<meta charset="utf-8">
<title>折叠树状菜单</title>
<style type="text/css">
    div {
        font-size:13px;
        color:#000000;
        line-height:22px;
    }
    div img {
        vertical-align:middle;
    }
    a {
        text-decoration:none;
    }
    a:hover {
        color:#999999;
    }
```

```
  </style>
  <script language="JavaScript">
      function show(d1){
        if(document.getElementById(d1).style.display=='none'){
            document.getElementById(d1).style.display='block';
        //如果触动的层处于隐藏状态，即显示
        }
            else {
            document.getElementById(d1).style.display='none';
            //如果触动的层处于显示状态，即隐藏
        }
      }
  </script>
  <head>
  <body>
    <div style="color:#C00; font-weight:bolder; height:30px;">
      <img src="images/fold.gif"  style="width:16px; height:16px;" />树形菜单
    </div>
    <div>
      <a href="javascript:onClick=show('1') "><img src="images/fclose.gif" />文学艺
术</a>
    </div>
    <div id="1" style="display:none">
      <img src="images/doc.gif">先锋写作<br/>
      <img src="images/doc.gif">小说散文<br/>
      <img src="images/doc.gif">诗风词韵
    </div>
    <div>
       <a href="javascript:onClick=show('2')"><img src= "images/fclose.gif" />贴图专区
</a>
    </div>
    <div id="2" style="display:none">
       <img src="images/doc.gif">真我风采<br/>
       <img src="images/doc.gif">视频贴图<br/>
       <img src="images/doc.gif">行行摄摄<br/>
       <img src="images/doc.gif">Flash 贴图
    </div>
  </body>
</html>
```

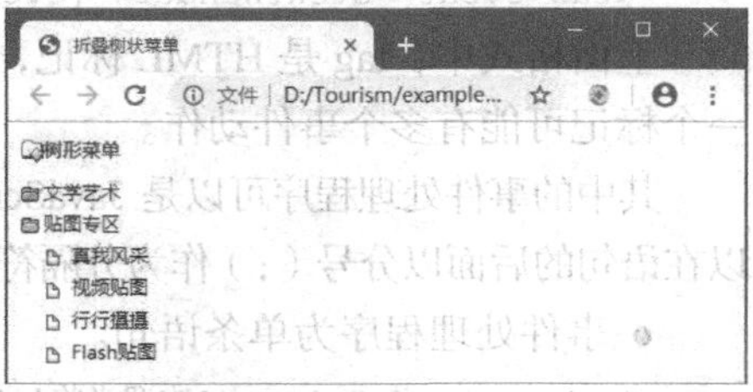

图 6-22 树状菜单

6.5 事件和事件处理

事件驱动编程也是 JavaScript 的核心技术之一。通过事件处理，可以实现用户与 Web 页面之间的动态交互行为。

6.5.1 事件处理的相关概念

1. 事件

JavaScript 的事件是指可以被浏览器识别的、发生在页面上的用户动作或状态变化。

用户动作是指用户在页面上的鼠标或键盘操作。例如，当用户单击页面上的按钮时将产生一个单击（click）事件，按键时将产生一个按键（keypress）事件等。

状态变化是指页面的状态发生变化。当一个页面装载完成时，将产生一个载入（load）事件；当调整窗口大小时，将产生一个改变大小（resize）事件；当改变表单的文本框内容时，将产生一个变化（change）事件等。

2. 事件处理

事件处理是指对发生事件进行处理的行为，这种行为需要事件处理程序来执行。事件处理程序是指对发生事件进行处理的程序代码片段，通常用一个函数来实现。

在程序运行期间，事件处理程序将响应相关事件并执行。

3. 事件处理步骤

事件处理是 JavaScript 基于对象编程的一个重要环节，它可以使程序的逻辑结构更加清晰，程序更具有灵活性，从而提高程序的开发效率。事件处理的一般步骤如下。

- 确定响应事件的元素。
- 为指定元素确定需要响应的事件。
- 为指定元素的指定事件编写相应的事件处理程序。
- 将事件处理程序绑定到指定元素的指定事件。

6.5.2 事件绑定

通过事件绑定将事件处理程序与某个事件相关联，当事件发生时就会触发该事件处理程序的执行。事件绑定有以下几种方法。

1. 直接在 HTML 标记中指定事件处理程序

直接在 HTML 标记中指定事件处理程序的语法格式如下。

```
<tag event="eventHander" [event="eventHander"] …>
```

上面格式中，tag 是 HTML 标记，event 是要产生的事件动作，eventHander 是事件处理程序，一个标记可能有多个事件动作。

其中的事件处理程序可以是 JavaScript 语句，也可以是自定义函数。如果是 JavaScript 语句，可以在语句的后面以分号（;）作为分隔符执行多条语句。下面是几种不同的事件处理程序的指定方法。

- 事件处理程序为单条语句。

```
<body onload="alert('欢迎光临！')" onunload="alert('谢谢浏览页面！')" >
```

- 事件处理程序为多条语句。

```
<body onload="var name=prompt('请输入姓名', ' ');alert(name+'您好，欢迎光临！')" >
```

- 事件处理程序为自定义函数。

```
<body onload="hello()">
<script language="javascript">
function hello(){
  var name=prompt("请输入姓名","");
  alert(name+"您好，欢迎光临！");
}
</script>
</body>
```

2. 为特定对象指定特定事件

该方法是在 JavaScript 的<script>标记中指定特定的对象以及该对象要执行的事件名称，并在

<script>和</script>标记中编写事件处理程序代码。

语法格式如下。

```
<script language="JavaScript" for="对象" event="事件">
  //此处为事件处理程序代码
  ……
</script>
```

例如，使用<script>标记来完成页面加载和关闭页面时显示对话框，代码如下。

```
<script language="javascript" for="window" event="onload">
  alert("您好，欢迎光临！");
</script>
<script language="javascript" for="window" event="onunload">
  alert("谢谢浏览！");
</script>
```

3. 通过 JavaScript 语句调用事件处理程序

该方法是在 JavaScript 脚本中声明对象的事件及调用响应事件的函数，不需要在 HTML 标记中指定事件及事件处理程序，语法格式如下。

```
objectName.event=eventHander
```

特别需要强调的是，上述语法中的事件处理程序只能通过自定义函数来指定，当函数无参数时，函数名后不用加括号，否则函数会被自动触发，而并不是在事件响应时触发。

例如，通过下面代码段可实现单击按钮弹出对话框的功能。

```
<input type="button" name="bt" value="问候" />
<script language="javascript" for="window" event="onload">
    function hello(){
        alert("Hello JavaScript!!!");
    }
    bt.onclick=hello;
</script>
```

上述代码中，事件处理程序为自定义函数 hello()，bt.onclick=hello 表示对象 bt 在其单击事件（onclick）下调用事件处理程序 hello()，注意语句中的“hello”后面不能加括号。

6.6 常见事件和事件对象

6.6.1 JavaScript 的常见事件

JavaScript 中的事件可以分为鼠标和键盘事件、页面事件、表单事件等类型，下面分类说明，如表 6-18 所示。

表 6-18　JavaScript 的常见事件

事件类型	事件	事件触发条件
鼠标和键盘事件	onclick	单击鼠标时触发
	ondblclick	双击鼠标时触发
	onmousedown	按下鼠标键时触发
	onmouseup	鼠标键按下松开时触发

续表

事件类型	事件	事件触发条件
鼠标和键盘事件	onmouseover	鼠标指针移动到某对象范围的上方时触发
	onmousemove	鼠标指针移动时触发
	onmouseout	鼠标指针离开某对象范围时触发
	onkeypress	键盘上的某个按键被按下并释放时触发
	onkeydown	键盘上某个按键被按下时触发
	onkeyup	键盘上某个按键被按下松开时触发
页面事件	onabort	图片在下载过程中被用户中断时触发
	onbeforeunload	当前页面的内容将要被改变时触发
	onerror	出现错误时触发
	onload	页面内容完成时触发（也就是页面加载事件）
	onresize	浏览器的窗口大小被改变时触发
	onunload	当前页面被关闭卸载时触发
表单事件	onblur	当前元素失去焦点时触发
	onchange	当前元素失去焦点并且元素的内容发生改变时触发
	onfocus	当某个元素获得焦点时触发
	onreset	当表单中 RESET 的属性被激活时触发
	onsubmit	表单被提交时触发
编辑事件	onbeforecopy	当页面被选择内容将要复制到浏览者系统的剪贴板时触发
	onbeforecut	当页面中的一部分或全部内容被剪切到浏览者系统剪贴板时触发
	onbeforeeditfocus	当前元素将要进入编辑状态时触发
	onbeforepaste	当内容要从浏览者的系统剪贴板中粘贴到页面上时触发
	onbeforeupdate	当浏览者粘贴系统剪贴板中的内容时通知目标对象
	oncontextmenu	当浏览者按下鼠标右键出现菜单时或者通过键盘的按键触发页面菜单时触发
	oncopy	当页面被选择内容被复制后触发
	oncut	当页面被选择内容被剪切时触发
	ondrag	当某个对象被拖动时触发（活动事件）
	ondragend	当鼠标拖动结束时触发，即鼠标的按钮被释放时触发
	ondragenter	当对象被鼠标指针拖动进入其容器范围内时触发
	ondragleave	当被鼠标指针拖动的对象离开其容器范围内时触发
	ondragover	当被拖动的对象在另一对象容器范围内被拖动时触发
	ondragstart	当某对象将被拖动时触发
	ondrop	在一个拖动过程中，释放鼠标键时触发
	onlosecapture	当元素失去鼠标指针移动所形成的选择焦点时触发
	onpaste	当内容被粘贴时触发
	onselect	当文本内容被选择时触发
	onselectstart	当开始选择文本内容时触发

6.6.2 事件对象

在编写事件处理程序时，有时需要使用事件（Event）对象。通过 Event 对象可以访问事件的发生状态，如事件名、键盘按键状态、鼠标指针的位置等信息。Event 对象的常用属性如表 6-19 所示。

表 6-19 Event 对象的常用属性

属　性	说　明
type	表示事件名。例如单击事件名是 click
srcElement	表示产生事件的元素对象。例如，当单击按钮时产生 click 事件，该事件的 srcElement 属性就是 click
cancelBubble	表示是否取消当前事件向上冒泡、传递给上一层次的元素对象。默认为 false，允许冒泡；否则为 true，禁止将事件传递给上一层次的元素对象
returnValue	表示事件的返回值，默认为 true。若设置为 false，则取消该事件的默认处理动作
keyCode	表示引起键盘事件按键的 Unicode 键码值
altKey	表示<Alt>键的状态，当<Alt>键按下时为 true
ctrlKey	表示<Ctrl>键的状态，当<Ctrl>键按下时为 true
shiftKey	表示<Shift>键的状态，当<Shift>键按下时为 true
repeat	表示 keydown 事件是否正在重复，并且只适用于 keydown 事件
button	表示哪一个鼠标键被按下（0——无键被按下，1——左键被按下，2——右键被按下，4——中键被按下）
x,y	表示鼠标指针相对于页面的 *X*、*Y* 坐标，即水平和垂直位置（单位为像素，下同）
clientX、ClientY	表示鼠标指针相对于窗口浏览区的 *X*、*Y* 坐标
screenX、screenY	表示鼠标指针相对于电脑屏幕的 *X*、*Y* 坐标
offsetX、offsetY	表示鼠标指针相对于触发事件元素的 *X*、*Y* 坐标
fromElement	用于 mouseover 和 mouseout 事件，指示鼠标指针从哪个元素移来
toElement	用于 mouseover 和 mouseout 事件，指示鼠标指针移向哪个元素

JavaScript 通过 Window 对象的 event 属性来访问 Event 对象。但必须注意，只有当事件发生时 Event 对象才有效，因此只能在事件处理程序中访问 Event 对象。

示例 6-20 通过 Event 对象查看当前发生事件的名称。当单击按钮时，弹出对话框，显示当前发生事件的名称，运行结果如图 6-23 所示。

示例 6-20

```
<!--demo0620.html-->
<!DOCTYPE html>
<html>
<head>
<meta charset="utf-8">
<title>Event 对象属性</title>
</head>
<body>
<script language="javascript">
        function showEventName(){
            window.confirm("当前事件是: "+window.event.type);
```

```
    }
</script>
<input type="button" name="bt" value="单击按钮" onclick="showEventName()"/>
</body>
</html>
```

图 6-23　Event 对象属性

6.7　常见事件示例

6.7.1　鼠标事件

鼠标事件是指用户操作鼠标时触发的事件，分为以下两类。

- 鼠标单击事件，包括 onclick、ondblclick、onmousedown 和 onmouseup。
- 鼠标移动事件，包括 onmouseover、onmousemove 和 onmouseout。

1. 鼠标的按下和松开事件

鼠标的按下和松开事件分别是 onmousedown 和 onmouseup 事件。其中，onmousedown 事件用于在按下鼠标时触发事件处理程序，onmouseup 事件是在松开鼠标时触发事件处理程序。用鼠标单击对象时，可以用这两个事件实现动态效果。

示例 6-21 的作用是判断单击页面时，按下的是鼠标左键还是鼠标右键。程序执行结果如图 6-24 所示。

示例 6-21

```
<!--demo0621.html-->
<!DOCTYPE html>
<html>
<head>
<meta charset="utf-8">
<title>按钮的鼠标单击事件</title>
</head>
<body>
<script language="javascript">
      function click(){
          if (event.button==0) {
             confirm("你单击的是左键！");
          }
          else {
             confirm ("你单击的是右键！");
          }
```

```
        document.onmousedown=click;
    </script>
    <h5>请在页面单击左键或右键</h5>
    </body>
    </html>
```

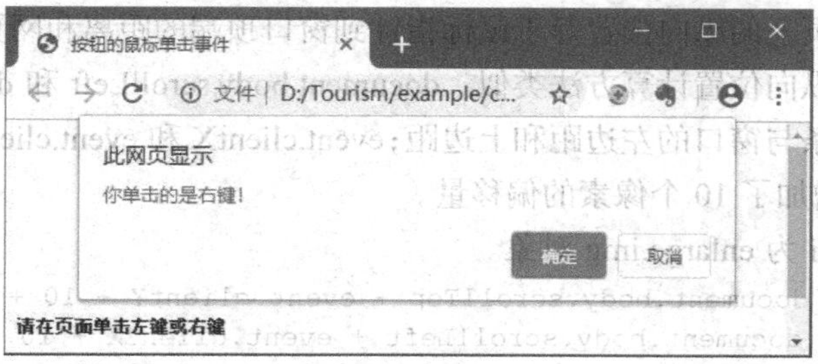

图 6-24 鼠标单击事件

上面的示例中，通过 Event 对象的 button 属性可以判断鼠标哪一个键被按下，若属性值为 0，则左键被按下；若为 2，则右键被按下；若为 1，则中键被按下。无论用户按下的是鼠标左键还是右键，都将触发 onmousedown 事件。

2. 鼠标指针的移动事件

鼠标指针移动事件（onmousemove）是鼠标指针在页面上移动时触发事件处理程序，可以在该事件中用 Event 对象的 clientX 和 clientY 属性实时读取鼠标指针在页面中的位置。

示例 6-22 实现了鼠标指针跟随效果。当鼠标指针滑动到缩略图上时，鼠标指针的旁边就会显示这张图片的放大图，大图会跟随鼠标指针移动。

这个示例中，原图和缩略图使用的是同一张图片，对原图设置了 width 和 height 属性，使它缩小显示。大图可以按原来的真实图片大小显示，也可以重新设置图片的大小。代码要点如下。

① 把缩略图放到一个 div 容器中，然后再添加一个 div 的空容器用来放置当鼠标指针经过时显示的放大图像。

```
<div id="zone">
    <img src="images/pic1.jpg"/>
    <img src="images/pic2.jpg"/>
    <img src="images/pic3.jpg"/>
</div>
<div id="enlarge_img"></div>
```

② 设置缩略图的 CSS 代码，定义其宽和高，并给它添加一条边框以显得美观。对于 enlarge_img 元素，它被定义为一个浮在网页上的绝对定位元素，默认时不显示，为其设置 z-index 属性值，防止被其他元素遮盖。

```
<style>
#zone img{                  /*小图属性*/
    width:90px;
    height:90px;
    border:5px solid #f4f4f4;
}
#enlarge_img{
    position:absolute;
    width:140px;
    display:none;           /*默认状态大图不显示*/
    z-index:9;              /*大图位于上层*/
```

```
    border:5px solid #f4f4f4;
}
</style>
```

③ 对鼠标指针在图片上移动这一事件进行编程。首先获取 3 个 img 元素缩略图，当鼠标指针滑动到它们上面时，使#enlarge_img 元素显示，并且通过 innerHTML 向该元素中添加图像元素作为大图。大图在网页上的纵向位置等于鼠标指针到窗口顶端的距离和网页滚动过的距离之和，横向位置计算方法和纵向位置计算方法类似。document.body.scrollLeft 和 document.body.scrollTop 分别表示窗口中滚动条与窗口的左边距和上边距；event.clientX 和 event.clientY 表示鼠标指针在窗口中的 *X*，*Y* 坐标，增加了 10 个像素的偏移量。

下面的代码中，ei 为 enlarge.img 对象。

```
ei.style.top  = document.body.scrollTop + event.clientY + 10 + "px";
ei.style.left = document.body.scrollLeft + event.clientX + 10 + "px";
```

页面显示结果如图 6-25 所示。

示例 6-22

```
<!--demo0622.html-->
<!DOCTYPE html>
<head>
<meta charset="utf-8">
<title>鼠标指针移动</title>
<style>
#zone img{          /*小图属性*/
    width:90px;
    height:90px;
    border:5px solid #f4f4f4;
}
#enlarge_img{
    position:absolute;
    display:none;       /*默认状态大图不显示*/
    z-index:9;          /*大图位于上层*/
    border:5px solid #f4f4f4;
}
</style>
<script>
function show() {
    var demo = document.getElementById("zone");
    var imgs = zone.getElementsByTagName("img");        //获取 zone 中的图片
    var ei = document.getElementById("enlarge_img");
    for(i=0; i<imgs.length; i++){
        var ts = imgs[i];
        ts.onmousemove = function(event){               //兼容 IE 和 DOM 事件
            event = event || window.event;
            ei.style.display = "block";
            //设置大图的路径和显示大小
            ei.innerHTML = '<img src="' + this.src+ '" style="width:200px;" />';
            ei.style.top  = document.body.scrollTop + event.clientY + 10 + "px";
            ei.style.left = document.body.scrollLeft + event.clientX + 10 + "px";
        }
        ts.onmouseout = function(){
```

```
            ei.innerHTML = "";
            ei.style.display = "none";
        }
        ts.onclick = function(){
            window.open( this.src );
        }
    }
}
</script>
</head>

<body onLoad="show();">
<div id="zone">
    <img src = "images/pic1.jpg"/>
    <img src = "images/pic2.jpg"/>
    <img src = "images/pic3.jpg"/>
</div>
<div id = "enlarge_img"></div>
</body>
</html>
```

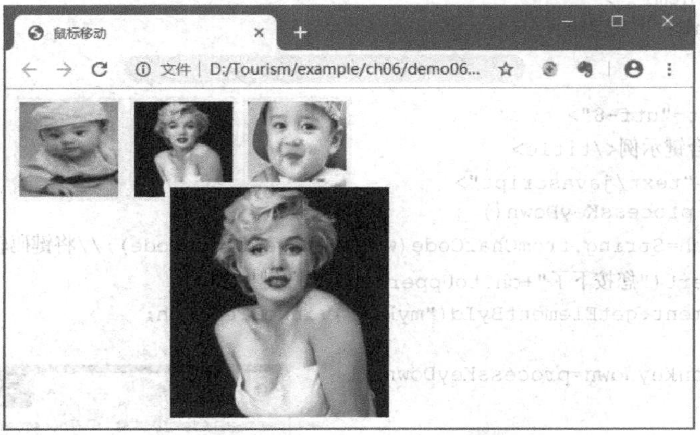

图 6-25　图像跟随鼠标指针移动放大

6.7.2　键盘事件

键盘事件是指用户操作键盘而触发的事件，主要包括键按下事件（onkeydown）、键弹起事件（onkeyup）和按键事件（onkeypress）。其中，onkeypress 事件是指键盘上的某个键被按下并且释放时触发此事件的处理程序，一般用于键盘上的单键操作。onkeydown 事件是指键盘上的某个键被按下时触发此事件的处理程序，一般用于组合键的操作。onkeyup 事件是指键盘上的某个键被按下后松开时触发此事件的处理程序，一般用于组合键的操作。

当敲击一次字符键时，依次触发 onkeydown、onkeypress、onkeyup 事件。若按下不放，则持续触发 onkeydown 和 onkeypress 事件。

当敲击一次非字符键（如<Ctrl>键）时，依次触发 onkeydown、onkeyup 事件。若按下不放，则持续触发 onkeydown 事件。

为了便于读者对键盘按键进行操作，表 6-20 给出字母和数字键的键值。数字键盘上按键值、功能键的键值、控制键的键值请读者自行查阅相关文档。

表 6-20　　字母和数字键的键值

按　键	键　值	按　键	键　值	按　键	键　值	按　键	键　值
A（a）	65	J（j）	74	S（s）	83	1	49
B（b）	66	K（k）	75	T（t）	84	2	50
C（c）	67	L（l）	76	U（u）	85	3	51
D（d）	68	M（m）	77	V（v）	86	4	52
E（e）	69	N（n）	78	W（w）	87	5	53
F（f）	70	O（o）	79	X（x）	88	6	54
G（g）	71	P（p）	80	Y（y）	89	7	55
H（h）	72	Q（q）	81	Z（z）	90	8	56
I（i）	73	R（r）	82	0	48	9	57

示例 6-23 通过 Event 对象的 keyCode 属性判断按键。程序执行结果如图 6-26 所示。

示例 6-23

```
<!--demo0623.html-->
<!DOCTYPE html>
<html>
<head>
<meta  charset="utf-8">
<title>识别组合键示例</title>
<script type="text/javascript">
    function processKeyDown() {
        var ch=String.fromCharCode(window.event.keyCode);//将键码转换为键字符
        //alert("您按下了"+ch.toUpperCase()+"键");
        document.getElementById("mykey").innerText=ch;
    }
   document.onkeydown=processKeyDown;
</script>
</head>
<body>
<h5>请按字母键：</h5>
您的按键是：<span id="mykey"></span>
</body>
</html>
```

图 6-26　判断用户按键

如果想要在 JavaScript 中使用组合键，可以使用 Event 对象的 ctrlKey、shiftKey 和 altKey 属性来判断是否按下了<Ctrl>键、<Shift>键和<Alt>键。

6.7.3　表单事件

1. 提交与重置事件

（1）提交与重置事件的处理过程

表单提交是指将用户在表单中填写或选择的内容传送给服务器端的特定程序（由<form>元素的 action 属性指定，例如 JSP、ASP、PHP 程序），然后由该程序进行具体的处理。

表单提交事件（onsubmit）在表单数据真正提交到服务器之前被触发，该事件处理程序通过返回 true 或 false 值来确定或阻止表单的提交。因此，该事件通常用来对表单数据进行验证。

表单重置事件（onreset）与表单提交事件的处理过程相同，该事件只是将表单中各元素的值设置为原始值。

下面给出这两个事件的使用格式。

```
<form name="formname" onreset="return Funname" onsubmit="return Funname" >
</form>
```

其中，Funname 表示函数名或执行语句，如果是函数名，在该函数中必须有布尔型的返回值。

（2）表单提交方式

表单数据可以通过以下两种方式提交。

① 单击表单中的“提交”按钮（即<input>标记中 type 值为 submit 的按钮）。此时表单在表单的 onsubmit 事件下调用事件处理程序对表单数据进行验证。例如，

```
<form name="formname"  onsubmit="return check() ">
    <input type="submit" value="提交" />
</form>
```

② 单击普通按钮（即<input >标记中 type 值为 button 的按钮）。此时表单在按钮的 onclick 事件下调用事件处理程序对表单数据进行验证。

```
<form name="formname">
   <input type="button" onclick="check()" value="确定" />
</form>
```

（3）表单验证

表单验证是指确定用户提交的表单数据是否合法，例如，填写的身份证号码是否有意义，年龄和学历是否符合实际需求等问题。

表单验证分为服务器端表单验证和客户端表单验证。服务器端表单验证是指服务器端在接收到用户提交的表单数据后进行表单验证工作，而客户端表单验证是指在向服务器提交表单数据前进行表单验证工作。显然完整的表单验证工作必须在服务器端完成，但在客户端也有必要进行一些初步的表单验证，其好处在于可以避免大量错误数据的传递，既减少网络的流量，又避免服务器端的表单处理程序做不必要的验证工作。本小节主要讲述客户端表单验证。

示例 6-24 程序的作用是验证表单数据，要求输入框不能为空，卡号输入必须符合格式（XXXX-XXXX-XXXX-XXXX）且只能为数字。页面显示结果如图 6-27 所示。

示例 6-24

```
<!--demo0624.html-->
<!DOCTYPE html>
<html>
<head>
<meta  charset="utf-8">
<title>表单验证</title>
<script type="text/javascript">
  function validateForm() {              //验证表单
      if(!checkName(myForm.myName.value)) return false;
      if(!checkNum(myForm.myNumber.value)) return false;
      return true;
  }
  function checkName(s) {                  //校验姓名：姓名非空
      var ok = (s.length>0);
```

```
            if(!ok) {
            document.getElementById("message").innerHTML="姓名输入有误，请重新输入";
            }
            return ok;
        }
        function checkNum(n) {                    //校验卡号：符合格式 XXXX-XXXX-XXXX-XXXX
            var ok,i,ch;
            //校验分隔符
            ok = (n.charAt(4)=="-" && n.charAt(9)=="-" && n.charAt(14)=="-");
            if(!ok)  {
             document.getElementById("message").innerHTML="卡号输入有误，请重新输入";
             return false;
             }
            for(i=0;i<19;i++)  {         //校验数字
                ch = n.charAt(i);
                if (ch!="-" && (ch > "9" || ch < "0")) {
                    document.getElementById("message").innerHTML="卡号输入有误，请重新输入";
                    return false;
                }
            }
            return true;
        }
    </script>
    </head>
    <body>
    <form name="myForm" onsubmit="return validateForm();" action="javascript:alert('Success')">
        <p>姓名：<input name="myName" type="text" size="20"/><br/>
        卡号：<input name="myNumber" type="text" size="20" placeholder="0000-0000-0000-0000"/>
        <input type="submit" value="发送"/>
        </p>
      <div id="message"></div>
    </form>
    </body>
    </html>
```

图 6-27　表单验证

2. 元素内容修改事件

元素内容修改事件（onchange）在当前元素失去焦点并且元素的内容发生改变时触发事件处理程序。该事件一般在下拉文本框中使用。

示例 6-25 通过选择列表框中的颜色值，改变页面背景颜色。页面显示结果如图 6-28 所示。

示例 6-25

```
<!--demo0625.html-->
<!DOCTYPE html>
```

```
<head>
<meta charset="utf-8">
<title>onchange 事件</title>
</head>
<body>
<h4>通过列表框改变页面背景颜色</h4>
<hr />
<form name="form1" method="post" action="">
请设置页面背景色颜色：
  <select name="menu1" onchange="Fcolor()">
    <option value="black">黑</option>
    <option value="yellow">黄</option>
    <option value="blue">蓝</option>
    <option value="green">绿</option>
    <option value="red">红</option>
    <option value="purple">紫</option>
  </select>
</form>
<script language="javascript">
<!--
function Fcolor(){
    var obj=event.srcElement;                                   //获取当前发生事件的对象
    document.body.bgColor=obj.options[obj.selectedIndex].value;  //设置页面背景色
}
//-->
</script>
</body>
</html>
```

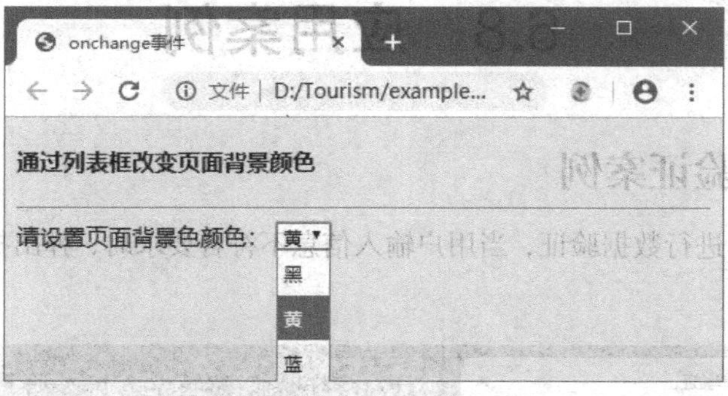

图 6-28　onchange 事件应用

这个示例中，options 表示 select 对象中所有选项的集合，selectIndex 表示被选中的选项索引，两者都是 select 对象的属性。所以程序中语句“obj.options[obj.selectedIndex].value”表示当前列表框中被选中选项的值。

3. 获得焦点事件与失去焦点事件

获得焦点事件（onfocus）是当某个元素获得焦点时触发事件处理程序。失去焦点事件（onblur）是当前元素失去焦点时触发事件处理程序。在一般情况下，这两个事件是同时使用的。

示例 6-26 实现当鼠标指针选中文本框时文本框背景色变为蓝色，移开时恢复为白色。页面显示结果如图 6-29 所示。

示例 6-26

```
<!--demo0626.html-->
<!DOCTYPE html>
<html>
<head>
<meta charset="utf-8">
<title>onfocus 事件</title>
</head>
<body>
    用户姓名：<input type="text" name="user" onfocus="txtfocus()" onBlur="txtblur()">
    <br />
    用户密码：<input type="password" name="pwd" onfocus="txtfocus()" onBlur="txtblur() ">
    <input type="button" value="登录" />
<script language="javascript">
<!--
function txtfocus(){                    //当前元素获得焦点
     var obj=event.srcElement;     //用于获取当前对象的名称
     obj.style.background="#ccffff";
}
function txtblur(){    //当前元素失去焦点
     var obj=event.srcElement;
     obj.style.background="#FFFFFF";
}
//-->
</script>
</body>
</html>
```

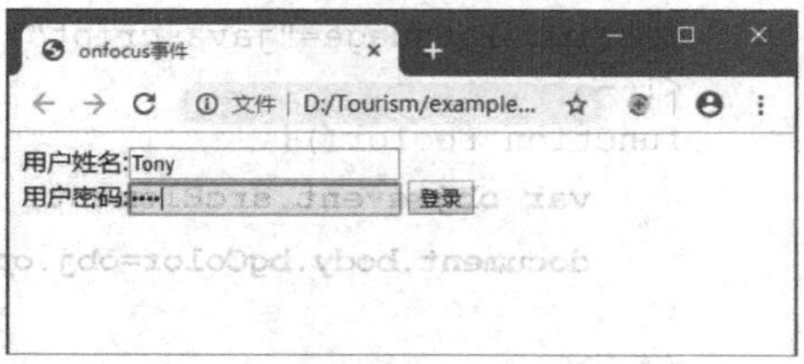

图 6-29　onfocus 事件应用

6.8　应用案例

6.8.1　表单验证案例

示例 6-27 对表单进行数据验证，当用户输入信息不符合要求时，弹出提示对话框。页面显示结果如图 6-30 所示。

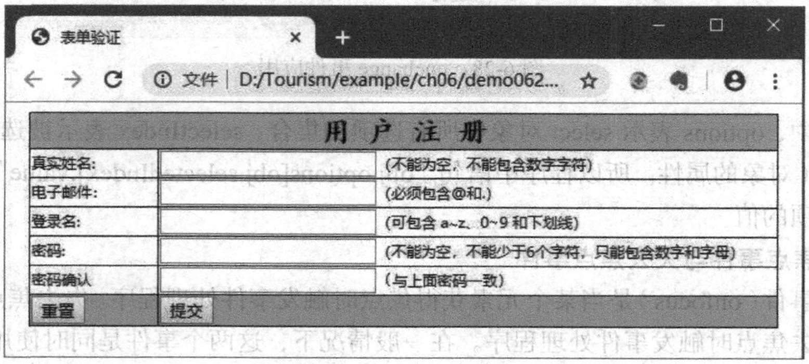

图 6-30　用户注册页面

案例设计步骤如下。

① 使用 HTML 语言设计表单，用表格实现简单页面布局，用 CSS 定义页面格式。

② 在表单的 onsubmit 事件下调用验证函数。用户单击表单的“提交”按钮时会触发表单的 onsubmit 事件，因此在 onsubmit 事件下调用验证函数可实现表单验证功能。当 onsubmit 事件的返回值为 true 时，则提交表单，否则取消表单提交，核心代码为：

```
<form name="fr" method="post" action="" onsubmit="return validateForm()">
```

其中，validateForm()为验证函数。

③ 编写验证函数。表单中需对 5 个文本框中的信息进行验证，所以首先需要编写相应的函数 checkName()、checkEmail()、checkLoginName()和 checkPassword()，分别对真实姓名、电子邮箱、登录名、密码（包括确认密码）进行验证，且每个验证函数都需要有返回值（true 或者 false），表示是否通过验证。

在 onsubmit 事件下调用验证函数的语句中只能调用一个函数，为实现 4 个函数的同时调用，编写自定义函数 validateForm()，代码如下。

```
function  validateForm()
        if(checkName()&&checkEmail()&&checkLoginName()&&checkPassword())
            return true;
else
            return false;
   }
```

这样，当所有验证函数的返回值都为 true 时，validateForm()返回值才为 true，表明所有文本框中的信息都通过验证，则表单成功提交，否则取消提交表单。

示例 6-27 程序代码如下。

示例 6-27

```
<!--demo0625.html-->
<!DOCTYPE html>
<html>
<head>
<meta charset="gb2312">
<title>表单验证</title>
<style type="text/css">
body{
    font-size:12px;
}
table {                 /*定义表格居中，宽度 600，宽度为 1*/
    margin:0 auto;
    width:600px;
    border-collapse:collapse;
    border:1px solid black;
}
table td{               /*定义表格内部边线宽度为 1*/
    border:1px solid black;
}
td:first-child {        /*伪类选择器，匹配第 1 个子元素*/
    width:100px;
}

</style>
<script language="javascript">
```

```
<!--
   function  validateForm(){
      if(checkName()&&checkEmail()&&checkLoginName()&&checkPassword())
         return true;
       else
          return false;
   }
    //验证姓名
   function checkName() {
      var strName=document.fr.txtName.value;
       if (strName.length==0) {
             alert("用户名不能为空！");
             document.fr.txtName.focus();
             return false;
         }
       else
        for(i=0;i<strName.length;i++) {
              str=strName.substring(i,i+1);
           if(str>="0"&&str<="9") {
              alert("名字中不能包含数字");
           document.fr.txtName.focus();
              return false;
           }
        }
       return true;
    }
    //验证登录名
    function checkLoginName() {
        var strLoginName=document.fr.loginName.value;
        if (strLoginName.length==0) {
             alert("用户登录名不能为空！");
             document.fr.loginName.focus();
             return false;
        }
        else
             for(i=0;i<strLoginName.length;i++) {
                str1=strLoginName.substring(i,i+1);
                if(!((str1>="0"&&str1<="9")||(str1>="a"&&str1<="z")||(str1=="_"))) {
                     alert("登录名字中不能包含特殊字符");
                     document.fr.loginName.focus();
                     return false;
                 }
             }
        return true;
    }
    //验证 email
   function checkEmail() {
      var strEmail=document.fr.txtEmail.value;
    if (strEmail.length==0) {
        alert("电子邮件不能为空！");
        return false;
    }
    if (strEmail.indexOf("@",0)==-1) {
        alert("电子邮件必须包括@");
```

```
            return false;
        }
        if (strEmail.indexOf(".",0)==-1) {
            alert("电子邮件必须包括.");
            return false;
        }
        return true;
    }
    //验证密码
    function checkPassword() {
        var password=document.fr.txtpwd.value;
        var rpassword=document.fr.txtRePassword.value;
        if((password.length==0)||(rpassword.length==0)) {
            alert("密码不能为空");
            document.fr.txtpwd.focus();
            return false;
        }
        else if(password.length<6) {
            alert("密码少于 6 位");
            document.fr.txtpwd.focus();
            return false;
        }
        else
            for(i=0;i<password.length;i++) {
                str2=password.substring(i,i+1);
                if(!((str2>="0"&&str2<="9")||(str2>="a"&&str2<="z")||(str2>="A"
&&str2<="Z"))) {
                    alert("密码中有非法字符");
                    document.fr.txtpwd.focus();
                    return false;
                }
            }
        if (password!=rpassword) {
            alert("密码不相符! ");
            document.fr.txtpwd.focus();
            return false;
        }
        return true;
    }
  -->
  </script>
  </head>
  <body>
    <form name="fr" method="post" action="" onsubmit="return validateForm()">
    <table>
      <tr style="background-color:#ccc">
        <td colspan="2" style=" font:bolder 18pt '楷体';text-align:center; ">用户注
册</td>
      </tr>
      <tr>
        <td>真实姓名：</td>
        <td><input type="text" name="txtName" />（不能为空，不能包含数字字符）</td>
      </tr>
      <tr>
```

```
            <td>电子邮件：</td>
            <td><input type="email" name="txtEmail" />（必须包含@和.）</td>
        </tr>
        <tr>
            <td>登录名：</td>
            <td><input type="text" name="loginName" />（可包含 a~z、0~9 和下划线）</td>
        </tr>
        <tr>
            <td>密码：</td>
            <td><input type="password" name="txtpwd" />（不能为空，不能少于 6 个字符，只能包
含数字和字母）</td>
        </tr>
        <tr>
            <td>密码确认</td>
            <td><input type="password" name="txtRePassword" />(与上面密码一致)</td>
        </tr>
        <tr style="background-color:#ccc">
            <td><input type="reset" value="重置" /></td>
            <td><input type="submit" value="提交" /></td>
        </tr>
    </table>
    </form>
</body>
</html>
```

6.8.2 网络相册案例

示例 6-28 是对示例 6-22 的进一步改进，实现了网络相册的功能。当鼠标指针停留在某张图片的预览图上时，屏幕下方区域会自动显示当前图片的大图，当单击“上一张”“下一张”按钮时，可切换显示图片。页面显示结果如图 6-31 所示。

案例设计思路如下。

（1）用 HTML 和 CSS 制作页面部分

第一部分是导航区域。由两条装饰线和一系列缩小的图片组成。装饰线 CSS 样式用类标记.bdr 设计；装饰图片 CSS 样式由类标记.img 来定义，样式中只规定图片的高度，宽度将按比例显示。

第二部分是图片显示区域，CSS 样式由#show 定义，代码如下。

```
#show {
    position: absolute;
    top: 200px;
    left: 250px;
    background-color: #313131;
    padding: 10px 10px 10px 10px;
}
```

初始状态下，本区域设置为隐藏，当鼠标指针经过导航区域的小图片时，再将其显示。

（2）JavaScript 的主要功能设计

定义 init()方法找到所有导航区域的图片存储于图片数组中，并用 addEventListener(imgArr[i], "mouseover", handleEvent)方法添加监听。当鼠标指针经过图片时，用 handleEvent()方法处理。

通过 setTimeout()方法，实时监听 go()方法，如果有动作发生，则执行 go()方法。handleEvent()方法负责找到鼠标指针经过的图片在图片数组中的位置，并调用 go()方法在下方区域显示该图片的

大图。

示例 6-28 的完整代码如下。

示例 6-28

```
<!--demo628.html-->
<!DOCTYPE html>
<html>
<head>
<meta  charset="utf-8">
  <title>网络相册</title>
  <style type="text/css">
    * {
        font-family: Tahoma;
        font-size: 12pt;
        text-align: left;
        margin: 0;
    }
    body {
      margin: 10px;
    }
    .img {
      height: 80px;
      cursor: pointer;
    }
    #gallary {
      float: left;
      height: 80px;
    }
    .bdr {    //小图片区域装饰线样式
      border-top: 4px dashed;
      border-bottom: 4px dashed;
      clear: both;
    }
    #show {   //图片显示区域样式
      position: absolute;
      top: 200px;
      left: 250px;
      background-color: #313131;
      padding: 10px 10px 10px 10px;
    }
    #showpic {
      cursor: pointer;
      margin-bottom: 5px;
    }
    #prev, #next {
      cursor: pointer;
      color: #FFFAFA;
      font-weight: bold;
    }
  </style>
  <script type="text/javascript">
    function handleEvent(evt) {
```

```
        // 找到当前图片的位置
        for (var i = 0; i < images.length; i++) {
            if (images[i] == evt.target) break;
        }
        // 200 毫秒延时之后显示该图片
        setTimeout(function (){go(i);}, 200);
}
function go(i) {
        // 设置<img>元素的 src 属性，显示指定的图片
        document.getElementById("showpic").src = images[i].src;
        // 将隐藏的<div>显示出来
        document.getElementById("show").style.display = "block";
        // 计算上一张和下一张的位置
        var next = (i + 1) % images.length;
        var prev = (i - 1 + images.length) % images.length;
        // 设置“上一张”按钮的事件处理函数
        document.getElementById("prev").onclick = function() {
        // 200 毫秒之后切换到上一张图片
            setTimeout(function(){go(prev);}, 200);
            };
        // 设置“下一张”按钮的事件处理函数
        document.getElementById("next").onclick = function() {
        // 200 毫秒之后切换到下一张图片
            setTimeout(function(){go(next);}, 200);
        };
}
  // 隐藏大图显示区域
function hide() {
      document.getElementById("show").style.display = "none";
}
  // 记录<img>对象的数组
var images = [];
  // 初始化事件处理函数
function init() {
  // 所有的<img>元素
  var imgArr = document.getElementsByTagName("img");
    for (var i = 0; i < imgArr.length; i++) {
     // 找到所有 class=img 的<img>元素
    if (imgArr[i].className == "img") {
     // 保存在 imgages 数组中
        images.push(imgArr[i]);
     // 添加 mouseover 事件处理函数
        addEventListener(imgArr[i], "mouseover", handleEvent);
    }
  }
}
// 添加事件处理函数，实现 addEventListener 对 IE 和 DOM 事件对象兼容
function addEventListener(ele, type, func) {
  if (ele.addEventListener) {         // DOM 兼容浏览器
```

```
            ele.addEventListener(type, func, false);
        } else {                                  // IE
            ele.attachEvent("on" + type, func);
        }
    }
    </script>
</head>
<body onload="init()">
  <div class="bdr">
  </div>
  <div id="gallary">
    <img class="img" src="images/pic1.jpg" alt="pic1" />
    <img class="img" src="images/pic2.jpg" alt="pic2" />
    <img class="img" src="images/pic3.jpg" alt="pic3" />
    <img class="img" src="images/pic4.jpg" alt="pic4" />
    <img class="img" src="images/pic5.jpg" alt="pic5" />
    <img class="img" src="images/pic6.jpg" alt="pic6" />
    <img class="img" src="images/pic7.jpg" alt="pic7" />
  </div>
  <div class="bdr">
  </div>
  <div id="show" style="display:none">
    <img id="showpic" src="" alt="" onclick="hide()" />
        <div>
          <span id="prev" >上一张</span>
          <span id="next" >下一张</span>
        </div>
    </div>
</body>
</html>
```

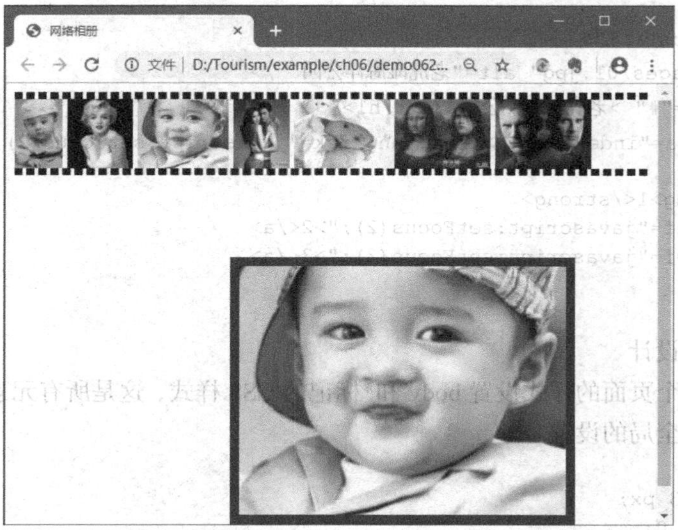

图 6-31　网络相册示例

6.8.3　图片轮播案例

图片轮播是指在一个区块中，多张图片自动轮流显示；如果用鼠标单击右下角的数字导航按钮，图片单独显示或跳转到某链接中。示例 6-29 是一个简单的图片轮播效果的实现，如图 6-32 所示，该例子固定设置了 3 幅图片轮流播放，如果需增加播放的图片，需要复制添加图片定义的代码段。示例 6-29 比较简单，适用于了解轮播的实现过程。如果要实现复杂的轮播效果，可以使用 JQuery 框架。

图 6-32　图片轮播效果

下面介绍实现过程。

（1）设计思路

页面初始状态显示第 1 幅图片，通过 JavaScript 控制轮播或通过单击导航按钮显示后面的图片。

（2）页面结构设计

轮播图片置于 1 行 1 列的表格中，表格内部分为 3 部分。第 1 部分是图片描述；第 2 部分是文字描述，用标题<h1></h1>来定义；第 3 部分是右下角的导航，在 index_page 中定义。第 1 幅图片的代码如下。

```
<div id="focusPic1">
<img src="images/01.jpg" alt="老虎滩海洋公园" />
 <h1><a href="#" >老虎滩海洋公园</a></h1>
    <div class="index_page"><span onClick="javascript:setFocus(2);">点击切换焦点图→
</span>
        <strong>1</strong>
        <a href="javascript:setFocus(2);">2</a>
        <a href="javascript:setFocus(3);">3</a>
    </div>
</div>
```

（3）CSS 样式设计

首先为控制整个页面的样式设置 body 和*标记的 CSS 样式，这是所有元素的共有属性。超链接标记的属性也做全局的设置。

```
*{
    margin: 3 px;
    padding: 0;
    font-size: 13px;
}
body{
    font-size: 12px;
    color: #333333;
    text-align: center;
```

```
    font-family: '宋体',arial,verdana,sans-serif;
    margin-top: 8px;
}
a:link {
    color: #333333;
    text-decoration: none;
}
a:visited {
    color: #333333;
    text-decoration: none;
}
a:hover {
    color: #FF6600;
    text-decoration: underline;
}
a:active {
    text-decoration: none;
}
```

接着，对表格标记单独设置类选择器.jdt。

```
.jdt {
    border: 1px solid #CCCCCC;
    padding: 0;
    text-align: center;
    width: 780px;
    border-collapse: collapse;
}
```

最后，对导航条部分设置 CSS 样式，样式定义在类选择器.index_page 及其后代选择器中。

（4）JavaScript 代码

初始时显示第 1 幅图片，图片的轮播使用定时函数 setTimeout()。如果没有单击导航按钮，递归执行 change_img()方法；如果单击了导航按钮，执行 setFocus()方法，切换图片。

示例 6-29

```
<!--demo0629.html-->
<!DOCTYPE html>
<html>
<head>
<meta charset=gb2312>
<title>焦点图轮播</title>
</head>
<link href="css/css.css" rel="stylesheet" type="text/css">
<body>
<table class="jdt">
  <tr><td>
<script language="javascript" type="text/javascript">
    //<![CDATA[
    var _t1 = 0;        //打开页面时等待图片载入的时间，单位为秒，可以设置为 0
    var _t2 = 3;        //图片轮转的间隔时间
    var _tnum = 3;      //焦点图个数
    var _tn = 1;        //当前焦点
    var _tt1 = null;
    _tt1 = setTimeout('change_img()',_t1*1000);

    function change_img(){
```

```
            setFocus(_tn);
            _tt1 = setTimeout('change_img()',_t2*1000);
        }
        function setFocus(i){
            if(i>_tnum){_tn=1;i=1;}
            _tt1?document.getElementById('focusPic'+_tt1).style.display='none':'';
            document.getElementById('focusPic'+i).style.display='block';
            _tt1=i;
            _tn++;
        }
        //]]>
        </script>
    <!--焦点图 1 开始-->
    <div id="focusPic1">
        <a href="#" > <img src="images/01.jpg" alt="老虎滩海洋公园" /></a>
        <h1><a href="#" >老虎滩海洋公园</a></h1>
        <div class="index_page"><span onClick="javascript:setFocus(2);">单击切换焦点图→
</span>
            <strong>1</strong>
            <a href="javascript:setFocus(2);">2</a>
            <a href="javascript:setFocus(3);">3</a>
        </div>
    </div>
    <!--焦点图 1 结束-->
    <!--焦点图 2 开始-->
    <div id="focusPic2" style="display:none;">
        <a href="#">
        <img src="images/02.jpg" alt="大连星海公园" /></a>
        <h1><a href="#" >大连星海公园</a></h1>
        <div class="index_page"><span onClick="javascript:setFocus(3);"> 单击切换焦点图→
</span>
            <a href="javascript:setFocus(1);">1</a>
                <strong>2</strong>
            <a href="javascript:setFocus(3);">3</a>
        </div>
    </div>
    <!--焦点图 2 结束-->
    <!--焦点图 3 开始-->
    <div id="focusPic3" style="display:none;">
        <a href="#" >
         <img src="images/03.jpg" alt="大连金石滩度假区" />
        </a>
        <h1><a href="#" >大连金石滩度假区</a></h1>
        <div class="index_page"><span onClick="javascript:setFocus(4);">单击切换焦点图→
</span>
            <a href="javascript:setFocus(1);">1</a>
            <a href="javascript:setFocus(2);">2</a>
            <strong>3</strong>
        </div>
    </div>
    <!--焦点图 3 结束-->
     </td></tr>
    </table>
```

```
</body>
</html>
```

CSS 代码如下。

```
*{
    margin:3;
    padding:0;
    font-size:13px;
}
body{
    font-size:12px;
    color:#333333;
    text-align:center;
    font-family:'宋体',arial,verdana,sans-serif;
    margin-top:8px;
}
.jdt {
    border:1px solid #CCCCCC;
    padding:0;
    text-align:center;
    width:780px;
    border-collapse:collapse;
}
a:link {
    color:#333333;
    text-decoration:none;
}
a:visited {
    color:#333333;
    text-decoration:none;
}
a:hover {
    color:#FF6600;
    text-decoration:underline;
}
a:active {
    text-decoration:none;
}

.index_page{
    float:right;
    display:block;
    height:16px;
    padding:1px 0;
    margin-right:4px;
}
.index_page *{
    float:left;
    display:inline;
    line-height:16px;
    border:1px solid #B6CFCD;
    text-align:center;
    padding:0;margin:0 2px;}
.index_page strong{
    background:#009A91;
```

```
        color:#fff;
        width:16px;
        }
    .index_page span{
        color:#009a91;
        padding:3px 0 0 0;
        border:0;
        cursor:pointer;
        }
    .index_page a{
        width:16px;
        color:#009A91;
        text-decoration:none;
        }
```

本章小结

本章主要介绍了 JavaScript 对象的概念、类型及其操作方法，重点介绍了内置对象和 HTML DOM 对象；介绍了事件的概念、分类及事件对象 Event，并以鼠标事件、键盘事件、表单事件为例介绍常见事件处理的实现方法。

本章核心内容如下。

- JavaScript 的内置对象、浏览器对象、HTML DOM 对象。
- JavaScript 的常用内置对象包括 String、Array、Date 和 Math。浏览器对象模型由一系列对象构成，主要包括 Window、Navigator、Screen、Location、History 和 Document 等。
- HTML DOM 是 DOM 规范中用来访问和处理 HTML 文档的标准方法，主要功能是实现访问、检索、修改 HTML 文档的内容与结构。在 HTML DOM 中，Document 对象表示处于 HTML DOM 树中顶层的文档节点，代表整个 HTML 文档，是访问 HTML 页面的入口。
- 事件处理是指对发生事件进行处理的行为和操作。事件处理过程需要 4 个步骤，分别是确定响应事件的元素，为指定元素确定需要响应的事件，为指定元素的指定事件编写相应的事件处理程序，将事件处理程序绑定到指定元素的指定事件。

思考与练习

1. 简答题

（1）JavaScript 中包含哪几种对象，它们的作用是什么？

（2）实例化数组时，若参数为空，例如 var objArray=new Array()，此时数组 objArray 的长度是多少？可以给它赋值吗？

（3）什么是 BOM？它的功能是什么？主要由哪些对象构成？

（4）要访问 HTML Document 对象的下一级对象集合中的对象，常使用哪些方法？

（5）运用 HTML DOM 技术，使用 Style 对象来操纵页面元素的 CSS 样式时，Style 对象属性名与 CSS 样式属性名之间的对应关系是怎样的？

（6）简述事件绑定的方法。

2. 操作题

（1）给定字符串 str1 和 str2，编写 JavaScript 程序，计算 str1 在 str2 中出现的次数。

（2）编写 JavaScript 程序，用户从表单文本框输入 6 个数（用逗号分隔），单击“计算”按钮，弹出警告对话框，显示 6 个数的平均值和总和。

（3）运用 String 对象的 indexof 方法，验证表单中的电子邮件格式，要求必须包含“@”和“.”字符，且不能为空。

（4）编写 JavaScript 程序，在页面中按原图的 20%显示图片。当鼠标指针移到图片上时，则按原始大小显示图片，并为图片添加 3 个像素宽的边框；鼠标指针移开时，再恢复为原图 20%显示，无边框。

（5）设计一个表单，含有输入姓名的文本框和选择学历的列表框，其中，学历的选择项包含本科、硕士和博士。当单击“提交”按钮时，显示姓名及学历信息。

第四部分

Bootstrap 框架及其应用

第 7 章
Bootstrap 基础

使用 HTML5、CSS3、JavaScript 可以开发出精美的 Web 页面。为了提高开发效率、丰富用户体验，基于框架的开发日渐流行，Bootstrap、flex、extjs、jQuery UI 等诸多框架在 Web 前端开发中得到应用。本章介绍 Bootstrap We 框架。

本章主要内容包括：

- Bootstrap 概述；
- Bootstrap 结构；
- Bootstrap 应用案例。

7.1 Bootstrap 概述

7.1.1 认识 Bootstrap

软件开发中的框架，是指对整个或部分系统的可重用设计，用于实现对基础功能的封装。在 Web 前端开发中，框架提供很多的组件或类。用户在使用框架时，可以直接调用封装好的组件或类，从而省去很多代码编写的工作，提高开发速度。

Bootstrap 是一个流行的、用于快速开发 Web 应用程序的前端框架，由推特的程序员 Mark Otto 和 Jacob Thornton 于 2010 年 8 月创建。Bootstrap 基于 HTML、CSS、JavaScript 等技术，内置了大量的页面样式、可重用的组件、JavaScript 插件。用户基于 Bootstrap，可以快速构建网站原型，甚至是构建企业级的网站。

Bootstrap 一个很大的优势是可以很好地支持响应式的布局设计。响应式布局的页面会随着窗口大小的变化而自动缩放，能够适应台式机、平板电脑、手机等不同的应用场景，可以实现“一次编写，多处运行”的效果。

CSS3 使用媒体查询技术实现响应式布局，当页面缩放到某一指定的宽度时，会根据用户的设计来改变页面样式。Bootstrap 使用栅格系统来支持响应式布局，能更好地适应台式机、平板电脑和手机应用的 Web 页面开发，可以让用户获得更好的浏览体验，充分体现了移动设备优先的理念。

7.1.2 Bootstrap 的内容

Bootstrap 的整个框架由栅格系统、全局 CSS 样式、组件和 JavaScript 插件等部分组成，还包括定制和优化 Bootstrap 的模块。Bootstrap 官方网站给出了完整的文档、示例和最新版本变化，如图 7-1 所示。

图 7-1 Bootstrap 官方网站

Bootstrap 中文网给出了中文的文档和示例，方便中文用户使用，如图 7-2 所示。

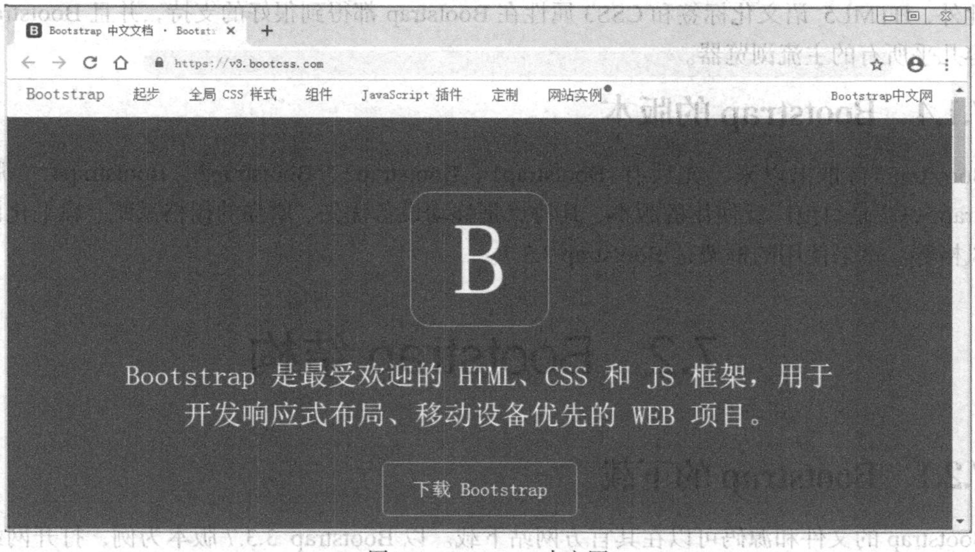

图 7-2 Bootstrap 中文网

Bootstrap 的主要内容如下。

- 全局 CSS 样式：基本的 HTML 元素均可以通过设置样式类来得到增强效果，还包括用于布局的栅格系统。
- 组件：包含图像、下拉菜单、导航、警告框、弹出框等多个可重用的组件。
- JavaScript 插件：包含模态框、下拉菜单、标签页、轮播等插件。用户可以直接引用全部插件，也可以逐个引用插件。
- 定制：用户可以定制 Bootstrap 的组件、LESS 变量、jQuery 插件来得到用户自定义版本。

7.1.3 Bootstrap 的特点

Bootstrap 在 Web 前端开发中非常流行，得益于其简单实用的功能和特点。

（1）响应式布局

Bootstrap 支持台式机屏幕各种分辨率的显示，还支持平板电脑、手机等屏幕的显示。Bootstrap 3 的设计目标是移动设备优先，之后才是桌面设备，适应了用户使用移动设备的需求。

（2）提供全面的组件和插件

Bootstrap 提供了实用性很强的组件，包括导航、标签、工具条、按钮等工具。Bootstrap 提供的 jQuery 插件方便实现各种常规特效。

（3）支持 LESS 动态样式

LESS 使用变量、嵌套、操作混合编码，可以编写更快、更灵活的 CSS。LESS 和 Bootstrap 能很好地配合开发。

（4）使用简单

Bootstrap 拥有详尽的文档。用户只需将代码复制到前端页面，并略做修改，就可以构建出美观的页面效果，而且样式类的语义性好，方便用户掌握和记忆。

（5）高度可定制性

Bootstrap 的可定制性是其重要优点。用户可以有选择性地下载需要的组件，或是在下载前调配参数来匹配自己的项目。Bootstrap 是完全开源的，用户也可以根据自己的需要来更改代码。

此外，HTML5 语义化标签和 CSS3 属性在 Bootstrap 都得到很好的支持，并且 Bootstrap 3 可以兼容几乎所有的主流浏览器。

7.1.4 Bootstrap 的版本

Bootstrap 自推出以来，先后有 Bootstrap1、Bootstrap2、Bootstrap3、Bootstrap4 等版本。Bootstrap 3.3.7 是目前广泛使用的版本，其特点是移动设备优先、增强的栅格系统、扁平化设计的极简风格等。本书使用的框架是 Bootstrap 3.3.7。

7.2 Bootstrap 结构

7.2.1 Bootstrap 的下载

Bootstrap 的文件和源码可以在其官方网站下载。以 Bootstrap 3.3.7 版本为例，打开网站的首页，单击“Download Bootstrap”按钮，跳转到下载页面，可以看到 3 个下载链接，如图 7-3 所示。

（1）Download Bootstrap

从该链接下载的内容是 Bootstrap 编译版的文件。下载后的文件分两种，分别是未经压缩的文件和经过压缩处理的文件。网站正式运行的时候，通常使用压缩过的 min 文件，可以节约网站传输流量；而用户开发调试时多使用原始的、未经压缩的文件，以便进行 debug 跟踪。

（2）Download source

从该链接下载的是 Bootstrap 框架的源码，包括用于编译 CSS 的 LESS 源码，以及各个插件的 JavaScript 源码文件，还包括 Bootstrap 的文档。

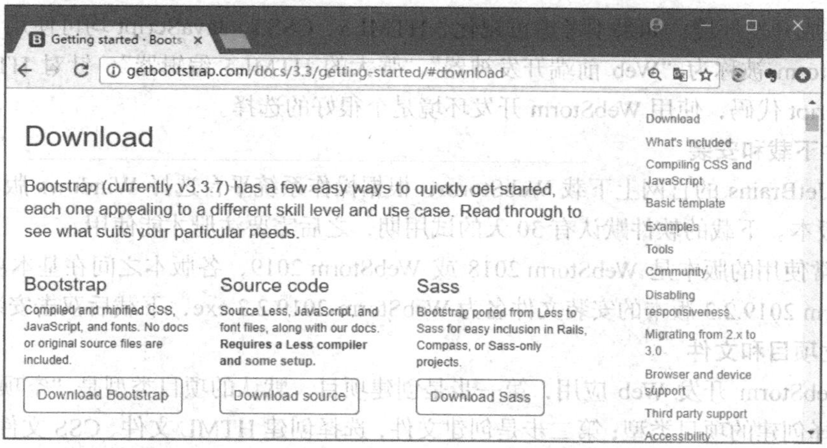

图 7-3 Bootstrap 下载界面

（3）Download Sass

从该链接下载的是 Sass 源码预编译包。

本书所有示例使用的是 Bootstrap 3.3.7 编译版的文件。

7.2.2 Bootstrap 结构

bootstrap-3.3.7-dist 文件夹包含了编译后可以直接使用的 Bootstrap 文件，如图 7-4 所示。其中，css 和 js 文件夹中是编译好的 CSS 和 JavaScript (bootstrap.*) 文件，还有经过压缩的 CSS 和 JavaScript(bootstrap.min.*) 文件。fonts 文件夹包含了来自 Glyphicons 的图标字体文件。

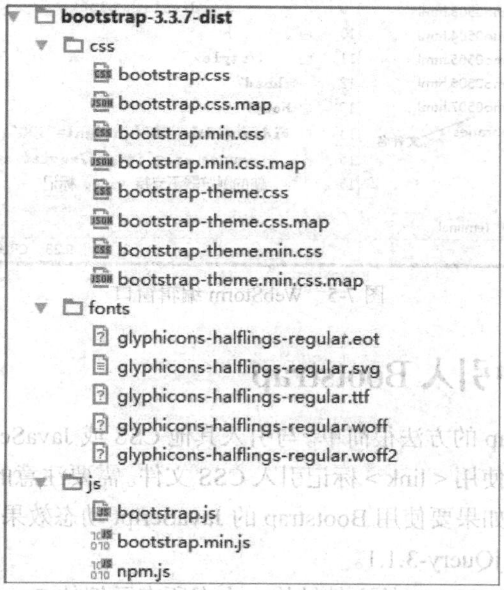

图 7-4 Bootstrap 3.3.7 框架的目录结构

7.2.3 WebStorm 开发环境

前面各章使用 Dreamweaver CS6 可视化集成开发环境来开发网页。本章学习 Bootstrap，使用

WebStorm 集成开发环境。如果不考虑可视化，HTML5、CSS3、JavaScript 均可使用 WebStorm 来开发。WebStorm 被称为“Web 前端开发神器”“强大的 HTML5 编辑器”，针对 HTML5 新增的 API、JavaScript 代码，使用 WebStorm 开发环境是个很好的选择。

1. 软件下载和安装

可以到 JetBrains 的官网上下载 WebStorm，根据操作系统平台选择 Windows 版本、Linux 版本或 OS X 版本。下载的软件默认有 30 天的试用期，之后需要注册才能使用。

当前经常使用的版本是 WebStorm 2018 或 WebStorm 2019，各版本之间在基本功能上差别不大。WebStorm 2019.2.3 版本的安装文件名为 WebStorm-2019.2.3.exe，下载后双击安装即可。

2. 建立项目和文件

使用 WebStorm 开发 Web 应用，第一步是创建项目，默认的项目类型是“空项目”，也可以根据需求选择创建的项目类型；第二步是创建文件，选择创建 HTML 文件、CSS 文件或 JavaScript 文件等。图 7-5 是建立了项目和文件的编辑窗口。

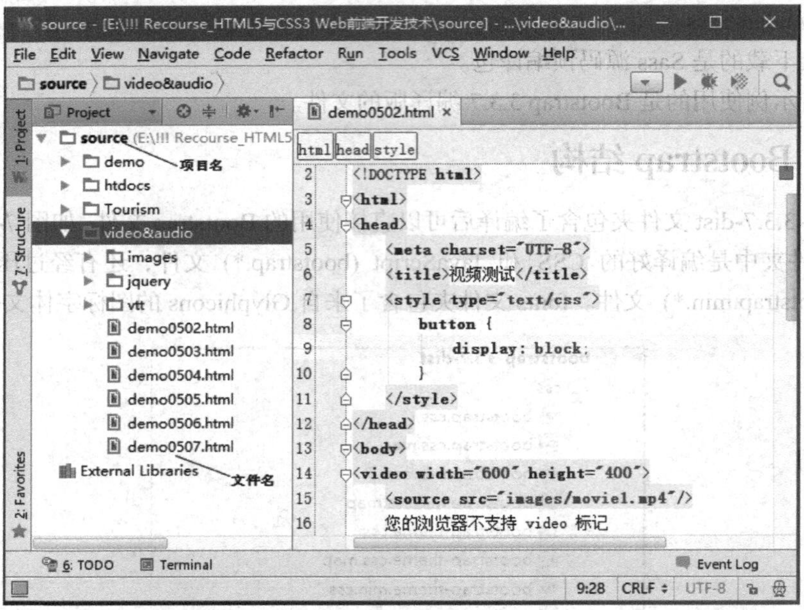

图 7-5　WebStorm 编辑窗口

7.2.4　在项目中引入 Bootstrap

在网站中使用 Bootstrap 的方法很简单。与引入其他 CSS 或 JavaScript 文件一样，使用<script>标记引入 JavaScript 文件，使用 < link > 标记引入 CSS 文件。需要注意的是，Bootstrap 的 JavaScript 效果都是基于 jQuery 的，如果要使用 Bootstrap 的 JavaScript 动态效果的话，需要先引入 jQuery。本书使用 jQuery 的版本是 jQuery-3.1.1。

示例 7-1 给出了引用 Bootstrap 的文件结构。本书所有示例的 Bootstrap 文件夹（css、js、font 等文件夹）均与当前网页在同一目录下。将 JavaScript 文件放在文档尾部有助于提高加载速度。

示例 7-1

```
<!--demo0701.html-->
<!DOCTYPE html>
```

```
<html>
<head>
    <meta charset="UTF-8">
    <meta name="viewport" content="width=device-width,initial-scale=1">
    <link href="css/bootstrap.min.css" rel="stylesheet">
</head>
<body>
……
<script src="jQuery3/jQuery-3.1.1.min.js"></script>
<script src="js/bootstrap.min.js"></script>
</body>
</html>
```

引用 Bootstrap 还可以使用第三方的 CDN 服务，Bootstrap3 版本建议使用 Bootstrap 中文网提供的 CDN。示例 7-1 的 Bootstrap，如果使用第三方的 CDN，代码如下。本书通常使用的是第一种方法。

```
<!DOCTYPE html>
<html>
<head>
    <meta charset="UTF-8">
    <meta name="viewport" content="width=device-width,initial-scale=1">
    <link href="https://cdn.bootcss.com/twitter-bootstrap/3.3.7/
css/bootstrap.min.css" rel="stylesheet">
</head>
<body>
……
<script src="https://cdn.bootcss.com/jQuery/3.1.1/jQuery.js"></script>
<script src="https://cdn.bootcss.com/twitter-bootstrap/3.3.7/js/bootstrap.min.js">
</script>
</body>
</html>
```

7.3 应用案例

使用 Bootstrap 可以快速地开发网页。在学习 Bootstrap 全局样式、组件、JavaScript 插件之前，本节利用 Bootstrap 的中文网的文档和示例来搭建网页。全局样式、组件、JavaScript 插件的具体内容将在后续章节中介绍。

7.3.1 在页面中使用组件

路径导航组件（Breadcrumbs）用于在一个带有层次的导航结构中标明当前页面的位置。路径导航使用.breadcrumb 类创建，路径间的分隔符自动通过 CSS 的伪元素选择器 :before 和 content 属性添加。示例 7-2 给出路径导航实现的主要代码，效果如图 7-6 所示。

示例 7-2

```
<!--demo0702.html-->
<!DOCTYPE html>
<html>
<head>
    <meta charset="UTF-8">
    <meta name="viewport" content="width=device-width" initial-scale="1">
    <link href="css/bootstrap.css" rel="stylesheet">
```

```
</head>
<body>
<div class="container">
    <ol class="breadcrumb">
    <li><a href="#">Home</a></li>
    <li><a href="#">Library</a></li>
    <li class="active">Data</li>
</ol>
</div>
</body>
</html>
```

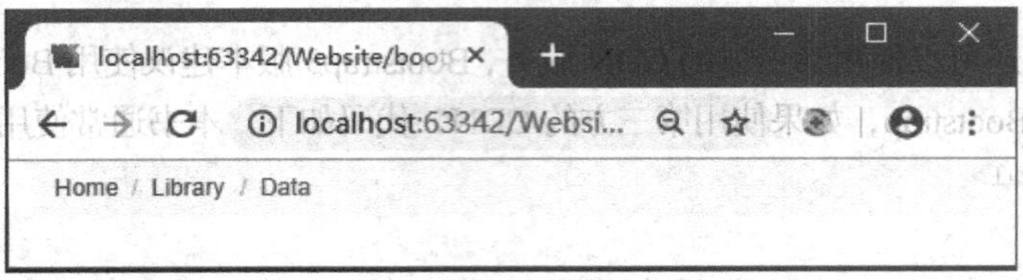

图 7-6　路径导航的样式

7.3.2　基于 Bootstrap 文档示例创建的网页

示例 7-3 主要应用了 Bootstrap 的 CSS 全局样式和组件来创建网页。其中，Bootstrap 组件中的导航条（Navbar）元素的样例应用于导航部分，Bootstrap 组件中的巨幕（Jumbotron）元素的样例应用于内容部分，Bootstrap 全局样式中的图片（Images）元素和栅格系统（Grid System）中的样例在内容部分应用。示例 7-3 中的显示结果如图 7-7 所示。

图 7-7　示例的初始显示效果

示例 7-3

```
<!--demo0703.html-->
<!DOCTYPE html>
<html>
<head lang="en">
    <meta charset="UTF-8">
    <title>旅游网</title>
    <link type="text/css" rel="stylesheet" href="css/bootstrap.min.css">
</head>
<body>
<nav class="navbarnavbar-inverse navbar-fixed-top" role="navigation">
    <div class="container">
        <!-- Brand and toggle get grouped for better mobile display -->
        <div class="navbar-header">
            <button type="button" class="navbar-toggle" data-toggle="collapse"
                   data-target="#bs-example-navbar-collapse-1">
                   <span class="sr-only">Toggle navigation</span>
                   <span class="icon-bar"></span>
                   <span class="icon-bar"></span>
                   <span class="icon-bar"></span>
            </button>
            <a class="navbar-brand" href="#">用户登录</a>
        </div>

        <!-- Collect the nav links, forms, and other content for toggling -->
        <div class="collapse navbar-collapse" id="bs-example-navbar-collapse-1">
            <form class="navbar-form navbar-right" role="search" >
                 <div class="form-group">
                     <input type="text" class="form-control" placeholder="Email">
                 </div>
                 <div class="form-group">
                     <input type="text" class="form-control" placeholder="Password">
                 </div>
                 <button type="submit" class="btnbtn-success">Sign in</button>
            </form>
        </div>
        <!-- /.navbar-collapse -->
    </div>
    <!-- /.container-fluid -->
</nav>
<div class="jumbotron">
    <div class="container" style="margin-top:5px">
        <img alt="" src="img/1_f.jpg" class="img-responsive"/>
    </div>

    <div class="container">
        <h2>欢迎您到大连来</h2>
        <p>大连是中国著名的避暑胜地和旅游热点城市，依山傍海，气候宜人……</p>
        <p><a class="btnbtn-primary btn-lg" role="button">更多&raquo;</a></p>
    </div>
</div>
<div class="container">
    <div class="row">
```

```
        <div class="col-md-4">
            <h3>金石滩</h3>
            <p>金石滩度假区位于辽东半岛黄海之滨，距大连市中心 50 公里。这里由东西两个半岛和中间的众多景点组成……</p>
            <p><a class="btnbtn-default btn-lg" role="button">详情&raquo;</a></p>
        </div>

        <div class="col-md-4">
            <h3>圣亚海洋世界</h3>
            <p>大连圣亚海洋世界位于大连市星海广场西侧，由圣亚海洋世界、圣亚极地世界、圣亚深海传奇等组成……</p>
            <p><a class="btnbtn-default btn-lg" role="button">详情&raquo;</a></p>
        </div>
        <div class="col-md-4">
            <h3>老虎滩</h3>
            <p>大连南部海滨的中部，与滨海西路相邻，占地面积 118 万平方米，被国家旅游局首批评为AAAAA 级景区……</p>
            <p><a class="btnbtn-default btn-lg" role="button">详情&raquo;</a></p>
        </div>
    </div>
    <hr/>
    <footer>
        <p>&copy;版权所有 2018</p>
    </footer>
</div>
</body>
</html>
```

示例 7-3 的设计过程如下。

（1）在 WebStorm 中新建页面 demo0703.html，在 head 部分引入 Bootstrap，代码如下。

```
<link type="text/css" rel="stylesheet" href="css/bootstrap.min.css">
```

（2）插入导航条。进入 Bootstrap 中文网 https://v3.bootcss.com/components/#navbar-default，将其中的导航实例复制到用户的 Web 页面中，进行修改，修改过程中，需要查看导航条组件中不同的类和属性的设置。

修改调试后，完成页面的导航部分。

（3）在巨幕组件中插入 banner 文字。在 https://v3.bootcss.com/components/#jumbotron 页面，将其中的巨幕组件（Jumbotron）示例复制到用户的 Web 页面中，修改标题、内容和按钮。代码如下。

```
<div class="container">
    <h2>欢迎您到大连来</h2>
    <p>大连是中国著名的避暑胜地和旅游热点城市，依山傍海，气候宜人……</p>
    <p><a class="btnbtn-primary btn-lg" role="button">更多&raquo;</a></p>
</div>
```

（4）插入图片。进入页面 https://v3.bootcss.com/css/#images-responsive，找到其中的图片（Image）元素下面的响应式图片（Responsive images）选项，复制代码到用户的 Web 页面中，图片代码放置在 Jumbotron 内部，适当修改上边距，代码如下。

```
<div class="container" style="margin-top:5px">
    <img alt="" src="img/banner1.jpg" class="img-responsive"/>
```

```
</div>
```

（5）插入主体内容。

进入页面 https://v3.bootcss.com/css/#grid-example-basic，找到栅格系统下面的样例，复制其中的 3 列代码到用户的 Web 页面中，修改每列的内容。初始代码如下，修改后的代码参见示例代码。

```
<div class="row">
    <div class="col-md-4">.col-md-4</div>
    <div class="col-md-4">.col-md-4</div>
    <div class="col-md-4">.col-md-4</div>
</div>
```

（6）插入页脚，并设置内容和格式。

完成后的页面，缩小的浏览器窗口显示效果如图 7-8 所示，导航、图片和内容都实现了响应式布局。

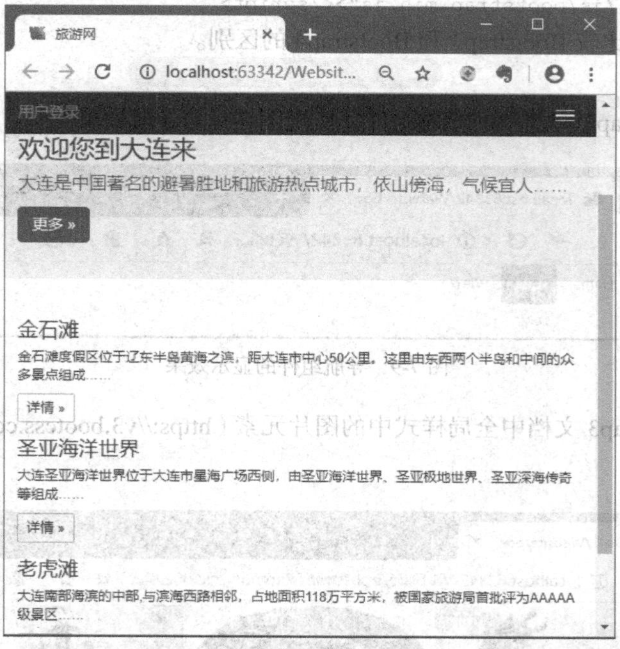

图 7-8　页面缩小后示例的显示效果

本章小结

Bootstrap 是一个流行的、用于快速开发 Web 应用程序的前端框架，基于 HTML、CSS、JavaScript 等技术，内置了大量的页面样式、可重用的组件、JavaScript 插件，可以快速构建网站原型，甚至是构建企业级的网站。

Bootstrap 3.3.7 是目前广泛使用的版本，其特点是移动设备优先、增强的栅格系统、扁平化设计的极简风格等。本书使用的框架是 Bootstrap 3.3.7。

本章介绍了使用 WebStorm 开发 Web 应用的方法。第一步是创建项目，默认的项目类型是“空项目”，也可以根据需求选择创建的项目类型；第二步是创建文件，选择创建 HTML 文件、CSS

文件或 JavaScript 文件等。

本章演示了基于 Bootstrap 的中文网的文档和示例来搭建一个 Web 应用。

思考与练习

1. 简答题

（1）下载 Bootstrap 时，编译版文件和源码文件在使用时有什么不同？

（2）示例 7-1 和示例 7-2 在引用 Bootstrap 的代码上有所不同，主要区别在于下面代码，为什么在示例 7-2 中未引用下面的代码？

```
<script src="../jQuery3/jQuery-3.1.1.min.js"></script>
<script src="../js/bootstrap.min.js"></script>
```

（3）查阅文档，比较 Bootstrap3 和 Bootstrap4 的区别。

2. 操作题

（1）查询 Bootstrap3 文档中的导航组件，实现图 7-9 的导航效果。

图 7-9　导航组件的显示效果

（2）查询 Bootstrap3 文档中全局样式中的图片元素（https://v3.bootcss.com/css/#images），实现图 7-10 的显示效果。

图 7-10　设置图片全局样式的效果

第8章 Bootstrap的全局样式

Bootstrap 提供了一套响应式、移动设备优先的流式栅格系统，用于页面的布局设计，方便页面内容的组织，让网站易于浏览，并降低客户端的负载。Bootstrap 还重新定义了一些 HTML 基本元素的样式，并利用可扩展的类来增强其显示效果。这些 HTML 基本元素的样式也称全局 CSS 样式，本章将介绍这些样式，并通过具体示例加以说明。

本章主要内容包括：

- 栅格系统；
- 页面排版元素；
- 表格、按钮；
- 表单、图片。

8.1 栅格系统

Bootstrap 内置的栅格系统（Grid System）主要用于页面布局。栅格是由一系列相交的直线（垂直的、水平的）组成的格子，用来承载网页的内容。

8.1.1 栅格系统的原理

栅格系统通过一系列包含内容的行和列来创建页面布局。栅格布局主要使用下面的类。

（1）.container 类和.container-fluid 类

在 Bootstrap 页面布局中，这两个类用来定义栅格容器。.container 类用于固定宽度并支持响应式布局；.container-fluid 类用于设置 100%宽度，占据全部视口的宽度。

（2）.row 类

.row 类用来定义栅格中的一个行容器。

（3）.col-[screenStyle]-[percent]类

.col-[screenStyle]-[percent]类是组合类。可以通过使用组合类名，来定义栅格行中的一个具体栅格。其中，screenStyle 选项是设备类型，取值为 xs、sm、md、lg，xs 表示超小型设备，sm 表示小型设备，md 表示中型设备，lg 表示大型设备；percent 选项指明栅格在一行中占多少列，取值为 1~12。

下面是 Bootstrap 栅格系统的工作规则。

- 行必须放置在 .container 类或.container-fluid 类内，以便获得适当的对齐方式（alignment）和内边距（padding）。
- 使用行（.row 类）来创建列（.col-[screenStyle]-[percent]类）的水平组。页面元素应该放置在列内，且唯有列可以是行的直接子元素。
- 预定义的栅格类，例如 .row、.col-xs-4、.col-sm-3 等，用于快速创建栅格布局。
- 列通过内边距（padding）来创建列内容之间的间隙。
- 栅格系统是通过指定横跨 12 个可用的列来创建的。例如，要创建三个等宽的列，可以使用 3 个 .col-xs-4 类。

8.1.2 栅格系统的类及相关参数

Bootstrap 的栅格系统，可以随着设备或视口大小的增加而适当地扩展到 12 列。栅格系统包含了用于布局的预定义类，也包含了用于生成更多语义布局的组合类。表 8-1 总结了栅格系统在多种屏幕设备上是如何工作的。

表 8-1 Bootstrap 3 的栅格系统

	超小屏幕设备 手机（<768px）	小屏幕设备 平板（≥768px）	中等屏幕设备 桌面（≥992px）	大屏幕设备 桌面（≥1200px）
栅格系统行为	总是水平排列	开始是堆叠在一起的，当大于阈值时将呈水平排列		
.container 类最大宽度	None （自动）	750px	970px	1170px
类前缀	.col-xs-	.col-sm-	.col-md-	.col-lg-
列数	12			
最大列宽	自动	62px	81px	97px
间隙宽度	30px（每列左右均有 15px）			
可嵌套	是			
偏移（Offsets）	是			
列排序	是			

下面通过示例 8-1 来了解栅格系统的概念。

示例 8-1

```
<!--demo0801.html-->
<!DOCTYPE html>
<html>
<head>
    <meta charset="UTF-8">
    <meta name="viewport" content="width=device-width,initial-scale=1">
    <link rel="stylesheet" href="css\bootstrap.css">
    <style>
        body {
            margin-top: 20px;
        }
        .container, .col-md-1 {
```

```
            outline: 1px solid #000000;
        }
    </style>
</head>
<body>
<div class="container">
    <div class="row">
        <div class="col-md-1">第 1 列</div>
        <div class="col-md-1">第 2 列</div>
    </div>
</div>
</body>
</html>
```

示例 8-1 首先引入了 Bootstrap 的样式文件 bootstrap.css。使用栅格系统，最外层的容器必须使用样式类.container，container 容器的内部使用.row 类表示每一行。在行内（row 容器的内部）设置列，此处使用 class="col-md-1"，表示使用中等屏幕设备的样式，每行平均分为 12 列，本例中有两列内容。

默认的栅格系统没有边框，本例为.container 类和.col-md-1 类编写样式表添加边框。这里添加边框使用了 outline 属性，没有使用 border 属性。outline 和 border 都是给元素加边框，支持的属性和值几乎是一样的，但 outline 不占空间，设计布局时不需要考虑盒模型的宽度，非常方便。

示例 8-1 的效果如图 8-1 所示。

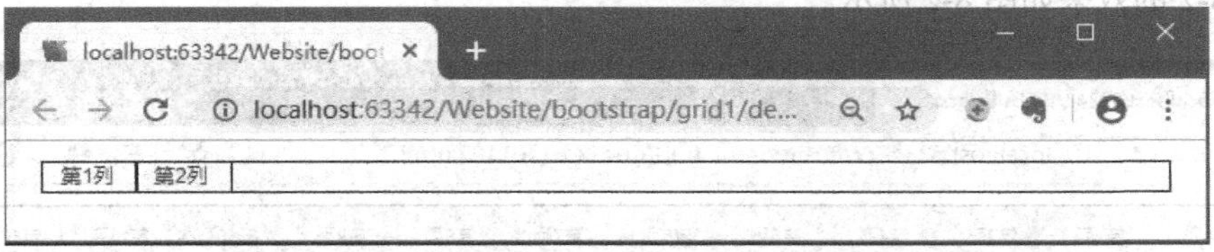

图 8-1　两列的栅格

修改示例 8-1，将行内的列数增加到 12 列，代码如下。

示例 8-2

```
<!--demo0802.html-->
<!DOCTYPE html>
<html>
<head>
    <meta charset="UTF-8">
    <meta name="viewport" content="width=device-width,initial-scale=1">
    <link rel="stylesheet" href="css\bootstrap.css">
    <style>
        body {
            margin-top: 20px;
        }
        .container {
            outline: 1px solid #000000;
        }
        .col-md-1{
            padding-top: 15px;
            padding-bottom: 15px;
            background-color: rgba(86, 61, 124, .15);
            border: 1px solid rgba(86, 61, 124, .15);
```

```
        }
</style>
</head>
<body>
<div class="container">
    <div class="row">
        <div class="col-md-1">第 1 列</div>
        <div class="col-md-1">第 2 列</div>
        <div class="col-md-1">第 3 列</div>
        <div class="col-md-1">第 4 列</div>
        <div class="col-md-1">第 5 列</div>
        <div class="col-md-1">第 6 列</div>
        <div class="col-md-1">第 7 列</div>
        <div class="col-md-1">第 8 列</div>
        <div class="col-md-1">第 9 列</div>
        <div class="col-md-1">第 10 列</div>
        <div class="col-md-1">第 11 列</div>
        <div class="col-md-1">第 12 列</div>
    </div>
</div>
</body>
</html>
```

示例 8-2 的效果如图 8-2 所示。

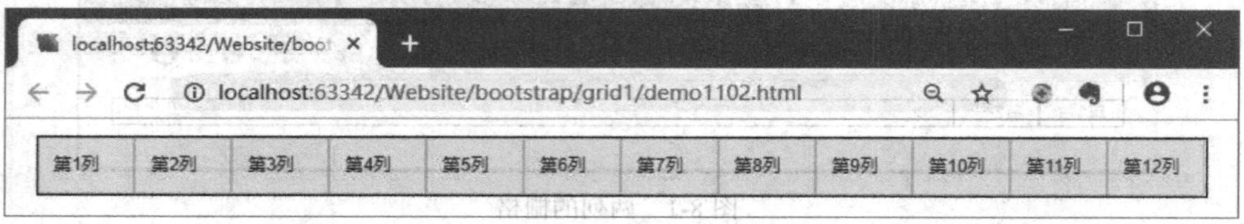

图 8-2　12 列的栅格

示例 8-2 修改了.col-md-1 类的样式。可以看出，每一列 class="col-md-1"的容器占据整个 row 的 1/12。如果超过 12 列，例如 14 列，效果如图 8-3 所示。

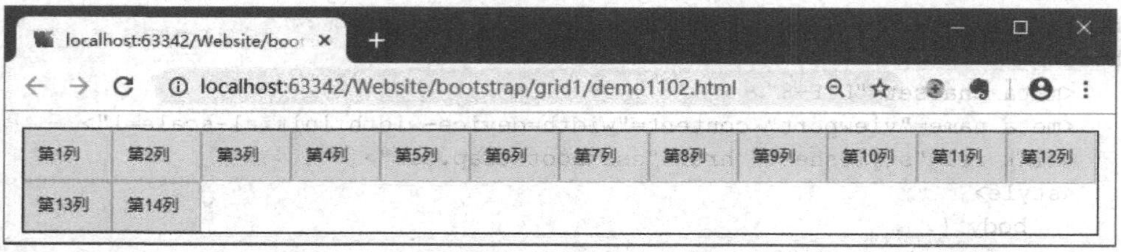

图 8-3　14 列的栅格

示例 8-3 的页面分为 3 行，第一行的 3 部分分别占据栅格的 3 列、6 列、3 列，第二行的 2 部分分别占据栅格的 4 列、8 列，第 3 行的 2 部分分别占据栅格的 4 列、9 列，显示效果如图 8-4 所示。

示例 8-3

```
<!--demo0803.html-->
<!DOCTYPE html>
```

```
<html>
<head>
    <meta charset="UTF-8">
    <meta name="viewport" content="width=device-width,initial-scale=1">
    <link rel="stylesheet" href="css\bootstrap.css">
    <style>
        body {
            margin-top: 20px;
        }
        .container {
            outline: 1px solid #000000;
        }
        [class*="col-md"] {
            padding-top: 15px;
            padding-bottom: 15px;
            background-color: rgba(86, 61, 124, .15);
            border: 1px solid rgba(86, 61, 124, .15);
        }
    </style>
</head>
<body>
<div class="container">
    <div class="row">
        <div class="col-md-3">第 1 部分</div>
        <div class="col-md-6">第 2 部分</div>
        <div class="col-md-3">第 3 部分</div>
    </div>
    <div class="row">
        <div class="col-md-4">第 1 部分</div>
        <div class="col-md-8">第 2 部分</div>
    </div>
    <div class="row">
        <div class="col-md-4">第 1 部分</div>
        <div class="col-md-9">第 2 部分</div>
    </div>
</div>
</body>
</html>
```

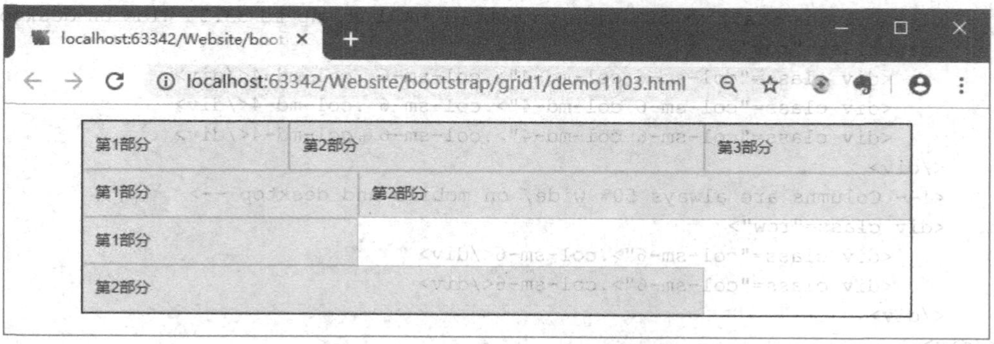

图 8-4　每行使用不同的栅格类，显示不同的列数

示例 8-3 使用了.col-md-3、.col-md-4、.col-md-6 等类，因此使用属性选择器[class*="col-md"]

来定义样式。很明显，第 3 行的两部分栅格分别为 4 列和 9 列，宽度超过了每行 12 列的范围，因此堆叠显示在 2 行。

前面 3 个示例，如果屏幕宽度小于 992px，将呈堆叠显示。

示例 8-4 使用.col-md-* 和.col-sm-*两个栅格类，更好地实现了针对移动设备和桌面屏幕的响应式布局功能。在中等屏幕设备（≥992px）上，页面元素呈水平排列，如图 8-5 所示；在小屏幕设备（≥768px）上的显示效果如图 8-6 所示；如果是超小屏幕（<768px），将呈堆叠效果。

示例 8-4

```
<!--demo0804.html-->
<!DOCTYPE html>
<html>
<head>
    <meta charset="UTF-8">
    <meta name="viewport" content="width=device-width,initial-scale=1">
    <title></title>
    <link rel="stylesheet" href="css\bootstrap.css">
    <style>
        .row {
          margin-top: 15px;
          margin-bottom: 15px;
        }
        [class*="col-"] {
            padding-top: 15px;
            padding-bottom: 15px;
            background-color: rgba(86, 61, 124, .15);
            border: 1px solid rgba(86, 61, 124, .15);
        }
    </style>
</head>
<body>
<div class="container">
<!-- Stack the columns on mobile by making one full-width and the other half-width -->
    <div class="row">
        <div class="col-sm-12 col-md-8">.col-sm-12 .col-md-8</div>
        <div class="col-sm-6 col-md-4">.col-sm-6 .col-md-4</div>
    </div>
    <!-- Columns start at 50% wide on mobile and bump up to 33.3% wide on desktop -->
    <div class="row">
        <div class="col-sm-6 col-md-4">.col-sm-6 .col-md-4</div>
        <div class="col-sm-6 col-md-4">.col-sm-6 .col-md-4</div>
        <div class="col-sm-6 col-md-4">.col-sm-6 .col-md-4</div>
    </div>
    <!-- Columns are always 50% wide, on mobile and desktop -->
    <div class="row">
        <div class="col-sm-6">.col-sm-6</div>
        <div class="col-sm-6">.col-sm-6</div>
    </div>
</div>

</body>
</html>
```

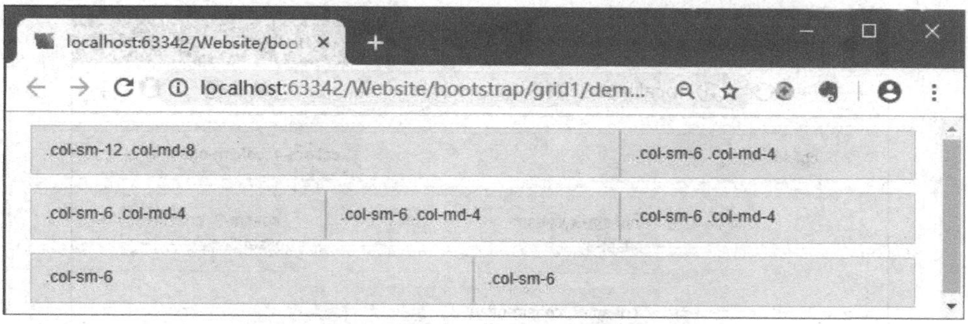

图 8-5 中等屏幕设备，水平的显示效果

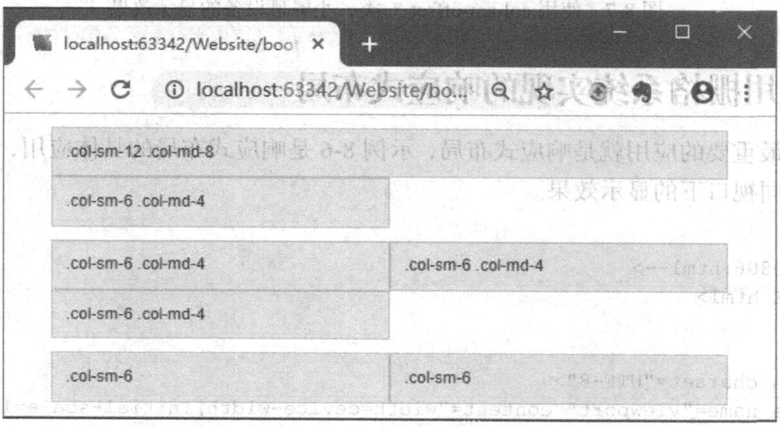

图 8-6 小屏幕设备的显示效果

为了能看到较好的显示效果，本例使用类选择器（.row）和属性选择器（[class*="col-"]）设置了边框和背景的样式。

示例 8-5 使用 .col-sm-offset-* 类实现将列向右侧偏移。这些类实际是通过使用 * 选择器为当前元素增加了左侧的边距（margin）。例如，.col-sm-offset-4 类将 .col-sm-4 元素向右侧偏移了 4 个列（column）的宽度。显示效果如图 8-7 所示。

示例 8-5

```
<!--demo0805.html-->
<body>
<div class="container">
    <div class="row">
        <div class="col-sm-4">.col-sm-4</div>
        <div class="col-sm-4 col-sm-offset-4">.col-sm-4 .col-sm-offset-4</div>
    </div>
    <div class="row">
        <div class="col-sm-3 col-sm-offset-3">.col-sm-3 .col-sm-offset-3</div>
        <div class="col-sm-3 col-sm-offset-3">.col-sm-3 .col-sm-offset-3</div>
    </div>
    <div class="row">
        <div class="col-sm-6 col-sm-offset-3">.col-sm-6 .col-sm-offset-3</div>
    </div>
</div>
</body>
```

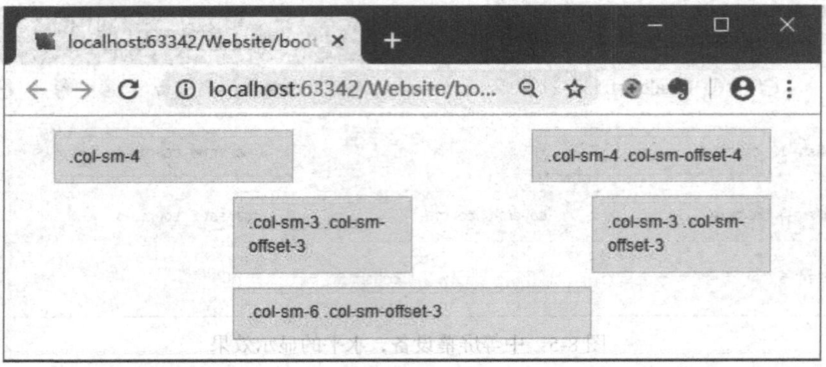

图 8-7　使用.col-sm-offset-* 类，小屏幕设备的显示效果

8.1.3　用栅格系统实现的响应式布局

栅格系统最重要的应用就是响应式布局，示例 8-6 是响应式布局的具体应用，图 8-8 和图 8-9 给出了两种不同视口下的显示效果。

示例 8-6

```
<!--demo0806.html-->
<!DOCTYPE html>
<html>
<head>
    <meta charset="UTF-8">
    <meta name="viewport" content="width=device-width,initial-scale=1">
    <link href="css/bootstrap.css" rel="stylesheet">
    <style>
        [class*="col-"]{
           outline: 1px solid blue;
           height: 220px;
           padding-top: 20px;
        }
    </style>
</head>
<body>
<div class="container">
    <div class="row">
        <div class="col-xs-12 col-sm-3 col-md-5 col-lg-4">
            <h2>.container 类</h2>
            <h2>.row 类</h2>
            <h2>.col-*-*类</h2>
        </div>
        <div class="col-xs-12 col-sm-9 col-md-7 col-lg-8">
           Bootstrap 需要为页面内容和栅格系统包裹一个 .container 容器。我们提供了两个作此用处
的类。注意，由于 padding 等属性的原因，这两种容器类不能互相嵌套。<br>
           .container 类用于固定宽度并支持响应式布局的容器。<br>
           .container-fluid 类用于 100% 宽度，占据全部视口（viewport）的容器。
        </div>
    </div>
</div>
</body>
</html>
```

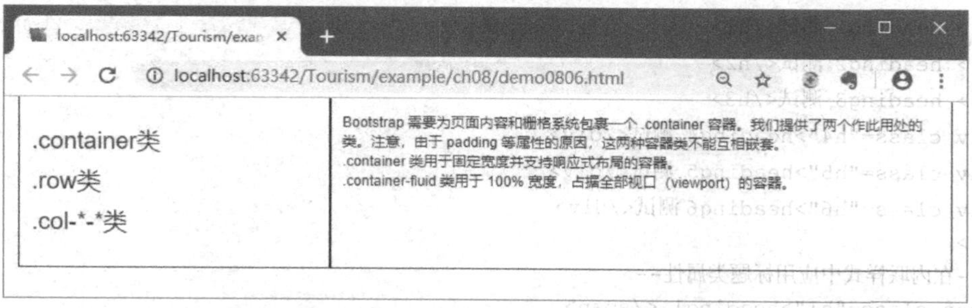

图 8-8　窗口尺寸在 992～1200px 时的效果

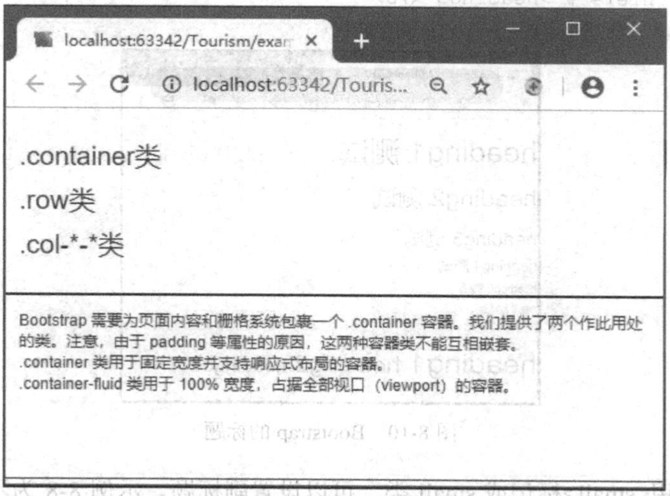

图 8-9　在窗口尺寸小于 768px 时的效果

当窗口尺寸大于等于 1200px 时，左边栏占据 4 列宽度，右边栏占据 8 列宽度；当窗口尺寸在 992～1200px 时，左边栏占据 5 列宽度，右边栏占据 7 列宽度（见图 8-8）；当窗口尺寸在 768～992px 时，左边栏占据 3 列宽度，右边栏占据 9 列宽度；当窗口尺寸小于 768px 时，左右边栏均占据 100%宽度，堆叠起来（见图 8-9）。

8.2　页面版式

Bootstrap 页面排版时可以使用标题、缩略语、地址、引用、列表等元素，它们是 Bootstrap 样式设计的基础。

8.2.1　标题

Bootstrap 重新定义了<h1>~<h6>标题（Headings）的样式，还提供了.h1~.h6 的标题类，这些标题类可以为内联属性（inline）的文本赋予标题样式。

示例 8-7 是使用标题标记和标题类的页面，效果如图 8-10 所示。

示例 8-7

```
<!--demo0807.html-->
<body>
```

```
<h1> heading1 测试</h1>
<h2> heading2 测试</h2>
<h3> heading3 测试</h3>
<div class="h4">heading4 测试</div>
<div class="h5">heading5 测试</div>
<div class="h6">heading6 测试</div>
<hr>
<!--在内联样式中应用标题类属性-->
<span class="h1">heading1 </span>
<span class="h2">heading2 </span>
<a class="h3" href="#">heading3 </a>
</body>
```

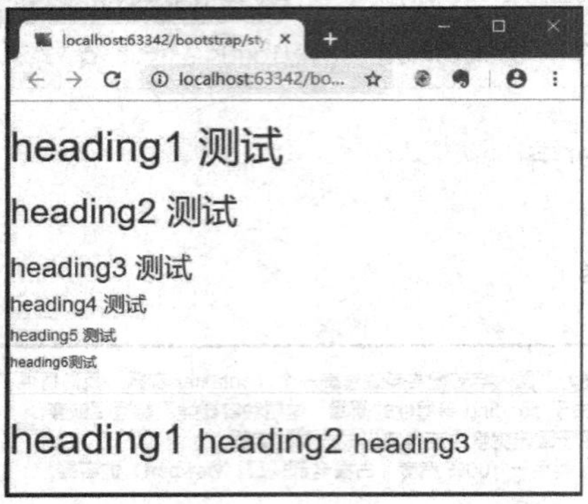

图 8-10　Bootstrap 的标题

在标题中使用<small>标记或.small 类，可以设置副标题。示例 8-8 为不同标题应用了副标题，效果如图 8-11 所示。

示例 8-8

```
<!--demo0808.html-->
<body>
<h1> heading1 测试<small>次级标题测试</small></h1>
<h2> heading2 测试<small>次级标题测试</small></h2>
<h3> heading3 测试<small>次级标题测试</small></h3>
</body>
```

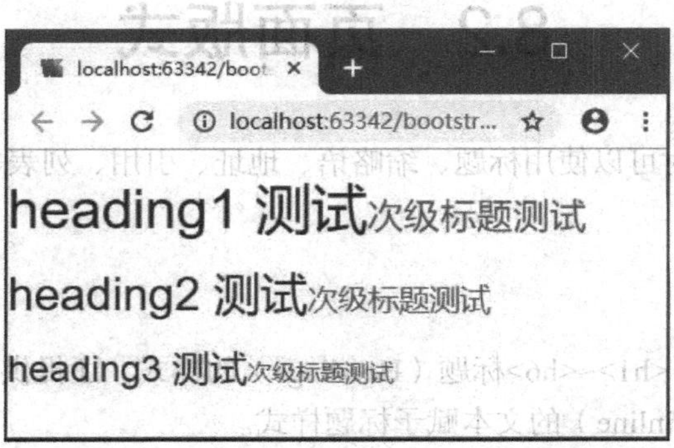

图 8-11　Bootstrap 的 small 标记

可以看出，写在<small>标记中的文本比同级的标题颜色更淡、字号更小。

本书多数示例给出的是<body>标记中的代码，在网页中引用 Bootstrap 框架在第 7 章中已经介绍，后面的示例将不再对 Bootstrap 框架的引用做出说明。

8.2.2　列表

Bootstrap 对列表（Lists）也实现了增强样式，如无序列表、有序列表、自定义列表等。列表元素的使用方式和 HTML5 中定义列表的方式是一样的。示例 8-9 是一组列表的示例，效果如图 8-12 所示。

示例 8-9

```
<!--demo0809.html-->
<body>
<h4>无序列表</h4>
<ul>
    <li>HTML 5</li>
    <li>CSS 3</li>
    <li>JavaScript</li>
    <li>Bootstrap</li>
</ul>
<h4>内联列表</h4>
<ol class="list-inline">
    <li>http://www.bootcss.com/</li>
    <li>https://getbootstrap.com/</li>
    <li>https://www.runoob.com/</li>
</ol>
<h4>水平的自定义列表</h4>
<dl class="dl-horizontal">
    <dt>大屏幕设备</dt>
    <dd>最大的 container 宽度是 1170px</dd>
    <dt>中等屏幕设备</dt>
    <dd>最大的 container 宽度是 970px</dd>
    <dt>小屏幕设备</dt>
    <dd>最大的 container 宽度是 750px</dd>
    <dt>超小屏幕设备</dt>
    <dd>最大的 container 宽度是自动设置（None）</dd>
</dl>
</body>
```

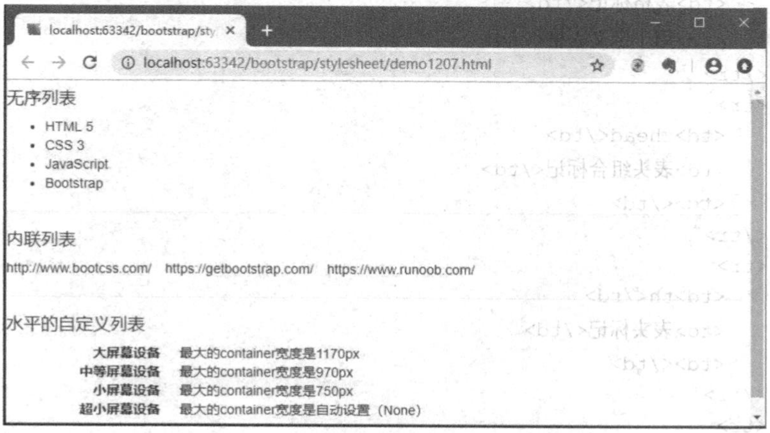

图 8-12　不同的列表元素

可以看出，设置 class="list-inline"，可以将所有列表项置于同一行。

设置 class="dl-horizontal"，可以让<dl>标记内的短语及其描述排在一行，但根据 Bootstrap 源码的定义，.dl-horizontal 类只有在视口宽度大于 768px 时才有效。

除了标题和列表外，Bootstrap 还提供了 abbr 元素（缩略语）、address 元素（地址）、blockquote 元素（引用）的增强效果，也重新定义了 mark、strong、del、em 等内联文本元素，请读者参考 Bootstrap 中文网文档来学习使用。

8.3 表　　格

Bootstrap 优化了表格（Table）的样式，通过一些表格类，增强了表格的显示效果，这些类包括.table、.table-striped、.table-bordered、.table-hover 等，主要功能如下。

- .table 类，为表格添加基本样式（横向分隔线）。
- .table-striped 类，在 tbody 元素内添加斑马线形式的条纹。
- .table-bordered 类，为表格的单元格定义边框样式。
- .table-hover 类，在 tbody 元素内的任一行启用鼠标悬停状态。

示例 8-10 应用了表格的上述属性，效果如图 8-13 所示。

示例 8-10

```
<!--demo0810.html-->
<body>
<div class="container">
    <table class="table table-bordered table-striped table-hover">
        <thead>
         <tr>
            <th>Tags & Class</th>
            <th>Function</th>
            <th>Description</th>
         </tr>
         </thead>
         <tr>
            <td>table</td>
            <td>表格标记</td>
            <td>用于定义表格</td>
         </tr>
         <tr>
            <td>thead</td>
            <td>表头组合标记</td>
            <td></td>
         </tr>
         <tr>
            <td>th</td>
            <td>表头标记</td>
            <td></td>
         </tr>
         <tr>
            <td>tr,td</td>
```

```
            <td>行标记，列标记</td>
            <td></td>
        </tr>
        <tr>
            <td>.table-bordered</td>
            <td></td>
            <td>用于定义边框样式</td>
        </tr>
        <tr>
            <td>.table-striped</td>
            <td></td>
            <td>用于斑马线形式的条纹样式</td>
        </tr>
        <tr>
            <td>.table-hover</td>
            <td></td>
            <td>启用鼠标悬停状态</td>
        </tr>
    </table>
</div>
</body>
```

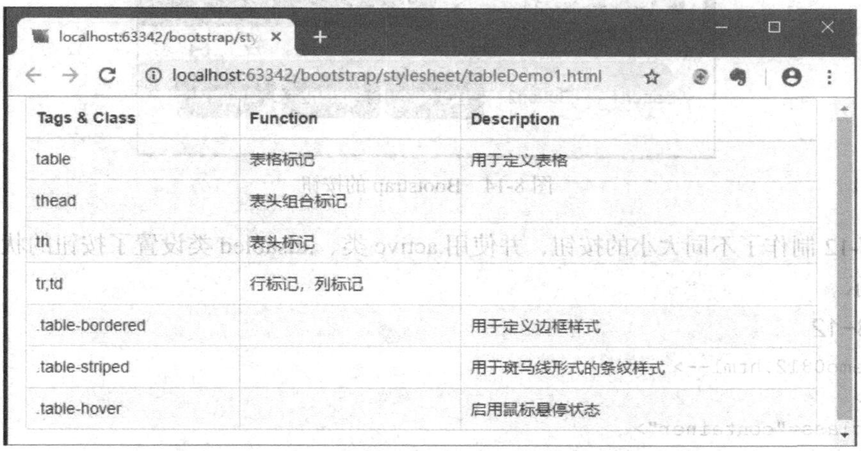

图 8-13　表格中的元素和类的应用

也可以为表格或单元格添加情景色，使用的类包括.success、.warning、.danger、.info、.active 等。

8.4　按　钮

Bootstrap 优化了按钮（Button）的格式，任何带有.btn 类的元素都会继承圆角灰色按钮的默认外观，并可以通过一些样式类来定义按钮的样式。Bootstrap 提供的样式类如下。

- .btn 类，为按钮添加基本样式。
- .btn-default 类，默认/标准按钮。
- .btn-primary 类，原始按钮样式（未被操作）。

- .btn-success 类，表示成功的按钮。
- .btn-info 类，表示用于弹出信息的按钮。
- .btn-warning 类，表示需要谨慎操作的按钮。
- .btn-danger 类，表示危险动作的按钮。

还可以通过.btn-lg、.btn-sm、.btn-xs 等类制作大按钮、小按钮、超小按钮。

示例 8-11 使用 button、a、div、span 等不同元素定义了按钮，并设置了按钮的样式，效果如图 8-14 所示。

示例 8-11

```
<!--demo0811.html-->
<body>
<div class="container">
    <button class="btn">Button1</button>
    <a class="btn btn-default" href="#" >Button2</a>
    <div class="btn btn-danger">Button3</div>
    <span class="btn btn-primary">Button5</span>
    <input type="button" class="btn btn-info" value="Button4">
</div>
</body>
```

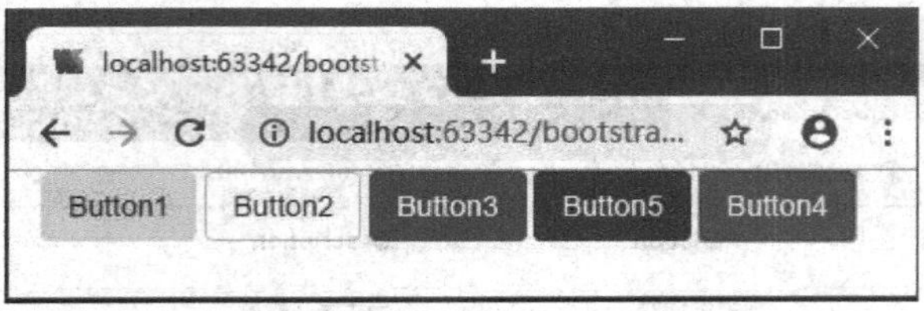

图 8-14　Bootstrap 的按钮

示例 8-12 制作了不同大小的按钮，并使用.active 类、.disabled 类设置了按钮的状态，效果如图 8-15 所示。

示例 8-12

```
<!--demo0812.html-->
<body>
<div class="container">
    <button class="btn btn-lg">Button1</button>
    <button class="btn">Button2</button>
    <button class="btn btn-sm active">Button3</button>
    <button class="btn btn-xs disabled">Button4</button>
</body>
```

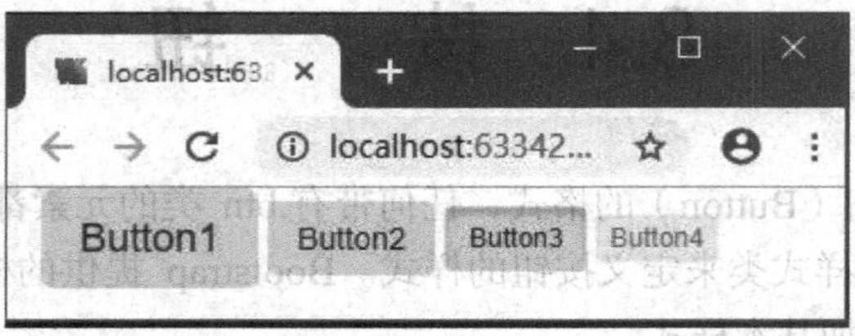

图 8-15　设置按钮的大小和状态

8.5　表　　单

Bootstrap 可以通过一些 HTML 标记和扩展类创建出不同样式的表单（Form）。创建表单时，把表单元素放在一个用.form-group 类描述的 div 中，这样可以获取最佳的元素间距，同时，可以向所有 input 元素、textarea 元素、select 元素添加.form-control 类。.form-control 类将表单元素宽度设置为 100%，并设置浅灰色（#ccc）的边框和 4px 的圆角等效果。

示例 8-13 使用 Bootstrap 的.form-group 类和.form-control 类创建了一个表单，效果如图 8-16 所示。

示例 8-13

```
<!--demo0813.html-->
<body>
<div class="container">
    <form>
        <div class="form-group">
            <label>UserName</label>
            <input type="text" id="userName" class="form-control">
        </div>
        <div class="form-group">
            <label for="passWord">PassWord</label>
            <input type="password" id="passWord" class="form-control">
        </div>
        <div class="form-group">
            <label for="exampleInputFile">File input</label>
            <input type="file" id="exampleInputFile">
            <p class="help-block">请选择图片类型文件.</p>
        </div>
        <div class="checkbox">
            <label><input type="checkbox"> Check me out</label>
        </div>
        <div class="form-group">
            <label>VerificationCode</label>
            <div>
                <input type="text" id="vdate1">
                <img src="images/initDigitPicture.jpg">
            </div>
        </div>
        <button type="submit" class="btn btn-default">Submit</button>
    </form>
</div>
</body>
```

示例 8-13 设计的是垂直表单（默认），Bootstrap 还提供了内联表单。内联表单的所有元素是左对齐的，元素并排排列，需要向<form>标记添加.form-inline 类。示例 8-14 是一个内联表单，在视口宽度大于 768px 时的效果如图 8-17 所示。

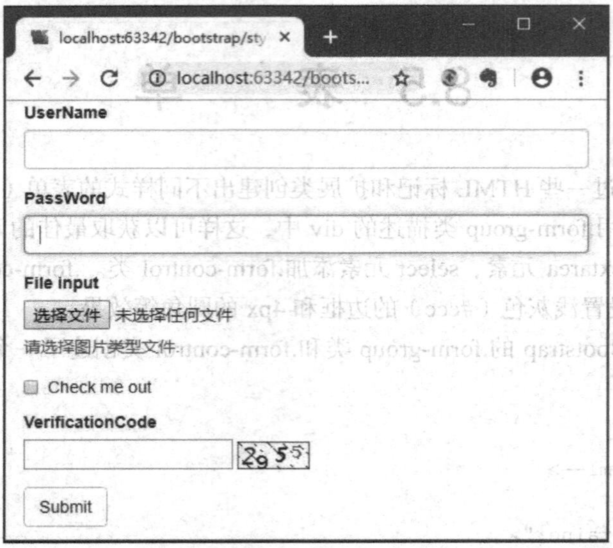

图 8-16　Bootstrap 的表单

示例 8–14

```
<!--demo0814.html-->
<body>
<div class="container">
    <form class="form-inline">
        <div class="form-group">
        <label class="sr-only">Name</label>
        <input type="text" placeholder="Username" class="form-control">
    </div>
    <div class="form-group">
        <label class="sr-only">Email</label>
        <input type="email" placeholder="email" class="form-control">
    </div>
    <div class="form-group">
        <label class="sr-only">VerificationCode</label>
        <div>
            <input type="text" id="vdate1" placeholder="VerificationCode">
            <img src="images/initDigitPicture.jpg">
          </div>
        </div>
        <button class="btn btn-info">Login</button>
    </form>
</div>
</body>
```

图 8-17　Bootstrap 的内联表单

8.6　图　　片

在 Bootstrap 3 中，为图片（Image）添加.img-responsive 类可以让图片支持响应式布局。Bootstrap 还可以通过为 img 元素添加下面的类，让图片呈现不同的形状。

- .img-rounded 类，添加 border-radius:6px 来获得圆角图片。
- .img-circle 类，添加 border-radius:50% 来让整个图片变成圆形。
- .img-thumbnail 类，添加内边距（padding）和一个灰色的边框。

示例 8-15 使用了 image 元素的各种形状类，实现不同的图片样式。效果如图 8-18 所示。

示例 8-15

```
<!--demo0815.html-->
<body>
<div class="container">
    <h3>.img-responsive 类测试</h3>
    <img src="images/a4.jpg" class="center-block img-responsive">
    <hr>
    <h3>.img-rounded 类、.img-circle 类、.img-thumbnail 类测试</h3>
    <div class="text-center">
        <img src="images/te3.jpg" class="img-rounded">
        <img src="images/te1.jpg" class="img-circle">
        <img src="images/te2.jpg" class="img-thumbnail">
    </div>
</div>
</body>
</html>
```

图 8-18　图片元素的常用类的效果

8.7　应用案例

利用 Bootstrap 的全局 CSS 样式，通过栅格系统、表单、图片等元素，再简单设置一些元素的 CSS 样式，就可以得到一个响应式表单的效果。

8.7.1 页面结构描述

1. 页面功能说明

使用 Bootstrap 框架创建一个响应式表单。表单的第一部分展示若干图片，并可以通过复选框选择；表单的第二部分用文本框实现单行文本输入、用文本区实现多行文本输入。页面使用栅格系统实现响应式布局，并在页面中应用 Bootstrap 全局样式。页面效果如图 8-19 所示。

2. Bootstrap3 框架

Bootstrap3 框架包括添加<meta>标记中的 viewport 描述，引入样式文件，引入 JavaScript 文件及 jQuery 文件等，代码清单如下。

```
<!--Bootstrap3 框架-->
<!DOCTYPE html>
<html>
<head>
    <meta charset="UTF-8">
    <meta name="viewport" content="width=device-width,initial-scale=1">
    <title>响应式表单</title>
    <link rel="stylesheet" href="css/bootstrap.min.css">
<body>
……
<script src="jquery3/jquery-3.1.1.min.js"></script>
<script src="js/bootstrap.min.js"></script>
</body>
</html>
```

图 8-19　响应式表单页面

3. 页面布局代码

从图 8-19 可以看出响应式表单页面的布局情况。

页面导航条使用 nav 元素，主体内容包含在应用了 .container 类的 div 容器内部，其中包括一个表单元素。

表单分为上、下两部分。在上部图片区域，使用栅格布局，如果是中等屏幕设备，页面划分为 3 列；如果是小屏幕设备，页面划分为 2 列；超小屏幕则采用堆叠放置。表单下部的 input 元素实现文本输入功能。代码清单如下。

```
<!--页面布局代码-->
<!DOCTYPE html>
<html>
<head lang="en">
    <meta charset="UTF-8">
    <meta name="viewport" content="width=device-width,initial-scale=1">
    <link rel="stylesheet" href="css/bootstrap.min.css">
    <style>
    ……
    </style>
</head>
<body>
<nav class="navbar navbar-default">
        <!--导航栏内容-->
</nav>
<div class="container">
    <form>
        <section class="row">
            <div class="col-md-4 col-sm-6 col-xs-12">
            ……
            </div>
            ……<!--共 6 幅图片-->
        </section>
        <section>
          ……<!--文本输入区域-->
        </section>
    </form>
</div>
<script src="jquery3/jquery-3.1.1.min.js"></script>
<script src="js/bootstrap.min.js"></script>
</body>
</html>
```

8.7.2 导航部分的设计

这部分内容只给出具体代码，页面导航的内容将在第 9 章中详细讲解。

```
<!--导航栏内容-->
<nav class="navbar navbar-default">
    <div class="container">
        <div class="row">
            <div class="navbar-header">
                <button class="navbar-toggle" data-toggle="collapse"
 data-target=".navbar-collapse">
                    <span class="icon icon-bar"></span>
```

```
                <span class="icon icon-bar"></span>
                <span class="icon icon-bar"></span>
            </button>
            <a class="navbar-brand" href="#">城市首页</a>
        </div>
        <div class="navbar-collapse collapse">
            <ul class="nav navbar-nav">
                <li><a href="#services">城市简介</a></li>
                <li><a href="#about">城市亮点</a></li>
                <li><a href="#gallery">星级景区</a></li>
            </ul>
        </div>
    </div>
  </div>
</nav>
```

8.7.3 主体部分的设计

响应式表单的主体部分在用.container 类描述的 div 容器内，定义在 form 元素中，分为上、下部两部分。

1. 上部响应式图片布局的实现

上部图片部分共放置 6 幅图片，图片及文字格式由相应的类来定义，代码清单如下。

```
<!--导航栏内容省略-->
<div class="container">
    <form action="#" method="post">
        <section class="row ">
            <div class="templatemo-header-with-bg">
                <h4 class="">请选择您喜欢的景点</h4>
            </div>
            <div class=" col-md-4 col-sm-6 col-xs-12">
                <div class="templatemo-gallery-item">
                    <img src="images/gallery/1.jpg" alt="Gallery Item"
class="img-responsive">
                    <div class="templatemo-gallery-image-overlay"></div>
                </div>
                <div class="form-check">
                    <input type="checkbox" id="pic1" value="1">星海湾全景
                </div>
            </div>
        <!--共 6 幅图片-->
        </section>
            <!--输入文本区-->
    </form>
</div>
```

2. 表单文本输入部分

代码清单如下。

```
<div class="container">
    <form action="#" method="post">
        <section class="row">
         <!--图片列表部分-->
```

```
        </section>
          <!--以下文本输入区域-->
      <section id="contact" class="row templatemo-padding-left-right">
         <div class="col-xs-12">
            <div class="tm-contact-form">
               <div class="form-group">
                  <input type="text" id="contact_name" class="form-control"
placeholder="您的姓名..."/>
               </div>
               <div class="form-group">
                   <input type="email" id="contact_email" class="form-control"
placeholder="您的电子邮箱..."/>
               </div>
               <div class="form-group">
                     <textarea id="contact_message" class="form-control" rows="5"
                            placeholder="您的建议..."></textarea>
               </div>
               </div>
               <button type="submit" class="btn btn-default">提交</button>
            </div>
        </section>
     </form>
  </div>
```

8.7.4 CSS 代码

CSS 样式主要是控制导航条的背景颜色、栅格中承载图片的 div 元素的格式、渐变效果、表单元素样式等，代码清单如下。

```
     <style>
        .templatemo-gallery-item {/*承载图片的 div 样式*/
           position: relative;
           cursor: pointer;
           padding-left: 0;
           padding-right: 0;
           max-width: 322px;
           margin-bottom: 10px;
           margin-left: auto;
           margin-right: auto;
        }
        .templatemo-gallery-image-overlay {/*图片的渐变效果*/
           position: absolute;
           bottom: 0;
           left: 0;
           width: 100%;
           height: 100%;
           background: rgba(0, 0, 0, 0);
           transition: all 0.3s ease;
        }
        .templatemo-gallery-item:hover .templatemo-gallery-image-overlay {
           background: rgba(0, 0, 0, 0.5);
        }
        .templatemo-header-with-bg {
           background-repeat: no-repeat;
```

```
        height: 20px;
        padding-left: 20px;
        margin-bottom: 20px;
    }
    .form-check {
        text-align: center;
        padding-bottom: 20px;
    }
</style>
```

当窗口宽度小于 768px 时，显示效果如图 8-20 所示。

图 8-20　窗口宽度小于 768px 时的表单页面

本章小结

本章介绍了响应式布局的概念，其页面的大小会随着窗口大小的变化而自动缩放，Bootstrap

的栅格系统可以很好地支持响应式布局。

栅格系统主要使用.container 类、.container-fluid 类、.row 类、.col-[screenStyle]-[percent]类来创建页面布局。

本章介绍了标题（Headings）和列表（Lists）两种页面版式。其他的页面版式，abbr 元素（缩略语）、address 元素（地址）、blockquote 元素（引用），以及 mark、strong、del、em 等内联文本元素，请读者自行学习。

Bootstrap 表单部分，主要介绍了.form-group 类、.form-control 类、. form-inline 类。

Bootstrap 的图片添加.img-responsive 类可以让图片支持响应式布局。Bootstrap 还通过为 img 元素添加.img-rounded 类、.img-circle 类、.img-thumbnail 类，让图片呈现不同的形状。

本章利用 Bootstrap 的全局 CSS 样式，通过栅格系统、表单、图片等元素，实现了一个响应式表单的综合示例。

思考与练习

1. 简答题

（1）使用栅格系统实现响应式页面布局，需要使用哪些类？

（2）全局 CSS 样式中，用于修饰代码的有哪些元素？请通过示例加以说明。

（3）在 Bootstrap3 中，查阅.container 类的定义，说明相关属性的含义。

（4）Bootstrap3 为 img 元素添加了哪些类？这些类的功能是什么？

2. 操作题

（1）使用栅格系统实现响应式布局的代码如下，在视口大小为 768～992px 时，显示效果如图 8-21 所示。分析程序，在视口大于等于 992px 时显示效果如何？在视口小于 768px 时，显示效果又是如何？

```
<body>
<div class="container">
    <div class="row">
        <div class="col-xs-12 col-sm-6 col-md-8">.col-xs-12 .col-sm-6 .col-md-8</div>
        <div class="col-xs-6 col-sm-6 col-md-4">.col-xs-6 .col-md-4</div>
    </div>
    <div class="row">
        <div class="col-xs-6 col-sm-4">.col-xs-6 .col-sm-4</div>
        <div class="col-xs-6 col-sm-4">.col-xs-6 .col-sm-4</div>
    </div>
</div>
</body>
```

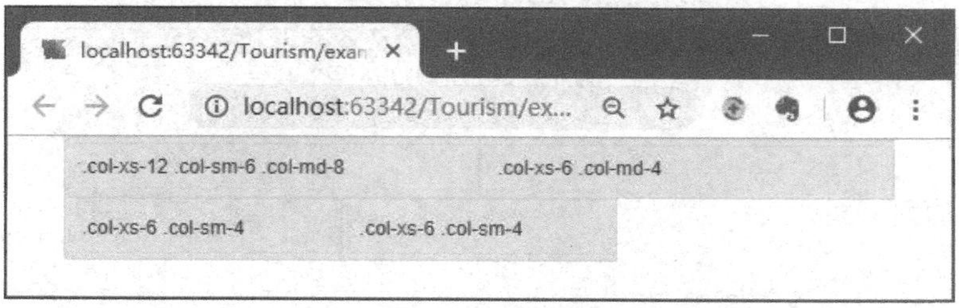

图 8-21　视口大小 768～992px 时的显示效果

（2）使用栅格实现图 8-22 所示的响应式布局效果。

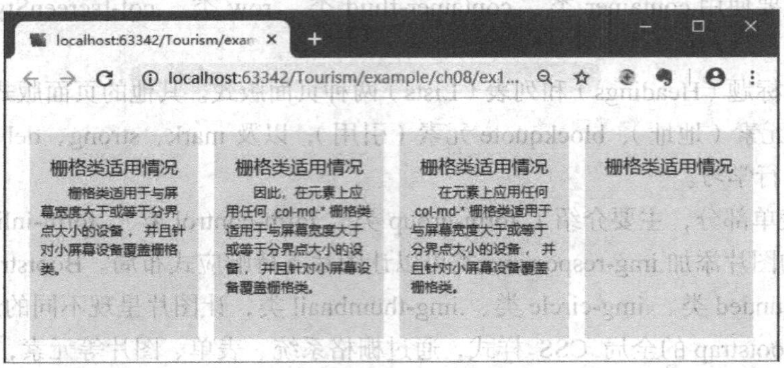

图 8-22　四列响应式布局效果

（3）完成图 8-23 所示的页面。

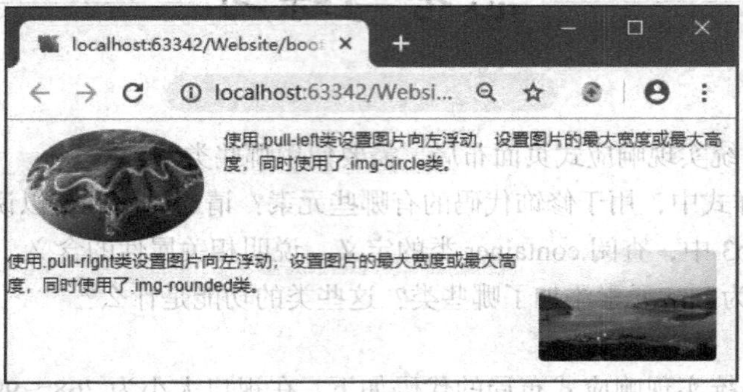

图 8-23　设置图片效果的页面

（4）使用栅格布局完成图 8-24 所示的水平表单。

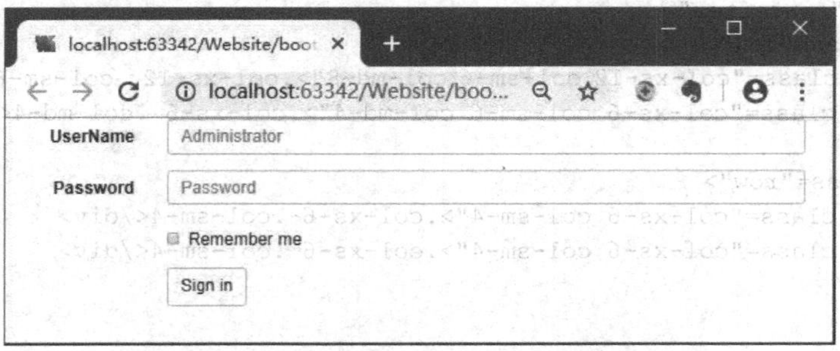

图 8-24　水平表单

第 9 章 Bootstrap 的组件和插件

组件是基于 HTML 基本元素设计的可重复使用的对象。插件（Plugins）是使用 JavaScript 或 jQuery 对组件更高层次的封装，为组件赋予了动态的“生命”。在 Web 前端开发过程中使用组件和插件，可以扩展网站的功能、丰富用户的体验、快速构建具有动态效果的网站。

本章主要内容包括：

- Glyphicons 字体图标；
- 下拉菜单组件；
- 导航和导航条组件；
- 列表组和分页等组件；
- 标签页和提示框插件；
- 折叠和轮播插件。

9.1 Glyphicons 字体图标

Bootstrap 可用的图标指的是来自 Glyphicons Halflings 的字体图标，是在 Web 项目中使用的字体图标。通常，使用 Glyphicons Halflings 的字体图标需要商业许可，但用户如果基于 Bootstrap 框架开发项目，则可以免费使用这些字体图标。

Bootstrap 中的 Glyphicons 包括超过 260 个的字体图标，图 9-1 所示是 3.3.7 版本的部分字体图标。

如果用户正确安装了 Bootstrap 3.x 版本，在其安装目录的 fonts 文件夹内可以找到包含字体图标的下列文件：

- glyphicons-halflings-regular.eot；
- glyphicons-halflings-regular.svg；
- glyphicons-halflings-regular.ttf；
- glyphicons-halflings-regular.woff。

使用字体图标，只需要在 span 元素中引用字体图标类即可，但应在图标和文本之间保留适当的空间。引用字体图标的代码如下。

```
<span class="glyphicon glyphicon-search"></span>
```

示例 9-1 在页面中应用了字体图标，效果如图 9-2 所示。

图 9-1　Glyphicons 的部分字体图标

示例 9–1

```
<!--demo0901.html-->
<body>
<div class="container">
    <h3>Glyphicon Demo</h3>
    <button type="button" class="btn btn-success btn-lg">
        <span class="glyphicon glyphicon-text-width"></span>width
    </button>
    <button type="button" class="btn btn-danger">
        <span class="glyphicon glyphicon-user"></span> User
    </button>
    <button type="button" class="btn btn-primary btn-sm">
        <span class="glyphicon glyphicon-align-right"> right</span>
    </button>
    <button type="button" class="btn btn-info btn-xs">
        <span class="glyphicon glyphicon-zoom-in"></span>
    </button>
</div>
```

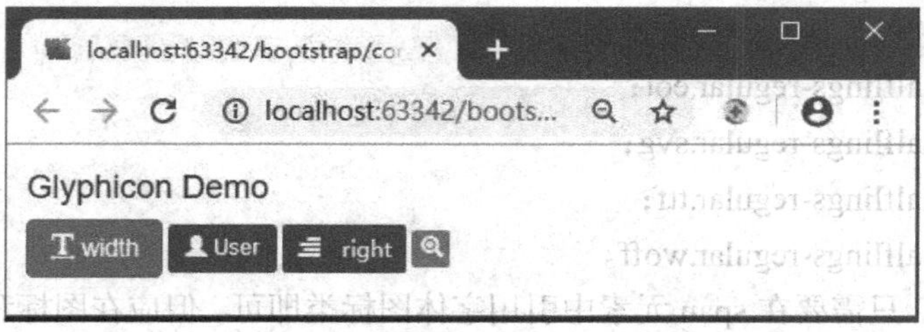

图 9-2　Glyphicons 字体图标的应用

需要注意，字体图标类不能和其他组件直接联合使用，它们不能在同一个元素上与其他类共同存在。使用字体图标时，应该创建一个嵌套的 span 元素，并将字体图标类应用到<span>标记上。

9.2 下拉菜单

下拉菜单（Dropdowns）可以把一些同类的选项放在一起，并用列表形式呈现，页面更为规范。Bootstrap 用.dropdown 类描述下拉菜单，用.dropup 类描述向上弹出的菜单。

1. 下拉菜单示例

示例 9-2 是一个典型的下拉菜单，效果如图 9-3 所示。

示例 9-2

```
<!--demo0902.html-->
<body>
<div class="dropdown">
    <button type="button" class="btn btn-primary dropdown-toggle"
          data-toggle="dropdown">Bootstrap Component
    </button>
    <span class="caret"></span>
    <ul class="dropdown-menu">
        <li><a href="">buttongroup</a></li>
        <li><a href="">dropmenu</a></li>
        <li><a href="">nav</a></li>
        <li class="divider"></li>
        <li><a href="">pageheader</a></li>
    </ul>
</div>
<script src="jquery3/jquery-3.1.1.min.js"></script>
<script src="js/bootstrap.min.js"></script>
<body>
```

图 9-3　Bootstrap 的下拉菜单

2. 下拉菜单的实现

① 设计 Bootstrap 下拉菜单时，按钮和菜单项都要包含在代码<div class="dropdown">……< /div>中，并且需要向其中的链接或按钮添加.dropdown-toggle 类和 data-toggle="dropdown"触发器。

② 在放置菜单项的无序列表中，需要添加.dropdown-menu 类。

③ 代码<span class="caret"></span>用于添加一个向下的三角箭头。

示例 9-2 中的代码<li class="divider"></li>，用于添加分隔线。如果将菜单外层 div 元素的.dropdown 类改为. dropup 类，可以让菜单向上弹出，从而实现向上弹出的菜单。

另外，Bootstrap 官方网站给出的示例代码会添加一些 role 属性描述，这些属性不是必需的，但在实际应用中加上 role 属性可以提升页面的可访问性。

9.3 导航和导航条

9.3.1 导航

Bootstrap 中的所有导航组件均使用.nav 类来实现。在实现导航功能时，基于不同的导航样式要求，为列表添加.nav-tabs 类或.nav-pills 类即可。其中，.nav-tabs 类实现默认样式的导航，.nav-pills 类实现胶囊样式的导航，图 9-4 给出了两种不同的导航样式，示例 9-3 给出了具体的代码。

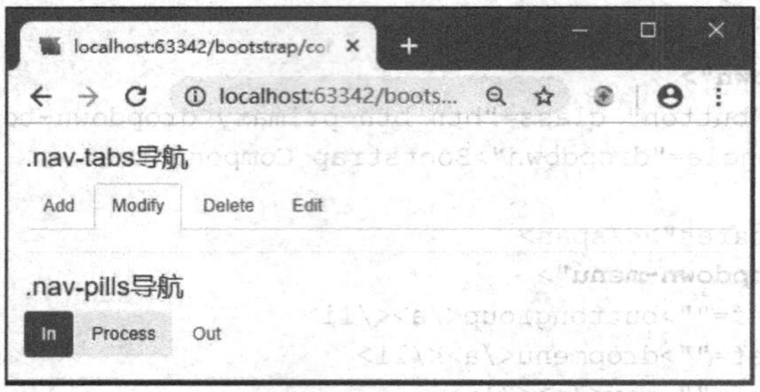

图 9-4　Bootstrap 导航

示例 9-3

```
<!--demo0903.html-->
<body>
<div class="container">
    <h3>.nav-tabs 导航</h3>
    <ul class="nav nav-tabs">
        <li><a href="#">Add</a></li>
        <li class="active"><a href="#">Modify</a></li>
        <li><a href="#">Delete</a></li>
        <li><a href="#">Edit</a></li>
    </ul>
    <hr>
    <h3>.nav-pills 导航</h3>
    <ul class="nav nav-pills">
        <li class="active"><a href="#">In</a></li>
        <li><a href="#">Process</a></li>
        <li><a href="#">Out</a></li>
    </ul>
</div>
</body>
```

9.3.2 导航条

导航条（Navbar）是 Bootstrap 响应式布局的重要组件。导航条在移动设备的窗口中是可折叠的，随着窗口宽度的增加，导航条会呈现水平展开样式。

1. 创建基本导航条

使用 Bootstrap 框架创建一个基本导航条的步骤如下。

① 创建一个 nav 元素器或 div 元素，使其成为导航条的容器，并向其中添加.navbar 类

和.navbar-default 类。

② 使用 div 元素，向其添加一个标题类.navbar-header，其内部包含了用.navbar-brand 类描述的 a 元素，标题文本呈突出显示。

③ 向导航栏添加链接，只需要简单地添加带有.nav 类、.navbar-nav 类的无序列表即可。

示例 9-4 实现了一个基本的导航条，效果如图 9-5 所示。

示例 9-4

```
<!--demo0904.html-->
<body>
<nav class="navbar navbar-default">
    <div class="container-fluid">
        <div class="navbar-header">
            <a class="navbar-brand" style="font-size: 20px" href="#">魅力大连</a>
        </div>
        <div>
            <ul class="nav navbar-nav">
                <li><a href="#services">大连简介</a></li>
                <li><a href="#about">城市亮点</a></li>
                <li><a href="#gallery">大连景区</a></li>
                <li><a href="#contact">联系方式</a></li>
            </ul>
            <ul class="nav navbar-nav navbar-right">
                <li><a href="#">登录</a></li>
                <li><a href="#">注册</a></li>
            </ul>
        </div>
    </div>
</nav>
<script src="jquery3/jquery-3.1.1.min.js"></script>
<script src="js/bootstrap.min.js"></script>
</body>
```

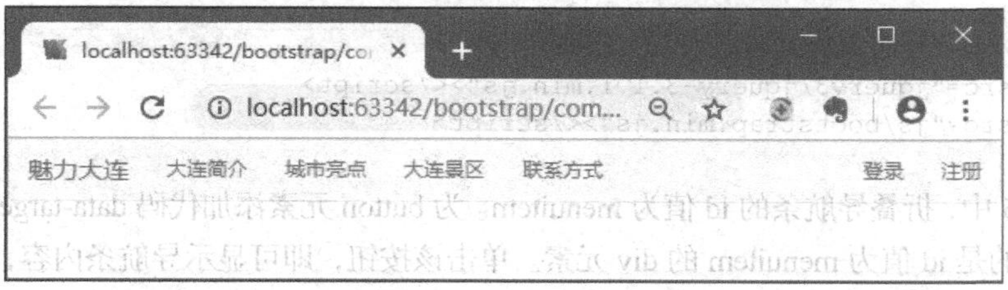

图 9-5 Bootstrap 基本导航条

2. 实现响应式导航条

当浏览器窗口缩小到一定程度时，示例 9-4 的导航条将被折叠，实现响应式导航条可以解决这一问题。在示例 9-4 基础上，实现响应式导航条的步骤如下。

① 实现导航条的折叠和隐藏，把小窗口显示时需要折叠的内容放在一个 div 元素内，并且为该元素应用.collapse 类和.navbar-collapse 两个类，再为这个 div 元素添加一个 id 属性值。

② 当显示窗口足够小时，要显示的按钮的写法如下。

```
<button type="button" class="navbar-toggle collapsed" data-toggle="collapse"
            data-target="#menuitem" >
    <span class="sr-only">Toggle navigation</span>
```

```
        <span class="icon-bar"></span>
        <span class="icon-bar"></span>
        <span class="icon-bar"></span>
</button>
```

示例 9-5 实现了响应式导航条，代码如下，添加的代码用粗体表示。

示例 9-5

```
<!--demo0905.html-->
<body>
<nav class="navbar navbar-default">
    <div class="container-fluid">
        <button type="button" class="navbar-toggle collapsed" data-toggle="collapse"
                data-target="#menuitem" >
            <span class="sr-only">Toggle navigation</span>
            <span class="icon-bar"></span>
            <span class="icon-bar"></span>
            <span class="icon-bar"></span>
        </button>
        <div class="navbar-header">
            <a class="navbar-brand" href="#">魅力大连</a>
        </div>
        <div class="collapse navbar-collapse" id="menuitem">
                <ul class="nav navbar-nav">
                    <li><a href="#services">大连简介</a></li>
                    <li><a href="#about">城市亮点</a></li>
                    <li><a href="#gallery">大连景区</a></li>
                    <li><a href="#contact">联系方式</a></li>
            </ul>
            <ul class="nav navbar-nav navbar-right">
                <li><a href="#">登录</a></li>
                <li><a href="#">注册</a></li>
            </ul>
        </div>
    </div>
</nav>
<script src="jquery3/jquery-3.1.1.min.js"></script>
<script src="js/bootstrap.min.js"></script>
</body>
```

在示例 9-5 中，折叠导航条的 id 值为 menuitem。为 button 元素添加代码 data-target="#menuitem"，表示按钮控制的是 id 值为 menuitem 的 div 元素。单击该按钮，即可显示导航条内容，如图 9-6 所示。

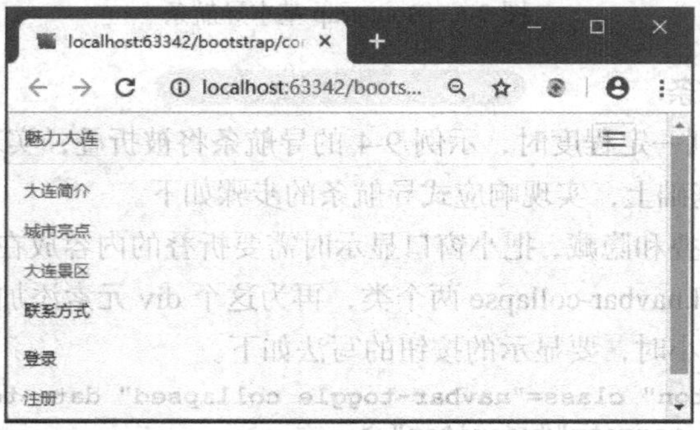

图 9-6　响应式导航条

3. 在导航条中添加表单和下拉菜单

一些导航条还包括搜索表单和下拉菜单，示例 9-6 给出了具体代码。其中，form 元素是一个简单的搜索表单，代码<li class="dropdown">……</div>中是下拉菜单。效果如图 9-7 所示。

示例 9-6

```
<!--demo0906.html-->
<body>
<nav class="navbar navbar-default">
    <div class="container-fluid">
        <button type="button" class="navbar-toggle collapsed" data-toggle="collapse"
                data-target="#menuitem">
            <span class="sr-only">Toggle navigation</span>
            <span class="icon-bar"></span>
            <span class="icon-bar"></span>
            <span class="icon-bar"></span>
        </button>
        <div class="navbar-header">
            <a class="navbar-brand" href="#">魅力大连</a>
        </div>
        <!-- Collect the nav links, forms, and other content for toggling -->
        <div class="collapse navbar-collapse" id="menuitem">
            <ul class="nav navbar-nav">
                <li><a href="#services">大连简介</a></li>
                <li><a href="#about">城市亮点</a></li>
                <li><a href="#gallery">大连景区</a></li>
            </ul>
            <form class="navbar-form navbar-left">
                <div class="form-group">
                    <input type="text" class="form-control" placeholder="Search">
                </div>
                <button type="submit" class="btn btn-default">Submit</button>
            </form>
            <ul class="nav navbar-nav navbar-right">
                <li><a href="#">登录</a></li>
                <li><a href="#">注册</a></li>
                <li class="dropdown">
                    <a href="#" class="dropdown-toggle" data-toggle="dropdown" >
                        帮助<span class="caret"></span></a>
                    <ul class="dropdown-menu">
                        <li><a href="#">关于…</a></li>
                        <li><a href="#">帮助中心</a></li>
                        <li class="divider"></li>
                        <li><a href="#">报告问题</a></li>
                    </ul>
                </li>
            </ul>
        </div>
         <!-- /.navbar-collapse -->
    </div>
    <!-- /.container-fluid -->
</nav>
<script src="jquery3/jquery-3.1.1.min.js"></script>
<script src="js/bootstrap.min.js"></script>
</body>
```

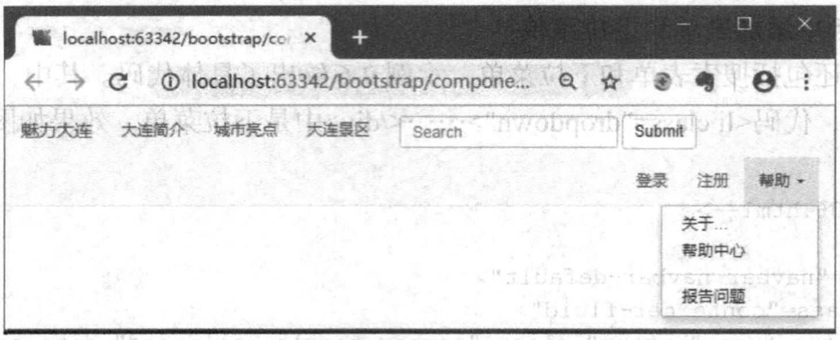

图 9-7　添加表单和下拉菜单的导航条

为表单添加 .navbar-form 类，可以让表单在导航条中水平、居中显示；.navbar-left 类是可选的，表示将表单放置在导航栏左边；还有对应的 .navbar-right 类，表示将表单放置在导航栏右边。

9.4　标签与徽章

标签（Labels）多用于实现显示计数、消息提示等功能。Bootstrap 内置 6 种常用的标签类，用来显示标签，分别是.label-default（默认）、.label-primary（主要）、.label-success（成功）、.label-info（消息）、.label-warning（警告）、.label-danger（危险），这些标签类有着不同的外观。

徽章（Badges）与标签相似，主要的区别在于徽章的边角更加圆滑。徽章主要用于突出显示页面上新消息或未读消息。使用徽章时，只需要把代码<span class="badge">添加到链接、Bootstrap 导航等元素上即可。示例 9-7 是标签类和徽章类的应用，效果如图 9-8 所示。

示例 9–7

```
<!--demo0907.html-->
<body>
<div class="container">
    <div>
        <h3>标签类的样式</h3>
        <span class="label label-default">默认标签</span>
        <span class="label label-primary">主要标签</span>
        <span class="label label-success">成功标签</span>
        <span class="label label-info">信息标签</span>
        <span class="label label-warning">警告标签</span>
        <span class="label label-danger">危险标签</span>
    </div>
    <br>
    <div>
        <h3>标签类的使用</h3>
        <span class="label label-primary">发送消息</span>
        标签（Labels）多用于实现显示计数、消息提示等功能。
    </div>
    <br>
    <div>
        <span class="label label-primary">发送消息</span>
        徽章主要用于突出显示页面上新消息或未读消息。
    </div>
```

```
    <br>
    <h3>徽章类的使用</h3>
    <button class="btn btn-primary">
        未发送消息
        <span class="badge pull-right">5</span>
    </button>
</div>
</body>
</html>
```

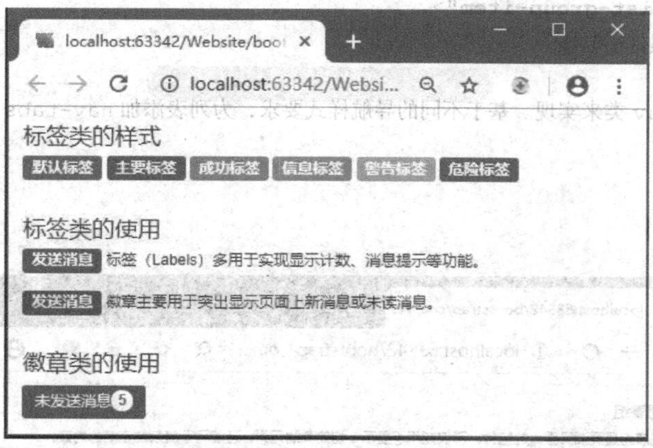

图 9-8　标签类和徽章类的应用

9.5　列表组和分页

9.5.1　列表组

列表组（List group）用于以列表形式呈现复杂的或自定义的内容。创建一个基本列表组的步骤如下。

① 向 ul、ol、div 等容器元素添加.list-group 类。

② 向列表项添加.list-group-item 类。

示例 9-8 用 ul 和 li 元素实现了一个列表组，效果如图 9-9 所示。

示例 9-8

```
<!--demo0908.html-->
<body>
<ul class="list-group" style="margin: 20px 20px">
    <li class="list-group-item">
        <h4>列表组</h4>
        <p>
            列表组是灵活又强大的组件，不仅能用于显示一组简单的元素，还能用于复杂的定制的内容。
        </p>
    </li>
    <li class="list-group-item active">
        <h4>按钮组</h4>
        <p>
```

```
        把一组按钮组合在一起，通过与按钮插件联合使用，可以设置类似单选框或复选框的样式和行为。
    </p>
</li>
<li class="list-group-item">
    <h4>输入框组</h4>
    <p>
        扩展自表单控件，用户可以很容易地向基于文本的输入框添加作为前缀和后缀的文本或按钮。
    </p>
</li>
<li class="list-group-item">
    <h4>导航组件</h4>
    <p>
        使用 nav 类来实现。基于不同的导航样式要求，为列表添加 nav-tabs 类或.nav-pills 类即可。
    </p>
</li>
</ul>
</body>
```

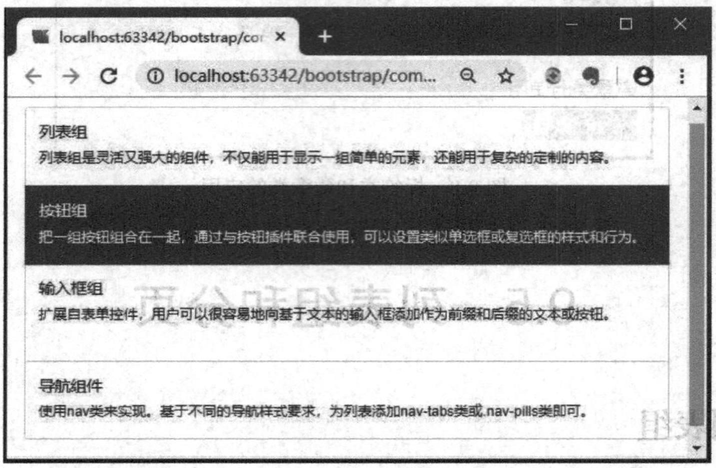

图 9-9　列表组

列表组还可以使用 div 元素、a 元素实现，代码如下，页面效果与图 9-9 相同。

```
<div class="list-group">
    <a class="list-group-item" href="#" style="margin: 0px 20px">
        <h4>列表组</h4>
        <p>
            列表组是灵活又强大的组件，不仅能用于显示一组简单的元素，还能用于复杂的定制的内容。
        </p>
    </a>
    <a class="list-group-item active"href="#" style="margin: 0px 20px">
        <h4>按钮组</h4>
        <p>
            把一组按钮组合在一起，通过与按钮插件联合使用，可以设置类似单选框或复选框的样式和行为。
        </p>
    </a>
    ......
</div>
</body>
```

9.5.2　分页

分页（Pagination）是一种无序列表，Bootstrap 像处理其他页面元素一样处理分页。Bootstrap 的.pagination 类实现了一个比较美观的分页样式，还可以使用.pagination-lg 类或.pagination-sm 类得到更大或更小的分页组件。

示例 9-9 实现了分页功能，效果如图 9-10 所示。

示例 9-9

```
<!--demo0909.html-->
<body>
<div class="container">
    <ul class="pagination">
        <li><a href="">&laquo;</a></li>
        <li  class="active"><a href="">1 页</a></li>
        <li><a href="">2 页</a></li>
        <li><a href="">3 页</a></li>
        <li><a href="">4 页</a></li>
        <li><a href="">&raquo;</a></li>
    </ul>
<br>
    <ul class="pagination pagination-lg">
        <li><a href="">&laquo;</a></li>
        <li><a href="">1 页</a></li>
        <li class="active"><a href="">2 页</a></li>
        <li><a href="">3 页</a></li>
        <li><a href="">4 页</a></li>
        <li><a href="">&raquo;</a></li>
    </ul>
</div>
</body>
```

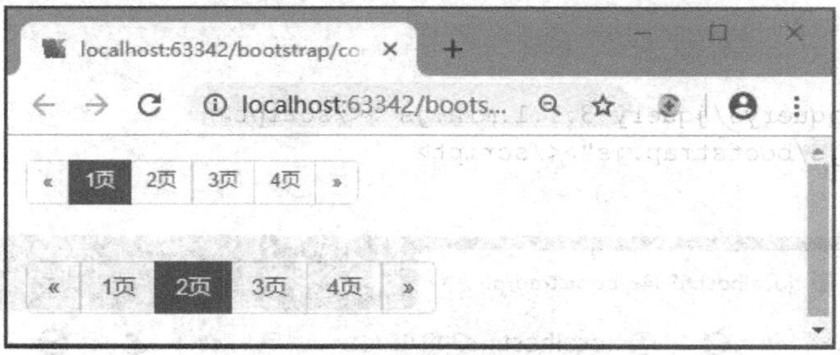

图 9-10　分页组件

9.6　标签页和提示框

9.6.1　标签页

标签页（Tab）插件也叫选项卡，典型的应用场景是在页面空间有限时，分类显示多项内容。

通过设置组件的 data 属性，用户可以方便地创建标签式页面。标签页按钮插件由 Bootstrap 提供的脚本文件 tab.js 实现。

1．标签页示例

示例 9-10 实现了一个标签页，单击不同的标签，可以显示不同的内容，效果如图 9-11 所示。

示例 9–10

```
<!--demo0910.html-->
<body>
<div class="container" style="margin-bottom: 8px;">
    <ul id="mytab"class="nav nav-pills">
        <li class="active"><a href="#tab1" data-toggle="tab">金石滩</a></li>
        <li><a href="#tab2" data-toggle="tab">老虎滩</a></li>
        <li><a href="#tab3" data-toggle="tab">星海湾</a></li>
        <li><a href="#tab4" data-toggle="tab">棒棰岛</a></li>
    </ul>
    <div class="tab-content">
        <div class="tab-pane active" id="tab1">
            <h4>金石滩</h4>
            <img src="images/te1.jpg">
         </div>
         <div class="tab-pane" id="tab2">
             <h4>老虎滩</h4>
             <img src="images/te2.jpg">
         </div>
         <div class="tab-pane" id="tab3">
            <h4>星海湾</h4>
            <img src="images/te3.jpg">
         </div>
        <div class="tab-pane" id="tab4">
            <h4>棒棰岛</h4>
            <img src="images/te4.jpg">
        </div>
    </div>
</div>
<script src="jquery3/jquery-3.1.1.min.js"></script>
<script src="js/bootstrap.js"></script>
</body>
```

图 9-11　标签页

2. 标签页结构

标签页由两部分组成，分别是标签页（导航）部分和与标签页对应的内容部分。

标签页部分由一个列表实现，为 ul 元素或 ol 元素添加.nav 类和.nav-tabs 类，使其展现为标签页的样式，列表项中的<a>链接需要加上 data-toggle="tab"触发器，并且 href 属性的值需要和对应内容部分的 id 值对应。

内容部分被包含在<div class="tab-content" >……</div>内部，由若干 div 元素组成。除显示当前标签内容的 div 元素外，其他 div 元素是隐藏的。每个标签的内容项需要包含在<div class="tab-pane" id="tab1">…</div>内部，tab1 是该 div 元素的 id 值，必须为该 div 元素设置一个 id，用于与标签页的 href 属性值对应。

3. 用 jQuery 实现标签页切换

除了上面使用代码 data-toggle="tab"定义触发器外，Bootstrap 允许直接使用 jQuery 代码实现同样的功能。下面是通过 JavaScript 激活标签页的代码。

```
<script>
   $('#mytab a').click(function (e) {
      e.preventDefault()
      $(this).tab('show')
   })
</script>
```

但要注意，触发组件代码中的所有 data-toggle ="tab"应当删除。

9.6.2 提示框

提示框用于在网页中显示不同形式的提示语，Bootstrap 提供了工具提示条、弹出框、警告框等 3 种不同形式的提示框。下面以工具提示条为例介绍，该插件由 Bootstrap 脚本文件 tooltip.js 实现。

工具提示条（Tooltip）用于给出图标、链接或按钮等元素的信息说明，也可以给出缩写词的全称或需要附加的提示。当鼠标悬停在工具提示条上面时，就会显示在代码中已经定义好的提示信息，方便用户了解这些选项或链接的用途。

示例 9-11 给出了实现工具提示条的代码，效果如图 9-12 所示。

示例 9-11

```
<!--demo0911.html-->
<body>
<div class="container" style="padding:40px 80px">
   <button type="button" class="btn btn-default" data-toggle="tooltip"
 data-placement="left" title="Tooltip on left">
      Tooltip on left
   </button>

   <button type="button" class="btn btn-default" data-toggle="tooltip"
 data-placement="top" title="Tooltip on top">
      Tooltip on top
   </button>
   <a href="#" type="button" class="btn btn-primary" data-toggle="tooltip"
 data-placement="bottom" title="Link on bottom">Tooltip on bottom
   </a>
   <a href="#" type="button" class="btn btn-primary" data-toggle="tooltip"
 data-placement="right" title="link on right">Tooltip on right
```

```
    </a>
</div>
<script src="jquery3/jquery-3.1.1.min.js"></script>
<script src="js/bootstrap.js"></script>
<script>
    $(function () {
        $('[data-toggle="tooltip"]').tooltip()
    })
</script>
</body>
</html>
```

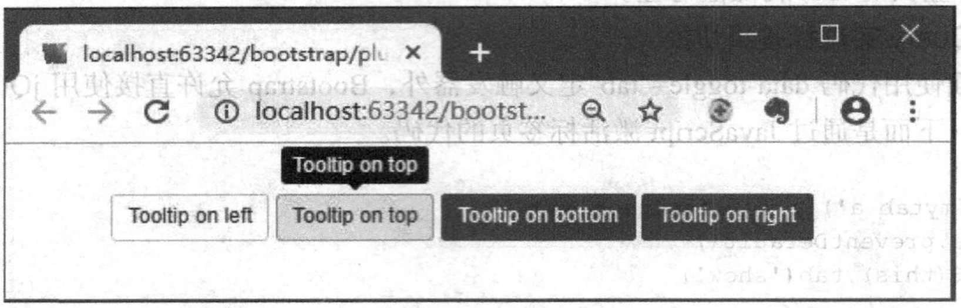

图 9-12　工具提示条

示例代码中，data-toggle="tooltip"是插件触发器，title 属性用于显示提示文字，data-placement 属性用于指定提示出现的位置。特别需要注意，要使工具提示条插件生效，需要在页面底部添加 JavaScript 代码手动完成初始化工作，代码如下。

```
<script>
    $(function () {
        $('[data-toggle="tooltip"]').tooltip()
    })
</script>
```

弹出框（Popover）与工具提示条非常相似，可以同时显示标题及详细信息，用来提示或者告知用户。警告框（Alert）用于传递操作或任务结果的提示信息，典型特点是信息阅读结束后警告框消失。

9.7　折叠和轮播

9.7.1　折叠插件

折叠（Collapse）插件用于内容的展开和收起，功能与标签页类似，两者展开方向是一样的，都是向下展开内容。区别是标签页的标签项是左右排列，折叠插件的标题是上下排列的。而且折叠插件还可以同时展开多个项目的内容，标签页只能同时展开一项内容。折叠插件由 Bootstrap 提供的脚本文件 collapse.js 实现。

1. 折叠插件示例

示例 9-12 实现了页面的折叠效果，单击每个选项的标题，将显示该选项的内容，效果如图 9-13 所示。

示例 9-12

```
<!--demo0912.html-->
<body>
<div class="panel-group" id="accordion">
    <div class="panel panel-default">
        <div class="panel-heading">
            <h4 class="panel-title">
                <a data-toggle="collapse" data-parent="#accordion"
                 href="#collapseOne">大连简介
                </a>
            </h4>
        </div>
        <div id="collapseOne" class="panel-collapse collapse in">
            <div class="panel-body">
                位于辽东半岛南端，地处黄渤海之滨，背依中国东北腹地，与山东半岛隔海相望……
            </div>
        </div>
    </div>
    <div class="panel panel-default">
        <div class="panel-heading">
            <h4 class="panel-title">
                <a data-toggle="collapse" data-parent="#accordion"
                 href="#collapseTwo">城市亮点
                </a>
            </h4>
        </div>
        <div id="collapseTwo" class="panel-collapse collapse">
            <div class="panel-body">
                大连的浪漫主要体现在浪漫的广场、绿地、喷泉——城市建在花园里。
            </div>
        </div>
    </div>
    ……
</div>
<script src="jquery3/jquery-3.1.1.min.js"></script>
<script src="js/bootstrap.js"></script>
</body>
```

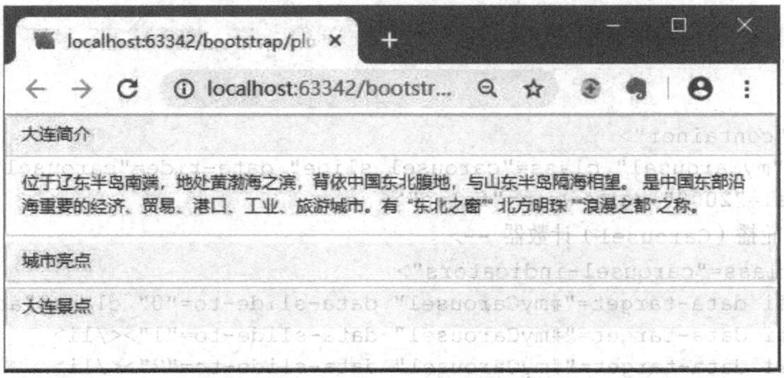

图 9-13　折叠插件

2. 折叠插件结构

第一层，<div class="panel-group" id="accordion">……</div>，折叠插件置于一个面板组中，

面板组用.panel-group 类说明，其 id 值被后面面板组件的 a 元素的 data-parent 属性调用。

第二层，包括多个用代码<div class="panel panel-default">……</div>定义的面板，每个 div 元素均为一个折叠项。

每个 panel 面板中包括<div class="panel-heading">和<div class="panel-body">两个 div 元素，分别是面板的标题容器和面板的内容容器，代码<div id="collapseOne" class="panel-collapse collapse in">对面板的内容进行包装。其中的.collapse 类和.collapse.in 类用于隐藏和显示内容。

需要说明的是，<a data-toggle="collapse" data-parent="#accordion" href="#collapseOne">……</a>这段代码，href 的属性值“collapseOne”要和代码<div id="collapseOne" class="panel-collapse collapse in">的 id 值一致，而且该链接必须要有 data-toggle="collapse"这个触发器。

9.7.2 轮播插件

轮播（Carousel）插件可用于响应式地向页面添加滑块式的显示效果。轮播的内容可以是图像、内嵌框架、视频或者其他想要放置的任何类型的内容。轮播插件由 Bootstrap 提供的脚本文件 carousel.js 实现。

1. 轮播插件的示例

示例 9-13 使用 Carousel 插件实现了图片的轮播效果，效果如图 9-14 所示。

示例 9-13

```
<!--demo0913.html-->
<!DOCTYPE html>
<html>
<head>
    <meta charset="UTF-8">
    <meta name="viewport" content="width=device-width, initial-scale=1">
    <link href="css/bootstrap.min.css" rel="stylesheet">
    <style>
        #myCarousel {
            margin: 0 auto;
            width: 780px;
        }
        .carousel-inner>.item>img {
            margin: 0 auto;
        }
    </style>
</head>

<body>
<div class="container">
    <div id="myCarousel" class="carousel slide" data-ride="carousel" 
data-interval="2000" data-wrap="false">
        <!-- 轮播（Carousel）计数器 -->
        <ol class="carousel-indicators">
            <li data-target="#myCarousel" data-slide-to="0" class="active"></li>
            <li data-target="#myCarousel" data-slide-to="1"></li>
            <li data-target="#myCarousel" data-slide-to="2"></li>
        </ol>
        <!-- 轮播（Carousel）项目 -->
        <div class="carousel-inner">
            <div class="item active">
```

```
            <img src="images/big1.jpg" alt="First slide">
         </div>
         <div class="item">
            <img src="images/big2.jpg" alt="Second slide">
         </div>
         <div class="item">
            <img src="images/big3.jpg" alt="Third slide">
         </div>
      </div>
      <!-- 轮播（Carousel）控制器 -->
      <a class="left carousel-control" href="#myCarousel" data-slide="prev">
         <span class="glyphicon glyphicon-chevron-left"></span>
         <span class="sr-only">Previous</span>
      </a>
      <a class="right carousel-control" href="#myCarousel" data-slide="next">
         <span class="glyphicon glyphicon-chevron-right"></span>
         <span class="sr-only">Next</span>
      </a>
   </div>
</div>
<script src="jquery3/jquery-3.1.1.min.js"></script>
<script src="js/bootstrap.min.js"></script>
</body>
</html>
```

图 9-14　图片轮播效果

2. 轮播插件的结构

轮播的实现主要依靠 4 个部分：轮播的容器、轮播的计数器、轮播项目和轮播的控制器。下面介绍轮播的实现过程。

（1）设计轮播容器

使用.carousel 类设计轮播图片的容器，并为该容器添加 id 属性，方便后面代码的引用。具体代码如下。

```
<div id="myCarousel" class="carousel slide" data-ride="carousel" data-interval="2000"
 data-wrap="false">
......
</div>
```

其中，代码 data-ride="carousel"表示加载页面时启动轮播，代码 data-interval="2000"表示轮播项之间的时间间隔为 2 秒，代码 data-wrap="false"表示轮播不循环。默认情况下，轮播循环播放。

（2）设计轮播计数器

在轮播容器 div.carousel 的内部添加轮播计数器.carousel-indicators 类，其主要功能是显示当前图片的播放顺序，一般通过有序列表来实现。该代码在轮播容器内。代码如下。

```
<ol class="carousel-indicators">
    <li data-target="#myCarousel" data-slide-to="0" class="active"></li>
    <li data-target="#myCarousel" data-slide-to="1"></li>
    <li data-target="#myCarousel" data-slide-to="2"></li>
 </ol>
```

其中，data- target 属性取值为最外层定义 carousel 的 id 值，data-slide-to 属性用来传递轮播项目的索引号，例如，data-slide-to="2"，表示可以切换到指定的索引项上，即切换到第 2 个轮播项目（索引从 0 开始）。

（3）设计轮播项目

在轮播容器 div.carousel 的内部添加用.carousel-inner 类描述的轮播项目容器，每个轮播项目是一个用.item 类描述的 div 元素，代码如下。

```
<div class="carousel-inner">
      <div class="item active">
          <img src="images/big1.jpg" alt="First slide">
      </div>
      ......
</div>
```

（4）设计轮播控制器

通常，轮播插件还要设计一个向前或向后播放的控制器。在轮播容器内，通过.carousel-control 类配合.left 类、.right 类来实现。其中，.left 类表示向前播放，.right 类表示向后播放，a 元素的 href 属性值须对应 div.carousel 设置的 id 值。代码如下。

```
<!-- 轮播（Carousel）控制器 -->
 <a class="left carousel-control" href="#myCarousel" data-slide="prev">
    <span class="glyphicon glyphicon-chevron-left"></span>
    <span class="sr-only">Previous</span>
 </a>
 <a class="right carousel-control" href="#myCarousel" data-slide="next">
     <span class="glyphicon glyphicon-chevron-right" ></span>
     <span class="sr-only">Next</span>
 </a>
```

页面加载后，轮播效果会在默认的时间后自动启动，也可以单击左侧或右侧的导航切换轮播内容，或者单击下方的圆点切换轮播内容。通常，根据需要可以在轮播项目内添加轮播图的描述信息。

（5）CSS 样式定义

轮播图播放效果默认占满整个浏览器窗口。Bootstrap 默认的效果是横向占满整个浏览器宽度，可以通过设置外层容器的 width 值调整轮播图的宽度。选择器.carousel-inner>.item>img 的作用是设置轮播图片的居中效果。

9.8 应用案例

使用 Bootstrap 的轮播插件、栅格系统、导航条等元素，结合媒体查询功能，简单设置一些元素的 CSS 样式，就可以得到一个旅游轮播广告的效果。

1. 页面结构描述

（1）页面功能说明

利用 Bootstrap 框架创建一个旅游轮播广告的页面，如图 9-15 所示。页面的第一部分是导航条，并通过 CSS 样式丰富导航条的效果。页面的第二部分即为轮播广告，每一个轮播项目由 6 张图片组成。

为了实现响应式的页面效果，当视口宽度为超小屏幕时，隐藏轮播广告；当视口宽度小于 1200px 时，轮播广告图片分 2 行显示。

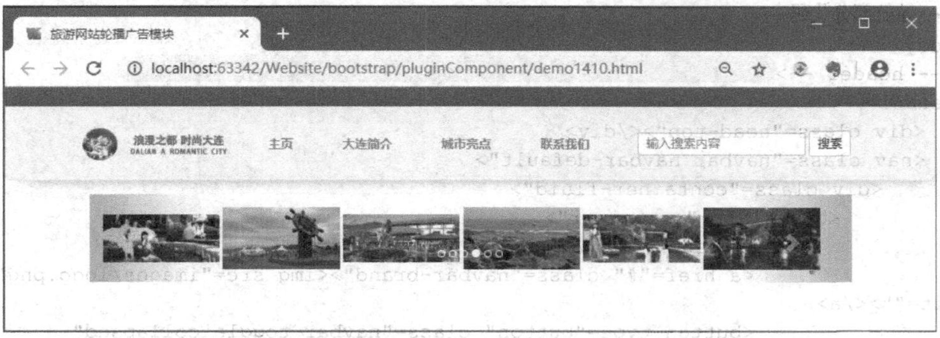

图 9-15　旅游轮播广告页面

（2）Bootstrap3 框架和页面布局代码

引入 Bootstrap3 框架的样式文件、JavaScript 文件及 jQuery 文件等，页面布局代码如下。

```
<!--框架和页面布局代码-->
<!DOCTYPE html>
<html>
<head>
    <title>旅游网站轮播广告模块</title>
    <meta charset="UTF-8">
    <meta name="viewport" content="width=device-width, initial-scale=1.0">
    <link href="css/bootstrap.min.css" rel="stylesheet">
    <style>
      <!--样式定义-->
    </style>
</head>
<body>
<!-- header -->
<header>
    <div class="head-top"></div>
    <nav class="navbar navbar-default">
        <!--导航条定义-->
    </nav>
</header>
<!--header 结束-->
<!--轮播广告-->
<div class="container hidden-xs ">
    <div class="container-fluid">
        <!--轮播广告定义-->
        </div>
```

```
    </div>
<!--轮播广告结束-->
<!-- jQuery (Bootstrap 的 JavaScript 插件需要引入 jQuery) -->
<script src="jquery3/jquery-3.1.1.min.js"></script>
<script src="js/bootstrap.min.js"></script>
</body>
</html>
```

2. 导航部分的设计

导航部分的设计与 9.3.2 小节基本相同，只在导航条上方加一个 div 元素用做修饰，其效果由 CSS 实现，具体代码如下。

```
<!--导航部分代码-->
<body>
<!-- header -->
<header>
    <div class="head-top"></div>
    <nav class="navbar navbar-default">
        <div class="container-fluid">
            <div class="container">
              <div class="navbar-header">
                  <a href="#" class="navbar-brand"><img src="images/logo.png"
 alt=""></a>
                  <button type="button" class="navbar-toggle collapsed"
 data-toggle="collapse"data-target="#navbar-collapse" aria-expanded="false">
                      <span class="sr-only">汉堡按钮</span>
                      <span class="icon-bar"></span>
                      <span class="icon-bar"></span>
                      <span class="icon-bar"></span>
                  </button>
              </div>
              <!-- 导航链接、表单和其他内容切换 -->
              <div class="collapse navbar-collapse" id="navbar-collapse">
                 <ul class="navnavbar-nav">
                    <li><a href="#">主页</a></li>
                    <li><a href="#">大连简介</a></li>
                    <li><a href="#">城市亮点</a></li>
                    <li><a href="#">联系我们</a></li>
                 </ul>
                 <form class="navbar-form navbar-right">
                    <div class="form-group">
                       <input type="text" class="form-control" name="uname"
 placeholder="输入搜索内容">
                    </div>
                    <button type="submit" class="btnbtn-default">搜索</button>
                 </form>
              </div>
            </div>
        </div>
    </nav>
</header>
<!-- header -->
<!--轮播广告部分 -->
```

3. 轮播广告部分的设计

轮播广告部分的实现，实际上是设置每个轮播项（item）由 6 幅图片构成，调整不同轮播项图片的出现位置，并合理设置轮播项和其中每个图片的大小。在图 9-15 的轮播广告中，使用 Bootstrap 轮播插件实现细节如下。

① 在最外层使用.container 类描述的 div 元素上添加一个.hidden-xs 类，实现超小屏幕时轮播广告隐藏。

② 在 div.container 内部使用 .carousel 类和 .slide 类定义轮播，data-ride="carousel"表示加载页面时启动轮播，代码 data-interval="3000"表示轮播项之间的时间间隔为 3 秒。

③ 轮播项在 carousel-inner 中，每个轮播项使用 div.item 来说明。其中，每个轮播项包括 6 幅图片，需要让这些图片横向排列。在图片的外部，使用代码<div class="pic">……</div>来说明，div.pic 需要设置宽度并居中显示，视口小于 1200px 时，使用媒体查询重新设置宽度。

④ 在轮播项下方添加轮播导航，其中 a 元素的 href 属性值须对应 div.carousel 设置的 id 值。

轮播广告部分代码如下。

```
<body>
<!-- header -->
<header>
        <!--导航条定义-->
</header>
<!-- header -->
<!--轮播广告-->
<div class="container hidden-xs ">
    <div class="container-fluid">
        <div id="myCarousel" class="carousel slide" data-ride="carousel"
 data-interval="3000">
            <!-- 轮播（Carousel）计数器 -->
            <ol class="carousel-indicators">
                <li data-target="#myCarousel" data-slide-to="0" class="active"></li>
                <li data-target="#myCarousel" data-slide-to="1"></li>
                <li data-target="#myCarousel" data-slide-to="2"></li>
                <li data-target="#myCarousel" data-slide-to="3"></li>
                <li data-target="#myCarousel" data-slide-to="4"></li>
                <li data-target="#myCarousel" data-slide-to="5"></li>
            </ol>
            <!-- 轮播（Carousel）项目 -->
            <div class="carousel-inner">
                <div class="item active">
                <div class="pic">
                    <img src="images/te1.jpg">
                    <img src="images/tf1.jpg">
                    <img src="images/te2.jpg">
                    <img src="images/tf2.jpg">
                    <img src="images/te3.jpg">
                    <img src="images/tf3.jpg">
                </div>
            </div>
        <div class="item ">
          <div class="pic">
             <img src="images/tf1.jpg">
             <img src="images/te2.jpg">
             <img src="images/tf2.jpg">
```

```
                <img src="images/te3.jpg">
                <img src="images/tf3.jpg">
                <img src="images/te4.jpg">
            </div>
        </div>
        <div class="item">
            <div class="pic">
                <img src="images/te2.jpg">
                <img src="images/tf2.jpg">
                <img src="images/te3.jpg">
                <img src="images/tf3.jpg">
                <img src="images/te4.jpg">
                <img src="images/tf4.jpg">
            </div>
        </div>
            <!--共 6 项轮播 item,省略 3 项 -->
        </div>
        <!-- 轮播（Carousel）导航 -->
        <a class="carousel-control left" href="myCarousel"
data-slide="prev"><span class="glyphicon glyphicon-chevron-left"></span></a>
        <a class="carousel-control right" href="myCarousel"
data-slide="next"><span class="glyphicon glyphicon-chevron-right"></span></a>
    </div>
  </div>
</div>
<!--轮播广告结束-->
<!-- jQuery (Bootstrap 的 JavaScript 插件需要引入 jQuery) -->
<script src="jquery3/jquery-3.1.1.min.js"></script>
<script src="js/bootstrap.min.js"></script>
</body>
```

4. CSS 代码

CSS 样式主要是控制导航条的背景颜色、图片 logo 的大小和位置、轮播广告区域的大小、组成轮播项的图片的宽度、实现媒体查询等，代码如下。

```
<style>
    .head-top {
        background: #0275d8;
        padding: 0.8em 0;
    }
    .navbar-brand {
        padding: 0 0;
    }
    /*设置图片 logo 的大小和位置*/
    .navbar-brand >img {
        height: auto;
        margin-right: 5px;
        margin-top: 5px;
        width: 250px;
    }
    /*设置整个导航菜单的内边距、背景色和阴影*/
    .navbar-default {
        padding: 1.5em 0;
        background-color: #f2f0f1;
        box-shadow: 12px -5px 39px -12px;
```

```
        }
        /*设置导航栏中菜单 a 链接的样式*/
        .navbar-default .navbar-nav> li a {
            top: 10px;
            padding: 0.5em 2em;
            font-weight: 600;
            font-size: 1.2em;
            color: #919191;
        }
        /*设置导航栏菜单的鼠标悬停和获取焦点时的状态*/
        .navbar-default .navbar-nav> li > a:hover,
        .navbar-default .navbar-nav> li > a:focus {
            background: #D96B66;
            color: white;
            border-radius: 3px;
            -webkit-border-radius: 3px;
        }
        /*header 部分结束*/
        /*轮播广告区域*/
        .pic {
            margin: 0 auto;
            width: 1200px;
            padding: 20px;
        }
        .pic img {
            max-width: 170px;
        }
        .carousel {
            background: white;
        }
        /*媒体查询：当视口小于 1200px 时缩小了轮播 div 的宽度，图片换行*/
        @media (max-width: 1200px) {
            .pic {
                width: 600px;
            }
        }
    </style>
```

当窗口宽度小于 1200px 时，显示效果如图 9-16 所示。

图 9-16 窗口宽度小于 1200px 时的页面

本章小结

本章介绍了 Bootstrap 可复用的组件，包括字体图标、下拉菜单、导航、导航条、列表组、分页等。这些组件是通过 bootstrap.css 中的类来定义的，读者应了解组件的定义，并可根据需要扩展组件类的功能。按钮组（.btn-group 类）、输入框组（.input-group 类）、路径导航（.breadcrumb 类）、巨幕（.jumbotron 类）、缩略图（.thumbnail 类）、面板（.panel 类）等组件，请读者自行查阅资料学习。

本章介绍了 Bootstrap 的标签页插件、提示框插件、折叠插件、轮播插件等。每个插件对应一个.js 文件，用户可以单个引入（使用 Bootstrap 提供的单个 *.js 文件），或者一次性全部引入（使用 bootstrap.js）。另一些插件，例如，模态框（modal.js）、滚动监听（scrollspy.js）、按钮（button.js）等请读者自行学习。

学习组件和插件后，就可以利用 Bootstrap 开发复杂的应用界面了，请读者继续不断学习掌握。

思考与练习

1. 简答题

（1）简述下拉菜单的实现过程及需要使用的样式类。

（2）如何将导航条固定在网页的顶部？

（3）举例说明创建标签页的过程。

（4）列举出 5 个实现轮播的类及其功能描述。

2. 操作题

（1）创建图 9-17 所示的导航条页面。

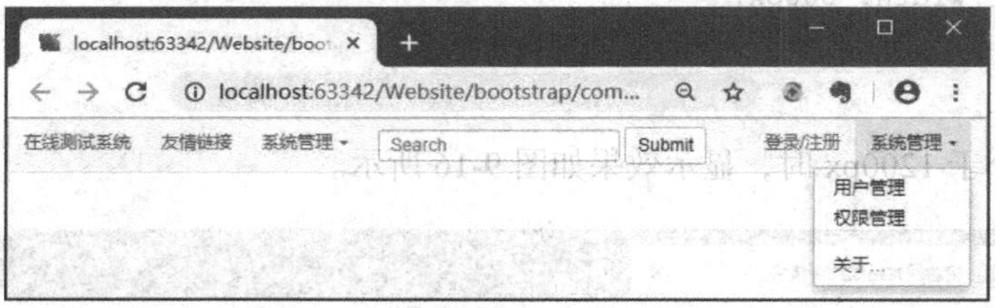

图 9-17　导航条的显示效果

（2）使用输入框组和下拉菜单创建图 9-18 所示的页面。

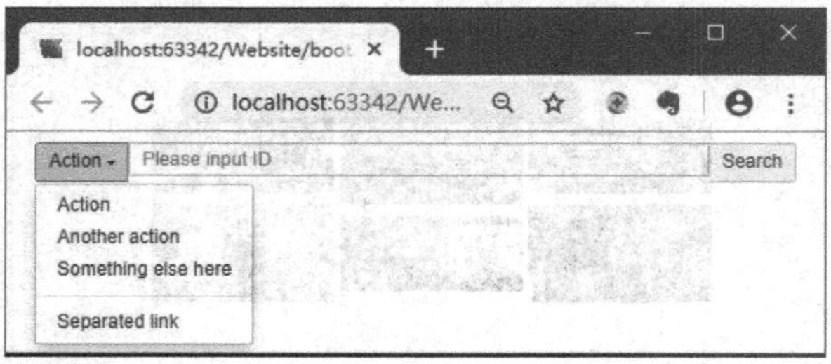

图 9-18　输入框组的显示效果

（3）创建图 9-19 所示的轮播页面。

图 9-19　轮播的显示效果

第五部分

综合实例及网站发布与管理

第 10 章 综合实例

本章将通过两个综合实例来帮助读者更好地理解全书的内容。第一个实例介绍如何运用 HTML5 和 CSS3 技术来创建一个具有现代风格的网站和 Web 应用程序，第二个实例使用 Bootstrap 框架构建一个网站后台管理系统。

本章主要内容包括：

- 使用 HTML5 的结构元素来组织网页；
- 使用 CSS3 来设计网站的全局样式；
- Bootstrap 全局样式、组件和插件的应用。

10.1 用 HTML5+CSS3 实现旅游网站

10.1.1 使用 HTML5 结构元素组织网页

HTML5 中新增了 section、article、nav、aside、header 和 footer 等结构元素。运用这些结构元素，可以让网页的整体布局更加直观和明确、更富有语义化和更具有现代风格。下面分析一个旅游网站的首页，该页面主体布局用 HTML5 的结构元素来组织，样式由 CSS3 控制，HTML5 与 CSS3 配合，实现很好的页面布局及视觉效果。

1. 网页结构描述

用 HTML 5 实现的网页布局一般都由一些主体结构元素构成。图 10-1 所示是示例网页的布局，该网页涉及的结构元素的含义描述如下。

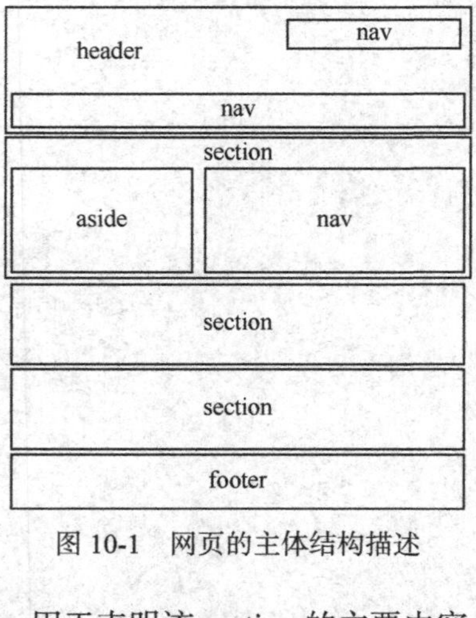

图 10-1 网页的主体结构描述

- header 元素：用来展示网站的标题、企业或公司的 logo 图片、广告、网站导航条等。
- nav 元素：用于页面导航。
- aside 元素：侧边栏，用来展示与当前网页或整个网站相关的一些辅助信息。例如，在购物网站中，可以用来显示商品清单、用户信息、用户购买记录等；在企业网站中，可以用来显示产品信息、企业联系方式、友情链接等。
- section 元素：网页中要显示的主体内容通常被放置在 section 元素中，每个 section 元素都应该有一个标题，用于表明该 section 的主要内容。

section 元素通常还可以包括一个或多个 section 元素，用来显示网页主体内容中每一个相对独立的部分。

- footer 元素：用来放置网站的版权声明，也可以放置企业的联系电话和传真等联系信息。

按照图 10-1 的结构设计的网页在浏览器中的显示效果如图 10-2 所示。页面布局代码如下。

图 10-2 旅游网站首页效果

```
<!--页面布局代码-->
<!DOCTYPE html>
<html>
    <head>
     <meta charset="utf-8">
```

```
    </head>
    <body>
        <header>
           <nav></nav>
           <nav></nav>
        </header>
       <section>
           <aside>
           </aside>
           <nav>
           </nav>
        </section>
        <section>
        </section>
        <footer>
        </footer>
    </body>
</html>
```

该页面布局使用了 HTML5 的结构元素来替代之前的 div 元素，因为 div 元素没有任何语义性，而 HTML5 推荐使用具有语义的结构元素。这样做的好处是可以让整个网页结构更加清晰，方便读者或浏览器直接从这些结构元素上分析网页的结构。

2. 用 CSS3 定义网站全局样式

设计网页时，需要为网站设置一个全局样式，例如背景、边界、字体、字号和行高等属性参数，这样既可以保证不同页面有相对一致的风格，也可以保证网页在不同浏览器中具有稳定的显示效果。示例网站的全局样式代码如下。

```
/*网站全局样式代码*/
* {          /*覆盖不同浏览器不同的默认值，解决浏览器兼容的问题*/
    margin: 0;
    padding: 0;
}
html {       /*设置显示垂直滚动条*/
    overflow-y: scroll;
}
body {       /*设置网页默认背景及居中*/
    background: url(images/body_bg.png) repeat-y center 0px; min-width: 970px;
    text-align: center;
}
header,article,section,footer,nav,aside{
    display: block
}
button, input, select, textarea {
    font-family: "微软雅黑", Arial;
    line-height: 24px; color: #666;
    font-size: 13px;
}
table {      /*设置表格边框效果，将 2 个边框合并为一条*/
    border-collapse: collapse;
    border-spacing: 0;
}
img {
    border: 0;
```

```
        line-height: 0;
    }
    em, b, i {
        font-style: normal;
        font-weight: 400;
    }
    dl, ul ,li{
         list-style: none;
    }
    h1, h2, h3, h4, h5, h6 {
        font-size: 100%;
        font-weight: 500;
    }
    a {
        outline: 0;
    }
    a, a:visited {
        color: #666;
        text-decoration: none;
    }
    a:hover {
        color: #2fa1e7;
        text-decoration: none;
    }
    .fleft { float: left; }
    .fright { float: right; }
    .clear {
        clear: both;
        display: block;
        overflow: hidden;
        visibility: hidden;
        width: 0;
        height: 0;
        font-size: 0;
        line-height: 0;
    }
    .overflow {
        overflow: hidden;
    }
    .main {
        text-align: left;
        width: 980px;
        margin: 0 auto;
    }
    .container {
        width: 980px;
        margin: auto auto auto auto;
    }
```

上面代码定义了网站中样式的全局属性，包括网页对齐方式、垂直方向滚动、背景图像、HTML5 结构元素、表单元素、表格、图片、标题、超链接等属性的样式。其中，类选择器.fleft、.fright 主要用来定义容器的浮动方式；类选择器.clear 用来消除容器浮动；类选择器.main 和.container 定义了网页的宽度及默认对齐方式，将在后面页头和页脚部分使用。

10.1.2 页头部分的设计

1. 页头的结构描述

页头部分由 header 标记声明，由背景图片和 2 个导航组成，其结构及显示效果分别如图 10-3 和图 10-4 所示。

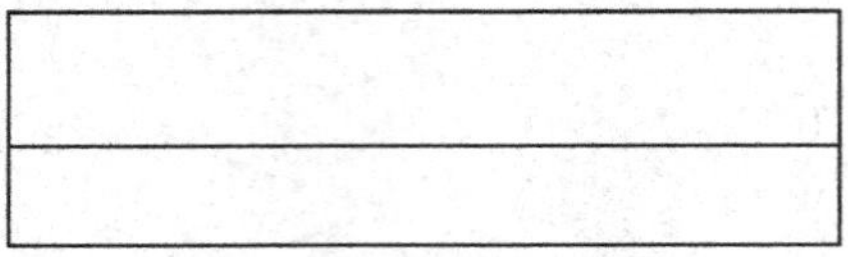

图 10-3 页头的结构

图 10-4 页头在浏览器中的显示结果

2. 页头元素及 CSS 样式代码分析

页头由 header 元素描述，包括两个 nav 元素。第 1 个 nav 作为次导航，放置两个嵌套的 div 元素，外层的 div 设置宽度，内层的 div 包含一个无序列表 ul 元素，三个列表项提供顶部的链接。第 2 个 nav 作为主导航，用来放置水平导航菜单，放置 2 个 div，第 1 个 div 用来设置顶部图片，第 2 个 div 放置导航栏的链接。示例页面页头部分的 HTML5 代码如下。

```
<!--页头部分的HTML5代码-->
 <header>
    <nav ID="top_links">
        <div class="container">
            <div class="contact_info">
                <ul>
                    <li><a href="">联系我们</a> | </li>
                    <li><a href="">站点帮助</a> | </li>
                    <li><a href="">问题反馈</a>  </li>
                </ul>
            </div>
        </div>
    </nav>
    <nav class="main">
        <div id="banner"></div>
        <div class="nav_menu">
               <a href="index.html">首页</a>
               <a href="pages/jptj/jptj.html">精品推荐</a>
               <a href="pages/news/news.html">旅游快讯</a>
               <a href="">特色线路</a>
               <a href="">特色景点</a>
```

```
            <a href="">特色美食</a>
        </div>
    </nav>
    </header>
```

下面是这部分代码使用的样式，代码如下。

```
/*页头部分的 CSS 样式*/
 /* 头部样式开始 */
div#banner {
    height: 237px;
    background: url(images/header.jpg) no-repeat;
}
nav.top_links {
    width: 100%;
    min-height: 40px;
    background-color: #565656;
    font-size: 14px;
    color: #fff;
}
.top_links .contact_info {
    /*padding: 0px; 全局样式已设置，可省略*/
    margin: 7px 0px 0px 0px;
    float: right;
}
.top_links .contact_info ul {
    float: left;
}
.top_links .contact_info li {
    margin: 0px 0px 0px 10px;
    float: left;
}
.top_links .contact_info li a {
    padding: 0px; /*全局样式已设置，可省略*/
    margin: 0px;
    float: left;
    color: #fff;
}
.top_links .contact_info li a:hover {
    color: #33c92b;
}
/* 导航条样式 */
.nav_menu{
   width: 980px;
   margin: 0px auto;
   height: 46px;
   border-radius: 8px;
   border: 1px solid #cbcbcb;
   border-bottom: 4px solid #adadad;
   font: bold 16px/36px Microsoft Yahei;
}
.nav_menu a{
   display: block;
   width: 14.28%;
   height: 46px;
   line-height: 46px;
   float: left;
```

```
    border-bottom: 4px solid #adadad;
    text-align: center;
    text-decoration: none;
    color: #3B4053;
}
.nav_menu a:first-child{
    border-radius: 0 0 0 2px;
}
.nav_menu a:last-child{
    border-radius: 0 0 2px 0;
}
.nav_menu a:hover{
    border-bottom: 4px solid #1a54a4;
    color: #15a8eb;
}
```

样式代码解释如下。

- 超链接部分采用了伪类选择器定义。
- 类选择器.banner 设置了中间图片区域的高度、背景图片及定位方式。
- 类选择器.top_links 定义了次导航的样式，包括背景颜色、链接选项的颜色、字体等。
- 类选择器.nav_menu 定义了水平导航菜单的样式，其中使用到了伪元素选择器.first-child、.last-child，在其中设置了 border-radius 属性，用来实现水平导航菜单首尾边框的圆角样式。

10.1.3 侧边导航和焦点图的设计

1. 侧边导航和焦点图版块的内容

侧边导航和焦点图版块整体放置在 section 元素中。section 元素是一个具有引导和导航作用的结构元素。示例网站的主页划分为焦点信息、精品推荐、联系信息等多个 section。

在示例页面上，当鼠标指针移动到左侧菜单的时候，会弹出对应的二级菜单，当鼠标指针移开的时候，二级菜单隐藏。右侧焦点图提供了多张图片的轮播效果。焦点图是一种网站内容的展现形式，在网站很明显的位置用图片组合播放，类似焦点新闻图片的轮播。一般使用在网站首页版面或频道首页版面，因为是通过图片的形式展现，所以有一定的视觉吸引力。

本例中，侧边导航和焦点图版块在浏览器中的显示结果如图 10-5 所示。

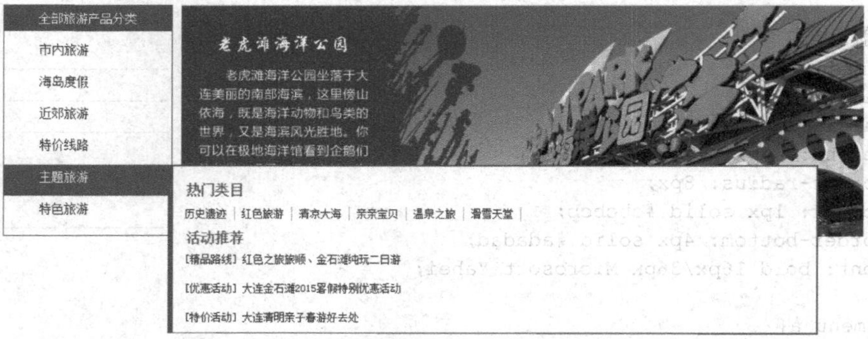

图 10-5　侧边导航和焦点图在浏览器中的显示结果

section 中放置了 aside 和 nav 两个元素。在 HTML5 中，aside 元素用来显示当前网页主体内容之外的、与当前网页显示内容相关的一些辅助信息。例如，可以将网站经营者或管理者认为比较重要的、想让用户经常能看见的一些内容显示在 aside 元素中。aside 元素的显示形式可以是多种多样的，其中最常用的形式是侧边栏的形式。该示例页在 aside 元素中放置了左侧导航菜单，而把焦点图放置在 nav 元素中。

2. 侧边导航和焦点图版块的代码分析

示例页面中的侧边导航和焦点图版块的代码如下。

```
<!--侧边导航和焦点图版块的 HTML5 代码-->
<body>
<section id="leftnav_focusimg">
 <aside id="left_nav">
    <!-- 左侧菜单导航栏开始 -->
   <div class="sidebar">
   <h2>全部旅游产品分类</h2>
       <ul id="menu">
         <li><a href="">市内旅游</a>
           <div class="cms_submenu">
               <div class="cmsmenuleft">
                   <dl class="menu_new">
                       <dt>热门类目</dt>
                       <dd>
                           <i><a target="_blank" href="">广场游</a></i>
                           <i><a target="_blank" href="">滨海游</a></i>
                           <i><a target="_blank" href="">公园游</a></i>
                           <i><a target="_blank" href="">老建筑游</a></i>
                           <i><a target="_blank" href="">特色景点游</a></i>
                       </dd>
                       <div class="clear"></div>
                   </dl>
                   <dl class="menu_new">
                       <dt>活动推荐</dt>
                       <dd>
                           <a href="">[精品路线] 旅顺、金石滩、环市、发现王国纯玩四日游</a><br/>
                           <a href="">[优惠活动] 老虎滩海洋公园一日游</a><br/>
                           <a href="">[特价活动] 发现王国荧光夜跑第二季(时间+费用+路线)</a>
                       </dd>
                   </dl>
               </div>
               <div class="clear"></div>
           </div> <!--end of class="cmsmenuleft" -->
         </li>
               <!--此处循环多个弹出菜单列表项 -->
               ......
       </ul>
   </div> <!--end of class="sidebar" -->
</aside>
<!-- 左侧菜单导航栏结束 -->
<!-- 焦点图开始 -->
<nav>
<script language="javascript" type="text/javascript">
//<![CDATA[
```

```
        var _t1 = 0;       //打开页面时等待图片载入的时间，单位为秒，可以设置为 0
        var _t2 = 5;       //图片轮转的间隔时间
        var _tnum = 3;     //焦点图个数
        var _tn = 1;       //当前焦点
        var _tt1 = null;
        _tt1 = setTimeout('change_img()',_t1*1000);
        function change_img(){
            setFocus(_tn);
            _tt1 = setTimeout('change_img()',_t2*1000);
        }
        function setFocus(i){
            if(i>_tnum){_tn=1;i=1;}
            _tt1?document.getElementById('focusPic'+_tt1).style.display='none':'';
            document.getElementById('focusPic'+i).style.display='block';
            _tt1=i;
            _tn++;
        }
    //]]>
    </script>
    <!--焦点图 1 开始-->
    <div id="focusPic1">
        <a href="#" target="_blank">
        <img src="images/big1.jpg"  width="770px" alt="老虎滩海洋公园" /></a>
        <h2><a href="#" target="_blank">老虎滩海洋公园</a></h2>

        <div class="index_page">
            <span onClick="javascript:setFocus(2);">点击切换焦点图→</span>
            <strong>1</strong>
            <a href="javascript:setFocus(2);">2</a>
            <a href="javascript:setFocus(3);">3</a>
        </div>
    </div>
    <!--焦点图 1 结束-->
    <!--焦点图 2 开始-->
    <div id="focusPic2" style="display:none;">
        <a href="#" target="_blank">
        <img src="images/big2.jpg"  width="770px" alt="大连星海公园" /></a>
        <h2><a href="#" target="_blank">大连星海公园</a></h2>
        <div class="index_page">
            <span onClick="javascript:setFocus(3);">点击切换焦点图→</span>
            <a href="javascript:setFocus(1);">1</a>
            <strong>2</strong>
            <a href="javascript:setFocus(3);">3</a>
        </div>
    </div>
        <!--焦点图 2 结束-->

        <!--焦点图 3 开始-->
         ……
        <!--焦点图 3 结束-->
    <!-- 焦点图结束 -->
```

```
<div class="clear"></div>
</nav>
</section>

</body>
```

侧边导航和焦点图版块的代码解释如下。

① 侧边导航部分，aside 元素中放置了 1 个 div 容器，在容器里放置了<h2>标题和 1 个无序列表，每一个无序列表项中又嵌套了两个 div 容器，内部的 div 容器中放置了 2 个定义列表 dl，第 1 个定义列表的列表项为若干导航链接，第 2 个定义列表的列表项为推荐活动信息。

② 焦点图部分，nav 元素中放置了 3 个 div 元素，每个 div 容器中又包含了图片链接、标题以及切换图片按钮。其中，图片的切换功能由 JavaScript 定义的行为实现。关于焦点图部分的详细解释请参考 6.8.3 小节。

接下来，我们来看一下这部分所使用的样式，代码清单如下。

```
/*侧边导航和焦点图版块的 CSS 代码*/
/* 左侧导航样式开始 */
#leftnav_focusimg{
     width:980px;
     margin:0px auto;
}
#left_nav {
     background:#0099FF;
     width:190px;
     padding:1px;
     z-index:1;
     float:left;
}
.sidebar {
     background:#0099FF;
     width:190px;
     padding:1px;
     margin:0px 10px 0px 1px;
     z-index:1;
     float:left;
}
.sidebar h2{
     color:#fff;
    font-size:14px;
    line-height:30px;
    text-align:center;
     }
#menu {
    width:190px;
    background:#fff;
    padding:8px 0;
    }
#menu li{
     float:left; width:146px; display:block; text-align:left;
     padding-left:40px; background:#fff; position:relative;
     border-bottom:#ffeef4 1px solid;
     height:42px; vertical-align:middle;
     }
#menu li:hover {
```

```
    background:#0099FF;
    }
#menu li a {
    font-size:14px;
    color:#3B4053;
    display:block;
    text-decoration:none;
    line-height:28px;
    }
#menu li:hover a {
    color:#fff;
    }
#menu li:hover div a {
    font-size:12px;
    color:#3B4053;
    line-height:16px;
    }
#menu li:hover div a:hover {
    color:#CC0000;
    }
#menu li:hover .cms_submenu{
    left:186px;
    top:0;
    }/*鼠标经过时显示右侧的子菜单*/
.cms_submenu{
     float:left; position:absolute; left:-999em; text-align:left;
     border-left:6px solid #0099FF; border-top:2px solid #0099FF;
     border-bottom:2px solid #0099FF; border-right:2px solid #0099FF;
     width:500px; background:#fff; padding:5px 0 5px;  z-index:1;
    }
.cmsmenuleft{
    float:left;
    width:500px;
    color:#ccc;
    padding:5px;
    z-index:1;
    }
.cmsmenuleft dt,.cmsmenuright dt{
     font-weight:bold;
    color:#0099FF;
    margin:5px 0;
     padding:3px 0 3px 10px;
    text-align:left;
     }
.cmsmenuleft dd i{
    float:left;
    padding:0 8px;
    margin:3px 0;
    white-space:nowrap;
    border-right:1px solid #ccc;
    }
.menu_new dd{
    padding-left:8px;
    }
/* 左侧导航样式结束 */
/* 焦点图开始 */
```

```
.index_page{
    float:right; display:block;
    height:16px;
    padding:1px 0;
    margin-right:4px;
    }
.index_page *{
    float:left; display:inline; line-height:16px;
    border:1px solid #B6CFCD;
    text-align:center; padding:0; margin:0 2px;
    }
.index_page strong{
    background:#009A91;
    color:#fff; width:16px;}
.index_page span{
    color:#64B8Ef; padding:3px 0 0 0; border:0;
    cursor:pointer;
    }
.index_page a{
    width:16px; color:#64B8Ef;
    text-decoration:none;
    }
h2 {text-align:center;}
#focusPic1,#focusPic2,#focusPic3{ margin-top:10px;}
/* 焦点图结束 */
```

该段 CSS 样式代码#leftnav_focusimg 设置了整个 section 的宽度和高度；.left_nav 类规定了 aside 区域中一级导航菜单的显示区域；#menu 设置了一级菜单的属性；.cms_submenu 类定义了二级菜单的属性；焦点图模块中，#focusPic1、#focusPic2、#focusPic3 设置了顶边距；#index_page 设置了焦点图区域的样式。

10.1.4　精品推荐版块的设计

1. 精品推荐版块的内容

精品推荐版块通过 section 元素定义，该版块的内容通过无序列表组织，列表项用来放置图片及介绍文字，在浏览器中的显示结果如图 10-6 所示。

图 10-6　精品推荐版块在浏览器中的显示结果

2. 精品推荐版块的代码分析

精品推荐版块的代码如下，由于篇幅所限，下列代码仅给出无序列表中的第一个列表项代码。

```
<!--精品推荐 开始-->
<section id="main-jp">
  <h1 class="title">精品推荐</h1>
<ul class="jp_content">
    <li>
      <a href="pages/jptj/jptj_dandong.html" target="_blank">
      <div class="pic">
        <img src="images/dandong.jpg">
      </div>
      <h3> 大连去丹东鸭绿江，九水峡漂流，凤城大梨树生态旅游区纯玩 </h3>
      <h4> 大连旅游花花旅游为您提供特价大连周边旅游 团购报价 </h4>
      <p>
        <b class="fleft">行程天数: 2 天</b>
        <span class="fright">¥<em>280</em>起</span>
      </p>
      </a>
    </li>
    ……
    <!--此处循环多个列表项-->
  </ul>
</section>
<!--精品推荐结束-->
```

精品推荐版块所使用的样式如下。

```
/* 精品推荐样式开始 */
#main-jp {
    width: 980px;
    height: 590px;
    overflow: hidden;
    border: solid #aaa 1px;
    margin: 10px auto;
}
#main-jp h1.title {
    font: normal 24px "微软雅黑";
    height: 45px;
    margin-left: 10px;
    text-align: left;
}
#main-jp ul.jp_content {
    width: 980px;
    height: 525px;
}
#main-jp ul.jp_content li {
    float: left;
    width: 243px;
    height: 267px;
}
#main-jp ul.jp_content li a {
    display: inline-block;
    width: 225px;
    height: 255px;
```

```
    border: 1px solid #ccc;
}
#main-jp ul.jp_content li a div.pic, #main-jp ul.fright li a div.pic img {
    width: 225px;
    height: 150px;
}
#main-jp ul.jp_content li a div.pic {
    overflow: hidden;
}
#main-jp ul.jp_content li a h3 {
    font: normal 18px "微软雅黑";
    height: 40px;
    line-height: 50px;
    color: #666;
    padding: 0 10px;
    overflow: hidden;
}
#main-jp ul.jp_content li a h4 {
    font: normal 12px "微软雅黑";
    color: #999;
    height: 20px;
    line-height: 20px;
    text-indent: 10px;
    overflow: hidden;
}
#main-jp ul.jp_content li a p {
    padding: 0 10px;
    height: 30px;
}
#main-jp ul.jp_content li a p b {
    font-size: 14px;
    color: #0097e0;
    line-height: 40px;
}
#main-jp ul.jp_content li a p span {
    font_size: 12px;
    color: #f90;
}
#main-jp ul.jp_content li a p span em {
    font: normal 26px "Arial";
}
#main-jp ul.jp_content li a:hover div.pic img {
    transform: scale(1.2, 1.2);
    -webkit-transform: scale(1.2, 1.2);
    -moz-transform: scale(1.2, 1.2);
    -ms-transform: scale(1.2, 1.2);
    -o-transform: scale(1.2, 1.2);
    transition: all 0.3s ease;
    -webkit-transition: all 0.3s ease;
    -moz-transition: all 0.3s ease;
    -ms-transition: all 0.3s ease;
    -o-transition: all 0.3s ease;
}
/* 精品推荐样式结束 */
```

样式代码解释如下。

- ID 选择器 main-jp 设置了整个 section 的宽度、边框和溢出等属性。通过后代选择器设置精品推荐版块中的列表样式、文本样式、标题样式和图片样式等。
- 在后代选择器 main-jp ul.jp_content li a:hover div.pic img 中，通过 transform: scale 方法实现图片的鼠标指针经过变形效果，为了兼容多种浏览器，分别设置了针对不同浏览器的变形参数值。

10.1.5 页脚的设计

1. 页脚的结构描述

页脚部分用 footer 元素声明，其中包含了 4 个 section 元素，在每个 section 中放置了一个无序列表，列表项中的内容主要是各类链接。在浏览器中的显示结果如图 10-7 所示。

图 10-7　页脚在浏览器中的显示结果

2. 页脚的代码分析

页脚部分的结构代码如下。这段代码中，<h3>元素用来声明页脚的 4 部分，然后由列表逐一描述。

```
<!--底部 footer 开始-->
<footer id="mainfooter">
    <div class="footer_center">
        <div class="container">
            <section class="one_fourth">
                <h3>关于我们</h3>
                <ul class="list">
                    <li><a href="#">花花简介</a></li>
                    <li><a href="#">诚聘英才</a></li>
                    <li><a href="#">门店信息</a></li>
                    <li><a href="#">联系我们</a></li>
                </ul>
            </section><!-- end section -->
            <section class="one_fourth">
                <h3>相关链接</h3>
                <ul class="list">
                    <li><a href="#" target="_blank">国家旅游局</a></li>
                    <li><a href="#" target="_blank">人民网旅游</a></li>
                    <li><a href="#" target="_blank">光明网旅游</a></li>
                    <li><a href="#" target="_blank">央视网旅游</a></li>
                </ul>
            </section><!-- end section -->
            <section class="one_fourth">
```

```
                <h3>旅游资讯</h3>
                <ul class="list">
                    <li><a href="" title="" target="_blank"> 宾馆酒店</a></li>
                    <li><a href=""title="" target="_blank">机票火车票</a></li>
                    <li><a href="" title=" " target="_blank">旅游景点导航</a></li>
                    <li><a href="" title=" " target="_blank">租车指南</a></li>
                </ul>
            </section><!-- end section -->
            <section class="one_fourth last">
                <h3> 意见反馈</h3>
                <ul class="list">
                    <li><a href="" title="" target="_blank"> 不良信息处置办法</a></li>
                    <li><a href=""title="" target="_blank"><img src="images/weibo2.jpg"
style="width:18px;">   微博</a></li>
                    <li><a href="" title=" " target="_blank">24 小时服务电话</a></li>
                </ul>
            </section><!-- end section -->
        </div>
    </div>
    <div class="copyright_info">
        <div class="container">
            <div>Copyright © 2019 <a href="#" target="_blank" >大连旅游在线</a></div>
        </div>
    </div>
</footer>
```

下面代码是页脚部分使用的样式。

```
/* footer 样式开始 */
#mainfooter {
    float: left;
    width: 100%;
    background: url(images/footer-bg.jpg) repeat left top;
    height: 245px;
}
#mainfooter .footer_center {
    margin 0 auto;
    width: 100%;
    color: #999;
    background: url(images/shadow-03.png) repeat-x left top;
}
.one_fourth {
    width: 22.75%;
    margin-top: 20px;
    float: left;
    padding: 5px 0px 32px 0px;
    background: url(images/v-shadow.png) repeat-y right top;
}
#mainfooter .footer_center h3 {
    color: #f0f0f0;
    margin-bottom: 30px;
}
.footer_center ul.list {
    padding: 0px;
```

```
        margin: 0 auto;
    }
    .footer_center .list li {
        padding: 5px 0 0 5px;
        margin: 0;
        text-align: center;
        line-height: 30px;
    }
    .footer_center .list li a {
        color: #999999;
    }
    .footer_center .list li a:hover {
        color: #eee;
    }
    #mainfooter .footer_center .one_fourth.last {
        background: none;       /*设置背景为空，避免右侧出现图片形成的分界线*/
    }
    /* 版权信息 */
    .copyright_info {
        float: left;
        width: 100%;
        padding: 30px 0px 25px 0px;
        color: #666;
        background: #303030 url(images/h-dotted-lines.png) repeat-x left top;
        font-size: 12px;
    }
    .copyright_info a {
        margin-top: 10px;
        font-size: 12px;
        color: #666;
        text-align: right;
    }
    .copyright_info a:hover {
        color: #999;
    }
    /* footer样式结束 */
```

该段 CSS 样式分为 2 部分，第 1 部分用来设置链接及二维码部分的样式，第 2 部分用来设置底部版权信息的样式。

10.2 用 Bootstrap 实现网站后台管理页面

网站后台界面在 Web 前端设计中相对简约、规范，是 Bootstrap 前端开发的典型应用。下面以网站后台系统中的内容管理部分为例，帮助用户快速搭建美观实用的页面。

10.2.1 页面结构描述

1. 页面功能说明

网站后台管理包括用户管理、内容管理、系统管理等功能。其中，内容管理的主要功能是完成文章的查看、编辑、删除或置顶等操作，还有搜索、注册、登录等功能。图 10-8 是后台管理页面的截图，包括导航栏、左侧边栏、主体内容这 3 个部分，当前是内容管理模块。

导航栏：包括用户管理、内容管理、系统管理等功能模块。还包括搜索、登录、退出等通用功能。

左侧边栏：内容管理模块下的分类列表。

主体内容部分：文章列表，实现查看、编辑、删除、置顶等操作。

图 10-8　后台管理系统页面

2. Bootstrap3 框架

Bootstrap3 框架包括使用<meta>标记描述 viewport 引入样式文件、JavaScript 文件及 jQuery 文件等，示例代码如下。

```
<-- Bootstrap3 框架代码-->
<!DOCTYPE html>
<html>
<head>
    <meta charset="UTF-8">
    <meta name="viewport" content="width=device-width,initial-scale=1">
    <title>后台管理系统</title>
    <link rel="stylesheet" href="css/bootstrap.min.css">
<body>
……
<script src="jquery3/jquery-3.1.1.min.js"></script>
<script src="js/bootstrap.min.js"></script>
</body>
</html>
```

3. 页面布局代码

从图 10-8 可以看出后台系统页面的布局情况。

页面布局要点如下。

页面导航条由 nav 元素描述；主体内容包含在应用了.container 类的 div 容器内部，分为左侧边栏和右侧内容部分。在主体内容的 div 元素内部，使用栅格布局，如果是中等屏幕设备，左侧占 3 列，右侧占 9 列；如果是小屏幕设备，左侧占 5 列，右侧占 7 列；超小屏幕则采用堆叠放置。页面布局具体代码如下。

```
<!--页面布局代码-->
<!DOCTYPE html>
<html>
<head>
    <meta charset="UTF-8">
    <meta name="viewport" content="width=device-width,initial-scale=1">
    <title>后台管理系统</title>
    <link rel="stylesheet" href="css/bootstrap.min.css">
</head>
<body>
<div class="myheading">
    <nav class="navbar navbar-inverse">
        <div class="container">
            <!--导航栏内容-->
        </div>
    </nav>
</div>
<div class="mybody container">
    <div class="row">
        <div class="leftmenu col-md-3 col-sm-5">
            <!--左侧边栏-->
        </div>
        <div class="content col-md-9 col-sm-7">
            <!--右侧主体-->
        </div>
    </div>
    <div class="myfooter">
        <!--页脚-->
    </div>
</div>
<script src="jquery3/jquery-3.1.1.min.js"></script>
<script src="js/bootstrap.min.js"></script>
</body>
</html>
```

其中，.myheading 类、.mybody 类、.leftmenu 类、.content 类用于描述不同元素的样式，读者可以根据需要来定义样式类的内容。

10.2.2 导航部分的设计

导航部分包括标题、主要功能模块的链接、搜索表单、登录按钮等，定义在 nav 元素内，代码如下。

```
<!--导航条代码-->
<nav class="navbar navbar-inverse">
    <div class="container">
        <div class="navbar-header">
            <a class="navbar-brand">后台管理系统</a>
        </div>
```

```
        <div class="collapse navbar-collapse">
            <ul class="nav navbar-nav">
                <li class="active"><a href="#"><span
class="glyphicon glyphicon-user"></span> 用户管理</a></li>
                <li><a href="#"><span
class="glyphicon glyphicon-list-alt"></span> 内容管理</a></li>
                <li class="dropdown">
                    <a href="#" class="dropdown-toggle" data-toggle="dropdown">
<span class="glyphicon glyphicon-cog"></span>
                        系统管理<span class="caret"></span>
                    </a>
                    <ul class="dropdown-menu">
                        <li><a href="#">备份系统</a></li>
                        <li><a href="#">恢复系统</a></li>
                        <li><a href="#">导出数据</a></li>
                        <li><a href="#">导入数据</a></li>
                    </ul>
                </li>
            </ul>
            <button type="breadcrumb" class="btn btn-default navbar-btn navbar-right">
                Sign in
            </button>
            <form class="navbar-form navbar-right">
                <div class="form-group">
                    <input type="text" class="form-control" name="uname"
placeholder="输入搜索内容">
                </div>
                <button type="submit" class="btn btn-default">搜索</button>
            </form>
        </div>
    </div>
</nav>
```

10.2.3 主体部分的设计

后台系统页面主体部分在.container 类描述的 div 容器内，左侧边栏用列表组（.listgroup 类）实现；右侧的路径导航使用.breadcrumb 类实现；文章列表用一个响应式表格实现；在表格下方，使用.pagination 类实现分页功能；container 容器下部是页脚，由.myfooter 类来定义样式。

页面主体部分布局如图 10-9 所示。

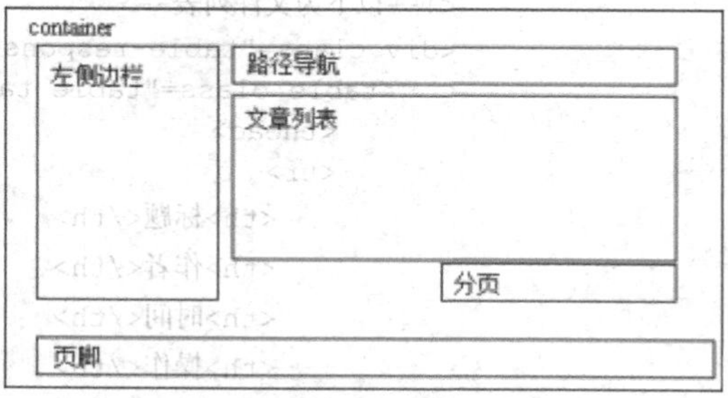

图 10-9 页面主体部分布局

1. 左侧边栏用列表组实现

代码如下。

```
<!--左侧边栏-->
<div class="mybody container">
    <div class="row">
        <div class="leftmenu col-md-3 com-sm-5">
            <div class="list-group">
```

```
            <a href="" class="list-group-item active">文章列表</a>
            <a href="" class="list-group-item">日志列表</a>
            <a href="" class="list-group-item">评论列表</a>
            <a href="" class="list-group-item">留言列表</a>
            <a href="" class="list-group-item">回复列表</a>
            <a href="" class="list-group-item">历史列表</a>
            <a href="" class="list-group-item">广告列表</a>
            <a href="" class="list-group-item">文学类</a>
            <a href="" class="list-group-item">教育类</a>
            <a href="" class="list-group-item">哲学类</a>
            <a href="" class="list-group-item">法学类</a>
            <a href="" class="list-group-item">管理类</a>
          </div>
        </div>
        <!--右侧内容-->
        <!--页脚-->
    </div>
</div>
```

2. **右侧路径导航、文章列表和分页的实现**

不同部分的代码在对应的注释后面，代码如下。

```
<div class="mybody container">
    <div class="row">
        <!--左侧边栏代码-->
        ……
        <!--以下为右侧主体内容-->
        <div class="content col-md-9 col-sm-7">
            <!--以下为路径导航-->
            <ol class="breadcrumb">
                <li><a href="">后台管理</a></li>
                <li><a href="">内容管理</a></li>
                <li class="active">文章列表</li>
            </ol>
            <!--以下为文件列表-->
            <div class="table-responsive">
                <table class="table table-bordered table-hover">
                    <thead>
                    <tr>
                        <th>标题</th>
                        <th>作者</th>
                        <th>时间</th>
                        <th>操作</th>
                    </tr>
                    </thead>
                    <tbody>
                    <tr>
                        <td> 欧盟斥巨资打造超算中心</td>
                        <td>admin1</td>
                        <td>2019/04/02</td>
                        <td><a href=""> 详情…</a></td>
```

```
                </tr>
                <tr>
                    <td>微软 AI 专利超 1.8 万项</td>
                    <td>admin</td>
                    <td>2019/04/02</td>
                    <td><a href=""> 详情…</a></td>
                </tr>
                ……
                </tbody>
            </table>
            <!--以下为分页代码-->
            <nav class="pull-right">
                <ul class="pagination">
                    <li>
                        <a href=""><span>&laquo;</span></a>
                    </li>
                    <li><a href="">1</a></li>
                    <li><a href="">2</a></li>
                    <li><a href="">3</a></li>
                    <li><a href="">4</a></li>
                    <li><a href="">5</a></li>
                    <li>
                        <a href=""><span>&raquo;</span></a>
                    </li>
                </ul>
            </nav>
        </div>
    </div>
  </div>
  <!--以下为页脚代码-->
  ……
</div>
```

3. 页脚代码及样式

页脚代码见下面的粗体部分。

```
<div class="mybody container">
    <div class="row">
        <div class="content col-md-9 col-sm-7">
            <!--以下为路径导航、文件列表、分页等代码-->
            ……
        </div>
    </div>
    <!--以下为页脚代码-->
    <div class="myfooter">
        <p>Copyright 2019 www.bgmsln.com</p>
    </div>
</div>
```

后台管理页面的页脚代码相对简单，这里只写了一行代码，设置页脚样式的.myfooter类代码如下。

```
.myfooter {
        padding-top: 20px;
        padding-bottom: 20px;
        margin-top: 50px;
```

```
    color: #767676;
    text-align: center;
    border-top: 1px solid #e5e5e5;
}
```

10.2.4 案例小结

应用 Bootstrap 框架创建的后台管理页面，页面结构清晰，代码简单，很好地展示了 Bootstrap 在响应式页面设计方面的优势，创建过程总结如下。

（1）关于代码的书写

页面中使用了导航条组件、列表组组件、路径导航组件、表格类等 Bootstrap 元素。如果读者很好地掌握了 Bootstrap，可以直接书写这些代码。对于初学者的一个建议是在 Bootstrap 的在线文档中找到相关的示例，复制代码到文档中，然后再修改代码，这将极大地提高开发效率。

（2）理解 Bootstrap 框架

传统的 Web 页面开发包括用 HTML 元素组织内容、用 CSS 设计样式、用 JavaScript 实现交互等步骤。而用 Bootstrap 完成网站后台管理页面，读者几乎不用书写 CSS 和 JavaScript 代码，或者只书写很少量的代码，就能完成实用、美观的后台管理页面，据此可以看出应用 Bootstrap 框架带来的优势。

Bootstrap 框架的实现主要在 bootstrap.css 文件和 bootstrap.js 文件中。读者如果需要修改样式，可以添加自己的样式类，或者直接修改 Bootstrap 框架中的代码。

例如，通用的导航条颜色类是 .navbar-default 类或 .navbar-inverse 类，读者只需要修改这两类的 background-color 属性，就可以得到不同的显示效果。

（3）功能的进一步改善

10.2 节实现了一个网站的后台管理系统，读者可以从以下几方面来完善或改进这个系统。

一是将导航条设置为响应式导航，示例中没有实现这个功能；二是文件的编辑、删除、置顶操作放在了一个“详情……”的链接中，这种形式虽然简单，但不是很合理。如果使用下拉菜单或按钮组实现，页面效果更加美观；三是内容管理中的文章列表用了一个响应式表格实现，读者可以尝试使用缩略图组件，并结合栅格布局，这样文章列表显示的样式可以更丰富。

本章小结

本章通过两个综合实例帮助读者运用 HTML5 及 CSS3 来理解与掌握网站页面的设计过程，第一个实例先使用 HTML5 的结构元素来组织整体网页布局，然后使用 CSS3 定义了网站的全局样式，之后设计了组成网站的各个版块的结构和样式，这些版块包括页头、侧边导航、焦点图版块、精品推荐、页脚等内容。第二个实例复用 Bootstrap 的全局样式、组件和插件来设计，减少了 CSS 样式代码的书写，开发速度快。请注意比较两个案例的开发思路。

思考与练习

1. 简答题

（1）简述 HTML5 新增的结构元素的含义及使用方法。

（2）举例说明网站中有哪些元素适合定义为全局样式。

（3）说明 CSS 应采用什么措施避免样式无法兼容多种浏览器的问题。

（4）查询 Bootstrap 在线文档，掌握.breadcrumb、.navbar-form、.btn-default、.pagination 等类在 Bootstrap 中的定义

2. 操作题

（1）创建图 10-10 所示的页面。栅格结构请参考如下代码。

```
<div class="container">
    <div class="row">
        <div class="col-sm-3">
            <h3>订单管理</h3>
            ......
        </div>
        <div class="col-sm-9">
            <h3>订单状态</h3>
            ......
        </div>
    </div>
</div>
```

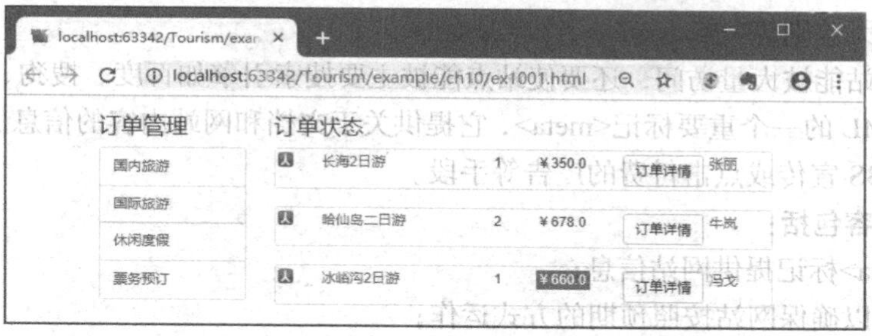

图 10-10　视口大小 768～992px 时的显示效果

（2）请参考综合示例完成以下页面效果的设计，如图 10-11 所示。

图 10-11　页面效果

（3）使用 HTML5 结构元素和 CSS3 样式设计一个个人网站首页。

第11章 网站的发布与管理

网站制作完成后，需要将其保存在称为 Web 服务器的计算机中，并发布到互联网上，让用户可以通过互联网来访问。如果用户的硬件条件满足建立独立 Web 服务器的需求，用户可以建立自己的 Web 服务器，这样网站就能在局域网内运行。另一种办法是租用虚拟主机公司提供的服务器空间，这也是发布网站的常见方式。

在网站发布之前，还应当执行一些检查和测试，包括验证文档、检查链接和网页在不同浏览器上显示效果有无差别等。

如果希望网站能被大量访问，还要使站点能被主要搜索引擎如百度、搜狗、谷歌等检索，这时需要用到 HTML 的一个重要标记<meta>，它提供关于文档和网站内容的信息。推广网站需要使用友情链接、BBS 宣传或点击付费的广告等手段。

本章主要内容包括：

- 使用<meta>标记提供网站信息；
- 执行测试以确保网站按照预期的方式运作；
- 构建自己的 Web 服务器；
- 申请域名和虚拟空间，使网站能够被 Web 上的所有人访问；
- 网站维护和推广的一些方法。

11.1 网页中的<meta>标记

meta 是 metainformation 的缩写，即“元信息”。元信息是用来描述 HTML 文档的信息，主要应用于搜索引擎优化。例如，<meta>标记可以声明让网页易于被搜索引擎检索的描述和关键词。

<meta>标记位于文档头部的<head></head>标记内，不包含任何显示内容，所以，<meta>是一个空标记，它没有结束标签。例如，下面的<meta>标记提供对一个导航页面的描述。

```
<meta name="description" content="360 免费安全软件平台和智能硬件家居平台，免费安全软件平台为用户提供 360 安全卫士,360 免费杀毒软件……" >
<meta name="keywords" content="360,360 安全卫士,360 杀毒,360 手机卫士,360 安全浏览器……" >
```

<meta>提供的信息对用户不可见，所以有人会认为<meta>标记可有可无。但如果能用好<meta>标记，会增加被大型搜索网站自动检索的机会，可以设定页面格式及刷新等。<meta>标记的内容设计对于搜索引擎来说是一个十分重要的因素，<meta>标记中最重要的关键词是 description 和 keywords，它们体现网站的描述信息和网站关键词，这些内容的设计可使网站更加

贴近用户需求。

<meta>标记可以附带 8 个属性，其中 4 个是通用属性——dir、lang、xml:lang 和 title；另外 4 个属性是<meta>标记特有的属性，包括 schema、name、content、http-equiv。下面对一些重要的属性加以介绍。

11.1.1　name 属性和 content 属性

name 属性和 content 属性用于说明文档的特性。name 的值是希望设置的特性，content 的值是 name 内容的设置。下面的代码中，<meta>标记设置了文档内容的 description 特性，name 属性的值为 description，content 属性的值是对站点的描述。

```
<meta name="description" content="为用户提供门户、新闻、视频等各种分类的优秀内容和网站入口，提供简单便捷的上网导航服务。" >
```

name 属性的值可以是任何内容，在 Web 标准中并没有限制性规定。因此，如果希望添加文档和其内容的信息，可以方便地使用<meta>标记来描述。实际的 HTML 应用中存在一些预定义的值，这些预定义的值如下。

- description：指定页面的描述。
- keywords：包含由逗号隔开的关键词列表，搜索引擎利用这些关键词检索页面。
- robots：指示搜索引擎如何检索该页面。

description 特性和 keywords 特性可以被称为“网络爬虫”的程序使用，大多数搜索引擎使用这些程序帮助检索 Web 站点，如果将这两个特性添加到 Web 页面中，将显著提高页面被检索的概率。网络爬虫程序扫描各种 Web 站点，并将它们的信息添加到搜索引擎使用的数据库中，当遇到链接时跟踪这些链接并检索这些页面——这是搜索引擎的工作方式。

1. 将 name 属性的值设置为 description

前面给出了将 name 属性的值设置为 description 的示例，该示例使用 content 属性对网页概况进行了描述。这些描述信息可能会出现在搜索结果中，因此需要根据网页的实际情况来设计，尽量避免与网页内容不相关的描述。

2. 将 name 属性的值设置为 keywords

keywords 特性提供一个关键词列表，搜索引擎可以使用这些关键词检索站点。关键词需要根据网页的主题和内容选择。<meta>标记中关键词的设计要点如下。

- 选择与网页内容最相关的核心关键词即可，关键词数量无须太多，更没有必要堆砌大量的关键词。
- keywords 中的关键词可以同样出现在 description 内容中。
- 不同的关键词之间用逗号（英文标点符号）隔开。

需要注意的是，过去通常认为关键词对搜索引擎索引站点的方式具有很大的影响，但是目前它们的影响有限，有时 description 具有比 keywords 更大的影响。

例如，一个在线的计算机书店可以使用类似如下形式的关键词：

```
<meta name="keywords" content="computer,programming,books,asp.net,HTML" >
```

也可以将 lang 属性与 description 和 keywords 一起使用，以指明描述和关键词所使用的语言。例如，下面是采用美国英语书写的关键词：

```
<meta name="keywords" content="computer,programming,books" lang="en-us" >
```

3. 将 name 属性的值设置为 robots

许多搜索引擎使用一些称为机器人（robots）的小程序来检索 Web 页面。可以将 name 属性值设置为 robots 来阻止这些程序检索页面或页面中的链接。有时我们可能不希望搜索引擎找到正在打开的页面或者用于管理站点的页面。使用下面的代码，<meta>标记即告诉搜索引擎不检索这个页面。

```
<meta name="robots" content="noindex, nofollow">
```

11.1.2 http-equiv 属性和 content 属性

http-equiv 属性和 content 属性通常成对使用，用于设置 HTTP 头的值。每次 Web 浏览器请求页面时，HTTP 头与请求一起发送，而每次服务器响应请求将页面发送回客户端时，会将 HTTP 头发送回客户端。

- 当浏览器请求服务器的页面时，从浏览器发送给服务器 HTTP 头包含的信息包括：浏览器将接受的格式、浏览器的类型、操作系统、屏幕分辨率、日期和其他关于用户配置的信息。
- 从服务器返回给 Web 浏览器的 HTTP 头包含的信息包括：服务器的类型、页面发送的日期和时间，页面最近一次修改的时间。

实际上，HTTP 头可以包含更多信息，使用<meta>标记是添加随文档一起发送的新 HTTP 头的一种方法。例如，如果希望添加一个 HTTP 头以指明页面的过期日期——如果文档包含类似注册日期的信息，则该功能非常有用。

1. 使页面过期

使页面过期非常重要，因为浏览器具有缓存，缓存是硬盘上的一个空间，浏览器会将已经访问过的 Web 页面存储在其中。如果重新访问一个已经访问过的站点，则浏览器可以从缓存中加载某些或所有页面，而不是重新获取整个页面。

在下面的示例中，<meta>标记使页面在格林尼治标准时间 2019 年 10 月 2 日（星期三）早上 8 点 0 分 0 秒过期。注意，日期必须遵循下面所给出的格式。

```
<meta http-equiv="expires" content="Wed,2 October 2019 8:0:0 GMT">
```

如果这段代码包含在文档中，并且用户尝试在过期日期之后加载该页面，则浏览器将不会使用缓存的版本，而将尝试从服务器中获取新版本。这可以确保用户获得文档的最新版本，从而防止人们使用过期信息。

2. 阻止浏览器缓存页面

可以将 http-equiv 属性的值设置为 pragma，将 content 属性的值设置为 no-cache，以阻止一些浏览器缓存页面，代码如下所示。

```
<meta http-equiv="pragma" content="no-cache">
```

3. 设置 cookies

cookies 是一些小的文本文件，浏览器可以将它们存储在用户的计算机上。可以使用浏览器中的一些脚本语言（如 JavaScript）创建 cookies，或者使用服务器上的技术（如 ASP、PHP 或 JSP）创建。

可以使用<meta>标记设置 cookies，方式是为 http-equiv 属性赋予值 set-cookie，然后 content 属性指定 cookies 名称、值和过期日期，代码如下所示。

```
<meta http-equiv="set-cookie" content="cookie_name=myCookie"; expires="Fri 4 OCtober
2019 10:50:50 GMT">
```

如果没有提供过期日期，则 cookies 将在用户关闭浏览器窗口之后过期。

4. 设置字符编码

字符编码指示存储在文件中的字符使用的编码。可以利用<meta>标记指定文档所使用的字符编码，方式是将 http-equiv 属性的值设置为 Content-Type，然后将 content 属性的值设置为该文档所使用的字符编码，代码如下。

```
<meta http-equiv="Content-Type" content="utf-8">
```

这里的文档使用 utf-8 编码编写。

5. 设置默认样式表语言

可以指定文档中使用的样式表语言的类型，方式是将 http-equiv 属性的值设置为 content-style-type，然后在 content 属性中指定样式表语言的 MIME 类型，代码如下。

```
<meta http-equiv="content-style-type" content="text/css">
```

当样式表规则位于一个<style>标记中时，type 属性指明该标记内使用的样式表语言，但是当内置的样式表规则使用了一个标记的样式属性时，则无法显式地指明使用的语言。因此，设置 CSS 的默认语言可以解决该问题。

6. 设置默认脚本语言

在页面中使用脚本时，可以使用<meta>标记指明脚本使用的语言。虽然仍需要在<script>标记中使用 type 属性，但是如果在事件处理程序中使用脚本，可以使用<meta>标记指明这些脚本所使用的语言，代码如下。

```
<meta http-equiv="content-script-type" content="text/JavaScript">
```

11.2 测试网站

在网站发布之前，应当执行一些测试。有时网站能够在我们的计算机上良好运行，但是无法保证它也能够在其他的计算机上良好运行，这是因为不同的计算机具有不同的操作系统、不同的浏览器版本、不同的屏幕大小和分辨率等。

测试可以分为代码测试、发布之前在本地计算机上执行的测试和发布之后在 Web 服务器上执行的测试等几个阶段。

11.2.1 代码测试

当网页编写完成后，有时页面在浏览器中显示的效果和我们的期望并不相同，甚至有时根本不显示，这可能和书写的 HTML 代码错误有关。代码测试能够帮助我们发现并清除一些常见错误，还包括目录结构和 URL 方面的问题。

1. 部分常见错误

在编写 HTML 代码时，有的编辑软件提供语法着色功能，这为代码检查提供了方便。但页面代码还需要仔细校对和检查。部分常见的代码错误如下。

- 大多数的标记都要有开始标记和结束标记，忘掉结束标记是书写代码时常犯的错误。
- 尽量保证所有标记的属性值都括在英文半角的引号中，尽管有时可以不加引号。另外，当属性值本身含有引号时，需要注意，如果属性值被括在双引号中，那么其中可以包含单引号；反之，如果属性值被括在单引号中，那么其中可以包含双引号。
- 尽管 HTML 代码不区分大小写，书写代码时还是要小心处理，以保证代码能有效地被不同的 HTML 版本解析。一般标记、属性值等均小写。

- 在使用 CSS 时，应使用冒号分隔属性和值，而不用等号。例如，p{font-size=24px}是错误的描述。另外，当 CSS 中包括多个属性对时，需要用分号隔开。
- 使用 CSS 时，需要注意内嵌 CSS 代码的格式。使用 import 导入 CSS 代码文件或是使用 link 链接 CSS 代码文件的格式是不同的。
- 在确保代码没有问题的情况下，可以用几种不同的浏览器运行网页，不同浏览器上网页的显示结果是有区别的。

2. 目录结构和 URL

每个网页中都可能有链接到其他页面的 URL，以及使用的图像、样式表和外部脚本等。我们知道，本地站点在一个独立的文件夹中，如果在 Web 服务器上测试该站点时，它的 URL 与本地站点的 URL 是不同的。

例如，本地站点在 Tourism 文件夹中，当上传到 Web 服务器上之后，主页的 URL 可能成为：http//www.dltravel.com/Tourism/index.html。在服务器上，网站域名可以直接映射为这个文件夹。

为了保证网页在不同站点上发布都可用（无资源错误或链接错误），一般地，本地站点文件夹中对资源的描述均使用相对 URL，也就是使用相对 URL 链接本地站点中的页面、图像、脚本文件等。而对于本地站点外的资源，使用绝对 URL。

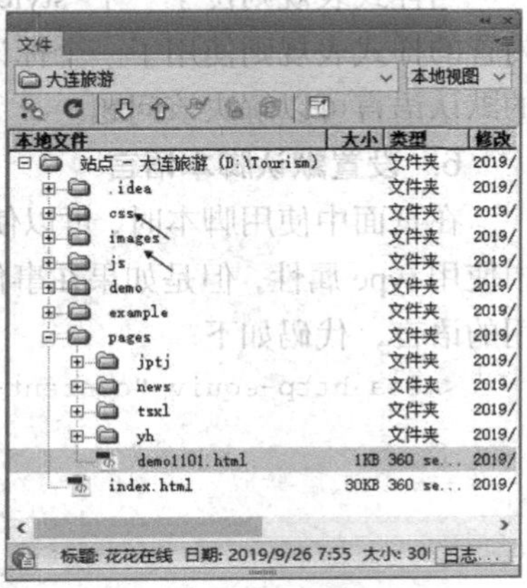

图 11-1　示例中的站点目录结构

示例 11-1 演示了相对 URL 及资源文件的使用。本地站点的根文件夹是 Tourism，站点的目录结构如图 11-1 所示。网页文件 demo1101.html 位于 pages 文件夹下，该文件导入了上级文件夹 css 下的 style.css，使用的 CSS 样式均来自于该文件。上级文件夹下的 images 文件夹包括了所需的图片文件。

示例 11-1

```
<!--demo1101.html-->
<!DOCTYPE html>
<html>
<head>
    <meta charset="utf-8">
    <style type="text/css">
        /* 下面是相对 URL */
        @import url("../css/style.css");
    </style>
</head>
<body>
<p id=font1> “互联网+” 就是 “互联网+各个传统行业”，即利用信息通信技术以及互联网平台，让互联网与传统行业进行深度融合，创造新的发展生态。 </p>
<!--下面是绝对 URL-->
<a href="http://www.net.cn">万网网址</a>
<!--下面是相对 URL-->
<img src="../images/tfwq.jpg" class="img2"/>
</body>
</html>
```

只要 images 文件夹和 css 文件夹的目录结构正确，则无论站点移动到何处，图像文件和 CSS 文件均可以被正确加载。

11.2.2 验证 HTML

为了使网站能够在多数浏览器中正确显示，最佳的测试方法是验证代码并确保它符合所采用语言的规则。一般地，在构建第一个页面之后进行验证会非常有用，因为有时会将第一个页面作为模板，或将文件中的一部分代码复制并粘贴到其他页面中。如果作为模板的页面中存在错误，且在测试之前使用它创建了所有其他的页面，那么很可能要重写每一个页面。

在创建 HTML 文件时，HTML 的每一个版本都具有至少一个文档。该文档中包含了该语言版本的一些规则，称为 DTD 或模式。可以根据该文档验证任何 Web 页面，以确保它遵循这些规则。因此，通过验证页面，我们就能够知道是否遗漏了标记或标记的重要部分。页面起始部分的 DOCTYPE 声明将告诉验证工具页面应当匹配哪个 DTD 或模式的规则。

验证 HTML 可以使用网页制作工具本身，例如，Dreamweaver CS6 包含了可用于验证站点的工具；也可以使用专业的 HTML 验证软件，如 CSE HTML Validator 是一个对 HTML 代码进行合法性检查的工具；还可以使用 W3C 免费的 Web 页面验证器。

验证器用来检查 HTML 标记是否正确关闭，使用的属性是否被它的标记支持等。验证器的作用非常重要，例如，在文档中忘记写结束标记时，程序可能在我们的计算机上运行良好，但它很可能无法工作于其他计算机上。

1. W3C 的标记验证器

在图 11-2 所示页面中可以看到 W3C 的标记验证器，它允许输入站点的 URL 或者从计算机中上传一个页面。

在线检测后，该验证器将提示文档中是否存在缺陷。图 11-3 显示了该页面存在的警告或错误，供开发者参考。

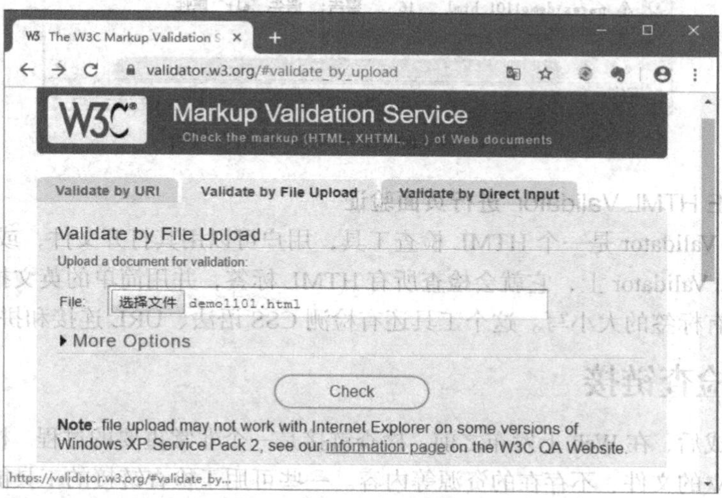

图 11-2　W3C 的标记验证器界面

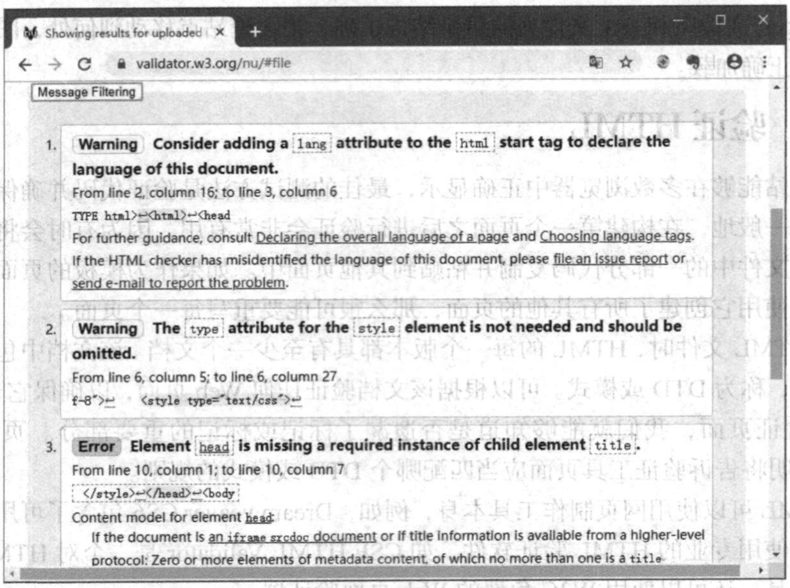

图 11-3　W3C 的标记验证结果

2. Dreamweaver CS6 的页面验证

虽然 W3C 工具非常有效，并且是免费的，但是必须单独验证每一个页面，使用起来有些不便。Dreamweaver CS6 中也有很好的页面验证功能，使页面验证变得非常简单，只需要在 Dreamweaver 窗口执行【站点】/【报告】命令，就可以在结果面板中看到各种错误或警告，如图 11-4 所示。

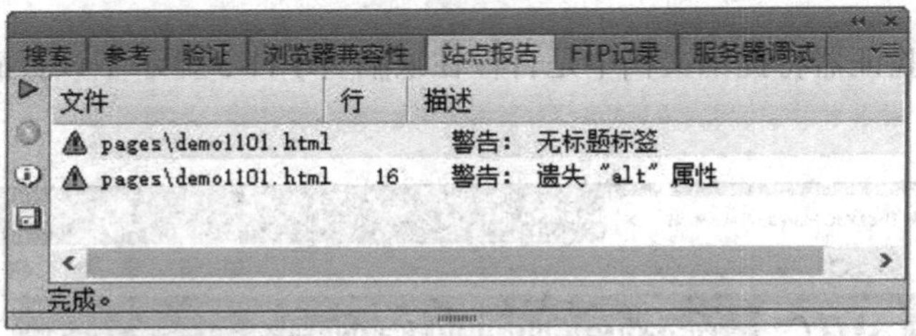

图 11-4　Dreamweaver CS6 的站点报告

3. 使用 CSE HTML Validator 进行页面验证

CSE HTML Validator 是一个 HTML 检查工具，用户可以用其打开文件，或把 HTML 文档拖放到 CSE HTML Validator 上，它就会检查所有 HTML 标签，并用简单的英文报告错误位置，还可以用它更改所有标签的大小写。这个工具还有检测 CSS 语法、URL 连接和拼写错误的功能。

11.2.3　检查链接

网站设计完成后，在 Web 上发布之前，检查链接是一个非常重要的过程。检查链接可以找到断掉的链接、孤立的文件、不存在的资源等内容。一些可用于检查链接的工具能够在网上找到。如果我们搜索“链接检查工具”，会出现多个有偿提供该服务的站点。当然也存在一些免费链接检查服务，例如：

- W3C 的链接验证服务；
- HTMLHELP 的 Link Valet 链接验证服务。

可以使用 Link Valet 工具检查某个指定日期之后链接的任何站点是否改变。这个功能非常有用，因为一个外部站点可能改变其页面结构，也有可能原有的 URL 失效了，或者外部站点发布一些我们不希望链接的内容。

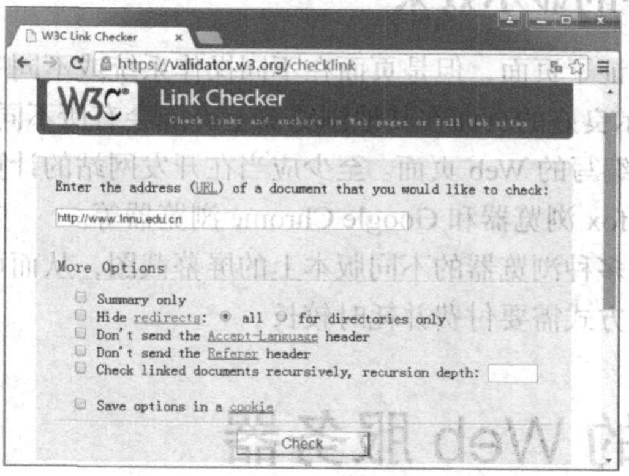

图 11-5　W3C 的链接验证器界面

图 11-5 是使用 W3C 的链接验证器验证的页面，单击【Check】按钮后，将在页面下方显示验证结果。

检查链接服务产生的结果可能会非常冗长，但是通过查看一些突出显示的内容，可以知道哪些链接无效——通常使用红色显示中断的或有问题的链接。

Adobe 公司的 Dreamweaver CS6 也包含自己的链接检查工具。在 Dreamweaver 窗口中执行【站点】/【检查站点范围内的链接】命令，即可以查看“断掉的链接”“外部链接”和“孤立的文件”等选项，如图 11-6 所示。

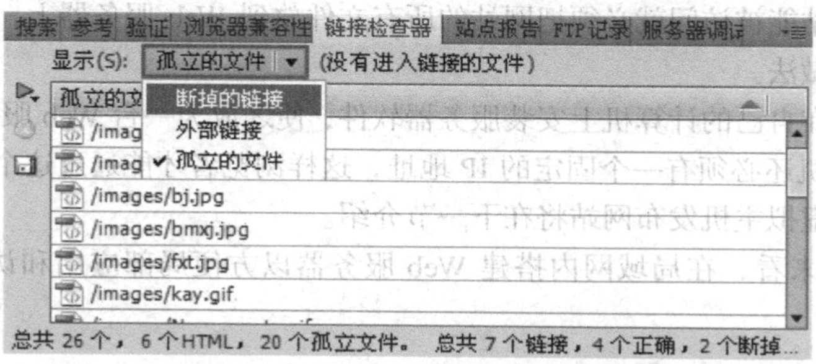

图 11-6　在 Dreamweaver 中检查链接的界面

11.2.4　检查屏幕分辨率和颜色

前面已经介绍过，不同计算机的屏幕分辨率可能不同。应当在不同的屏幕分辨率下检查我们完成的网站，以确保所有文本仍然可读，并且信息在页面上的布局合理有序。

在大多数操作系统中，可以改变屏幕的分辨率（通常利用显示属性对话框完成）。通过这种方式可以检查不同分辨率下图片的外观。也可以将颜色由数百万种颜色改成 256 色，以检查文本是否仍然可读。

11.2.5　可访问性检验工具

为提高网站的可访问性，可以为图像提供备选文本，提供链接来跳过重复的导航或回退，确保所选中的颜色与任何文本具有足够的对比度以方便用户阅读任何文本，不单独使用颜色传递信息等，这些都是需要注意的。

可以利用很多工具检查网站的可访问性，Adobe Dreamweaver Accessibility 是一种常用的检验工具，供使用 Dreamweaver 的设计师使用，通过工具授权，设计者可以选择任何想测试的网站，并且获得一份错误检测报告。

http://wave.webaim.org/和 http://fae.cita.uiuc.edu/也提供了在线的检测服务。使用这些工具时，只要输入网址就可以获取网站的检测报告。这些工具都基于规则，它们并不能理解网站的内容。虽然工具能够检测每幅图像中是否使用 alt 属性，但是不能检查使用的备选文本是否有助于理解图像的意义。

11.2.6 检查页面在不同浏览器中的显示效果

即使在编写页面时符合各种规范，并且正确验证了页面，但是页面在不同操作系统或不同版本浏览器中的显示仍然会不同。在一个浏览器上显示良好的页面在其他浏览器上可能会有所不同。因此，应当尝试在尽可能多的浏览器和平台上测试编写的 Web 页面。至少应当在开发网站的计算机上安装最新版本的 Internet Explorer 浏览器、Firefox 浏览器和 Google Chrome 浏览器等。

有些 Web 站点能够提供 Web 站点每个页面在多种浏览器的不同版本上的屏幕截图，从而可以检查页面在不同浏览器上的外观，但是这种检查方式需要付费并耗时较长。

11.3 构建自己的 Web 服务器

用户浏览网站上的网页实际上是从远程的 Web 服务器读取一些内容，然后显示在本地计算机上。因此，要使网站能被访问就必须把网站的所有文件放到 Web 服务器上，构建自己的 Web 服务器是一种常见的做法。

我们完全可以在自己的计算机上安装服务器软件，使之成为一台 Web 服务器。实际上，作为 Web 服务器的计算机还必须有一个固定的 IP 地址，这样浏览者才能通过这个固定的 IP 地址访问这台服务器。通过虚拟主机发布网站将在下一节介绍。

从应用的角度来看，在局域网内搭建 Web 服务器以方便局部应用和访问，这种方式比较常见。

11.3.1 Web 服务器简介

Web 服务器也称 WWW 服务器，是指专门提供 Web 文件保存空间、负责传送和管理 Web 文件以及支持各种 Web 程序的服务器。Web 站点主要利用超文本来链接页面，这些页面的链接由 URL（统一资源定位器）维持，页面既可以放置在同一机器上，也可以放置在不同地理位置的不同主机上。Web 客户端软件（浏览器）负责向服务器发送请求和显示信息。

1. Web 服务器的工作机制

浏览器与 Web 服务器之间是通过应用层协议（HTTP 协议）进行通信的。HTTP 协议是一种通用的、无状态的、面向对象的协议，位于 TCP/IP（协议）之上。Web 服务器的工作过程和通过浏览器访问网站的过程是对应的。

① 连接：浏览器与 Web 服务器建立连接，打开一个名为“socket”（套接字）的虚拟文件，此文件的建立标志着连接成功。

② 请求：浏览器通过 socket 向 Web 服务器提交请求。

③ 应答：浏览器提交请求后，通过 HTTP（协议）传送给 Web 服务器。Web 服务器接收后进行事务处理，处理结果又通过 HTTP 传回给浏览器，从而在浏览器上显示出所请求的页面。

④ 关闭连接：当应答结束后，浏览器与 Web 服务器必须断开，以保证其他浏览器能够与 Web 服务器建立连接。

这样，Web 服务器的处理过程是一个完整的逻辑过程，即接受连接→产生静态或动态内容并把它们传回到浏览器→关闭连接→接受下一个连接，如此循环进行下去。

Web 服务器的作用最终体现在对浏览器申请内容的提供上，除了提供 HTML 文档服务外，Web 服务器还提供诸如 XML 格式的应用数据。也就是说，Web 服务器不仅仅提供 HTML 文档，还可以在更大的范围内与各种数据源建立连接，为浏览器提供更丰富的内容。简单地说，Web 服务器主要负责与浏览器交互时提供动态产生的 HTML 文档。

2. Web 服务器的模式

目前的 Web 技术主要采用 B/S 模式，即浏览器/服务器模式。B/S 模式中，客户端使用浏览器，操作简单。服务器端可以采用多台服务器，一般至少一台 Web 服务器、一台数据库服务器。

B/S 架构服务器发布信息的要素如下。

① 将作为服务器的计算机与互联网连接，并在服务器上安装 Web 服务器软件。

② 制作 Web 站点，其中包含以 html 为扩展名的静态网页文件。

③ 将 Web 站点放到 Web 服务器软件能访问的目录中（文件空间）。

④ 发布 URL，浏览器可以通过 URL 访问 Web 服务器。

11.3.2　安装 Web 服务器

目前常见的操作系统主要有 Windows、Linux、UNIX 3 种。根据操作系统的不同，Web 服务器所采用的服务器软件也有所不同。因此，有 3 种主流的 Web 服务器软件，各自应用在不同的操作系统，它们分别是 IIS 服务器、Apache 服务器、Tomcat 服务器。

IIS 服务器主要适用于 Windows 系列的操作系统。Apache 服务器和 Tomcat 服务器可以在 Linux、UNIX 平台上使用，也有 Windows 平台的版本。开源的网络服务器软件 XAMPP 具有 Linux 和 Windows 版本，集成了 Apache、MySQL、PHP、Perl 等软件，适用于搭建多种服务器环境。本节介绍基于 XAMPP 的 Apache 服务器的搭建过程。

1. XAMPP 的下载和安装

XAMPP 可以在官网下载，双击安装软件包后，可根据提示一步步安装。

第 1 步选择安装的软件部件，如图 11-7 所示；第 2 步设置安装目录（默认为 c:\xmapp），如图 11-8 所示；继续单击【Next】按钮，直至完成安装。

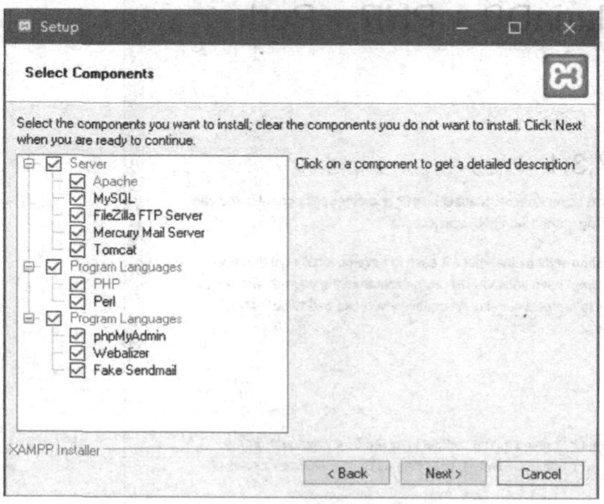

图 11-7　选择安装软件部件

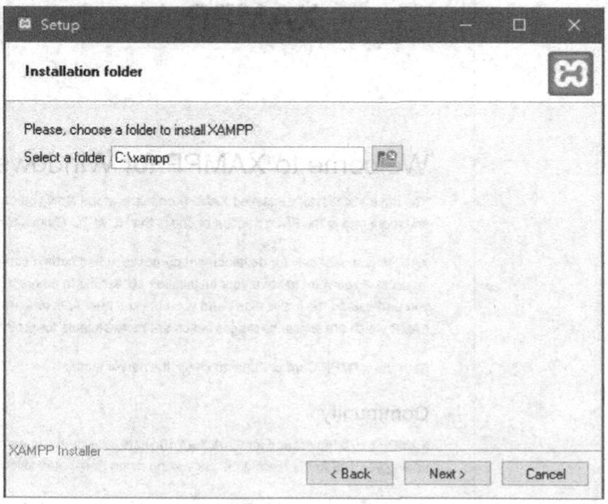

图 11-8　设置安装目录

2. 启动 XAMPP 的 Apache 服务器

① 安装好 XAMPP 以后，在“开始”菜单可以启动 XAMPP 控制面板。如果在“开始”菜单中找不到启动程序，通过到安装文件夹找到启动文件也可以启动 XAMPP。

② 在 XAMPP 的控制面板中，单击软件模块后面对应的【start】按钮，就可以启动相应的服务器程序，图 11-9 是启动了 Apache 服务的控制面板界面。

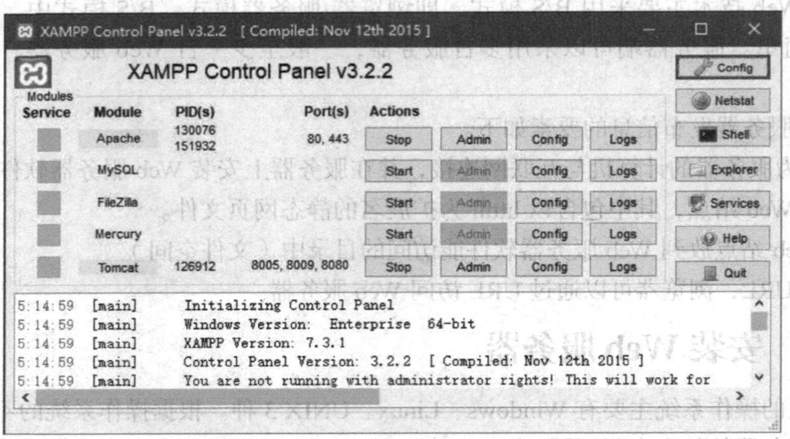

图 11-9 启动了 Apache 服务的控制面板

3. 测试是否成功开启 XAMPP 服务

如果 XAMPP 安装成功，并且开启了 Apache 服务，可以测试 Apache 服务器是否开始工作。打开网页浏览器，在地址栏中输入 http://localhost，应该会看到有 Apache 服务器启动的页面打开，如图 11-10 所示。

图 11-10 Apache 服务器启动界面

站点的默认文件夹是 c:\xampp\htdocs 文件夹，只要将用户的站点文件夹复制到该文件夹内即可通过 Apache 服务器来访问网站。图 11-11 所示是在 XMAPP 的 Apache 服务器中运行的站点。如果将站点文件夹改到其他位置，例如 d:\www 文件夹，可以修改 xampp\apache\conf\httpd.conf 文件，该文件打开后，只要找到 DocumentRoot 的属性值“c:/xampp/htdocs”，将其修改为 d:/www 就可以了。

图 11-11　在 Apache 服务器中测试网页

11.4　在互联网上建立 Web 站点

发布站点的另一种方法是将用户网站上传到专门的 Web 服务器上。在 Internet 上，有很多主机服务提供商专门为中小网站提供服务器空间。只要将网站上传到这样的 Web 服务器上，网站就能够被用户访问了。主机服务提供商的每一台 Web 服务器上通常都放置了很多网站，但用户只能看到自己访问的网站，所以这些网站的存放方式被称为“虚拟主机”。

使用“虚拟主机”方式存放的网站是无法通过 IP 地址访问的，因为一个 IP 地址对应很多网站，输入 IP 地址后，Web 服务器并不知道用户要请求的是哪个网站，所以必须申请一个域名。Web 服务器可以通过域名信息来识别用户请求的网站，而使用域名也便于用户记忆。

11.4.1　域名注册

1. 域名

随着网络技术的不断发展，域名被越来越多地认识与关注。域名可以简单理解为网址，是网络站点的身份标识。在互联网上，域名具有唯一性和有限性，先注册先得。通过域名，用户可以方便地打开指定的网站。因此，要建立网站就必须注册适当的域名。

（1）域名简介

每一台连接到 Internet 上的计算机都拥有一个唯一的 IP 地址。各计算机通过 IP 地址确定身份，相互通信。网站就是建立在这样具有唯一标识的服务器上的，要访问网站，只需要通过服务器的 IP 地址，就可以找到相应的页面。但是 IP 地址是数字形式，且内容较长，不便于记忆。因此，国际互联网机构就使用域名映射 IP 地址的方法，通过 DNS（域名解析系统）将域名解析成 IP 地址，通俗来讲就是给 IP 地址起了个好记的别名。这样，用户只需要记住较为简单的网站域名，通过域名就可以找到相应的网站了。

（2）域名结构

严格来讲，域名与网址并不等价，一个完整的网址是由域名加上具有一定标识意义的字符串构成的。例如，www.cnki.net 是一个网址，其中，www 是指当前访问的服务器的名字，cnki.net 才是实际的域名，整个网址说明当前访问的是 cnki.net 域名指向的 Web 服务器，也就是网站。

一个完整的域名由两个或两个以上的部分组成，各部分之间用英文“.”来分隔。其中，最后一个“.”右边的部分称为顶级域名或一级域名，依次往左由“.”分隔的部分分别称为二级域名、三级域名等。例如域名 mysite.edu.cn，其中，cn 是一级域名，edu 是二级域名，mysite 是三级域名。每一级域名控制它下面的域名分配。

（3）域名命名规范

域名包括英文域名和中文域名两类，英文域名使用更加普遍。

英文域名由各国文字的特定字符集、英文字母、数字及“-”（即连字符）任意组合而成，但开头和结尾均不能含有“-”。域名中的字母不区分大小写。域名应尽可能简单明晰。

中文域名的各级域名长度限制在 26 个合法字符（汉字，英文字母 a～z、A～Z、数字 0～9 和“-”等均算一个字符）；不能是纯英文或数字域名，应至少有一个汉字；“-”不能连续出现。

域名是互联网的身份证，像品牌、商标一样具有重要的识别作用。选取域名要遵循以下两个基本原则。

① 域名应该简明易记，便于输入。

这是判断域名好坏最重要的因素。一个好的域名应该短而顺口，便于记忆，最好让人看一眼就能记住，而且读起来发音清晰，不会导致拼写错误。此外，域名选取还要避免同音异义词。

② 域名要有一定的内涵和意义。

用有一定意义和内涵的词或词组作域名，不但便于记忆，而且有助于表达重要的含义。

2. 域名注册

注册域名是指在有权进行域名注册的代理机构进行域名登记，在一定时间内独享该域名使用权的过程（通常为一年）。目前，国内有许多域名申请代理机构，其提供的服务、域名价格等各不相同，但其申请域名的流程基本相似。下面以在阿里云服务器（http://wanwang.aliyun.com/）申请域名为例，介绍申请注册域名的基本过程。

（1）查询域名

打开浏览器，在地址栏中输入“http://wanwang.aliyun.com/”，打开万网主页，该页面中包含域名服务、主机服务、企业邮箱等多个选项。页面中的域名服务区如图 11-12 所示。

在图 11-12 的“查域名”文本框中输入计划注册的域名，如“99travel”，即可进入如图 11-13 所示的查询结果页面。在下方的域名类型复选框中，选择可以接受的顶级域名类型，加入购物车并支付结算，该域名就可以使用了。

图 11-12　万网的域名服务界面

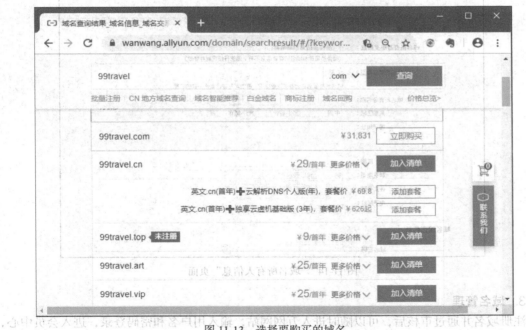

图 11-13　选择要购买的域名

（2）注册用户

为便于用户进行域名申请、域名管理等工作，各网站一般都要求用户以会员方式注册并登录，然后进行操作。

域名选择完成之后，会进入万网“用户登录”页面。网站会员在页面内输入用户名及密码登录，然后单击【登录】按钮，继续之后的操作。首次使用万网的非会员可以单击【免费注册】按钮，首先注册自己的会员身份。

注册新会员的方法非常简单，单击【免费注册】按钮后，在打开的“用户注册”页面中填写相应的信息，如电子邮箱、登录密码等信息后，即可完成新用户注册。

（3）注册域名

用户登录成功后，万网的会员中心栏目中会显示已经选择的域名，并设定需要注册使用的年限和选择用户类型。然后网站会打开“域名所有人信息”界面，如图 11-14 所示。按照页面要求，在其中填写个人信息和域名密码等内容。其中，“域名所有者”指明该域名的使用权，一般不能更改，因此填写时要特别注意。在确认订单并付费之后，就可以正式完成注册。

另外，在 COM 下申请域名注册的企业，必须提交在我国注册的营业执照复印件；在 GOV 下申请域名注册的政府部门，必须提交相应主管部门的批准文件复印件；在 ORG 下申请域名注册的组织，必须提交相应主管部门的批准文件复印件。

（4）审核

域名注册成功后，国内域名还需要向中国互联网络信息中心（China Internet Network Information Center，CNNIC）提交资料（身份证扫描件）进行审核，需 1～2 天审核通过后，才真正拥有域名的使用权。

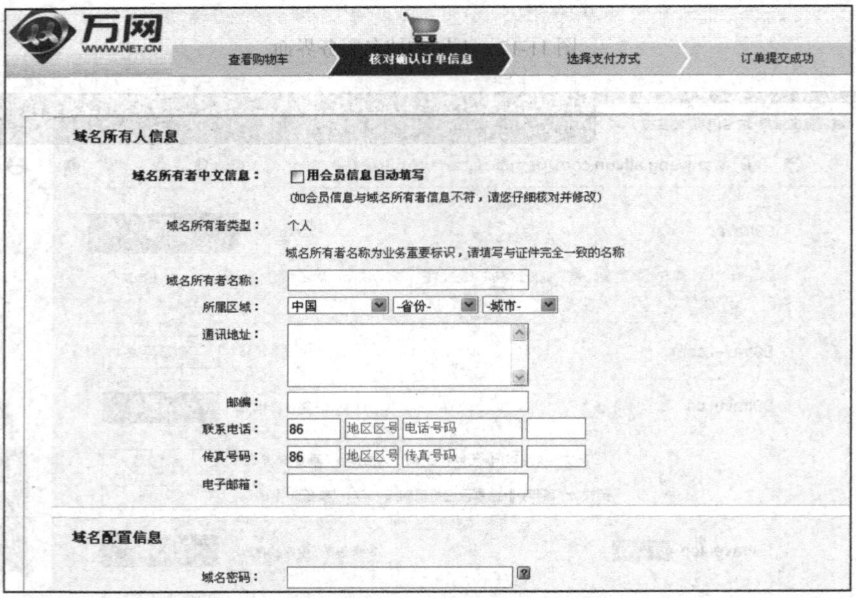

图 11-14 “域名所有人信息”页面

3. 域名管理

注册域名并通过审核后，可以随时进入万网网站，输入用户名和密码登录，进入会员中心，以会员身份对已注册的域名进行管理。

11.4.2 虚拟空间申请

域名是网站身份识别的标识，只有申请了域名，用户才能通过该身份标识访问想要浏览的网站。但是，建设好的网站究竟存放在怎样的服务器上呢？

针对不同的网站规模、类型、需求，服务器有不同的选择。例如，专业的网络购销网站应建立在多 CPU 架构的企业级服务器上，便于大量并发的集中访问；普通企业用户一般会选择购买或租用专用服务器；而对于小型企业或个人用户来说，由于技术与资金条件的限制，可以选择租用虚拟主机的方式来拥有网站空间。

虚拟主机是指把一台运行在互联网上的服务器划分成多个“虚拟”的服务器，在同一个硬件实体和操作系统上，运行着为多个用户建立的不同的服务器程序，使得各个用户拥有相对独立的系统资源。每一个虚拟主机都具有独立的域名，具有完整的 Internet 服务器（WWW、FTP、E-mail 等）功能。虚拟主机之间是完全独立的，并可由用户自行管理，从用户角度来看，虚拟主机就相当于一台服务器。

虚拟主机作为网站空间比较适合个人用户。申请虚拟主机一般都需要支付一定的费用，初学者也可以选择申请免费的虚拟主机空间，但是免费的虚拟主机都有一些限制条件。例如，有些免费的虚拟主机不支持 PHP、ASP、JSP 等脚本语言；也有的免费虚拟主机不支持数据库和动态网站的功能等。目前，提供虚拟主机的网络服务商很多，其提供的服务及价格也各不相同，但它们的申请及使用方式大致相同。下面介绍申请虚拟主机空间的基本过程。

1. 注册用户

一般来讲，为便于费用缴纳及管理，提供虚拟主机申请的网站都会要求用户首先注册成为网站会员。网站会员注册过程和前面申请域名时的注册过程类似，注册成功后直接登录即可。

2. 虚拟主机申请

wanwang.aliyun.com 可以提供虚拟主机服务。

在网站注册并登录成功后，在页面的主机服务区域，可以选择“独享云拟主机”“海外云拟主机”“轻量应用服务器”等选项，查看各种主机的类型和配置。一般来讲，提供虚拟主机申请的网站会提供多种空间规格、基于不同操作系统的虚拟主机供用户进行选择。申请者可以根据需要选择适合自己的虚拟主机。

选择好需要的虚拟主机类型，如“独享标准版”，然后单击【立即购买】按钮，就可以查看虚拟主机的基本配置，如图 11-15 所示。

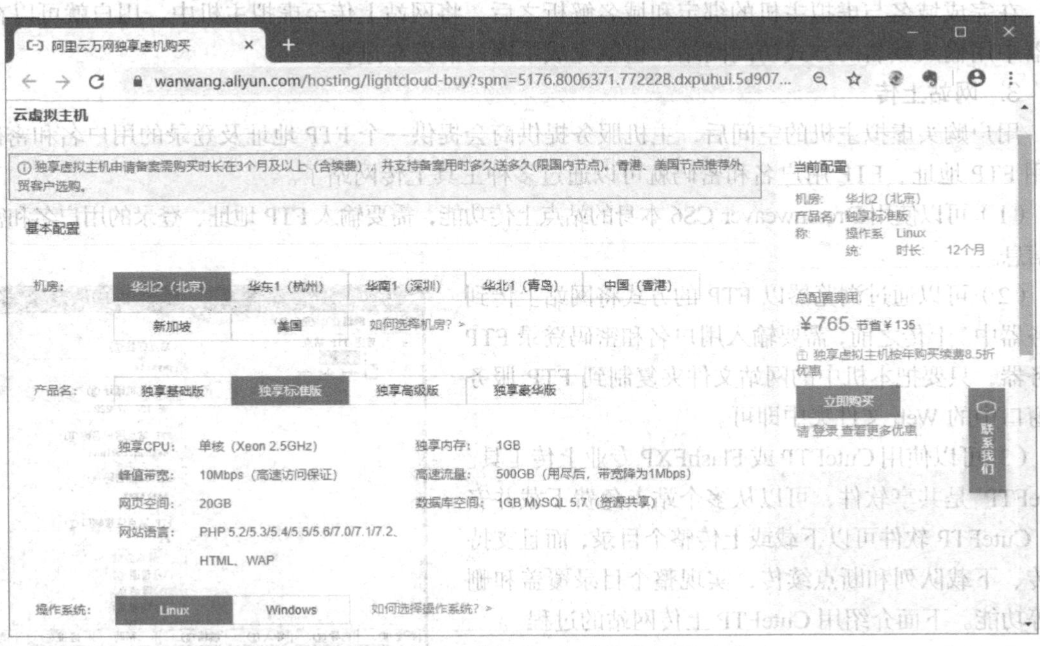

图 11-15　一种虚拟主机的配置信息

当用户付费成功后，用户就拥有了所申请虚拟主机的使用和管理权限。根据国家有关政策规定，申请虚拟主机空间（包括免费的）必须进行实名身份认证，需要上传身份证复印件和详细的个人资料信息，这样才能成功申请。当成功登录虚拟主机网站后，用户可以用会员身份对主机进行管理。

11.4.3 发布网站

域名和虚拟主机申请完成后，将域名与虚拟主机网站空间绑定，并将网站上传到虚拟主机所在的服务器，即可完成网站内容的发布。

1. 虚拟主机和注册域名的绑定

虚拟主机购买成功后，服务提供商会告知用户虚拟空间管理的入口地址、用户名和密码，使用该用户名和密码即可登录进入主机空间的控制面板。

控制面板内一般都有该虚拟主机的详细信息，例如服务管理、Web 主机管理、FTP 管理、域名管理等内容。通常，绑定域名只要输入要存放主机空间中网站对应的域名即可。一个虚拟主机一般可绑定多个域名，使用任何一个绑定的域名都可以访问该网站。有些虚拟主机还提供“网站打包/还原”功能，在上传网站时可以上传整个网站的压缩包，然后再利用该功能解压缩网站，提高网站上传效率。

2. 域名的解析

购买域名后，域名提供商会告知该域名管理的入口地址、用户名和密码，使用该用户名和密码可以登录进入域名的控制面板。域名的控制面板中一般都有“域名解析记录列表”页面，可以在主机名、记录类型、记录值位置添加相应的值，进行域名解析。主机名即是用户自己定义的主机的名字；记录类型为 A 记录，即实现域名到 IP 地址转换的记录；记录值即主机所在 IP 地址。

添加 A 记录（DNS 解析记录）时，只要在主机名文本框中输入提供给用户访问的名字（如 www、teacher），再在 IP 地址一栏中输入域名对应的 IP 地址即可。通常用户可设置多个主机名对应一个 IP 地址，例如 www.deshanliu.cn、teacher.deshanliu.cn 都可以访问一个对应的网站。

在完成域名与虚拟主机的绑定和域名解析之后，将网站上传至虚拟主机中，用户就可以在浏览器中用输入域名的方式访问网站，也就完成了网站的发布过程。

3. 网站上传

用户购买虚拟主机的空间后，主机服务提供商会提供一个 FTP 地址及登录的用户名和密码。使用 FTP 地址、FTP 用户名和密码就可以通过多种工具上传网站了。

（1）可以使用 Dreamweaver CS6 本身的站点上传功能，需要输入 FTP 地址、登录的用户名和密码等信息。

（2）可以通过浏览器以 FTP 的方式将网站上传到服务器中。上传之前，需要输入用户名和密码登录 FTP 服务器，只要把本机中的网站文件夹复制到 FTP 服务器窗口中的 Web 文件夹中即可。

（3）可以使用 CuteFTP 或 FlashFXP 专业上传工具。CuteFTP 是共享软件，可以从多个站点免费下载并安装。CuteFTP 软件可以下载或上传整个目录，而且支持上传、下载队列和断点续传，实现整个目录覆盖和删除等功能。下面介绍用 CuteFTP 上传网站的过程。

① 运行 CuteFTP，在菜单中执行【文件】/【站点管理】命令，打开 FTP 设置对话框，如图 11-16 所示。

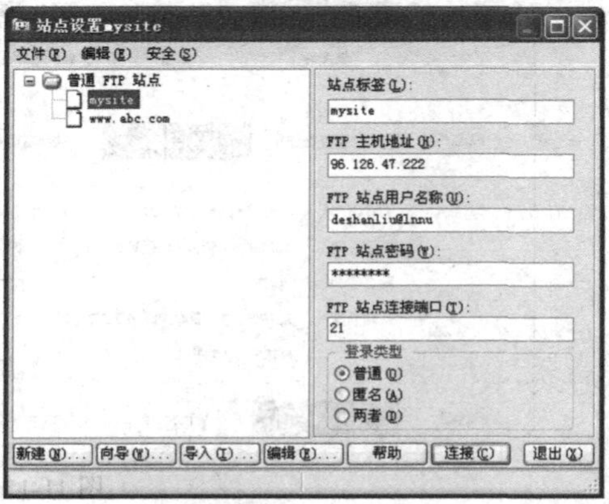

图 11-16 CuteFTP 的 FTP 设置

② 在该对话框中输入相关信息。

- 站点标签：FTP 连接名称。
- FTP 主机地址：要连接的 FTP 服务器的名称或地址。
- FTP 站点用户名称：输入用户账号。
- FTP 站点密码：输入密码。
- 登录类型：一般选择普通登录。

③ 填写完成后，单击【连接】按钮，登录 FTP 服务器。

④ 登录成功后，在左侧的本地机浏览器中选出待传站点，再选择要上传的文件或文件夹，拖动到右侧远程服务器即可，如图 11-17 所示。

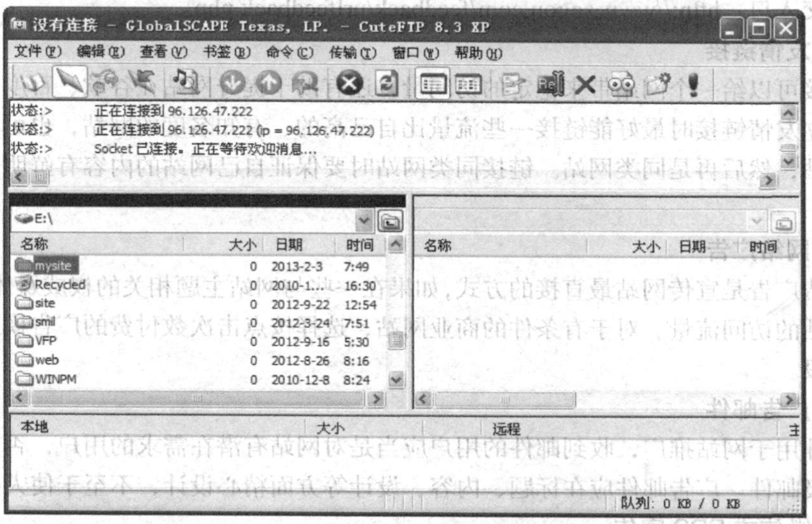

图 11-17　将本地站点的内容拖动到远程服务器中

11.5　网站维护

网站建设完成之后，还需要经过一系列的网站后期维护与优化操作，才能够实现网站的正常运营。网站维护通常包括：为了让更多的人知道网站，需要推广与宣传；根据用户访问需求，定时更新与管理网站内容；防范黑客入侵网站，做好网站安全管理。

对于一个成功的网站，推广、宣传、运营和更新都是必不可少的环节，也是一个网站扩大访问量的保障。

11.5.1　网站的推广

如果希望尽可能多的人知道并访问建好的网站，就需要对网站进行必要的宣传。商业网站的推广多是利用导航网站、网络广告、广告邮件等方式，而个人网站更多是采用友情链接、BBS 论坛、有效的<meta>标记等方式来扩大影响。下面是几种最常用、也是最有效的网站推广方法。

1. 登录导航网站

权威的网址导航网站可以为网站带来部分流量，而且可以提高网站的权威性。如果自己建立的网站的流量不大、知名度不高，那么使用导航网站带来的推广效果有时远远超过搜索引擎或友情链接等方法。例如，hao123、360 导航、2345 网址导航等都是比较知名的导航网站。

2. 提交搜索引擎

搜索引擎对网站的推广作用越来越重要。能通过谷歌、搜狗、百度等搜索引擎搜索到会给网站带来不少流量。也可以到搜狐、网易等知名网站上注册，提高被搜索到的机会。需要注意的是，对中文网站而言，到中文搜索引擎注册将会增加被搜索到的机会。下面是常用搜索引擎的提交入口，这些提交入口只要在百度中输入“网站提交入口”即可搜索到。

百度提交入口：http://www.baidu.com/search/url_submit.html。

谷歌提交入口：http://www.google.cn/intl/zh-CN/add_url.html。

搜狗提交入口：http://www.sogou.com/feedback/urlfeedback.php。

3. 建立友情链接

友情链接可以给一个网站带来稳定的访问量，还有助于提升网站在谷歌、百度等搜索引擎中的排名。建立友情链接时最好能链接一些流量比自己高的、有知名度的网站，也可以是和自己内容互补的网站，然后再是同类网站。链接同类网站时要保证自己网站的内容有鲜明的特点，并且可以吸引人。

4. 投放网络广告

使用付费广告是宣传网站最直接的方式，如果在一些与网站主题相关的权威媒体上投放广告，可以提高网站的访问流量。对于有条件的商业网站，选择按点击次数付费的广告模式是非常好的网站推广手段。

5. 发放广告邮件

广告邮件用于网站推广，收到邮件的用户应当是对网站有潜在需求的用户，否则，广告邮件就会成为垃圾邮件。广告邮件应在标题、内容、设计等方面精心设计，不至于使人生厌。

6. 利用微信或 BBS 宣传

利用微信或 BBS 进行网站宣传，可以吸引更多的人浏览网站，提高流量。利用 BBS 宣传时应专注于某一点，这样可以花费较小的精力，获得较好的效果。

7. 加强网站建设

制作网站过程中，优化网站的内容、结构与相关的链接等，进行完善的标题设计、标签设计、内容排版设计等都可以促进与其他网站的链接，从而提高被搜索到概率。

网站内容要经常进行更新，这样才能提高网站被搜索引擎搜索到的概率。

11.5.2 网站的安全

网站安全直接关系着网站运营的成败。只有加强网站的安全保障，形成良好的安全机制，才能保证网站顺利运营。网站安全涉及许多方面，既包括网站硬件系统的稳定健壮、创建网站的软件程序的安全可靠，也包括网站系统中的数据的安全合法，以及网站在访问过程中的内容传输安全。下面重点介绍网站程序安全、网站内容安全、信息传播安全方面的内容。

（1）网站程序安全。网站程序安全是指维护网站，保证网站程序不被破坏。强化网站的安全性测试，采用防止 SQL 注入、进行密码保护、实施数据备份、使用验证码等措施可以加强网站程序的安全保护。

（2）网站内容安全。网站内容安全主要指内容的合法性、真实性和完整性。加强网站内容安全，要防范利用网站发布违法、违规的信息，还要防止网站中的人身攻击、从事各种诈骗活动等。

网站内容安全的另一重要内容是数据库安全。数据库里面通常包括整个网站的新闻、文章、注册用户、密码等信息，要结合网站程序安全，保护数据库不被攻击或破坏。

（3）信息传播安全。信息传播安全主要是指信息发布过程中存在的安全隐患。通过防火墙或信息过滤等手段，防止有害信息在网上传播，还要防止信息篡改、非法入侵、网络攻击等情况发生。

另外，网站在建设和运行中，完善的安全管理制度是保障网站安全管理的有效手段。要加强安全措施，制订完善的安全管理制度，增强安全技术手段，保证网站正常开通运转，方便用户访问。

本章小结

本章主要介绍了网站发布和推广的相关知识。

- 针对有条件建立独立 Web 服务器的用户，或者网站在局域网内运行，以使用 XMAPP 软件建立 Apache Web 服务器为例，介绍了服务器的搭建过程。
- 通过申请域名和租用虚拟主机公司提供的服务器空间是发布网站的常见方式，在该部分也介绍了域名和虚拟空间的申请过程。需要注意的是，国家要求申请虚拟主机空间和域名的用户必须进行实名身份认证，这个过程需要一定的周期。
- 应了解申请域名和租用虚拟主机空间的过程，并能在虚拟主机上发布自己的网站。
- 网站测试、验证文档、检查链接是发布网站之前必须要进行的过程。随着网络技术的发展，会出现越来越多的网站测试和验证工具。
- HTML 的<meta>标记对网站被搜索引擎检索到有重要作用。
- 网站的维护、推广和安全管理可以保证网站的良好运营。

思考与练习

1. 简答题

（1）建立站点的目录结构有哪些要求？

（2）说明在互联网上申请域名的过程。

（3）<meta>标记中，name 属性的值为 keywords、description、robots 各有什么作用？

2. 操作题

（1）在互联网上搜索用于验证 HTML 和检查链接的网站，并测试自己完成的网页。

（2）从 Internet 上下载软件，搭建自己的 XMAPP 服务器，将网站保存在服务器上，并通过网络访问。

（3）申请一个免费的域名和虚拟主机空间，发布自己的网站，并远程访问。

参考文献

[1] Adam Freeman. HTML5 权威指南[M]. 谢廷晟，等译. 北京：人民邮电出版社，2014.

[2] 唐四薪. 基于 Web 标准的网页设计与制作[M]. 北京：清华大学出版社，2014.

[3] 陆凌牛. HTML5 与 CSS3 权威指南[M]. 3 版. 北京：机械工业出版社，2015.

[4] 任永功，等. HTML5+CSS3+JavaScript 网站开发实用技术[M]. 2 版. 北京：人民邮电出版社，2016.

[5] 刘德山，等. HTML5+CSS3 Web 前端开发技术[M]. 2 版. 北京：人民邮电出版社，2018.

[6] 杨旺功. Bootstrap Web 设计与开发实战[M]. 北京：清华大学出版社，2017.

[7] 黑马程序员.响应式 Web 开发项目教程（HMTL5+CSS3+Bootstrap）[M]. 北京：人民邮电出版社，2019.